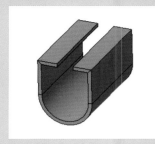

U形体

板

板簧

杯托

茶壶

车轮盖

充电器

宠物盆

抽屉支架

抽屉支架模

储物盒

弹簧

捣药机

灯罩1

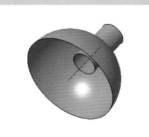

灯罩2

凳面

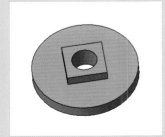

底座

电风扇

电源插头

垫圈

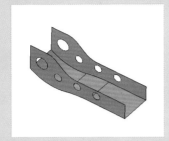
调节器

端盖

发动机散热器挡板

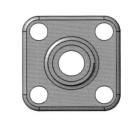
阀盖

阀杆

方块螺母

风筒

盖板

滚珠笔尖

果冻杯

壶铃

滑板

滑块

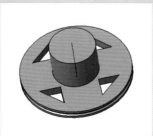
滑轮

火炬

机箱

机械臂

基准模型

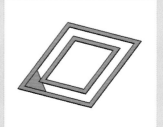
镜框

卡箍

开关

喇叭

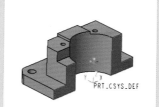
来自横截面的曲线

礼堂大门

连接盘

连接片

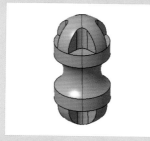
连接轴

联轴器

六角盒法兰

漏勺头

轮毂

门把手

皮带轮

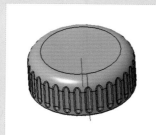
瓶盖

瓶子

棋子

起子

三通管

上箱盖

收纳盒

水果篮

通盖支座

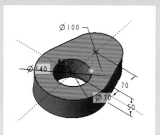

凸轮

洗菜盆1

洗菜盆2

铣刀刀体

箱体

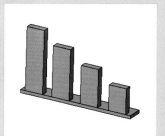

信号标

研磨机

液压缸

油烟机内腔

圆锥销

栅板

折弯件

蒸屉

支撑

支架

支座

轴承座

钻头

CAD/CAM/CAE/EDA 微视频讲解大系

中文版 Creo Parametric 11.0 从入门到精通

（实战案例版）

693 分钟同步微视频讲解　175 个实例案例分析

☑基础特征建模　☑高级特征建模　☑实体特征编辑　☑曲面编辑　☑零件实体装配
☑钣金编辑　☑工程图绘制

天工在线　编著

中国水利水电出版社
www.waterpub.com.cn

内 容 提 要

　　《中文版 Creo Parametric 11.0 从入门到精通（实战案例版）》是一本 Creo Parametric 视频教程和基础教程，融合了 Creo Parametric 草图绘制、零件建模、曲面设计、钣金设计、装配建模、工程图设计等必备的基础知识，以实用为出发点，系统且全面地介绍了 Creo Parametric 11.0 软件在工业设计方面的基础知识与应用技巧。

　　全书共 14 章，包括 Creo Parametric 11.0 入门、二维草图绘制、二维草图编辑、基准特征、基础特征建模、高级特征建模、工程特征、实体特征编辑、曲面造型、曲面编辑、零件实体装配、钣金特征、钣金编辑、工程图绘制等。在讲解过程中，每个重要知识点均配有实例讲解，既能提高读者的动手能力，又能加深读者对知识点的理解。

　　本书配有丰富的学习资源，其中配套资源包括：① 693 分钟同步微视频讲解，扫描二维码，可以随时随地看视频，非常方便；② 全书实例的源文件和初始文件，可以直接调用、查看和对比学习，效率更高。附赠 7 套行业设计拓展学习案例，包括源文件和 554 分钟同步视频讲解。

　　本书适合 Creo Parametric 从入门到精通各层次的读者使用，也适合作为应用型高校相关专业或相关培训机构的教材。此外，本书还可供使用 Creo Parametric 8.0、Creo Parametric 7.0、Creo Parametric 6.0 等低版本的读者参考学习。

图书在版编目（CIP）数据

中文版 Creo Parametric 11.0 从入门到精通 ：实战
案例版 / 天工在线编著. -- 北京 ：中国水利水电出版
社, 2025. 1. -- (CAD/CAM/CAE/EDA 微视频讲解大系).
ISBN 978-7-5226-2904-9
　Ⅰ. TP391.72
中国国家版本馆 CIP 数据核字第 2024MF4546 号

丛 书 名	CAD/CAM/CAE/EDA 微视频讲解大系
书 　名	中文版 Creo Parametric 11.0 从入门到精通（实战案例版） ZHONGWENBAN Creo Parametric 11.0 CONG RUMEN DAO JINGTONG
作 　者	天工在线　编著
出版发行	中国水利水电出版社 （北京市海淀区玉渊潭南路 1 号 D 座　100038） 网址：www.waterpub.com.cn E-mail：zhiboshangshu@163.com 电话：（010）62572966-2205/2266/2201（营销中心）
经 　售	北京科水图书销售有限公司 电话：（010）68545874、63202643 全国各地新华书店和相关出版物销售网点
排 　版	北京智博尚书文化传媒有限公司
印 　刷	北京富博印刷有限公司
规 　格	203mm×260mm　16 开本　29.75 印张　773 千字　2 插页
版 　次	2025 年 1 月第 1 版　2025 年 1 月第 1 次印刷
印 　数	0001—3000 册
定 　价	99.80 元

前 言

Preface

Creo Parametric 是美国参数技术公司（Parametric Technology Corporation，PTC）推出的设计软件，为用户提供了一套从产品设计到制造的完整 CAD 解决方案，广泛应用于工程设计、汽车、航空航天、电子、模具、玩具等行业，具有互操作性、开放、易用三大特点。

随着版本的不断升级，Creo Parametric 的功能也在不断地扩展和增强，其操作和应用将进一步向智能化和多元化方向发展。Creo Parametric 11.0 是目前的最新版本，也是功能最强大的版本，本书将以此版本为基础进行讲解。

本书内容设计

❯ 结构合理，适合自学

本书在编写时充分考虑初学者的特点，内容讲解由浅入深，循序渐进，能引导初学者快速入门。本书在知识点的安排上没有面面俱到，而是够用即可。学好本书，读者能掌握实际设计工作中需要的各项技术。

❯ 视频讲解，通俗易懂

为了提高学习效率，本书为大部分实例配备了相应的教学视频。视频录制时采用实际授课的形式，在各知识点的关键处给出解释、提醒和注意事项，这些内容都是专业知识和经验的提炼，可帮助读者高效学习，让读者更多地体会绘图的乐趣。

❯ 知识全面，实例丰富

本书详细介绍了 Creo Parametric 11.0 的使用方法和编辑技巧，内容涵盖 Creo Parametric 草图绘制、零件建模、曲面设计、钣金设计、装配建模、工程图设计等知识。本书在介绍知识点时辅以大量的实例，并提供具体的设计过程和大量的图示，帮助读者快速理解并掌握所学知识点。

❯ 栏目设置，关键实用

本书根据需要并结合实际工作经验，穿插了大量的"注意""技巧荟萃""思路点拨"等小栏目，给读者以关键提示。为了让读者有更多的机会动手操作，本书还设置了"动手练"栏目，在快速理解相关知识点后动手练习，可以达到举一反三的高效学习效果。

本书显著特点

❯ 体验好，随时随地学习

二维码扫一扫，随时随地看视频。本书大部分实例都提供了二维码，读者可以通过手机微信"扫一扫"随时随地观看相关教学视频（若个别手机不能播放，请参考前言中的"本书学习资源列表及获取方式"，在计算机上下载后观看）。

➥ **资源多，全方位辅助学习**

从配套到拓展，资源库一应俱全。本书提供了大多数实例的配套视频和源文件，还额外赠送了大量工程案例视频和源文件等。

➥ **实例多，用实例学习更高效**

案例丰富详尽，边做边学更快捷。跟着大量实例学习，能边学边做，并从做中学，可以使学习更深入、更高效。

➥ **入门易，全力为初学者着想**

遵循学习规律，入门实战相结合。本书采用"基础知识+实例"的编写形式，内容由浅入深，循序渐进；另外，入门知识与实战经验相结合，可使学习更有效率。

➥ **服务快，学习无后顾之忧**

提供在线服务，可随时随地交流。本书提供公众号、QQ 群等多种服务渠道，为方便读者学习提供最大限度的帮助。

本书学习资源列表及获取方式

为了让读者在最短的时间内学会并精通 Creo Parametric 11.0 辅助绘图技术，本书提供了丰富的学习配套资源，具体如下。

➥ **配套资源**

（1）为方便读者学习，本书大部分实例均录制了视频讲解，共 693 分钟（可扫描二维码直接观看或通过以下介绍的方法下载后观看）。

（2）本书包含 175 个中小实例（素材和源文件可通过以下介绍的方法下载后使用）。

➥ **拓展学习资源**

（1）7 套行业设计拓展学习案例。

（2）以上案例的源文件和 554 分钟同步视频讲解。

以上资源的获取及联系方式如下（**注意：本书不配光盘，以上提到的所有资源均需通过以下方法下载后使用**）。

（1）扫描并关注下面的微信公众号，发送 CRE29049 到公众号后台，获取本书资源的下载链接。将该链接复制到计算机浏览器的地址栏中，根据提示进行下载即可。

（2）读者可加入 QQ 群 764534854（**若群满，则会创建新群，请根据加群时的提示加入对应**

的群），作者不定时在线答疑，读者间也可互相交流学习。

　　↘　**特别说明（新手必读）**

　　读者在学习本书或按照本书中的实例进行操作时，请先在计算机中安装 Creo Parametric 11.0 中文版操作软件。可以在 PTC 官网下载该软件试用版本，也可以购买安装正版软件。

关于作者

　　本书由天工在线组织编写。天工在线是一个 CAD/CAM/CAE/EDA 技术研讨、工程开发、培训咨询和图书创作的工程技术人员协作联盟，包含 40 多位专职和众多兼职 CAD/CAM/CAE/EDA 工程技术专家。其创作的很多教材成为国内具有引导性的旗帜作品，在国内相关专业方向图书创作领域具有举足轻重的地位。

致谢

　　本书能够顺利出版，是作者、编辑和所有审校人员共同努力的结果，在此表示深深的感谢。同时，祝福所有读者在通往优秀工程师的道路上一帆风顺。

编　者

目　录

Contents

第 1 章　Creo Parametric 11.0 入门

内容简介

本章介绍 Creo Parametric 11.0 软件的工作环境和基本操作，包括 Creo Parametric 11.0 用户操作界面、文件管理、颜色管理等内容，目的是让读者尽快熟悉 Creo Parametric 11.0 软件的用户界面和基本技能。本章内容是后面章节 Creo Parametric 11.0 建模操作的基础，建议读者熟练掌握。

内容要点

- ❯ Creo Parametric 11.0 用户操作界面
- ❯ 文件管理
- ❯ 颜色管理

案例效果

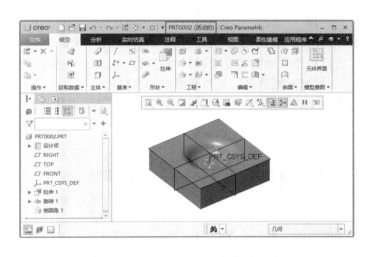 

1.1　Creo Parametric 11.0 用户操作界面

当启动 Creo Parametric 11.0，新建一个文件或者打开一个已存在的文件时，便可以看到用户操作界面。该操作界面主要由快速访问工具栏、标题栏、选项卡、功能区、快捷工具栏、导航区以及绘图区等组成，如图 1.1 所示。

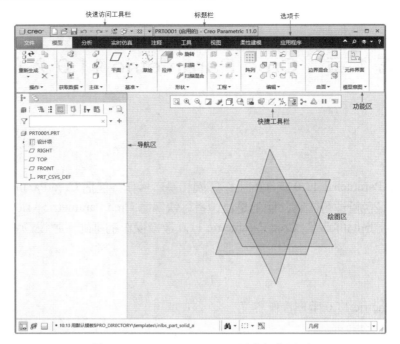

图 1.1　Creo Parametric 11.0 用户操作界面

1.1.1　标题栏

标题栏位于 Creo Parametric 11.0 用户操作界面正上方，用于显示当前活动窗口的名称；如果当前没有打开任何窗口，则显示系统名称。Creo Parametric 11.0 可以同时打开多个窗口，但只有一个处于活动状态，用户只能对活动窗口进行操作。如果需要激活其他窗口，可以在快速访问工具栏的"窗口"菜单中选择需要激活的窗口，此时标题栏将显示被激活窗口的名称。

在标题栏右侧有 3 个实用按钮：【最小化】按钮 ▬ 、【最大化】按钮 ⬜ 和【关闭】按钮 ✖ 。

1.1.2　快速访问工具栏

快速访问工具栏由【新建】命令▯、【打开】命令📂、【保存】命令💾、【撤销】命令↶、【重做】命令↷ ▾ 、【重新生成】命令▦、【窗口】命令🗗 ▾ 以及【关闭】命令✖等组成。

单击【关闭】按钮后的【自定义快速访问工具栏】下拉按钮 ▾ ，弹出图 1.2 所示的下拉列表，通过勾选或取消勾选下拉列表中的复选框，可以自定义添加或删除快速访问工具栏的一些命令的显示状态。当勾选某命令时，该命令将在自定义快速访问工具栏中显示；不勾选时则隐藏。

动手学——设置快速访问工具栏

扫一扫，看视频

【操作步骤】

1．调整快速访问工具栏

（1）启动 Creo Parametric 11.0，单击快速访问工具栏中的❶【自定义快速访问工具栏】下拉

图 1.2　快速访问工具栏下拉列表

按钮▼，弹出下拉列表。

（2）②取消勾选【重做】和【重新生成】复选框，如图 1.3 所示，调整后的快速访问工具栏如图 1.4 所示。

2. 设置快速访问工具栏

（1）①单击【自定义快速访问工具栏】下拉按钮▼，在弹出的下拉列表中②选择【更多命令】命令，如图 1.5 所示。系统弹出【Creo Parametric 选项】对话框，③在【类别】下拉列表中选择【所有命令（设计零件）】选项，④在列表框中选择【保存备份】命令；⑤在右侧的【显示】下拉列表中选择【当前模式】，⑥在其下方的列表框中选择【保存】命令，设置好添加命令的位置，如图 1.6 所示。

图 1.3　取消勾选命令复选框　　　　图 1.4　调整后的快速访问工具栏　　　　图 1.5　选择【更多命令】命令

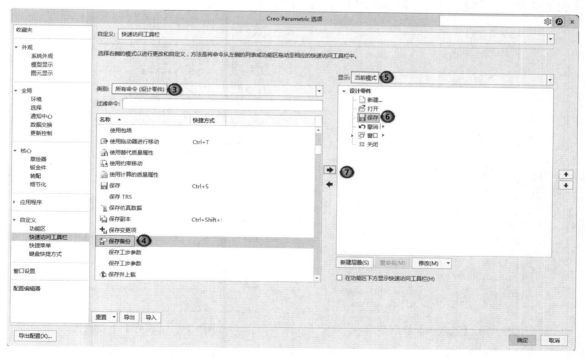

图 1.6　选择要添加的命令

（2）⑦单击【将选定项添加到功能区】按钮➡，【保存备份】命令即被添加到【保存】命令下方，如图 1.7 所示。

（3）使用同样的方法，将【保存副本】命令添加到【保存备份】命令下方，结果如图 1.8 所示。

（4）单击【确定】按钮，关闭【Creo Parametric 选项】对话框。此时，快速访问工具栏如图 1.9 所示。

图 1.7　添加【保存备份】命令　　　图 1.8　添加【保存副本】命令　　　图 1.9　添加命令后的快速访问工具栏

1.1.3　选项卡

【文件】菜单后的选项卡包括【模型】【分析】【实时仿真】【注释】【工具】【视图】【柔性建模】【应用程序】【公用】等。在选项卡中的任一项上右击，弹出快捷菜单，选择【选项卡】命令，弹出【选项卡】级联菜单，如图 1.10 所示，通过勾选或取消勾选级联菜单中的复选框可以自定义添加或删除选项卡中一些选项的显示状态。

Creo Parametric 11.0 选项卡提供了各种实用且直观的命令，允许用户根据自己的需要或者操作习惯对选项卡中的命令进行相应的设置。下面介绍设置选项卡常用命令的一般办法。

（1）选择【文件】菜单，弹出图 1.11 所示的下拉列表。

图 1.10　【选项卡】级联菜单　　　　　　　　　图 1.11　【文件】下拉列表

（2）选择下拉列表中的【选项】命令，弹出【Creo Parametric 选项】对话框。选择该对话框左侧【自定义】下方的【功能区】选项卡，系统切换至图 1.12 所示的【自定义功能区】选项卡页面。在此选项卡中单击【重命名】按钮，可以修改选项卡名称，还可以自定义名称。

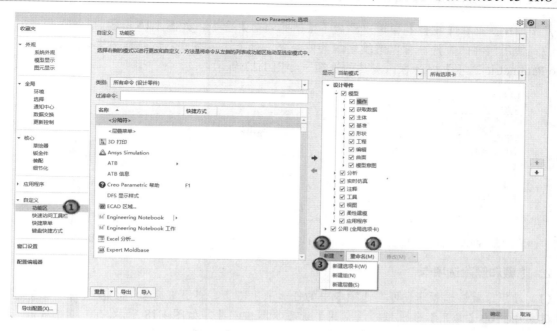

图 1.12　【自定义功能区】选项卡

动手学——新建自定义选项卡

【操作步骤】

1. 新建选项卡

（1）启动 Creo Parametric 11.0，在选项卡中的任一项上右击，弹出快捷菜单，选择【自定义功能区】命令，系统弹出图 1.12 所示的【Creo Parametric 选项】对话框；或者选择【文件】菜单中的【选项】命令，弹出【Creo Parametric 选项】对话框。❶选择对话框左侧【自定义】下方的【功能区】选项卡，系统切换至【自定义功能区】选项卡页面。

（2）❷单击【新建】下拉按钮▼，在弹出的下拉列表中❸选择【新建选项卡】命令，在【模型】选项卡下方将显示新建选项卡和新建组，如图 1.13 所示。

（3）❹单击【重命名】按钮，弹出【重命名】对话框，❺修改选项卡名称为【常用】，如图 1.14所示。

图 1.13　新建选项卡和新建组

图 1.14　【重命名】对话框

（4）❻单击【确定】按钮，关闭【重命名】对话框。

（5）使用同样的方法，修改新建组的名称为【建模】，如图 1.15 所示。

（6）在【Creo Parametric 选项】对话框左侧选择【拭除当前】命令，单击【将选定项添加到功能区】按钮➡，则在【建模】面组中添加了【拭除当前】命令，如图 1.16 所示。

（7）使用同样的方法，可以继续添加其他命令。命令添加完成之后，单击【确定】按钮，关闭【Creo Parametric 选项】对话框，新建的选项卡如图 1.17 所示。

图 1.15　修改名称　　　　图 1.16　添加命令　　　　图 1.17　新建的选项卡

2. 隐藏和删除选项卡

（1）若想隐藏该选项卡，可在选项卡中的任一项上右击，弹出快捷菜单，①取消勾选【选项卡】级联菜单中的②【常用】复选框，【常用】选项卡即被隐藏，如图 1.18 所示。

（2）若想删除该选项卡，可在【Creo Parametric 选项】对话框中①右击【常用】复选框，在弹出的快捷菜单中②选择【移除】命令，如图 1.19 所示。③单击【确定】按钮，关闭【Creo Parametric 选项】对话框，【常用】选项卡即被删除。

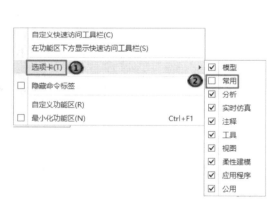

图 1.18　取消勾选【常用】复选框

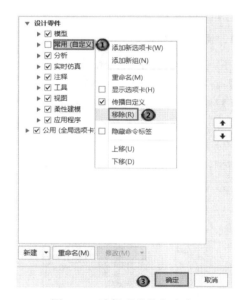

图 1.19　选择【移除】命令

1.1.4　组

组可以控制选项卡中各选项的显示状态。在图 1.12 所示的【自定义功能区】选项卡页面中单击【新建】下拉按钮，在弹出的下拉列表中选择【新建组】命令，可以新建【组】，然后参照【动手学——新建自定义选项卡】中的第（5）~（7）步进行命令的添加即可。

在选项卡中的任一命令上右击，弹出图 1.20 所示的快捷菜单，选择【移至溢出】命令，即可将该命令放置到组下拉列表中。

反之，在组中的某一命令上右击，弹出图 1.21 所示的快捷菜单，选择【移至组】命令，即可将组中的命令显示在选项卡中。

图 1.20 选择【移至溢出】命令

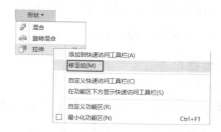

图 1.21 快捷菜单

动手学——编辑组中命令

扫一扫，看视频

【操作步骤】

1. 移至溢出操作

（1）❶右击【模型】选项卡【形状】面组中的❷【拉伸】按钮，在弹出的快捷菜单中选择❸【移至溢出】命令，如图 1.22 所示。

（2）此时，❹【拉伸】命令移至【形状】面组下拉列表中，如图 1.23 所示。

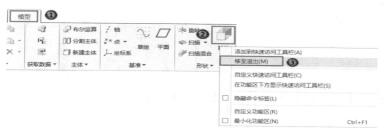

图 1.22 选择【移至溢出】命令

图 1.23 移至溢出结果

2. 移至组操作

（1）❶右击【模型】选项卡【形状】面组下拉列表中的❷【混合】命令，在弹出的快捷菜单中选择❸【移至组】命令，如图 1.24 所示。

（2）此时，❹【混合】命令移至【形状】面组中，如图 1.25 所示。

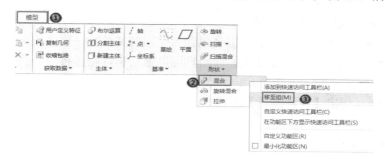

图 1.24 选择【移至组】命令

图 1.25 移至组结果

1.1.5　快捷工具栏

快捷工具栏位于绘图区的顶部，包括【重新调整】按钮、【放大】按钮以及【缩小】按钮等，在这里可以快速地调用某些常用命令。

动手学——设置快捷工具栏

【操作步骤】

（1）❶在快捷工具栏任一命令上右击，弹出快捷菜单。

（2）❷取消勾选【视图法向】复选框，❸勾选【重定向】复选框，如图 1.26 所示。

（3）此时的快捷工具栏如图 1.27 所示。

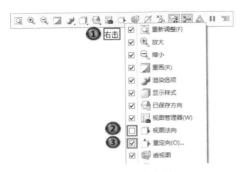

图 1.26　快捷菜单

图 1.27　快捷工具栏

1.1.6　导航区

导航区有 3 个选项卡，分别为【模型树】选项卡、【文件夹浏览器】选项卡和【收藏夹】选项卡。

1.【模型树】选项卡

【模型树】选项卡用于显示当前模型的各种特征，如基准平面、基准坐标系、插入的新特征等，如图 1.28 所示。用户可以在该选项卡中快速查找所需编辑的特征、查看各特征生成的先后次序等。

【模型树】选项卡中各选项含义如下。

（1）按级展开：将选定的分支展开一个层级。

（2）全部折叠：折叠模型树中的所有分支。

（3）显示或隐藏列：显示或隐藏模型树中的列。

（4）创建自定义组：创建新的自定义组。自定义组是包含多个项的文件夹，这些项可以是面组、主体、注释、材料或其他自定义组（作为子文件夹）。用户可以拖动项，将其按照合适的顺序进行组织。

（5）树过滤器：单击该按钮，弹出【树过滤器】对话框，如图 1.29 所示，在该对话框中选择模型树中显示的项。

（6）数列：选择在模型树中显示的列。

（7）设计树：隐藏或显示设计树。

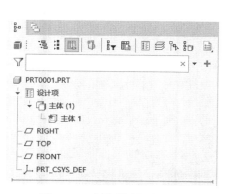

图 1.28 【模型树】选项卡

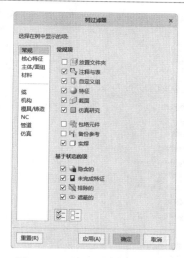

图 1.29 【树过滤器】对话框

（8）层树：显示或隐藏层树。单击该按钮，在【模型树】中显示【层】树，如图 1.30 所示。在【层】树中可以控制层、层的项目及其显示状态。

（9）选择相关项：显示或隐藏选择相关项。

（10）面组/主体演化树：显示或隐藏面组/主体演化树。

（11）模型树设置：单击该按钮，弹出图 1.31 所示的下拉列表，当选择【突出显示几何】命令时，所选的特征将以红色标识，便于用户识别。

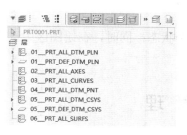

图 1.30 【层】树

图 1.31 【模型树设置】下拉列表

2. 【文件夹浏览器】选项卡

选择【文件夹浏览器】选项卡，窗口显示如图 1.32 所示。此选项卡刚打开时，默认的文件夹是当前系统的工作目录。工作目录是指系统在打开、保存、放置轨迹文件时默认的文件路径，用户可以重新设置。

选择【文件夹浏览器】选项卡中的【在会话中】选项，窗口将显示当前设计文件，如图 1.33 所示。关闭软件，这些文件将会丢失。

3. 【收藏夹】选项卡

选择【收藏夹】选项卡，窗口显示如图 1.34 所示。该选项卡用于显示个人文件夹，通过单击【添加】和【组织】按钮，可以进行文件夹的新建、删除、重命名等操作。

选择【个人收藏夹】→【在线资源】选项，将显示在线资源信息，如图 1.35 所示，可以选择想要链接的对象，如 3D 模型空间、用户组、技术支持等。

图 1.32　【文件夹浏览器】选项卡

图 1.33　显示当前设计文件

图 1.34　【收藏夹】选项卡

图 1.35　在线资源信息

1.1.7　绘图区

绘图区是指模型显示的窗口，它可以显示模型的各个状态；同时，在绘图区中选中某一特征零件后右击，可以在弹出的快捷菜单中对模型进行编辑。

1.2　文件管理

在 Creo Parametric 11.0 中，文件管理包含新建、打开、保存、另存为、打印和关闭等众多文件管理方式。在【文件】→【管理文件】级联菜单中选择相应命令即可进行文件管理操作，如图 1.11 所示。

1.2.1　新建文件

在创建新模型前，需要创建新的文件。在 Creo Parametric 11.0 中可以创建多种类型的文件，包括布局、草绘、零件、装配、制造、绘图、格式、记事本等，其中比较常用的文件类型有草绘、零件、装配、绘图这几种。下面以新建一个零件文件为例介绍新建文件的一般步骤。

动手学——新建零件文件

扫一扫，看视频

【操作步骤】

1. 启动命令

单击自定义快速访问工具栏或【主页】选项卡中的【新建】按钮 ，或者选择【文件】→【新

建】命令。

2．设置文件名称及模板

（1）弹出图 1.36 所示的【新建】对话框，①选择文件的【类型】为【零件】，②【子类型】为【实体】，③在【文件名】文本框中输入零件的名称【轴】，④取消勾选【使用默认模板】复选框，⑤单击【确定】按钮。

（2）弹出【新文件选项】对话框，⑥选择公制模板【mmns_part_solid_abs】，如图 1.37 所示。⑦单击【确定】按钮，进入图 1.1 所示的用户操作界面。

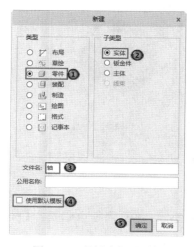

图 1.36　【新建】对话框

图 1.37　【新文件选项】对话框

📢 注意：

> 　　如果不取消勾选【使用默认模板】复选框，则接受系统默认的英制单位模板，单击【确定】按钮后直接进入用户操作界面；取消勾选【使用默认模板】复选框并单击【确定】按钮后，可以在弹出的【新文件选项】对话框中选择相应的模板，公制单位的模板是【mmns_part_solid_abs】，单击【确定】按钮，进入用户操作界面。

1.2.2　打开文件

打开计算机中的文件时，可以单击【预览】按钮预览选中的文件，以免误打开其他文件。在【主页】选项卡中单击【打开】按钮，或者选择【文件】→【打开】命令，弹出【文件打开】对话框。Creo Parametric 11.0 可以缓存已关闭的文件，单击【文件打开】对话框中的【在会话中】按钮，即可查找已关闭的文件。该功能是为了防止因不小心或无意中关闭了未保存文件而造成文件丢失的问题。但是，如果在后台把文件名更改为中文，那么即使该文件存在，在【文件打开】对话框中也找不到该文件。

动手学——打开文件

扫一扫，看视频

【操作步骤】

1．启动命令

在【主页】选项卡中单击【打开】按钮，或者选择【文件】→【打开】命令，弹出【文件打开】对话框。

2．选择并打开文件

（1）❶单击【预览】按钮，❷选择要打开的【轮毂】文件，此时在预览区显示轮毂零件图，如图 1.38 所示。❸单击【打开】按钮，打开该文件。

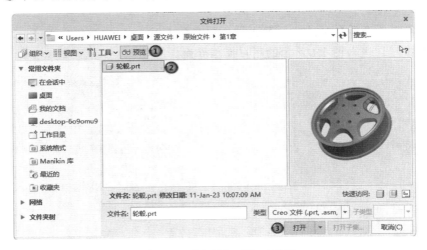

图 1.38　【文件打开】对话框

（2）再次弹出【文件打开】对话框，❶单击【在会话中】按钮，在列表框中❷选择【prt0001.prt】缓存文件，预览区中将显示零件，如图 1.39 所示。

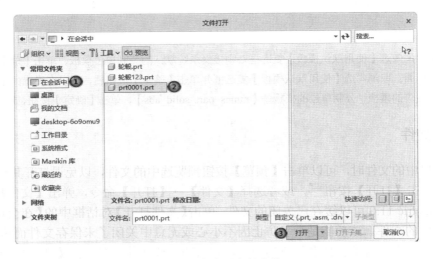

图 1.39　在会话中的文件

（3）❸单击【打开】按钮，打开该缓存文件。

1.2.3　文件的多样式管理

多样式管理是【文件】菜单里有分支选项的统称，包括另存为、打印、管理文件、准备、发送、管理会话、帮助等，主要应用另存为、管理文件和管理会话 3 个选项。

1. 保存与另存为

单击【保存】按钮，或者选择【文件】→【保存】命令（可以按 Ctrl+S 组合键），弹出【保存对象】对话框，在该对话框中可以更改保存路径和文件名。在 Creo Parametric 11.0 中保存文件时，如果新保存的文件和旧文件的名字相同，则 Creo Parametric 11.0 中的旧文件不会被替换，而是在保存时自动在文件类型后面添加后续编号，如 lxsc-prt.1 和 lxsc-prt.2，前面表示旧文件，后面表示新文件。

【另存为】选项包括【保存副本】【保存备份】和【镜像零件】3 个选项。

（1）【保存副本】与【保存】命令的效果一样。

（2）【保存备份】是保存最新的一组文件，可以更改文件路径。

（3）【镜像零件】是指把文件镜像复制到另一个文件中或重新创建另一个文件。

2. 打印

如果用户的计算机连接有打印机，那么可以把 Creo Parametric 11.0 文件通过打印机打印出来。该操作包括【打印】【快速打印】和【快速绘图】等选项，这里不进行详细讲解。

3. 管理文件

【管理文件】选项包括【重命名】【删除旧版本】【删除所有版本】【声明】【实例加速器】5 个选项，如图 1.40 所示，其中前 3 个选项比较常用。

（1）重命名：选择【文件】→【管理文件】→【重命名】命令，弹出【重命名】对话框，如图 1.41 所示，其中包括以下两个单选按钮。

1）【在磁盘上和会话中重命名】：把磁盘上的文件名相同的文件全部重命名。

2）【在会话中重命名】：在此对话框中进行重命名。

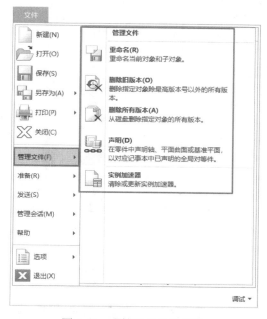

图 1.40　【管理文件】选项

图 1.41　【重命名】对话框

（2）删除文件：选择【文件】→【管理文件】→【删除旧版本】/【删除所有版本】命令，把磁盘中的文件删除。该操作有【删除旧版本】和【删除所有版本】两个选项，删除时需要输入文件名，请谨慎使用删除文件操作。

4．管理会话

【管理会话】选项中有 10 个选项，主要应用【拭除当前】【拭除未显示的】【选择工作目录】3 个选项，如图 1.42 所示。

（1）拭除文件：将文件从会话进程中拭除，以提高软件的运行速度。许多工作窗口虽然从绘图区中关闭了，但是文件仍会保存在软件的会话进程和磁盘中。通过选择【文件】→【管理会话】→【拭除当前】/【拭除未显示的】命令，可以拭除会话进程中的文件。

1）【拭除当前】：拭除激活状态下的工作窗口。

2）【拭除未显示的】：拭除缓存在会话进程中的全部文件。

（2）选择工作目录：指定存储文件的路径，通常默认的工作目录是启用 Creo Parametric 的目录。设置新的自定义文件目录可以快速地找到自己存储的文件。

选择【文件】→【管理会话】→【选择工作目录】命令，在弹出的【选择工作目录】对话框中即可设置工作目录，并确定文件夹，如图 1.43 所示。

图 1.42 【管理会话】选项

图 1.43 【选择工作目录】对话框

扫一扫，看视频

动手学——文件管理操作

【操作步骤】

1．选择工作目录

（1）选择【文件】→【管理会话】→【选择工作目录】命令，弹出【选择工作目录】对话框。

（2）选择要保存的目录，单击【确定】按钮，完成工作目录的设置。

2．保存副本

（1）单击【主页】选项卡中的【打开】按钮，弹出【打开】对话框，选择工作目录下的【第1章】文件夹下的【轮毂】文件，单击【打开】按钮。

（2）选择①【文件】→②【另存为】→③【保存副本】命令，如图1.44所示。

（3）弹出【保存副本】对话框，①设置保存路径为工作目录下的【第1章】文件夹，②输入新的文件名称【轮毂123】，如图1.45所示。③单击【确定】按钮，完成文件的另存。

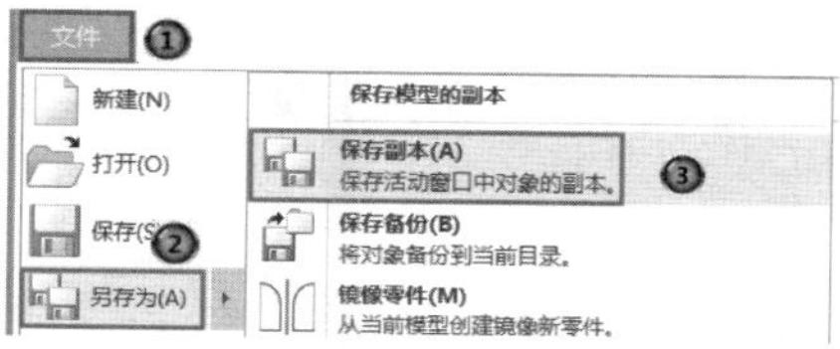

图 1.44　选择【保存副本】命令

图 1.45　保存副本

3．重命名

（1）选择①【文件】→②【管理文件】→③【重命名】命令，如图1.46所示。

（2）弹出【重命名】对话框，④输入新的文件名称【轮毂1】，如图1.47所示。⑤单击【确定】按钮，完成文件的重命名。

（3）此时，在模型树中显示新的文件名称。

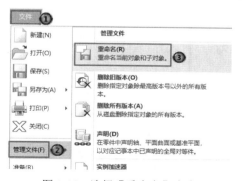

图 1.46　选择【重命名】命令

图 1.47　输入新文件名称

4．拭除当前

（1）选择①【文件】→②【管理会话】→③【拭除当前】命令，如图1.48所示。

（2）弹出【拭除确认】对话框，如图1.49所示。④单击【是】按钮，关闭【轮毂1】文件。

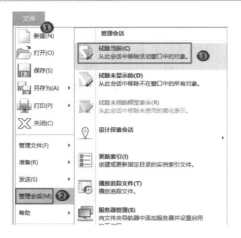

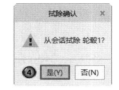

图 1.48　选择【拭除当前】命令　　　　　　　图 1.49　【拭除确认】对话框

1.3　颜色管理

颜色包括系统颜色和模型颜色两种，通过设置颜色，可以改变系统的背景以及模型的颜色、图元对象和用户界面的显示效果。

1.3.1　系统颜色设置

系统颜色是指窗口、背景等的颜色。在没有打开文件的情况下，单击【主页】选项卡中的【系统外观】按钮，弹出图 1.50 所示的【Creo Parametric 选项】对话框。

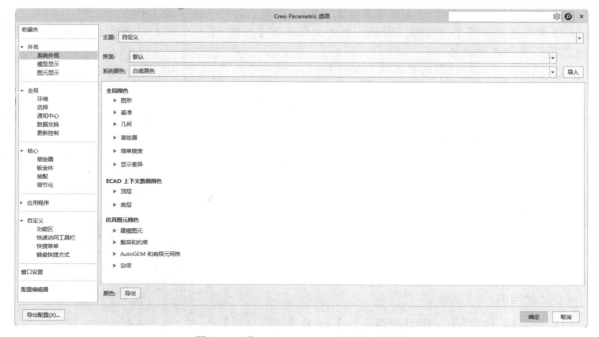

图 1.50　【Creo Parametric 选项】对话框

单击【系统颜色】后的下拉按钮，打开图 1.51 所示的下拉列表，其中包含【默认】【浅色（前 Creo 默认值）】【深色】【白底黑色】【黑底白色】【自定义】几个选项，分别介绍如下。

（1）【默认】：背景颜色为初始系统配置的颜色。

（2）【浅色（前 Creo 默认值）】：背景颜色为白色。

（3）【深色】：背景颜色为深褐色。

（4）【白底黑色】：背景颜色为白色，模型的主体为黑色。

（5）【黑底白色】：背景颜色为黑色，模型的主体为白色。

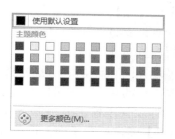

图 1.51　【系统颜色】下拉列表

（6）【自定义】：以上选项是系统自带的颜色配置。通过【自定义】选项，用户可以根据自己的喜好自定义系统颜色。选择【自定义】选项，单击右侧的【导入】按钮，在弹出的【打开】对话框中选择已经定义好的系统颜色文件。单击【打开】按钮，则系统采用自定义的系统颜色。

在【Creo Parametric 选项】对话框中可以单独设置【图形】【基准】【几何】【草绘器】【简单搜索】【显示差异】这几项的颜色，下面介绍这几个选项包括的内容。

（1）【图形】：设置草绘图形、基准曲线和基准特征，以及预先加亮的显示颜色。在该选项下的列表中任意选择一个颜色块，单击即可激活【颜色编辑器】对话框。

（2）【基准】：设置基准特征的显示颜色，包括基准平面、基准线、坐标系等。

（3）【几何】：设置所选的参考、面组、钣金件曲面、模具或铸造曲面等几何对象的颜色。

（4）【草绘器】：设置草绘截面、中心线、尺寸、注释文本等二维草绘图元的颜色。

（5）【简单搜索】：包括冻结的元件或特征、失效的特征元件等的显示颜色。失效是指在建模过程中（包括装配），因编辑或改动了上一层的特征而影响到下一层的特征，这样下一层的特征就会失效。例如，两个拉伸特征，一前一后，后面的拉伸特征是在前一个拉伸特征的基础上完成的，如果编辑（包括删除）了前面的拉伸特征，则后面的拉伸特征就会失效。遇到这种情况，一般只要编辑后面的拉伸特征与前面的拉伸特征的关联即可。

（6）【显示差异】：设置零件在进行差异比较时，差异的颜色。

在【图形】【基准】【几何】等选项中又包括了许多子选项，图 1.52 所示是选择【图形】选项弹出的列表，在该列表中可以定义子选项的颜色。例如，单击【几何】按钮，弹出图 1.53 所示的【主题颜色】对话框，可以选择主题颜色中的任意一种颜色作为【几何】的颜色。

图 1.52　【图形】选项列表　　　　　　　　　　图 1.53　【主题颜色】对话框

单击【主题颜色】下的【更多颜色】按钮，弹出图 1.54 所示的【颜色编辑器】对话框，在此对话框中可以定义需要的颜色。

【颜色编辑器】对话框中有【颜色轮盘】【混合调色板】【RGB/HSV 滑块】3 个选项。

（1）【颜色轮盘】：选择【颜色轮盘】选项，弹出图 1.55 所示的【颜色轮盘】选项卡，在颜色轮盘中单击即可选择某一个颜色点。

（2）【混合调色板】：选择【混合调色板】选项，弹出图 1.56 所示的【混合调色板】选项卡，在调色板上移动鼠标指针即可精确设置颜色。

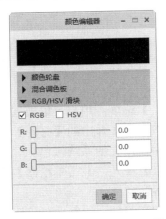

图 1.54　【颜色编辑器】对话框

图 1.55　【颜色轮盘】选项卡

图 1.56　【混合调色板】选项卡

（3）【RGB/HSV 滑块】：拖动滑块或输入精确数字设置颜色，系统默认显示【RGB/HSV 滑块】选项卡。

动手练——修改背景颜色和草图颜色

扫一扫，看视频

📋 **思路点拨：**

（1）在【Creo Parametric 选项】对话框中将背景颜色修改为白底黑色。

（2）在【Creo Parametric 选项】对话框【全局颜色】下的【草绘器】选项中，将【几何】颜色修改为蓝色。

1.3.2　模型外观设置

模型外观可以通过颜色、纹理或者颜色和纹理的组合定义。外观的设置是通过【外观管理器】进行的，单击【视图】选项卡中的【外观】下拉按钮，弹出图 1.57 所示的下拉列表。单击【我的外观】或【库】中的外观球，弹出【选择】对话框，鼠标指针变成一支毛笔。接着在模型中要设置外观的零件表面单击，按住 Ctrl 键可以选中多个表面。单击【选择】对话框中的【确定】按钮，即可设置模型的外观。

选择图 1.57 所示下拉列表中的【外观管理器】命令📋，弹出图 1.58 所示的【外观管理器】对话框，在此对话框中可以对模型的外观进行更多设置。

外观管理器主要由以下几部分构成：外观过滤器、【视图】选项、【我的外观】调色板、【模型】调色板、【库】调色板、外观预览区和外观属性区。通过这些选项可以将模型设置成各种各样的外观，内容和功能更加丰富，这些在后文会作详细介绍，在此不再赘述。

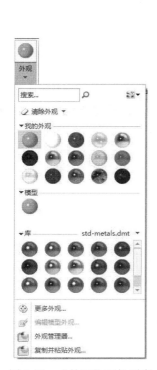

图 1.57　【外观】下拉列表

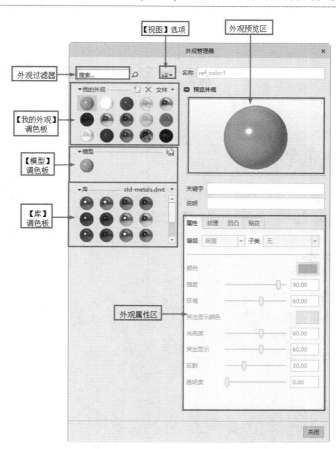

图 1.58　【外观管理器】对话框

扫一扫，看视频

动手练——修改零件外观

将图 1.59 所示的轮毂表面颜色由红色改为绿色，如图 1.60 所示。

图 1.59　轮毂

图 1.60　修改颜色结果

📋 **思路点拨：**

（1）打开零件。

（2）修改零件外观。

第 2 章　二维草图绘制

内容简介

建立特征时往往需要先绘制特征的截面形状草图，故在草图绘制中就要创建特征的许多参数和尺寸。本章将讲述二维草图的绘制方法与技巧。

内容要点

↘ 概述
↘ 基本图形的绘制

案例效果

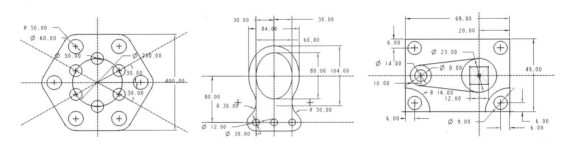

2.1　概　　述

草图绘制即二维平面图形的绘制，简称草绘。草绘在 Creo Parametric 中扮演着重要的角色，也是设计产品过程中需要掌握的一项基本技巧，许多建模都是在草绘的基础上进行的。能够准确地绘制出平面图形，能使所设计的模型更加完美。本章将讲解草绘的命令以及应用方法，并且探讨和解决经常遇到的问题。

草绘常用的基本图元命令有点、直线、曲线、样条曲线、圆弧等，利用这些命令可以绘制出各种各样的图形。在 Creo Parametric 中，草绘有自己的文件格式.sec，在后面的章节中会经常使用到草绘。值得注意的是，草绘与绘制工程图是不一样的，草绘没有太多的格式和创建要求，而工程图有自己的文件格式和独特的要求。

2.1.1　创建草绘

创建草绘有以下三种方式。

1．通过新建文件的方式创建草绘

单击自定义快速访问工具栏中的【新建】按钮▢或者单击【主页】选项卡【数据】面组中的【新建】按钮▢，弹出【新建】对话框，选择【草绘】选项，并输入文件名，单击【确定】按钮，进入草绘界面。

2．在零件和装配环境下创建草绘

使用该方式创建草绘必须定义一个草绘基准平面作为草绘平面。草绘平面可以是模型的表面，但必须是平面。

在零件和装配环境下，单击【模型】选项卡【基准】面组中的【草绘】按钮 ⌇ ，弹出【草绘】对话框。在绘图区中单击选择草绘基准平面 TOP、FRONT、RIGHT、用户创建的基准平面或者是某个模型的平面，也可以在模型树中单击选择基准平面。【参考】选项会自动生成，单击【草绘】按钮进入草绘界面。

3．创建特征时创建草绘

使用该方式创建草绘也必须定义一个草绘基准平面作为草绘平面。草绘平面可以是模型的表面，但必须是平面。

在特征建立过程中，许多特征必须有草绘图。例如，拉伸特征需要草绘拉伸截面，旋转特征需要草绘旋转截面，扫描特征需要草绘扫描轨迹和扫描截面等。单击操控板中的【放置】按钮，如图 2.1 所示，再单击【定义】按钮，并选择草绘基准平面，进入草绘界面。

图 2.1　创建特征时的操控板

动手学——新建草图

本实例将通过三种方法新建草图。

【操作步骤】

1．通过新建文件的方式创建草绘

（1）单击【主页】选项卡【数据】面组中的【新建】按钮▢，弹出【新建】对话框。

（2）❶选择【类型】为【草绘】，❷输入文件名为【套筒】，如图 2.2 所示。❸单击【确定】按钮，进入草绘界面，如图 2.3 所示。

2．在零件和装配环境下创建草绘

（1）单击【主页】选项卡【数据】面组中的【新建】按钮▢，弹出【新建】对话框，如图 2.2 所示。

图 2.2　【新建】对话框

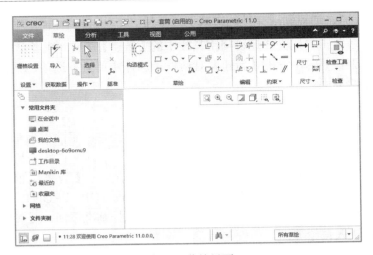

图 2.3　草绘界面

（2）选择【类型】为【零件】，【子类型】为【实体】，输入文件名为【套筒】。单击【确定】按钮，进入零件界面，如图 2.4 所示。

（3）单击【模型】选项卡【基准】面组中的【草绘】按钮，弹出【草绘】对话框。❶在模型树中选择 FRONT 基准平面作为草绘平面，此时系统自动选择 RIGHT 基准平面作为参考平面；❷采用默认方向，如图 2.5 所示。❸单击【草绘】按钮，进入草绘界面。

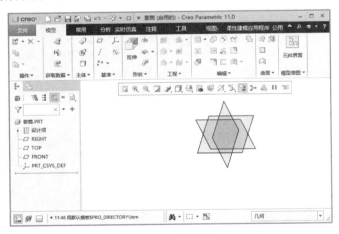

图 2.4　零件界面

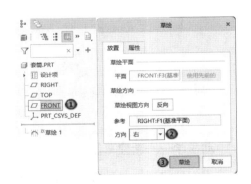

图 2.5　【草绘】对话框

（4）❹单击工具栏中的【草绘视图】按钮，如图 2.6 所示。此时，草绘平面正视于屏幕，如图 2.7 所示。

3. 创建特征时创建草绘

（1）单击【主页】选项卡【数据】面组中的【新建】按钮，弹出【新建】对话框。

（2）选择【类型】为【零件】，【子类型】为【实体】，输入文件名为【套筒】。单击【确定】按钮，进入零件界面。

（3）单击【模型】选项卡【形状】面组中的【拉伸】按钮，弹出【拉伸】操控板，如图 2.8 所示。

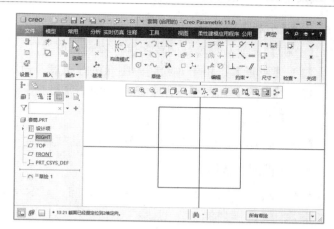

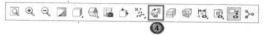

图 2.6　单击【草绘视图】按钮

图 2.7　草绘平面正视于屏幕

图 2.8　【拉伸】操控板

（4）❶单击【放置】按钮，打开【放置】操控板；❷单击【定义】按钮，弹出【草绘】对话框，选择草绘平面，单击【草绘】按钮，进入草绘界面，如图 2.7 所示。

2.1.2　草绘工具介绍

草绘界面中的选项卡包括【草绘】【分析】【工具】【视图】【公用】，其中【公用】选项卡中没有命令。

1.【草绘】选项卡

【草绘】选项卡主要由绘制草图的基本图元命令及修改编辑图元的命令组成，具体如下。

（1）【设置】：栅格是在绘制草图时的一个辅助视觉效果，背景有格子显示，各自的边长、密度等都可以在其下拉列表中进行编辑。

（2）【获取数据】：用于将数据导入活动对象中。

（3）【操作】：单击【操作】面组中的【选择】按钮 ，可以进行选择目标图元、拖动图元等操作；按住 Ctrl 键可以选中多个图元进行操作。

（4）【基准】：用于创建基准线、基准点、基准坐标系等。

（5）【草绘】：用于创建草绘图元，如线、点、文字、倒角等。

（6）【编辑】：对绘制的草图进行编辑，如修改、镜像等。

（7）【约束】：创建两个或多个图元之间的几何约束，减少过多的尺寸，使草绘更加准确。

（8）【尺寸】：对绘制的草图进行标注，如长度、角度、距离等。

（9）【检查】：检查绘制的草图是否合并、重复等。·

2．【分析】选项卡

【分析】选项卡对绘制的草图进行检测和检查，主要包括【测量】和【检查】两个命令。

（1）【测量】：用于对绘制的图元进行距离、角度、半径检测等操作。

（2）【检查】：与【草绘】选项卡中的【检查】命令用法一样。

3．【工具】选项卡

【工具】选项卡通过【关系】用数学表达式绘制一个图元，如曲线。

4．【视图】选项卡

【视图】选项卡主要用于控制草图的方向、显示及窗口的状态。

2.2　基本图形的绘制

基本图形又称基本图元，是一切图形的组成元素，包括直线、圆、弧、样条曲线、坐标系等。Creo Parametric 中还有倒角、倒圆角等图元的编辑工具。这些图元的绘制操作基本一样，先从【草绘】选项卡中选择要绘制的图元命令，然后在绘图区中单击进行绘制即可，双击鼠标中键可结束绘制命令。

2.2.1　直线

直线是绘制几何图形的基本图元，在 Creo Parametric 中有线链、直线相切、中心线和中心线相切四种类型。

1．线链

在 Creo Parametric 中，【线链】命令 ✓ 是直线链命令，直线链是指头尾相连的多条直线，如果绘制一条直线，则定义起点和终点，双击鼠标中键结束线命令即可。绘制水平线、竖直线和参考线两边的对称线（或相等线）时，系统会自动添加相应的约束。

2．直线相切

直线相切是在两个图元之间绘制一条相切直线。选择曲线时，选择点的位置不同，得到的线也不同，如图 2.9 所示。

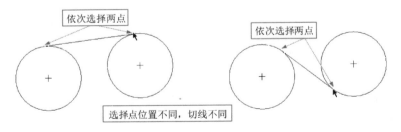

图 2.9　绘制相切线

3．中心线和中心线相切

中心线和中心线相切的绘制方法与直线一样，中心线不是线链，直接用两个点即可定义。中心线相切是在两个圆类图元之间创建一个与两个图元相切的中心线。

动手学——绘制阶梯轴草图

源文件：源文件\结果文件\第 2 章\阶梯轴.sec
本实例绘制图 2.10 所示的阶梯轴草图。

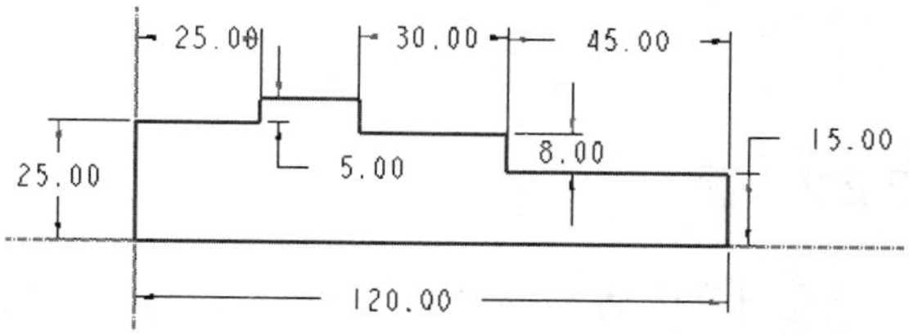

【操作步骤】

1. 新建文件

（1）单击【主页】选项卡【数据】面组中的【新建】按钮□，弹出【新建】对话框。

（2）选择【类型】为【草绘】，输入文件名为【阶梯轴】。单击【确定】按钮，进入草绘界面。

图 2.10　阶梯轴草图

2. 绘制草图

（1）①单击【草绘】选项卡【草绘】面组中的【中心线】下拉按钮▼，在打开的下拉列表中，②选择【中心线】命令┆，如图 2.11 所示。③指定起点和终点，绘制一条水平中心线，如图 2.12 所示。④使用同样的方法，绘制竖直中心线。

（2）单击【草绘】选项卡【草绘】面组中的【线链】按钮＼，①捕捉图 2.13 所示的起点，②拖动鼠标捕捉图 2.14 所示的第二点，③继续拖动鼠标捕捉第三点。同理，依次单击确定各点位置，绘制图 2.15 所示的阶梯轴草图。

图 2.11　选择【中心线】命令　　　图 2.12　绘制中心线　　　图 2.13　捕捉起点

图 2.14　捕捉第二点　　　　　　　　图 2.15　阶梯轴草图

（3）单击快捷工具栏中的【草绘显示过滤器】按钮▦，打开图 2.16 所示的下拉列表，勾选【尺寸显示】复选框。

（4）此时，阶梯轴草图上显示尺寸，如图 2.17 所示。双击尺寸值进行修改，结果如图 2.10 所示。

图 2.16　勾选【尺寸显示】复选框

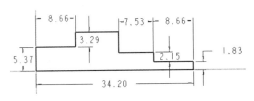

图 2.17　显示尺寸

2.2.2　圆

在日常生活和数学知识里讲到圆时，主要涉及的概念有圆心、半径和直径。在 Creo Parametric 里绘制一个圆时，也要通过这些参数定义和确定圆。【圆】命令下拉列表中有四种绘制圆的方法。

1．圆心和点

【圆心和点】是指通过圆心和圆周上的某一个点来确定圆，本质意义是通过圆心和半径（直径）定义这个圆。单击【圆心和点】按钮◎，并在绘图区中单击定义圆心，然后拖动鼠标在圆周位置处单击，即可绘制一个圆。

2．同心

【同心】是指绘制圆心为同一点的多个圆。绘制此类圆的首要条件是要有一个圆心，而这个圆心可以是椭圆的，也可以是某个弧的。单击【同心】按钮◎，在绘图区中单击选择圆心，然后在适当的位置单击确定圆周位置即可。

3．3 点

【3 点】是指通过圆周上不同的 3 个点来确定圆。单击【3 点】按钮◯，在绘图区中依次单击所需要通过的 3 个点即可绘制圆。

4．3 相切

【3 相切】是指绘制一个圆，此圆满足与给定的 3 个图元相切的条件。在设计行业中，这种绘制圆的方法应用比较广泛。单击【3 相切】按钮◯，在绘图区中依次单击选择需要相切的图元。

扫一扫，看视频

动手学——绘制连接盘草图

源文件：源文件\结果文件\第 2 章\连接盘.sec
本实例绘制图 2.18 所示的连接盘草图。

【操作步骤】

（1）新建文件，进入草绘界面。单击【草绘】选项卡【草绘】面组中的【中心线】下拉按钮▼，打开下拉列表。单击【中心线】按钮┊，绘制 3 条中心线。双击修改两水平中心线间的距离尺寸为 15.00，如图 2.19 所示。

（2）单击【草绘】选项卡【草绘】面组中的【圆心和点】按钮◎，❶以上方水平中心线与竖直中心线的交点为圆心，❷在绘图区适当位置单击，绘制

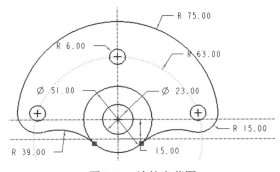

图 2.18　连接盘草图

的圆如图 2.20 所示。双击修改直径尺寸为 23.00，如图 2.21 所示。

图 2.19 绘制中心线　　　　图 2.20 绘制圆 1　　　　图 2.21 修改直径尺寸 1

（3）单击【草绘】选项卡【草绘】面组中的【同心】按钮◎，❶选择第（2）步绘制的圆，❷拖动鼠标在适当位置单击，绘制第一个同心圆；❸继续拖动鼠标在适当位置单击，绘制第二个同心圆，如图 2.22 所示。双击，修改直径尺寸分别为 51.00 和 150.00，如图 2.23 所示。

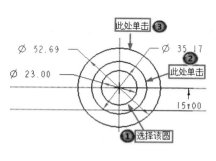

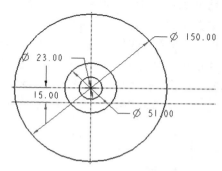

图 2.22 绘制同心圆　　　　　　　图 2.23 修改直径尺寸 2

（4）选中尺寸 150.00，弹出快捷菜单，单击【半径】按钮，如图 2.24 所示。将直径标注转换为半径标注，如图 2.25 所示。

（5）单击【草绘】选项卡【草绘】面组中的【圆心和点】按钮◉，以下方水平中心线与竖直中心线的交点为圆心，绘制图 2.26 所示的圆并修改直径尺寸为 126.00，将其修改为半径标注。

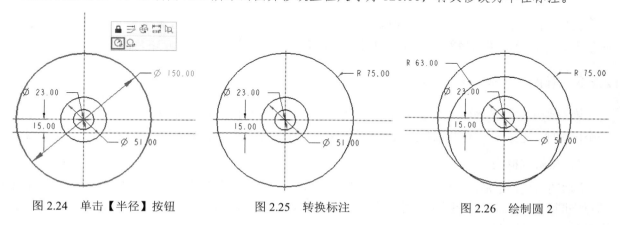

图 2.24 单击【半径】按钮　　　图 2.25 转换标注　　　　图 2.26 绘制圆 2

（6）选中第（5）步绘制的半径为 63.00 的圆，在弹出的快捷菜单中单击【构造】按钮，将其转换为构造线，如图 2.27 所示。

（7）单击【草绘】选项卡【草绘】面组中的【圆心和点】按钮◉，以构造圆上的一点为圆心，绘制与半径 75.00 的圆相切的圆，并修改直径尺寸为 30.00，将其修改为半径标注，如图 2.28 所示。

（8）继续绘制 3 个半径为 6.00 的小圆和左侧半径为 15.00 的圆，结果如图 2.29 所示。

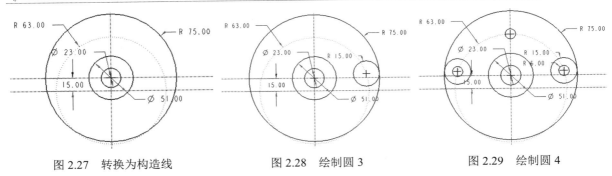

图 2.27 转换为构造线　　　　图 2.28 绘制圆 3　　　　图 2.29 绘制圆 4

（9）单击【草绘】选项卡【草绘】面组中的【3 点】按钮◎，❶在半径为 15.00 的圆上选择第一点，❷再在直径为 51.00 的圆上选择第二点，❸在任意位置单击选择第三点绘制圆，如图 2.30 所示。同理绘制左侧的圆，如图 2.31 所示。

（10）单击【草绘】选项卡【约束】面组中的【相切】按钮♀，选择第（9）步绘制的右侧的圆与半径 15.00 的圆相切。同理，设置该圆与直径 51.00 的圆相切。

（11）使用同样的方法，设置左侧的圆的相切约束（相切约束命令会在第 3 章进行介绍），并修改尺寸半径为 311.00，结果如图 2.32 所示。

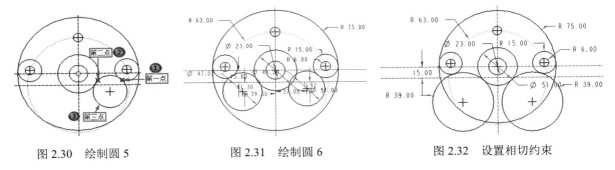

图 2.30 绘制圆 5　　　　图 2.31 绘制圆 6　　　　图 2.32 设置相切约束

（12）单击【草绘】选项卡【编辑】面组中的【删除段】按钮♀，在需要修剪的图形上单击，对图形进行整理，结果如图 2.18 所示（【删除段】命令会在第 3 章进行介绍）。

2.2.3　椭圆

在日常生活和数学知识里讲到椭圆时，主要涉及的概念有长轴和短轴。在 Creo Parametric 里绘制一个椭圆时，也要通过这些参数定义和确定椭圆。【椭圆】命令下拉列表中有两种绘制椭圆的方法。

1．轴端点椭圆

【轴端点椭圆】是指通过定义椭圆某个轴的两个端点和另一个轴的一个端点绘制椭圆。单击【轴端点椭圆】按钮◎，在绘图区中通过两个端点定义椭圆的某个轴，然后拖动鼠标到适当的位置单击定义另一个轴的端点。

2．中心和轴椭圆

【中心和轴椭圆】是指利用椭圆的圆心和两个轴的轴端点绘制椭圆。单击【中心和轴椭圆】按钮◎，在绘图区中单击定义椭图的圆心，然后拖动鼠标定义一个轴的端点，再拖动鼠标定义另一个轴的端点。通过轴的端点定义长短半径的长度。

动手学——绘制化妆镜草图

源文件: 源文件\结果文件\第 2 章\化妆镜.sec
本实例绘制图 2.33 所示的化妆镜草图。

【操作步骤】

（1）新建文件，进入草绘界面。单击【草绘】选项卡【草绘】面组中的【中心线】按钮┊，绘制中心线，尺寸如图 2.34 所示。

（2）单击【草绘】选项卡【草绘】面组中的【中心和轴椭圆】按钮◎，❶拾取上方的水平中心线与中间的竖直中心线的交点作为椭圆的圆心，❷在竖直中心线上单击确定长半轴，❸再在水平中心线上拾取一点作为短半轴，绘制椭圆，如图 2.35 所示。双击修改尺寸，结果如图 2.36 所示。

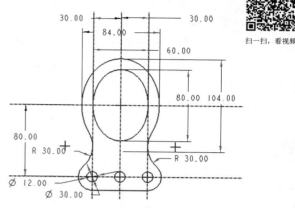

图 2.33　化妆镜草图

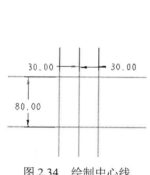

图 2.34　绘制中心线

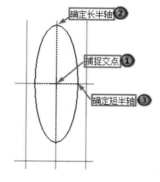

图 2.35　绘制椭圆 1

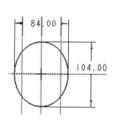

图 2.36　修改尺寸

（3）重复椭圆命令，以椭圆圆心为中心绘制第二个椭圆，并修改尺寸，结果如图 2.37 所示。

（4）单击【草绘】选项卡【草绘】面组中的【圆心和点】按钮◎，以下方水平中心线与 3 条竖直中心线的交点为圆心绘制圆并修改尺寸，结果如图 2.38 所示。

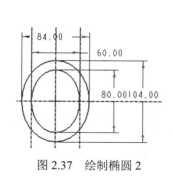

图 2.37　绘制椭圆 2

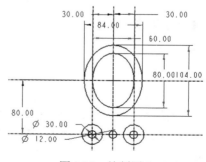

图 2.38　绘制圆 1

（5）单击【草绘】选项卡【草绘】面组中的【3 点】按钮◎，在大椭圆上选择一点，再在直径为 30.00 的圆上选择一点，在任意位置单击选择第三点，绘制圆。同理，绘制另一侧的圆，并修改尺寸半径为 30.00，结果如图 2.39 所示。

（6）单击【草绘】选项卡【约束】面组中的【相切】按钮 ，选择第（5）步绘制的右侧的圆与直径 30.00 的圆相切。同理，设置该圆与大椭圆相切。

（7）使用同样的方法，设置左侧圆的相切约束，结果如图 2.40 所示。

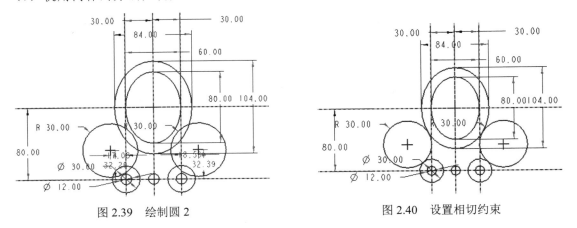

图 2.39　绘制圆 2　　　　　　　　　　　图 2.40　设置相切约束

（8）单击【草绘】选项卡【草绘】面组中的【直线相切】按钮 ，选择左侧直径为 30.00 的圆，再选择右侧直径为 30.00 的圆，绘制相切线，结果如图 2.41 所示。

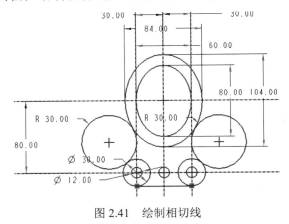

图 2.41　绘制相切线

（9）单击【草绘】选项卡【编辑】面组中的【删除段】按钮 ，删除多余的线段，结果如图 2.33 所示。

2.2.4　弧

弧就是圆周或曲线上的一段，它有自己的圆心和半径。弧包括圆弧与圆锥弧，其绘制方法大致与绘制圆的方法一样，弧需要定义弧心和两个端点。圆弧的创建有以下五种类型。

1．3 点/相切端

【3 点/相切端】是用不同的 3 个点来约束和确定弧。单击【3 点/相切端】按钮 ，在绘图区中单击确定弧的两个端点，单击第三个点确定弧的半径。

2．同心

【同心】是通过某一个曲线的圆心，绘制多个同心的圆弧。单击【同心】按钮🔊，在绘图区中选择一个圆心作为同心，然后通过定义弧的两个端点来确定一个弧；其他弧则只需定义两个端点即可绘制。

3．圆心和端点

【圆心和端点】是通过定义弧的弧心和两个端点确定一个弧。单击【圆心和端点】按钮 🔊，在绘图区中单击选择弧心，然后在适当的位置单击确定弧的两个端点。

4．3 相切 ▽

【3 相切】是绘制一个与 3 个图元相切的圆弧。单击【3 相切】按钮▽，在绘图区中依次单击 3 个要相切的图元，就可以创建 3 相切圆弧。

5．圆锥 ⌒

【圆锥】是通过圆锥的竖直轴和其周边上的点定义圆锥弧。单击【圆锥】按钮⌒，在绘图区中通过两个点定义圆锥弧的竖直轴，然后在适当位置单击定义圆锥弧的周边，如图 2.42 所示。

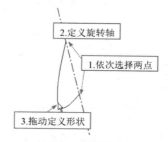

图 2.42　绘制圆锥弧

动手学——绘制拨片草图

源文件：源文件\结果文件\第 2 章\拨片.sec

本实例绘制图 2.43 所示的拨片草图。

扫一扫，看视频

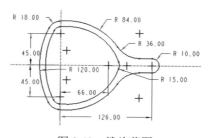

图 2.43　拨片草图

【操作步骤】

（1）新建文件，进入草绘界面。单击【草绘】选项卡【草绘】面组中的【中心线】按钮┆，绘制两条互相垂直的中心线，如图 2.44 所示。

（2）单击【草绘】选项卡【草绘】面组中的【圆心和点】按钮◎，绘制图 2.45 所示的圆。

（3）单击【草绘】选项卡【草绘】面组中的【线链】按钮〰，绘制半径为 10.00 的圆的水平切线，如图 2.46 所示。

图 2.44　绘制中心线

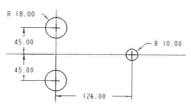

图 2.45　绘制圆

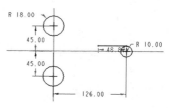

图 2.46　绘制切线

（4）单击【草绘】选项卡【草绘】面组中的【3 点/相切端】按钮 ➐，❶先在直线上单击拾取起点，❷然后在绘图区适当位置单击拾取终点，❸最后拾取第三点，绘制图 2.47 所示的圆弧 1。同理，❹先拾取圆弧 1 的终点作为圆弧 2 的起点，❺再在半径为 18.00 的圆弧上拾取一点作为终点，❻然后在适当的位置拾取第三点绘制圆弧 2，如图 2.48 所示。接下来，❼在半径为 18.00 的圆弧上拾取一点作为起点，❽再在下方半径为 18.00 的圆弧上拾取一点作为终点，❾然后在适当的位置拾取第三点绘制圆弧 3，如图 2.49 所示。圆弧绘制完成，结果如图 2.50 所示。

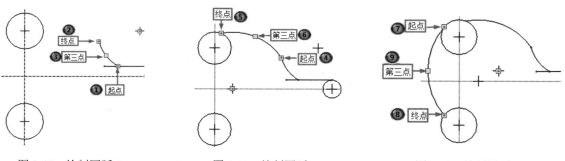

图 2.47　绘制圆弧 1　　　　　图 2.48　绘制圆弧 2　　　　　图 2.49　绘制圆弧 3

（5）单击【草绘】选项卡【约束】面组中的【相切】按钮 ✓，设置圆弧 1 与直线和圆弧 2 的相切约束及圆弧 2 与半径为 18.00 的圆的相切约束，再设置圆弧 3 与两个半径为 18.00 的圆的相切约束，并修改圆弧 1、圆弧 2 和圆弧 3 的半径分别为 36.00、84.00 和 120.00，如图 2.51 所示。

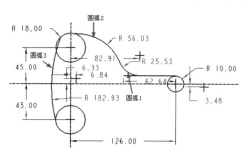

图 2.50　绘制圆弧结果

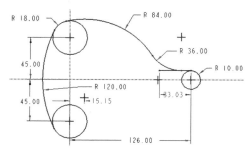

图 2.51　设置相切约束 1

（6）按住 Ctrl 键，选中半径为 84.00 和半径为 36.00 的圆弧以及直线段，如图 2.52 所示。单击【草绘】选项卡【编辑】面组中的【镜像】按钮 ⏸⏸，再选择水平中心线，镜像完成，结果如图 2.53 所示（【镜像】命令会在后续章节进行介绍）。

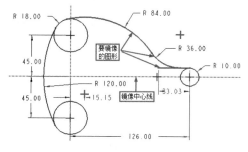

图 2.52　选择要镜像的图形

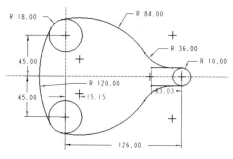

图 2.53　镜像结果

（7）单击【草绘】选项卡【编辑】面组中的【删除段】按钮 ，删除多余的线段，结果如图 2.54 所示。

（8）单击【草绘】选项卡【草绘】面组中的【偏移】按钮 ，弹出图 2.55 所示的【偏移】对话框。选择偏移类型为【单一】，选中半径为 84.00 的圆弧，弹出【距离】输入框，输入偏移量为−8，如图 2.56 所示。单击【偏移】对话框的【创建几何并关闭选项卡】按钮 ，偏移完成。同理，将 2 个半径为 18.00 的圆弧、半径为 120.00 的圆弧和半径为 84.00 的圆弧进行偏移，结果如图 2.57 所示。

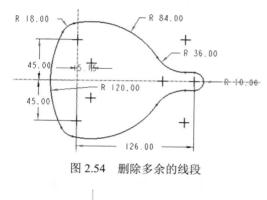

图 2.54　删除多余的线段

图 2.55　【偏移】对话框

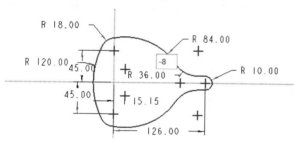

图 2.56　选择要偏移的圆弧并输入偏移量

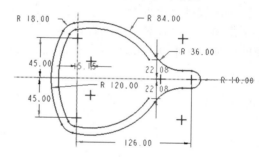

图 2.57　偏移结果

（9）单击【草绘】选项卡【草绘】面组中的【线链】按钮 ，在中心线上绘制一条水平线作为辅助线，关闭尺寸线，如图 2.58 所示。

（10）单击【草绘】选项卡【编辑】面组中的【拐角】按钮 ，在绘图区单击选择圆弧 4，再单击直线，修剪完成。同理，修剪圆弧 5 和直线，选中剩余的直线段将其删除，结果如图 2.59 所示。

（11）单击【草绘】选项卡【草绘】面组中的【圆心和端点】按钮 ，❶在水平中心线上单击拾取一点作为圆弧的圆心，再在绘图区适当位置分别拾取圆弧的❷起点和❸终点，绘制图 2.60 所示的圆弧。双击修改半径为 15.00，定位尺寸为 66.00，如图 2.61 所示。

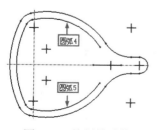

图 2.58　绘制辅助线

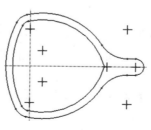

图 2.59　修剪结果

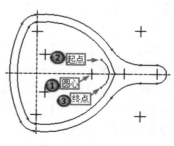

图 2.60　绘制圆弧

（12）单击【草绘】选项卡【约束】面组中的【相切】按钮，设置圆弧 4、圆弧 5 和半径为 15.00 的圆弧的相切约束，结果如图 2.62 所示。

（13）单击【草绘】选项卡【编辑】面组中的【删除段】按钮，删除多余的圆弧，结果如图 2.43 所示。

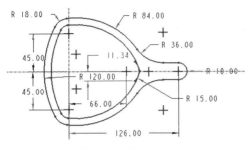

图 2.61　修改尺寸

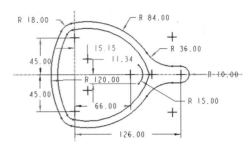

图 2.62　设置相切约束 2

2.2.5　样条曲线

样条曲线是指通过给定的一组控制点绘制曲线，并且每个相邻控制点上的切线都平行。曲线大致形状都由这些点控制，而通过控制点的疏密程度可以控制曲线的凹凸程度。绘制完的曲线随着控制点的拖动发生形状上的改变，在数控加工行业中应用比较广泛，如图 2.63 所示。

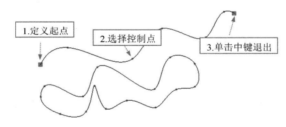

图 2.63　绘制样条曲线

扫一扫，看视频

动手学——绘制苹果草图

源文件： 源文件\结果文件\第 2 章\苹果.sec

本实例绘制图 2.64 所示的苹果草图。

【操作步骤】

（1）新建文件，进入草绘界面。单击【草绘】选项卡【草绘】面组中的【中心线】按钮，绘制两条互相垂直的中心线和两条斜中心线，如图 2.65 所示。

（2）单击【草绘】选项卡【草绘】面组中的【样条】按钮，依次拾取图 2.66 所示的❶第一点、❷第二点、❸第三点、❹第四点、❺第五点和❻第六点，绘制样条曲线，其中第三点和第五点位于斜中心线上。

（3）单击【草绘】选项卡【草绘】面组中的【线链】按钮，绘制图 2.67 所示的直线。

（4）按照图 2.64 双击修改尺寸，结果如图 2.68 所示。

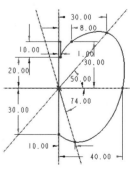

图 2.64　苹果草图

（5）单击【草绘】选项卡【尺寸】面组中的【尺寸】按钮|↔|，标注第二点两个方向的定位尺寸，结果如图 2.64 所示。

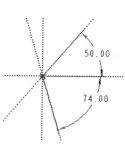

图 2.65　绘制中心线

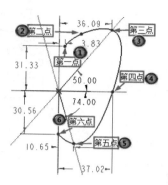

图 2.66　绘制样条曲线

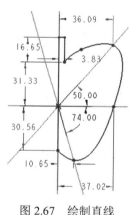

图 2.67　绘制直线

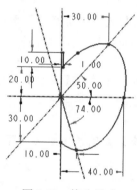

图 2.68　修改尺寸

2.2.6　矩形

矩形是常见的多边形之一。【草绘】面组中有专门的矩形命令，其中包括【拐角矩形】【斜矩形】【中心矩形】和【平行四边形】。

（1）【拐角矩形】▭：通过定义斜线的两个端点绘制矩形。单击【拐角矩形】按钮▭，在绘图区中单击定义一个顶点，再单击定义另一个顶点。

（2）【斜矩形】◇：通过相邻的两条边长绘制矩形。单击【斜矩形】按钮◇，在绘图区中单击定义第一条边长，再单击定义第二条边的端点。

（3）【中心矩形】▭：通过定义矩形的中心点和一个端点绘制矩形。单击【中心矩形】按钮▭，在绘图区中单击定义矩形的中心点，再单击定义矩形的一个端点。

（4）【平行四边形】▱：平行四边形与斜矩形一样，通过两条相邻边绘制矩形。单击【平行四边形】按钮▱，在绘图区中单击定义第一条边长，再单击定义第二条边的端点。

动手学——绘制底座草图

源文件：源文件\结果文件\第 2 章\底座.sec
本实例绘制图 2.69 所示的底座草图。

扫一扫，看视频

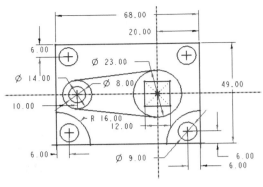

图 2.69　底座草图

【操作步骤】

（1）新建文件，进入草绘界面。单击【草绘】选项卡【草绘】面组中的【中心线】按钮，绘制两条互相垂直的中心线，如图 2.70 所示。

（2）单击【草绘】选项卡【草绘】面组中的【拐角矩形】下拉按钮，❶在绘图区单击拾取第一点，❷拖动鼠标，当出现上下对称符号时单击拾取第二点，如图 2.71 所示。修改尺寸后的矩形如图 2.72 所示。

（3）单击【草绘】选项卡【草绘】面组中的【中心矩形】按钮，❶选择两个中心线的交点作为矩形的中心，❷拖动鼠标，在适当位置单击绘制矩形，如图 2.73 所示。修改矩形的尺寸为 12.00，如图 2.74 所示。

（4）单击【草绘】选项卡【草绘】面组中【圆心和点】按钮，绘制圆，如图 2.75 所示。

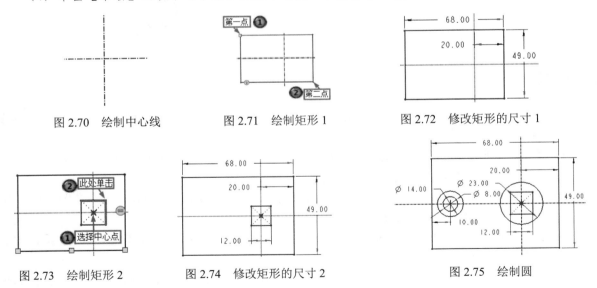

图 2.70　绘制中心线　　　　图 2.71　绘制矩形 1　　　　图 2.72　修改矩形的尺寸 1

图 2.73　绘制矩形 2　　　　图 2.74　修改矩形的尺寸 2　　　　图 2.75　绘制圆

（5）单击【草绘】选项卡【草绘】面组中的【直线相切】按钮，在直径为 14.00 的圆上单击选择起点，再在水平中心线同一侧单击选择直径为 23.00 的圆上一点作为直线的终点。同理，绘制另一侧的切线，如图 2.76 所示。

（6）单击【草绘】选项卡【草绘】面组中的【圆心和点】按钮，绘制圆并修改尺寸，如图 2.77 所示。

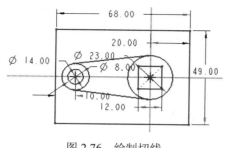

图 2.76 绘制切线

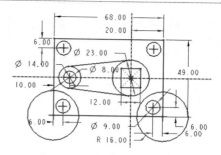

图 2.77 绘制圆并修改尺寸

（7）单击【草绘】选项卡【编辑】面组中的【删除段】按钮✂，在需要修剪的图形上单击，对图形进行整理，结果如图 2.69 所示。

2.2.7 多边形

三角形、四边形、五边形到 N 边形统称为多边形。单击【草绘】选项卡【草绘】面组中的【选项板】按钮◨，打开【草绘器选项板】对话框。选择要绘制的多边形，双击多边形，在绘图区中找到合适的位置，单击定义多边形的质量中心点，然后修改参数。对于正多边形，输入的数值就是边长长度。【轮廓】【形状】等图形也可以使用同样的方法绘制。

动手学——绘制六角扳手草图

源文件：源文件\结果文件\第 2 章\六角扳手.sec
本实例绘制图 2.78 所示的六角扳手草图。

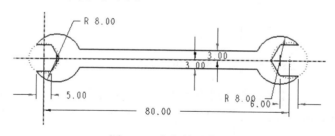

图 2.78 六角扳手草图

【操作步骤】

（1）新建文件，进入草绘界面。单击【草绘】选项卡【草绘】面组中的【中心线】按钮┆，绘制两条互相垂直的中心线。

（2）单击【草绘】选项卡【草绘】面组中的【选项板】按钮◨，打开【草绘器选项板】对话框。❶双击【六边形】选项，❷在绘图区拾取一点放置六边形，如图 2.79 所示，同时弹出【导入截面】操控板，如图 2.80 所示。❸双击修改六边形的半径为 5.00，❹关闭窗口。❺单击【确定】按钮，关闭操控板。此时，六边形如图 2.81 所示。

（3）单击【草绘】选项卡【约束】面组中的【重合】按钮━，在绘图区单击六边形的中心点，再单击竖直中心线，使其二者重合。同理，单击六边形的中心点，再单击水平中心线，使其二者重合，结果如图 2.82 所示。

（4）使用同样的方法，绘制半径为 6.00 的六边形，并设置六边形与水平中心线的重合约束，标注两个六边形的中心距离为 80.00，结果如图 2.83 所示。

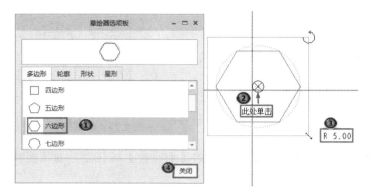

图 2.79 【草绘器选项板】对话框

图 2.80 【导入截面】操控板

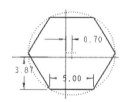
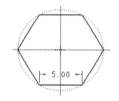
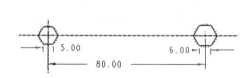

图 2.81 六边形　　　图 2.82 设置重合约束后的六边形　　　图 2.83 绘制半径为 6.00 的六边形

（5）单击【草绘】选项卡【草绘】面组中的【3 点/相切端】按钮，拾取图 2.84 所示的第一点和第二点，然后在绘图区任意位置单击，确定第三点。同理，绘制另一端的圆弧，修改两圆弧半径为 8.00，如图 2.85 所示。

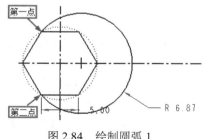
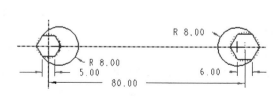

图 2.84 绘制圆弧 1　　　　　　　　　图 2.85 绘制圆弧 2

（6）单击【草绘】选项卡【草绘】面组中的【线链】按钮，绘制两条直线，直线的起点和终点分别位于圆弧上，标注尺寸，如图 2.86 所示。

（7）单击【草绘】选项卡【编辑】面组中的【删除段】按钮，删除多余的图线，绘制的六角扳手草图如图 2.78 所示。

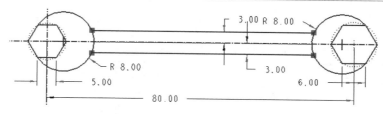

图 2.86　绘制直线

2.2.8　倒角

倒角是应生产过程中某些工艺要求而产生的一类特征，不仅在机械制造行业中使用，而且在建筑、家电等行业中也广泛应用。

倒角有两种不同效果的创建方法，其各自的作用也不一样。

1．倒角

【倒角】是在两条相交线或端点比较相邻的两条线之间完成一个有角度和长度参数的直线连接，而相交点会被剪切掉。该命令在剪切相交点后会留下虚线式的延伸线，显示两条线先前相交之处。单击【倒角】按钮，在绘图区中单击选择两条目标线，然后更改倒角线的参数即可。

2．倒角修剪

【倒角修剪】与【倒角】一样，是在两条相交线或端点比较相邻的两条线之间完成一个有角度和长度参数的直线连接，而剪切后不会留下任何痕迹。单击【倒角修剪】按钮，在绘图区中单击选择两条目标线，然后修改倒角线的参数即可。

动手学——绘制轴套草图

源文件：源文件\结果文件\第 2 章\轴套.sec
本实例绘制图 2.87 所示的轴套草图。

【操作步骤】

（1）新建文件，进入草绘界面。单击【草绘】选项卡【草绘】面组中的【中心线】按钮，绘制两条互相垂直的中心线。

（2）单击【草绘】选项卡【草绘】面组中的【拐角矩形】下拉按钮，绘制图 2.88 所示的矩形。

（3）单击【草绘】选项卡【草绘】面组中的【线链】按钮，绘制阶梯孔，并设置对称约束，结果如图 2.89 所示。

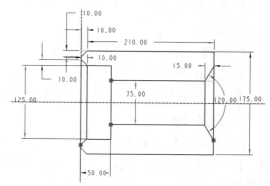

图 2.87　轴套草图

（4）单击【草绘】选项卡【草绘】面组中的【倒角】按钮，①选择第一条边，②再选择第二条边，倒角完成，修改尺寸后的倒角如图 2.90 所示。

（5）使用同样的方法，对另一侧和大端孔口进行倒角，结果如图 2.91 所示。

（6）按住 Ctrl 键，选中倒角线，单击【草绘】选项卡【编辑】面组中的【镜像】按钮，选择水平中心线作为镜像线，因为倒角时会自动修剪图线，所以需要补全图线。删除多余图线后的轴套草图如图 2.87 所示。

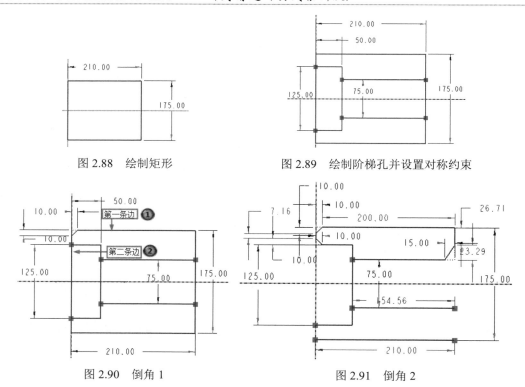

图 2.88　绘制矩形　　　　　　图 2.89　绘制阶梯孔并设置对称约束

图 2.90　倒角 1　　　　　　　图 2.91　倒角 2

2.2.9　圆角

圆角也是应生产过程中某些工艺要求而产生的一类特征，不仅在机械制造行业中使用，而且在建筑、家电等行业中也广泛应用。

圆角与倒角一样，也有两种不同效果的创建方法。

1．圆形

【圆形】是在两条相交线或端点比较相邻的两条线之间完成一个有角度和半径参数的弧形连接，也可以在两个相邻的圆之间完成一个倒圆角操作。单击【圆形】按钮，在绘图区中选择两个目标图元，修改圆角参数即可。在必要时可以拖动圆角的圆心，适当调整位置。

2．圆形修剪

【圆形修剪】与【圆形】命令一样，是在两条相交线或端点比较相邻的两条线之间完成一个有角度和半径参数的弧形连接，而剪切后不会留下任何痕迹。单击【圆形修剪】按钮，在绘图区中选择两条目标线，单击修改参数即可。

3．椭圆形

【椭圆形】是在两条相交线或端点比较相邻的两条线之间完成一个有角度和半径参数的椭圆弧连接，同样也可以在两个相邻的圆之间完成椭圆形的倒圆角。单击【椭圆形】按钮，在绘图区中单击选择目标图元，修改圆角参数即可。

4．椭圆形修剪

【椭圆形修剪】与【椭圆形】命令一样，是在两条相交线或端点比较相邻的两条线之间完成一个有角度和半径参数的椭圆弧连接，而剪切后不会留下任何痕迹。单击【椭圆形修剪】按钮，在绘图区中选择两条目标线，单击修改参数即可。

动手学——绘制垫片草图

源文件：源文件\结果文件\第 2 章\垫片.sec
本实例绘制图 2.92 所示的垫片草图。

【**操作步骤**】

（1）新建文件，进入草绘界面。单击【草绘】选项卡【草绘】面组中的【中心线】按钮，绘制两条互相垂直的中心线。

（2）单击【草绘】选项卡【草绘】面组中的【拐角矩形】下拉按钮，绘制图 2.93 所示的矩形。

（3）单击【草绘】选项卡【草绘】面组中的【线链】按钮，绘制凹槽并设置对称约束，如图 2.94 所示。

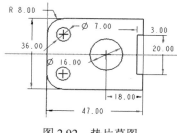

图 2.92　垫片草图

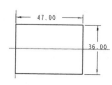

图 2.93　绘制矩形

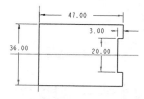

图 2.94　绘制凹槽并设置对称约束

（4）单击【草绘】选项卡【草绘】面组中的【圆形修剪】按钮，❶单击图 2.95 所示的第一条边，❷再单击第二条边，修改半径为 8.00，圆角完成。同理，对另一侧进行圆角，并与圆角 1 设置相等约束，结果如图 2.96 所示。

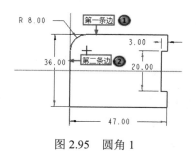

图 2.95　圆角 1

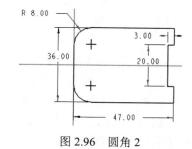

图 2.96　圆角 2

（5）单击【草绘】选项卡【草绘】面组中的【圆心和点】按钮，绘制圆，最终结果如图 2.92 所示。

2.2.10　文本

在某些工程图里，为了更好地读懂图纸，需要在图里添加必要的文字注释，Creo Parametric 中有专门绘制文字的【文本】命令。

单击【草绘】选项卡【草绘】面组中的【文本】按钮**A**，在绘图区中自下而上单击，确定文本的高度和位置，弹出图 2.97 所示的【文本】对话框。在该对话框中可以输入文本，并设置字体、位置、长宽比、倾斜角等参数。

图 2.97　【文本】对话框

动手学——绘制文字

源文件：源文件\结果文件\第 2 章\绘制文字.sec
本实例绘制图 2.98 所示的文字。

【操作步骤】

（1）新建文件，进入草绘界面。单击【草绘】选项卡
【草绘】面组中的【样条】按钮 ～，绘制图 2.99 所示的样
条曲线。

（2）单击【草绘】选项卡【草绘】面组中的【文本】

图 2.98　绘制文字

按钮 A，❶在绘图区单击样条曲线的起点，自下而上拖动
鼠标，❷在适当位置单击，确定文本位置和大小，如图 2.100 所示。弹出【文本】对话框，❸在【文
本】文本框中输入【Creo Parametric 11.0】，❹【字体】选择【font3d】，❺【水平】选择【左侧】，
❻【竖直】选择【底部】，❼【长宽比】设置为 1.000，❽【倾斜角】设置为 0.000，❾【间距】
设置为 1.000，❿勾选【沿曲线放置】复选框，如图 2.101 所示。

图 2.99　样条曲线

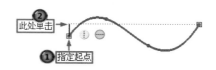

图 2.100　确定文本位置和大小

（3）⓫在绘图区选择曲线，⓬单击【确定】按钮，完成文本的创建，绘制的文字如图 2.98
所示。

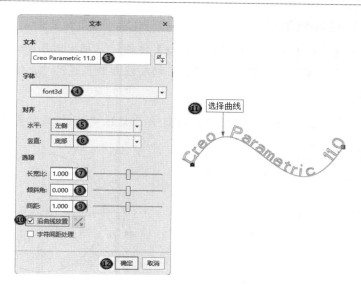

图 2.101 设置文本格式

2.3 综合实例——绘制法兰盘截面草图

扫一扫，看视频

本实例绘制图 2.102 所示的法兰盘截面草图。法兰盘截面设计在机械设计中相当普遍，而且完成比较简单，它的外形设计是通过草图绘制、约束等技巧完成的。本实例的目的是帮助读者掌握各种草图绘制和编辑命令的使用方法，以及对尺寸约束工具的灵活运用。

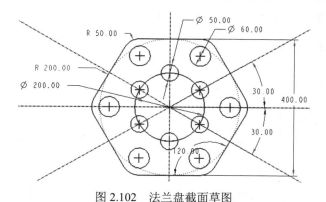

图 2.102 法兰盘截面草图

【操作步骤】

1. 绘制水平和竖直中心线

新建文件，进入草绘界面。单击【草绘】选项卡【草绘】面组中的【中心线】按钮┆，在绘图区单击以确定水平中心线上的一点。移动光标，当中心线受到水平约束时（绘图区出现【━】图标），中心线自动变为水平，单击以确定中心线的另一点，完成水平中心线的绘制。使用同样的方法绘制竖直中心线，当绘图区出现【①】图标时，单击以生成竖直中心线。

2．以中心线的交点为圆心绘制圆

单击【草绘】选项卡【草绘】面组中的【圆心和点】按钮◎，捕捉两条中心线的交点，单击以确定圆心，在目标位置单击以确定圆的半径，系统将自动标注圆的直径尺寸，结果如图 2.103 所示。

3．绘制斜向中心线

采用与步骤 1 相同的方法，绘制两条过圆心的斜向中心线 1 和 2，结果如图 2.104 所示。

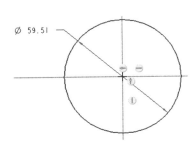

图 2.103　绘制水平、竖直中心线及圆

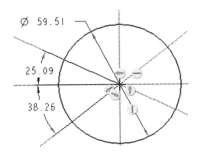

图 2.104　绘制斜向中心线

4．修改标注尺寸

方法 1：双击现有尺寸标注，在弹出的文本框中输入新尺寸值，按 Enter 键确定。本实例中将圆的直径设为 200.00，斜向中心线 1、2 和水平中心线的夹角均改为 30°。

方法 2：单击【草绘】选项卡【编辑】面组中的【修改】按钮，再单击要修改的尺寸标注，如圆的直径，弹出图 2.105 所示的【修改尺寸】对话框。在【sd0】文本框中输入圆的直径为 200.00，在【sd1】和【sd2】文本框中分别输入斜向中心线 1、2 和水平中心线的夹角 30°，单击【确定】按钮，完成尺寸标注。修改尺寸后的图形如图 2.106 所示。

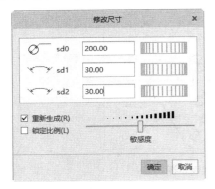

图 2.105　【修改尺寸】对话框

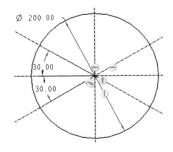

图 2.106　修改尺寸后的图形

5．绘制正六边形

（1）单击【草绘】选项卡【草绘】面组中的【选项板】按钮，打开【草绘器选项板】对话框，双击【六边形】选项，在绘图区拾取一点放置六边形，同时弹出【导入截面】操控板，关闭对话框。单击操控板中的【确定】按钮，此时六边形如图 2.107 所示。

（2）单击【草绘】选项卡【约束】面组中的【重合】按钮，选取六边形的中心点，再选取圆心点，使其二者重合，结果如图 2.108 所示。

（3）单击【草绘】选项卡【尺寸】面组中的【尺寸】按钮↦，选择六边形的对边进行尺寸标注，弹出【解决草绘】对话框，如图 2.109 所示。选择尺寸【sd2=60.95】，单击【删除】按钮，在绘图区修改尺寸值为 400.00，如图 2.110 所示。

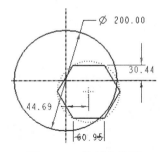

图 2.107　绘制六边形

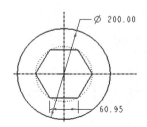

图 2.108　添加重合约束

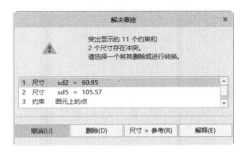

图 2.109　【解决草绘】对话框

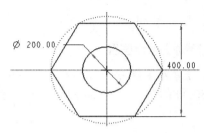

图 2.110　修改尺寸

6．倒圆角

（1）单击【草绘】选项卡【草绘】面组中的【圆形修剪】按钮◣，依次选取相邻边进行倒圆角。单击快捷工具栏中的【草绘器显示过滤器】下拉按钮▦，在打开的下拉列表中取消勾选【尺寸显示】复选框，关闭尺寸显示，如图 2.111 所示。

（2）单击【草绘】选项卡【约束】面组中的【相等】按钮＝，依次选取圆角，为圆角添加相等约束，使圆角半径相等。同理，为圆角之间的直线段设置相等约束，修改圆角半径为 50.00，如图 2.112 所示。

（3）单击【草绘】选项卡【约束】面组中的【水平】按钮╋，选择水平边线，设置水平约束。

（4）单击【草绘】选项卡【约束】面组中的【平行】按钮∥，分别选择六边形的两条对边设置平行约束。

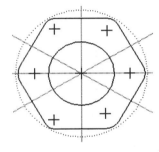

图 2.111　倒圆角

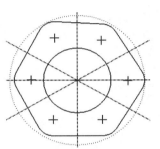

图 2.112　设置相等约束

（5）单击【草绘】选项卡【约束】面组中的【对称】按钮 ✛⃮ ，分别选择中心线两侧的圆心点设置对称约束。勾选快捷工具栏中的【约束显示】复选框，结果如图 2.113 所示。

（6）取消勾选快捷工具栏中的【约束显示】复选框，勾选【尺寸显示】复选框，修改尺寸，结果如图 2.114 所示。

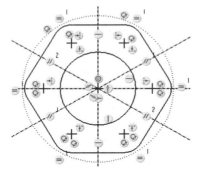

图 2.113　设置对称约束

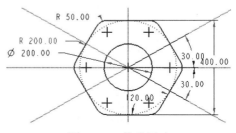

图 2.114　修改尺寸

7．绘制法兰盘圆孔

单击【草绘】选项卡【草绘】面组中的【圆心和点】按钮 ⊙ ，在圆与中心线的交点处绘制 6 个直径为 50.00 的圆，以圆角的圆心为圆心绘制 6 个直径为 60.00 的圆，最终绘制效果如图 2.102 所示。

第 3 章　二维草图编辑

内容简介

草图编辑和草图绘制具有同样重要的地位，二者相辅相成。本章主要讲述图形编辑、尺寸标注和编辑以及几何约束。

内容要点

- ❯ 图形编辑
- ❯ 尺寸标注和编辑
- ❯ 几何约束

案例效果

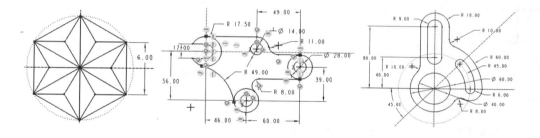

3.1　图　形　编　辑

单纯地使用前面章节中所讲述的绘制图元命令只能绘制一些简单的图形，要想获得复杂的截面图形，就必须借助于草图编辑工具对图元进行位置、形状等的调整。

3.1.1　镜像

镜像功能用于镜像复制选取的图元，以提高绘图效率，减少重复操作。

在绘图过程中经常会遇到一些对称的图形，这时就可以绘制半个截面，然后进行镜像得到完整图形。

动手学——绘制轴承座草图

源文件：源文件\结果文件\第 3 章\轴承座.sec

本实例绘制图 3.1 所示的轴承座草图。

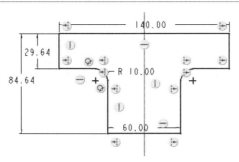

图 3.1　轴承座草图

【操作步骤】

（1）新建文件，进入草绘界面。单击【草绘】选项卡【草绘】面组中的【中心线】按钮┆，绘制一条竖直中心线。

（2）单击【草绘】选项卡【草绘】面组中的【线链】按钮∿，绘制图 3.2 所示的图形。

（3）单击【草绘】选项卡【草绘】面组中的【圆形修剪】按钮∖，对图形进行圆角处理，圆角半径为 10.00，结果如图 3.3 所示。

（4）❶选中要镜像的图元（按住 Ctrl 键可以选中多个图元），被选中的图元将高亮显示，如图 3.4 所示。

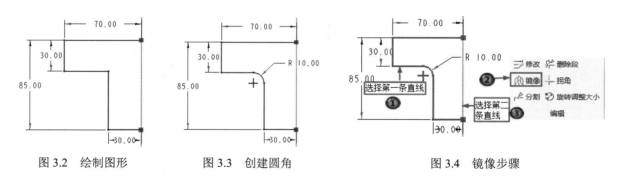

图 3.2　绘制图形　　　　图 3.3　创建圆角　　　　图 3.4　镜像步骤

（5）❷单击【草绘】选项卡【编辑】面组中的【镜像】按钮▥，❸根据提示选取中心线作为镜像的中心线，系统将所有选取的图元沿中心线进行镜像，镜像结果如图 3.1 所示。

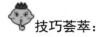技巧荟萃：

> 镜像功能只能镜像几何图元，无法镜像尺寸、文本图元、中心线和参考图元。

3.1.2　删除段

删除段就是删除不需要的线段，其步骤是先单击【删除段】按钮，再选择修剪对象，按住鼠标中键结束修剪。

删除段可以动态修剪图元的多余线段，如图 3.5 所示。在【草绘】选项卡【编辑】面组中单击【删除段】按钮┮，按住鼠标左键，在图元上选择要修剪的部分并拖动鼠标，会出现一条拖动过的红色线段，被选中的图元的多余线段会被修剪掉。

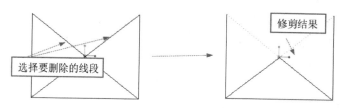

图 3.5　删除段

动手学——绘制雪凌花草图

源文件：源文件\结果文件\第 3 章\雪凌花.sec
本实例绘制图 3.6 所示的雪凌花草图。

【操作步骤】

（1）新建文件，进入草绘界面。单击【草绘】选项卡【草绘】面组中的【中心线】按钮┊，绘制两条互相垂直的中心线。

（2）单击【草绘】选项卡【草绘】面组中的【选项板】按钮▢，打开【草绘器选项板】对话框，如图 3.7 所示。双击【六边形】选项，在绘图区选择一点放置六边形，弹出【导入截面】操控板，修改六边形的边长为 6.00，角度为 90°。关闭对话框，单击操控板中的【确定】按钮，如图 3.8 所示。

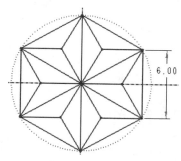

图 3.6　雪凌花草图

扫一扫，看视频

图 3.7　【草绘器选项板】对话框

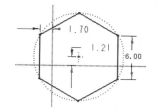

图 3.8　绘制六边形

（3）单击【草绘】选项卡【约束】面组中的【重合】按钮━○，在绘图区单击六边形的中心点，再单击水平中心线，使其二者重合。同理，设置六边形的中心点与竖直中心线的重合约束，结果如图 3.9 所示。

（4）单击【草绘】选项卡【草绘】面组中的【线链】按钮〜，绘制图 3.10 所示的顶点连接线。

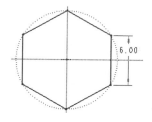

图 3.9　设置重合约束

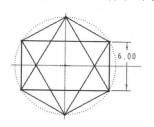

图 3.10　绘制顶点连接线

49

（5）单击【草绘】选项卡【编辑】面组中的【删除段】按钮，在绘图区要修剪的图形附近单击并拖动鼠标，依次选中要删除的线段，如图3.11所示，删除结果如图3.12所示。

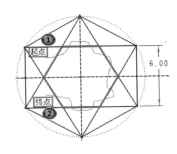

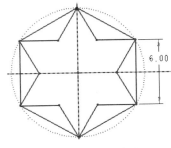

图3.11　选中要删除的线段　　　　　　　　图3.12　删除结果

（6）单击【草绘】选项卡【草绘】面组中的【线链】按钮，绘制连接线，结果如图3.6所示。

3.1.3　拐角

【拐角】命令多用于两个相交而且有多余段的图元间，修剪掉多余的线段，如图3.13所示。在【草绘】选项卡【编辑】面组中单击【拐角】按钮，在绘图区中单击选择相交的两条线，单击选择的部分就是需要留下的部分。

【拐角】命令可将图元修剪和延伸至其他几何体，具体操作过程如下。

（1）依次单击两条直线，如图3.14所示的黑点处。

（2）延长一条直线到指定直线，并修剪另一条直线多余的部分，如图3.15所示。

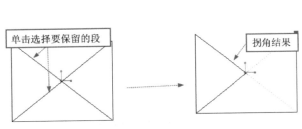

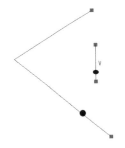

图3.13　拐角　　　　　　　图3.14　选取两条直线　　图3.15　生成直线延长线

扫一扫，看视频

动手学——绘制支架草图

源文件：源文件\结果文件\第3章\支架.sec
本实例绘制图3.16所示的支架草图。

【操作步骤】

（1）新建文件，进入草绘界面。单击【草绘】选项卡【草绘】面组中的【中心线】按钮，绘制两条互相垂直的中心线。

（2）单击【草绘】选项卡【草绘】面组中的【线链】按钮，绘制直线，取消勾选快捷工具栏中的【尺寸显示】复选框，结果如图3.17所示。

（3）单击【草绘】选项卡【草绘】面组中的【3点/相切端】按钮，

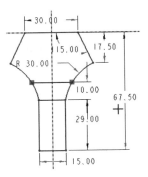

图3.16　支架草图

绘制圆弧，如图 3.18 所示。

（4）单击【草绘】选项卡【草绘】面组中的【线链】按钮，绘制图 3.19 所示的直线。

（5）单击【草绘】选项卡【编辑】面组中的【拐角】按钮，❶单击直线要保留的部分，❷再单击圆弧要保留的部分，结果如图 3.20 所示。

（6）同理，修剪下部圆弧和直线，结果如图 3.21 所示。

（7）选中所有图素，单击【草绘】选项卡【编辑】面组中的【镜像】按钮，选择竖直中心线作为镜像线，结果如图 3.22 所示。

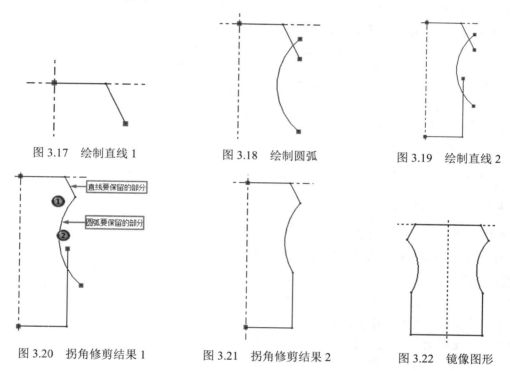

图 3.17　绘制直线 1　　　　图 3.18　绘制圆弧　　　　图 3.19　绘制直线 2

图 3.20　拐角修剪结果 1　　　图 3.21　拐角修剪结果 2　　　图 3.22　镜像图形

（8）勾选快捷工具栏中的【尺寸显示】复选框，显示尺寸并对尺寸进行修改，结果如图 3.23 所示。

（9）单击【草绘】选项卡【草绘】面组中的【线链】按钮，绘制两条直线，如图 3.24 所示。

（10）单击【草绘】选项卡【尺寸】面组中的【尺寸】按钮，标注两直线间的间距尺寸，如图 3.16 所示。

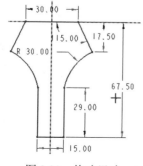

图 3.23　修改尺寸

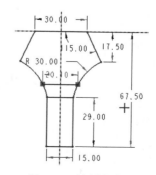

图 3.24　绘制直线 3

3.1.4 分割

分割就是把图元分割成诸多块。在【草绘】选项卡【编辑】面组中单击【分割】按钮，鼠标指针会出现带叉号的光标，在绘图区中单击选择需要分割的地方，并单击添加分割点，即可分割目标图元。

【分割】命令就是将指定图元在单击点处分割，具体操作过程如下。

（1）在当前设计环境中绘制一条直线，如图 3.25 所示。

（2）单击【草绘】选项卡【编辑】面组中的【分割】按钮，单击直线，即图 3.26 所示的黑点处。

（3）在单击处生成一个断点，将直线分为两部分，如图 3.27 所示。

图 3.25 绘制一条直线

图 3.26 单击选取直线

图 3.27 生成直线上的分割点

动手学——绘制盘盖草图

源文件：源文件\结果文件\第 3 章\盘盖.sec
本实例绘制图 3.28 所示的盘盖草图。

【操作步骤】

（1）新建文件，进入草绘界面。单击【草绘】选项卡【草绘】面组中的【中心线】按钮，绘制两条互相垂直的中心线。

（2）单击【草绘】选项卡【草绘】面组中的【中心和轴椭圆】按钮，绘制两个同心椭圆，尺寸如图 3.29 所示。

（3）单击【草绘】选项卡【草绘】面组中的【圆心和点】按钮，绘制图 3.30 所示的两个同心圆。

（4）选中第（3）步绘制的同心圆，单击【草绘】选项卡【编辑】面组中的【镜像】按钮，以水平中心线作为镜像线，镜像结果如图 3.31 所示。

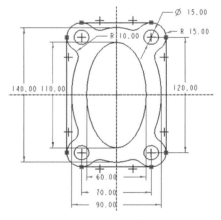
图 3.28 盘盖草图

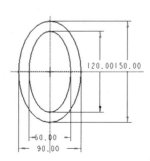
图 3.29 绘制同心椭圆

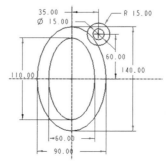
图 3.30 绘制同心圆

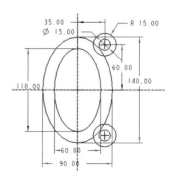
图 3.31 镜像结果 1

（5）同理，选中要镜像的 4 个圆，以竖直中心线作为镜像线，镜像结果如图 3.32 所示。

（6）单击【草绘】选项卡【草绘】面组中的【线链】按钮 ，分别在两圆之间绘制切线进行连接，如图 3.33 所示。

（7）取消勾选【尺寸显示】复选框，单击【草绘】选项卡【编辑】面组中的【分割】按钮 ，分别在图 3.34 所示的❶交点 1、❷交点 2、❸交点 3、❹交点 4、❺交点 5、❻交点 6、❼交点 7、❽交点 8 处单击进行分割，结果如图 3.35 所示。

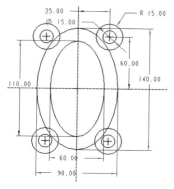

图 3.32　镜像结果 2

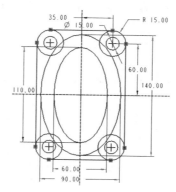

图 3.33　绘制切线

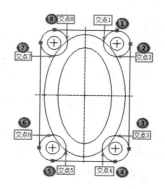

图 3.34　选择分割点

（8）单击【草绘】选项卡【草绘】面组中的【圆形修剪】按钮 ，分别选择圆弧与椭圆弧进行圆角处理，结果如图 3.36 所示。

（9）选中多余的图线，按 Delete 键进行删除，结果如图 3.37 所示。

（10）单击【草绘】选项卡【约束】面组中的【相等】按钮 ，分别选中圆角设置相等约束。

（11）单击【草绘】选项卡【约束】面组中的【对称】按钮 ，分别选中对应的圆心点设置对称约束，结果如图 3.28 所示。

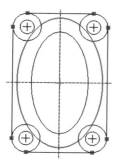

图 3.35　分割结果

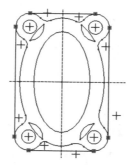

图 3.36　创建圆角

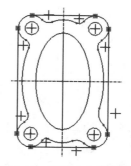

图 3.37　删除多余的图线

3.1.5　旋转调整大小

选中要进行调整的图形，单击【草绘】选项卡【编辑】面组中的【旋转调整大小】按钮 ，弹出【旋转调整大小】操控板，同时图元上会出现缩放、旋转和平移图柄，如图 3.38 所示。

（1）【缩放】功能用于对选取的图元进行比例缩放。

（2）【旋转】功能用于以某点为中心旋转图形。

（3）除了对图形进行缩放和旋转操作外，还可以进行平移。在【旋转调整大小】操控板中输入一个缩放值和一个旋转值，可以精确控制缩放比例和旋转角度；还可以通过手动拖动手柄的方式进行调整。

图 3.38　【旋转调整大小】操控板

1）拖动缩放图柄可修改截面的比例。

2）拖动旋转图柄可旋转截面。

3）拖动平移图柄可移动截面或使所选内容居中。

动手学——旋转调整草图

源文件：*源文件\结果文件\第 3 章\草图 1.sec*

本实例通过【旋转调整大小】命令对图 3.39 所示的草图进行调整。

【操作步骤】

1．打开文件

打开源文件【草图 1.sec】。

2．旋转草图

（1）选取需要缩放或旋转的图元，可以是整个截面，也可以是单个图元。❶选中矩形，如图 3.40 所示。

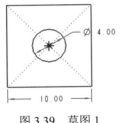

图 3.39　草图 1

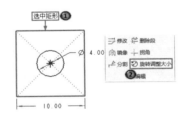

图 3.40　选取图元

（2）❷单击【草绘】选项卡【编辑】面组中的【旋转调整大小】按钮🗘，弹出【旋转调整大小】操控板，❸在操控板中设置旋转角度为 45°，❹缩放因子为 1.5，如图 3.41 所示。❺单击【确定】按钮✔，结果如图 3.42 所示。

图 3.41　设置缩放旋转参数

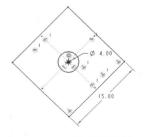

图 3.42　旋转草图结果

技巧荟萃：

只有当模型中不存在几何特征时，才可以缩放特征截面，该功能不适用于拾取角度尺寸。默认情况下，选取单个文本图元进行缩放或旋转时，平移控制滑块位于文本字符串的起点。

3.2　尺寸标注和编辑

草绘里除了绘制图元各部分的形状外，还必须准确、详尽和清晰地标注尺寸，以确定其大小，作为加工时的依据。国家标准规定图上标注的尺寸一律以毫米（mm）为单位，图上尺寸数字都不再注写单位，我们采用的【mmns-part-solid-abs】单位模板正是以 mm 为单位的，所以在进行尺寸标注时不用标注其单位。在 Creo Parametric 中，可以直接双击草图尺寸数字进行修改。

Creo Parametric 尺寸分为强尺寸与弱尺寸两种：绘图时系统自动生成的尺寸为弱尺寸，呈现灰色，双击该尺寸可修改；修改完成后按 Enter 键确定，那么该尺寸即会转变成强尺寸，呈现深颜色。

3.2.1　尺寸标注

在尺寸标注过程中，强尺寸具有比弱尺寸更强的约束力，强尺寸之间不能有冲突，即不能重复标注。强尺寸能删除，删除后即变为弱尺寸。当尺寸标注中出现冲突时，可以通过删除强尺寸的方法来解决。

1. 将弱尺寸改为强尺寸

（1）可以通过❶双击弱尺寸，❷更改值来转变，如图 3.43 所示。

（2）❶右击要修改的弱尺寸，❷在弹出的快捷菜单中选择【强】命令，❸修改尺寸值，如图 3.44 所示。

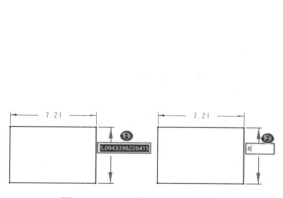

图 3.43　双击弱尺寸变强尺寸

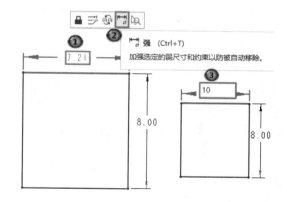

图 3.44　右击弱尺寸变强尺寸

2. 标注尺寸

【草绘】选项卡【尺寸】面组中标注尺寸的选项有 4 个。

（1）尺寸：应用中最常见的标注方式，是对直线的长度标注、圆的直径或半径的标注、两个图元中心点距离的标注等最直观尺寸最直接的标注方法。在【尺寸】面组中单击【尺寸】按钮，在绘图区中单击选择需要标注的目标，再单击鼠标中键确定目标，即可对其进行标注。

（2）周长🔲：主要用于图元链或图元环的长度标注。在【尺寸】面组中单击【周长标注】按钮🔲，按住 Ctrl 键，在图元链中选取要标注的图元，单击【选择】对话框里的【确定】按钮，系统会提示选择一个现有尺寸作为可变尺寸，从而创建一个周长尺寸。单击选取一个可变尺寸。再单击鼠标中键，完成周长尺寸的标注。如果删除了可变尺寸，那么周长尺寸也会被删除。

（3）参考🔲：对图元可以直接创建参考尺寸。在【尺寸】面组中单击【参考】按钮🔲，在绘图区中单击目标图元，再单击鼠标中键即可。也可以把现有尺寸变为参考尺寸，即选择要改变的强尺寸，右击，在弹出的快捷菜单中选择【参考】命令🔲。

（4）基线🔲：指定相对基线的尺寸。在【尺寸】面组中单击【基线】按钮🔲，在绘图区中单击要变为基线的线，再单击鼠标中键，基线即被选中。基线尺寸的作用是把有关尺寸变为关于基线的尺寸。

扫一扫，看视频

动手学——板件尺寸标注

源文件：源文件\结果文件\第 3 章\板件.sec

本实例对图 3.45 所示的板件草图进行尺寸标注。

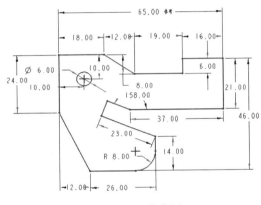

图 3.45　板件草图

【操作步骤】

（1）新建文件，进入草绘界面。单击【草绘】选项卡【草绘】面组中的【线链】按钮，绘制图 3.46 所示的图形。

（2）单击【草绘】选项卡【草绘】面组中的【圆心和点】按钮，绘制图 3.47 所示的圆。

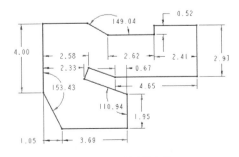

图 3.46　绘制图形

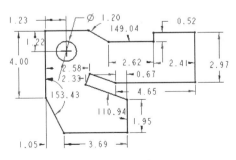

图 3.47　绘制圆

（3）单击【草绘】选项卡【草绘】面组中的【圆形修剪】按钮 ，创建图 3.48 所示的圆角。

（4）双击部分弱尺寸，将其修改为强尺寸，结果如图 3.49 所示。

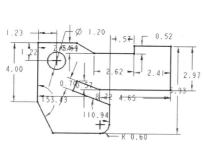

图 3.48　创建圆角

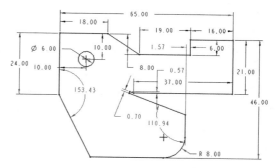

图 3.49　修改弱尺寸为强尺寸

（5）单击【草绘】选项卡【尺寸】面组中的【尺寸】按钮 ，选择图 3.50 所示的图线的❶点 1、❷点 2，❸在适当位置单击鼠标中键，弹出【解决草绘】对话框。❹选择尺寸【sd21=65.00】，❺单击【尺寸＞参考】按钮，结果如图 3.51 所示。

（6）继续标注其他尺寸，结果如图 3.45 所示。

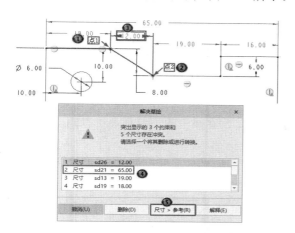

图 3.50　【解决草绘】对话框

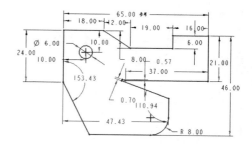

图 3.51　标注长度尺寸结果

3.2.2　尺寸编辑

本小节通过绘制一个封闭的截面，讲述尺寸的显示与隐藏及尺寸值的修改。

1．控制尺寸的显示与隐藏

在草图界面中单击快捷工具栏中的【草绘显示过滤器】按钮 ，弹出图 3.52 所示的下拉列表。取消勾选【尺寸显示】复选框，草图中将不显示尺寸；再次勾选【尺寸显示】复选框，草图中将显示尺寸值。

2．修改尺寸值

选择要修改的尺寸，单击【草绘】选项卡【编辑】面组中的【修改】按钮 ，弹出图 3.53 所示的【修改尺寸】对话框，在文本框中输入一个新的尺寸值，单击【确定】按钮 ，则圆的半径修改为新的尺寸值。

图 3.53　【修改尺寸】对话框

图 3.52　草绘显示过滤器下拉列表

扫一扫，看视频

动手学——编辑支撑块尺寸

源文件： 源文件\结果文件\第 3 章\支撑块.sec

本实例对如图 3.54 所示的支撑块进行尺寸编辑。

【操作步骤】

1. 打开文件

单击快速访问工具栏中的【打开】按钮 🗁，弹出【文件打开】对话框，选择【支撑块】文件，单击【打开】按钮，打开文件，如图 3.54 所示。

2. 编辑尺寸

（1）单击快捷工具栏中的【草绘显示过滤器】按钮 🖳，在弹出的下拉列表中取消勾选【尺寸显示】复选框，结果如图 3.55 所示。

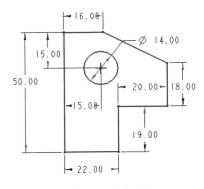

图 3.54　支撑块

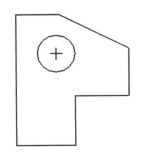

图 3.55　隐藏尺寸

（2）再次单击快捷工具栏中的【草绘显示过滤器】按钮 🖳，在弹出的快捷菜单中勾选【尺寸显示】复选框，显示尺寸。

（3）❶选中圆的直径尺寸 14.00，❷单击【草绘】选项卡【编辑】面组中的【修改】按钮 ⥯，弹出【修改尺寸】对话框，❸修改尺寸值为 12，如图 3.56 所示。

（4）❹单击【确定】按钮，结果如图 3.57 所示。

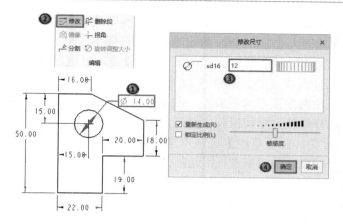

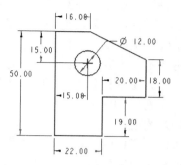

图 3.56　编辑尺寸　　　　　　　　　　　　　　图 3.57　修改尺寸后的图形

3.3　几 何 约 束

几何约束是指草图对象之间的平行、垂直、共线和对称等几何关系。几何约束可以替代某些尺寸标注，更能反映出设计过程中各草图元素之间的几何关系。

3.3.1　设置几何约束

在 Creo Panametric 草绘器中可以设置智能的几何约束，也可以根据需要人工设置几何约束。

选择【文件】→【选项】命令，弹出【Creo Parametric 选项】对话框，选择【草绘器】选项卡，如图 3.58 所示。

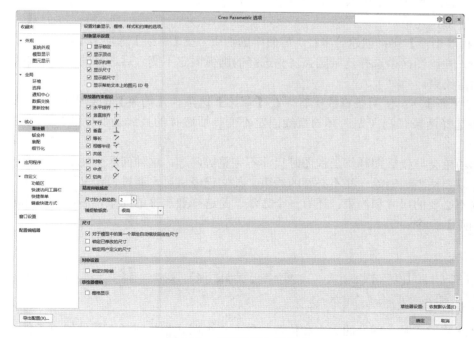

图 3.58　【草绘器】选项卡

约束可以简化尺寸，尺寸和约束的作用较为类似，尺寸通过数字参数确定某个图元的大小，而约束则是通过图元的几何关系确定某个图元的大小。在 Creo Parametric 里有以下十种约束。

（1）【竖直排齐】┼：使直线竖直或使两个顶点竖直放置。在【草绘】选项卡【约束】面组中单击【竖直排齐】按钮┼，在绘图区中选择直线，单击鼠标中键确定约束。

（2）【水平排齐】┼：使直线水平或使两个顶点水平放置。在【草绘】选项卡【约束】面组中单击【水平排齐】按钮┼，在绘图区中选择直线，单击鼠标中键确定约束。

（3）【垂直】⊥：使两个图元互相正交。在【草绘】选项卡【约束】面组中单击【垂直】按钮⊥，在绘图区中选择两条直线（先选择的直线固定不变，后选择的直线是变动的），单击鼠标中键确定约束。

（4）【切向】♀：使两个图元相切。在【草绘】选项卡【约束】面组中单击【相切】按钮♀，在绘图区中选择两个图元（先选择的图元固定不变，后选择的图元是变动的），单击鼠标中键确定约束。

（5）【中点】＼：在线或圆弧的中点放置点（也可以是图元的某一点）。在【草绘】选项卡【约束】面组中单击【中点】按钮＼，在绘图区中选择要放置的点，再选中放置的图元，单击鼠标中键确定约束。

（6）【共线】－◦－：使某一点与图元上的一点重合或与图元共线。在【草绘】选项卡【约束】面组中单击【重合】按钮－◦－，在绘图区中选择要放置的点，再选中放置的图元，单击鼠标中键确定约束。

（7）【对称】＊＋：使两点或定点关于某一中心线对称，是点对点的对称，必须要有中心线。在【草绘】选项卡【约束】面组中单击【对称】按钮＊＋，在绘图区中选择要对称的图元，再选中中心线，最后单击另一个图元，单击鼠标中键确定约束。

（8）【等长】＝：创建等长、等半径、等曲率的约束。在【草绘】选项卡【约束】面组中单击单击【相等】按钮＝，在绘图区中选择几条直线（先选择的直线固定不变，后选择的直线数值变化），单击鼠标中键确定约束。

（9）【相等半径】￥：创建等半径、等曲率的约束。在【草绘】选项卡【约束】面组中单击【相等】按钮＝，在绘图区中选择几条圆弧（先选择的圆弧固定不变，后选择的圆弧数值变化），单击鼠标中键确定约束。

（10）【平行】∥：使两条直线平行。在【草绘】选项卡【约束】面组中单击【平行】按钮∥，在绘图区中选择两条直线（先选择的直线固定不变，后选择的直线是变化的），单击鼠标中键确定约束。

繁多的约束会导致后期制作工程图时尺寸不完整等问题，这种问题会使加工零件的工人难以加工零件，所以要适当地删除一些不必要的约束。前文已经讲过，通过自定义标注尺寸，使用冲突解决方框删除不必要的尺寸和约束；还有一个方法就是选择要删除的约束，右击，在弹出的快捷菜单中选择【删除】命令。

◁》 **注意：**

> 在【等长】和【平行】约束中，如果两个图元相等或平行，则单击两个图元即可；如果有多个图元，则需要依次单击要添加约束的多个图元。

当绘制线或图元时，图元的大小和位置与前面一个图元相等或者有其他约束条件。

动手学——连接板尺寸标注

源文件：源文件\结果文件\第3章\连接板.sec

本实例绘制图 3.59 所示的连接板并添加尺寸标注。

扫一扫，看视频

【操作步骤】

1. 绘制草图

（1）新建文件，进入草绘界面。利用二维绘图命令绘制图 3.60 所示的图形。

（2）单击【草绘】选项卡【约束】面组中的【水平】按钮━，选择图 3.60 所示的直线设置水平约束，结果如图 3.61 所示。

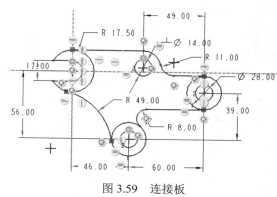

图 3.59 连接板

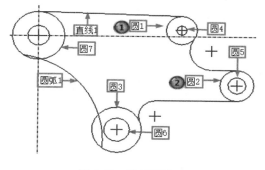

图 3.60 绘制图形

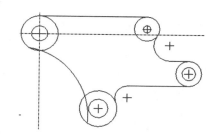

图 3.61 设置水平约束

（3）单击【草绘】选项卡【约束】面组中的【相等】按钮＝，❶选择图 3.60 所示的圆 1、❷圆 2，设置相等约束；同理，设置圆 2 和圆 3 的相等约束以及圆 4 和圆 5、圆 6 的相等约束，结果如图 3.62 所示。

（4）单击【草绘】选项卡【约束】面组中的【相切】按钮◯，❶选择图 3.62 中的圆 7 和❷圆弧 1 设置相切约束。同理，设置圆弧 1 与圆 3 的相切约束。在快捷工具栏中勾选【约束显示】复选框，显示约束，结果如图 3.63 所示。

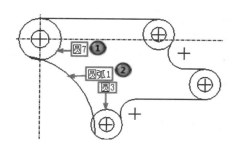

图 3.62 设置相等约束

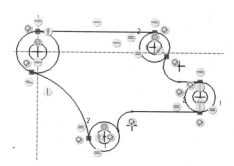

图 3.63 设置相切约束

（5）在快捷工具栏中取消勾选【尺寸显示】复选框，单击【草绘】选项卡【草绘】面组中的【线链】按钮∨，绘制图 3.64 所示的槽口，并利用【删除段】命令删除多余的线段。

2. 修改尺寸

（1）在快捷工具栏中勾选【尺寸显示】复选框，显示尺寸，如图 3.65 所示。

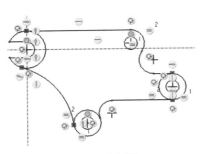

图 3.64　绘制槽口

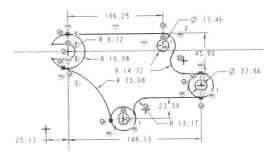

图 3.65　显示尺寸

（2）双击修改尺寸值，结果如图 3.66 所示。

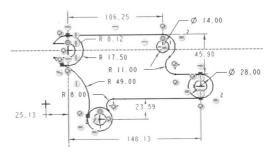

图 3.66　修改尺寸

（3）单击【草绘】选项卡【尺寸】面组中的【尺寸】按钮|↔|，选择直径为 14.00 的圆的圆心和直径为 28.00 的圆的圆心，标注两点间的水平尺寸。同理，标注其他位置的尺寸，结果如图 3.59 所示。

3.3.2　修改几何约束

草绘几何时，系统使用某些假设来帮助定位几何。当光标出现在某些约束公差内时，系统捕捉该约束并在图元旁边显示其图形符号。用鼠标选取位置前，可以进行下列操作。

（1）右击锁定约束，再次右击禁用约束。要再次启用约束，再次右击即可。

（2）当多个约束处于活动状态时，可以按 Tab 键改变活动约束。

用户可以移除这些约束，而不加以警告。也可以使用【草绘】选项卡【约束】面组中的选项添加用户自己的约束。

扫一扫，看视频

3.4　综合实例——绘制挂轮架截面草图

本实例绘制图 3.67 所示的挂轮架截面草图。

【操作步骤】

1. 绘制中心线

新建文件，进入草绘界面。单击【草绘】选项卡【草绘】面组中的【中心线】按钮，在绘图区单击以确定水平中心线上的一点；移动光标，当中心线受到水平约束时（绘图区出现【◯】图标），中心线自动变为水平，单击以确定中心线的另一点，完成水平中心线的绘制。使用同样的方法绘制竖直中心线，当绘图区出现【◉】图标时，单击以生成竖直中心线。

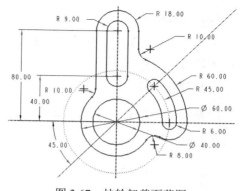

图 3.67　挂轮架截面草图

2. 绘制同心圆

单击【草绘】选项卡【草绘】面组中的【圆心和点】按钮，捕捉两条中心线的交点，绘制同心圆，系统将自动标注圆的直径尺寸，双击修改尺寸，结果如图 3.68 所示。

3. 将圆转换为构造线

选中图 3.69 所示的半径为 45.00 的圆，在弹出的快捷菜单中单击【构造】按钮，将该圆转换为构造线，结果如图 3.70 所示。

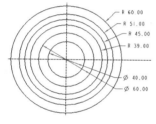

图 3.68　绘制同心圆

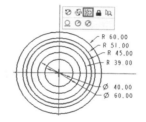

图 3.69　选择圆

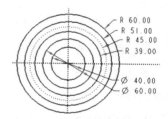

图 3.70　将圆转换为构造线

4. 绘制斜中心线

单击【草绘】选项卡【草绘】面组中的【中心线】按钮，绘制一条过圆心的斜向中心线，修改夹角尺寸为 45°，结果如图 3.71 所示。

5. 绘制圆

单击【草绘】选项卡【草绘】面组中的【圆心和点】按钮，绘制圆并修改尺寸，如图 3.72 所示。

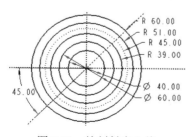

图 3.71　绘制斜中心线

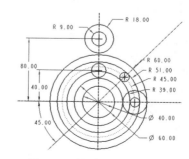

图 3.72　绘制圆并修改尺寸

6．绘制切线

单击【草绘】选项卡【草绘】面组中的【线链】按钮 ，绘制半径为 18.00 的圆和半径为 9.00 的圆的切线，如图 3.73 所示。

7．删除线段

单击【草绘】选项卡【编辑】面组中的【删除段】按钮 ，删除多余的线段，结果如图 3.74 所示。

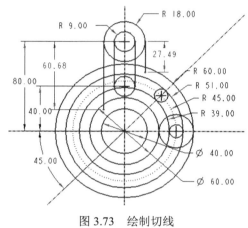

图 3.73　绘制切线

图 3.74　删除线段

8．绘制圆角

单击【草绘】选项卡【草绘】面组中的【圆形修剪】按钮 ，进行圆角处理并修改尺寸，结果如图 3.75 所示。

9．设置约束

单击【草绘】选项卡【约束】面组中的【相等】按钮 ，选择半径为 6.00 的两个圆弧，设置相等约束。再选中 R6.00 尺寸值，右击，在弹出的快捷菜单中单击【强】按钮 ，如图 3.76 所示。将其转换为强尺寸，结果如图 3.67 所示。

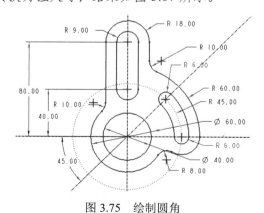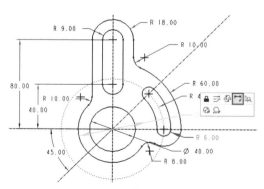

图 3.75　绘制圆角

图 3.76　设置约束

第4章　基　准　特　征

内容简介

在绘制二维图形时，往往需要借助参考系。同样，在创建三维模型时也需要借助参考系，如在进行旋转时要有一个旋转轴，这里的旋转轴称为基准特征。基准特征是特征的一种，但其不构成模型的表面或边界，只起辅助作用。基准特征没有质量和体积等物理特征，可根据需要随时显示或隐藏，以防止基准特征过多而引起混乱。

本章主要讲述基准平面、基准轴、基准点、基准曲线和基准坐标系的创建方法和用途。

内容要点

- ⬊ 基准平面
- ⬊ 基准轴
- ⬊ 基准点
- ⬊ 基准曲线
- ⬊ 基准坐标系
- ⬊ 基准特征显示状态控制

案例效果

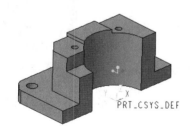

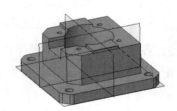

4.1　常用的基准特征

在 Creo Parametric 中有两种创建基准特征的方式：一种是通过【基准】命令创建，采用此方式创建的基准特征在【模型树】选项卡中以一个单独的特征出现；另一种是在创建其他特征的过程中临时创建基准特征，采用此方式创建的基准特征包含在特征之内，作为特征组的一个成员存在。

Creo Parametric 中有多种基准特征，图 4.1 所示为【基准】组，该组中显示了各种基准特征的创建工具。

Creo Parametric 中常用的基准特征主要有以下几种。

（1）平面：作为参考用在尚未创建基准平面的模型中。例如，当没有其他合适的平面时，可以在基准平面上草绘或放置特征。也可将基准平面作为参考，以放置基准标签注释。

（2）轴：如同基准平面一样，也可用作创建特征的参考，以放置基准标签注释。

（3）点：在几何建模过程中可将基准点用作构造元素，或用作进行计算和模型分析的已知点。

（4）曲线：基准曲线允许绘制二维截面，绘制的截面可用于创建其他特征（如拉伸或旋转特征）。此外，基准曲线也可用于创建扫描特征的轨迹。

（5）坐标系：用于添加到模型或组件中作为参考特征。

图 4.1　【基准】组

4.2　基　准　平　面

基准平面不是几何实体的一部分，在三维建模过程中只起到参考作用，是建模过程中使用最频繁的基准特征。

4.2.1　基准平面的作用

作为三维建模过程中最常用的参考，基准平面的用途有很多种，主要包括以下几个方面。

1．作为放置特征的参考平面

在模型创建过程中可将基准平面作为参考，当没有其他合适的平面时，也可在新创建的基准平面上草绘或放置特征。图 4.2 所示为放置在新创建的基准平面 DTM1 上的圆筒拉伸特征。因为圆筒拉伸特征左右不对称，所以不能放在已有的基准平面 RIGHT 上，因此只能创建一个新的基准平面放置该特征。

2．作为尺寸标注的参考平面

可以根据一个基准平面对图元进行尺寸标注。在标注某一尺寸时，最好选择基准平面，因为这样可以避免造成不必要的父子关系特征。图 4.3 所示为以两个基准平面作为尺寸参考的圆柱体特征。

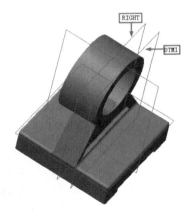

图 4.2　作为放置特征的基准平面

在这种情况下，圆柱体和拉伸平板之间不存在父子关系特征，这样即使修改拉伸平板特征，圆柱体特征也可保持不变，如图 4.4 所示。

3．作为视角方向的参考平面

在创建模型时，系统默认的视角方向往往不能满足用户的要求，用户需要根据要求自己定义视角方向。而定义三维物体的方向需要两个相互垂直的平面，有时特征中没有合适的平面相互垂直，此时就需要创建一个新的基准平面作为物体视角的参考平面。如图 4.5 所示，由于六棱柱的 6 个面均不互相垂直，因此必须创建一个新的基准平面 DTM1，使其垂直于其中一个面并作为视角方向的定义参考平面。

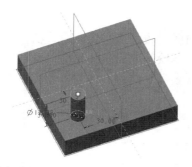
图 4.3　作为尺寸标注参考的基准平面

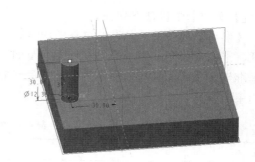
图 4.4　修改尺寸后

4．作为定义组件的参考平面

在定义组件时可能需要利用许多模型的平面定义贴合面、对齐面或方向，当没有合适的模型平面时，也可将基准平面作为其参考依据构建组件。

5．放置标签注释

也可将基准平面用作参考，以放置标签注释；如果不存在基准平面，则选取与基准标签注释相关的平面曲面，系统将自动创建内部基准平面。设置基准标签将被放置在参考基准平面或与基准平面相关的共面曲面上。

6．作为剖视图的参考平面

对于内部复杂的模型，为了看清楚其内部构造，必须利用剖视图进行观察。此时则需要定义一个参考基准平面，利用此基准平面剖切模型。图 4.6 所示为以 RIGHT 基准平面作为参考得到的剖面图。

基准平面是无限的，但可调整其大小，使其与模型、特征、曲面、边或轴相吻合；或指定基准平面显示轮廓的高度和宽度；或使用显示的控制滑块拖动基准平面的边界重新调整其显示轮廓的尺寸。

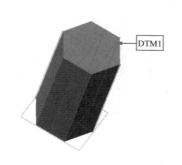
图 4.5　作为视角方向参考的基准平面

图 4.6　作为剖视图的参考平面

4.2.2　【基准平面】对话框

在创建特征的过程中，通过单击【模型】选项卡【基准】面组中的【平面】按钮□可以创建基准平面，弹出图 4.7 所示的【基准平面】对话框，创建的基准平面将在【模型树】选项卡中以□图标显示。

在【基准平面】对话框中包含【放置】【显示】【属性】3 个选项卡，分别介绍如下。

1. 【放置】选项卡

【放置】选项卡中包含下列各选项。

（1）【参考】列表框：允许通过参考现有的平面、曲面、边、点、坐标系、轴、顶点、基于草绘的特征、平面小平面、边小平面、顶点小平面、曲线、草绘基准曲线和导槽放置新基准平面，也可选取基准坐标系或非圆柱曲面作为创建基准平面的放置参考。此外，可为每个选定参考设置一个约束，约束类型见表 4.1。

表 4.1 约束类型

约束类型	说　　明
穿过	通过选定参考放置新基准平面。当选取基准坐标系作为放置参考时，屏幕会显示带有如下选项的【平面（Planes）】选项菜单。 XY：通过 XY 平面放置基准平面。 YZ：通过 YZ 平面放置基准平面，此为默认情况。 ZX：通过 ZX 平面放置基准平面
偏移	按照选定参考的位置偏移放置新基准平面。它是选取基准坐标系作为放置参考时的默认约束类型。依据所选取的参考，可使用【约束】列表框输入新基准平面的平移偏移值或旋转偏移值
平行	平行于选定参考放置新基准平面
垂直	垂直于选定参考放置新基准平面
相切	相切于选定参考放置新基准平面。当基准平面与非圆柱曲面相切并通过选定为参考的基准点、顶点或边的端点时，系统会将【相切】约束添加到新创建的基准平面

（2）【偏移】选项组：可在其下的【平移】下拉列表中选择或输入相应的约束数据。

2. 【显示】选项卡

【显示】选项卡如图 4.8 所示，该选项卡中包含下列各选项。

图 4.7　【基准平面】对话框

图 4.8　【显示】选项卡

（1）【法向】选项组：单击其后的【反向】按钮，可反转基准平面的方向。

（2）【使用显示参考】复选框：用于确定是否使用显示参考。取消勾选该复选框后，将激活【使用显示参考】复选框下的【宽度】和【高度】文本框，其各选项含义见表 4.2。

表 4.2　选项含义

选项	含义
单击此处添加项	用于添加作为参考的基准平面
宽度	允许指定一个值作为基准平面轮廓显示的宽度。仅在取消勾选【使用显示参考】复选框时可用
高度	允许指定一个值作为基准平面轮廓显示的高度。仅在取消勾选【使用显示参考】复选框时可用

📢 注意：

> 在对使用半径作为轮廓尺寸的继承基准平面进行重定义时，系统会将半径值更改为继承基准平面显示轮廓的高度和宽度。当取消勾选【显示】选项卡中的【使用显示参考】复选框时，这些值将显示在【宽度】和【高度】文本框中。

（3）【锁定长宽比】复选框：用于确定是否允许保持基准平面轮廓显示的高度和宽度比例。其仅在取消勾选【使用显示参考】复选框时可用。

3．【属性】选项卡

【属性】选项卡可以显示当前基准特征的信息，也可对基准平面进行重命名，还可以通过浏览器查看关于当前基准平面特征的信息。单击【名称】文本框后的【显示此特征的信息】按钮 🄸，即可打开图 4.9 所示的浏览器，以查看基准平面信息。

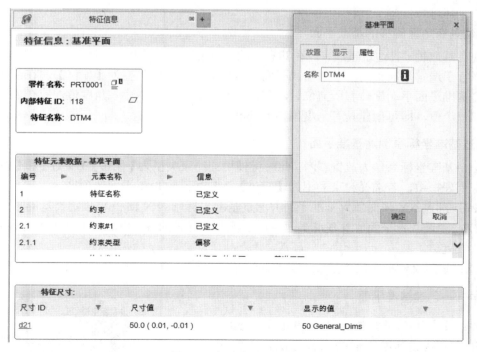

图 4.9　查看基准平面信息

4.2.3　创建基准平面

在 Creo Parametric 中，系统可根据操作提示用户使用哪种方式生成基准平面。创建基准平面的常用方法有以下几种。

1. 通过三点创建基准平面

选取三个基准点或顶点作为参考，通过这三点创建基准平面。选取基准平面通过的第一个点，按住 Ctrl 键，依次选取另外两个不重合的点，选取完成后即可看到高亮显示的基准平面，并且会出现一个高亮显示的箭头表示基准平面的方向（可通过单击【基准平面】对话框【显示】选项卡中的【反向】按钮更改方向。

2. 通过一点和一条直线创建基准平面

与通过三点创建基准平面的步骤基本相同，弹出【基准平面】对话框后，按住 Ctrl 键，依次选取一条直线和一个点，单击【确定】按钮，即可完成基准平面的创建。

3. 通过两条平行线创建基准平面

其创建步骤与通过一点和一条直线创建基准平面的步骤基本相同，这里不再赘述。

4. 创建偏移基准平面

偏移基准平面即通过对现有的平面向一侧偏移一段距离而形成的一个新的基准平面。所选参考及其约束类型均会在【参考】列表框中显示，并在其右侧的【约束】下拉列表中选择【偏移】选项。当需要调整偏移距离时，可在绘图区拖动控制滑块，手动将基准曲面平移到所需位置。也可在【平移】文本框中输入距离值，或从最近使用的值列表中选取一个值，单击【确定】按钮，即可偏移基准平面。

5. 创建具有角度偏移的基准平面

选取现有基准轴、直边或直线，并在其右侧的【约束】下拉列表中选择【穿过】选项。按住 Ctrl 键，选取平行于选定基准轴的基准平面或平面，默认情况下约束类型为【偏移】。在绘图区拖动控制滑块，将基准平面手动旋转到所需位置，或在【旋转】文本框中输入角度值，或在最近使用的值列表中选取一个值，即可创建具有角度偏移的基准平面。

6. 通过基准坐标系创建基准平面

选取一个基准坐标系作为放置参考，此时可使用的约束类型为【偏移】【穿过】和【中间平面】。在【参考】列表框中，若选择约束类型为【穿过】，则可选取以下平面选项之一。

（1）XY：通过 XY 平面放置基准平面并通过基准坐标轴的 X 轴和 Y 轴定义基准平面。

（2）YZ：通过 YZ 平面放置基准平面并通过基准坐标轴的 Y 轴和 Z 轴定义基准平面。此选项为系统默认设置。

（3）ZX：通过 ZX 平面放置基准平面并通过基准坐标轴的 Z 轴和 X 轴定义基准平面。

动手学——创建基准平面

源文件：源文件\结果文件\第 4 章\基准平面.prt

前面介绍了创建基准平面的六种方法，本实例通过图 4.10 所示的基准模型介绍这六种方法的具体操作步骤。

【操作步骤】

1. 打开文件

打开源文件"\原始文件\第 4 章\基准.prt"。

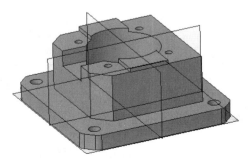

图 4.10　基准模型

2．通过三点创建基准平面 DTM1

（1）单击【模型】选项卡【基准】面组中的【平面】按钮□，弹出【基准平面】对话框。

（2）❶选取基准平面通过的第一个点。

（3）按住 Ctrl 键，依次选取❷第二点和❸第三点，选取完成后即可看到高亮显示的基准平面，并且会出现一个高亮显示的箭头表示基准平面的方向，如图 4.11 所示。

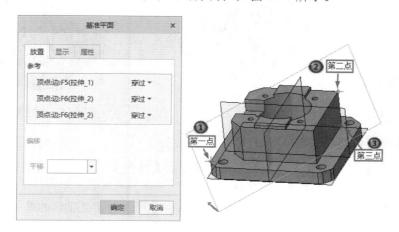

图 4.11 选择三点确定基准平面

（4）❹单击【显示】选项卡中的❺【反向】按钮，更改方向，完成设置后❻单击【确定】按钮，如图 4.12 所示。基准平面 DTM1 创建完成，如图 4.13 所示。

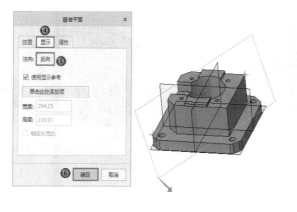

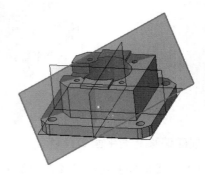

图 4.12 调整方向　　　　　　　　图 4.13 创建基准平面 DTM1

3．通过一点和一条直线创建基准平面 DTM2

（1）在快捷工具栏中取消勾选【平面显示】复选框。单击【模型】选项卡【基准】面组中的【平面】按钮□，弹出【基准平面】对话框。

（2）❶选取基准平面通过的第一个点。

（3）❷按住 Ctrl 键，选取一条直线，选取完成后即可看到高亮显示的基准平面，并且会出现一个高亮显示的箭头表示基准平面的方向，如图 4.14 所示。

（4）❸单击【确定】按钮，即可完成基准平面 DTM2 的创建，如图 4.15 所示。

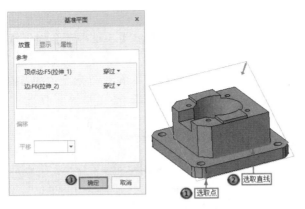

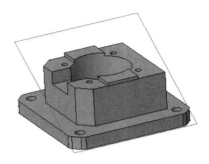

图 4.14　点和直线确定基准平面　　　　　　图 4.15　创建基准平面 DTM2

4．通过两条平行线创建基准平面 DTM3

（1）单击【模型】选项卡【基准】面组中的【平面】按钮▱，弹出【基准平面】对话框。

（2）❶选取基准平面通过的第一条直线。

（3）❷按住 Ctrl 键，选取第二条直线，选取完成后即可看到高亮显示的基准平面，并且会出现一个高亮显示的箭头表示基准平面的方向，如图 4.16 所示。

（4）❸单击【确定】按钮，即可完成基准平面 DTM3 的创建，如图 4.17 所示。

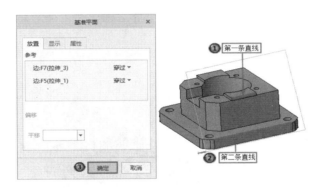

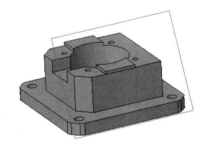

图 4.16　两条平行线确定基准平面　　　　　　图 4.17　创建基准平面 DTM3

5．创建偏移基准平面 DTM4

（1）单击【模型】选项卡【基准】面组中的【平面】按钮▱，弹出【基准平面】对话框。

（2）❶选取基准模型的上表面。

（3）❷在【约束】下拉列表中选择【偏移】选项，❸在【平移】文本框中输入距离 50.00，如图 4.18 所示。

（4）❹单击【确定】按钮，创建偏移基准平面 DTM4，如图 4.19 所示。

6．创建具有角度偏移的基准平面 DTM5

（1）单击【模型】选项卡【基准】面组中的【平面】按钮▱，弹出【基准平面】对话框。

（2）❶选取基准模型的一条边。

（3）❷在【约束】下拉列表中选择【穿过】选项。

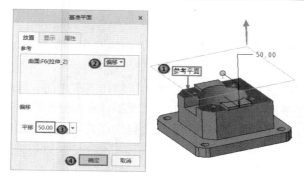

图 4.18 偏移方式创建基准平面

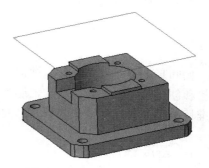

图 4.19 创建基准平面 DTM4

（4）③按住 Ctrl 键，选取平行于选定基准轴的基准平面或平面，④约束类型为【偏移】。

（5）⑤在【旋转】文本框中输入角度 60.0，如图 4.20 所示。

（6）⑥单击【确定】按钮，创建具有角度偏移的基准平面 DTM5，如图 4.21 所示。

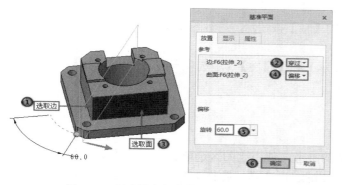

图 4.20 创建具有角度偏移的基准平面

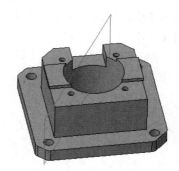

图 4.21 创建基准平面 DTM5

7. 通过基准坐标系创建基准平面 DTM6

（1）单击【模型】选项卡【基准】面组中的【平面】按钮 ⬜，弹出【基准平面】对话框。

（2）①选取一个基准坐标系作为放置参考。

（3）②约束类型为【偏移】，③偏移方向设置为 X 向，④距离设置为 100.00，如图 4.22 所示。

（4）⑤单击【确定】按钮，系统将按照指定方向偏移创建基准平面 DTM6，如图 4.23 所示。

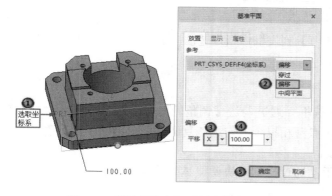

图 4.22 通过基准坐标系创建基准平面

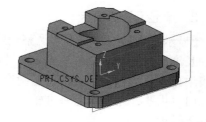

图 4.23 创建基准平面 DTM6

4.3 基 准 轴

如同基准平面一样，基准轴常用于创建特征的参考。基准轴经常用于制作基准平面、同轴放置项目和创建径向阵列等。基准轴还可用作放置基准标签注释的参考。如果不存在基准轴，则选取与基准标签相关的几何特征（如圆形曲线、边或圆柱曲面的边），系统会自动创建内部基准轴。

4.3.1 基准轴介绍

基准轴是单独的特征，可以被重定义、隐含、遮蔽或删除。可在创建基准轴期间对其进行预览。可调整轴长度，使其在视觉上与选定参考的边、曲面、基准轴、【模型】模式中的特征或【组件】模式中的模型相拟合，参考的轮廓用于确定基准轴的长度。Creo Parametric 给基准轴命名为 A_#，此处#是已创建基准轴的编号。

单击【模型】选项卡【基准】面组中的【轴】按钮，弹出图 4.24所示的【基准轴】对话框。

图 4.24 【基准轴】对话框

【基准轴】对话框中包含【放置】【显示】和【属性】3 个选项卡，分别介绍如下。

1. 【放置】选项卡

【放置】选项卡中包含下列选项。

（1）【参考】列表框：用于显示选取的参考。使用绘图区选取放置新基准轴的参考，然后选取参考类型。要选取多个参考时，可按住 Ctrl 键进行选取。基准轴的参考类型见表 4.3。

表 4.3 基准轴的参考类型

参考类型	说　明
穿过	基准轴通过指定的参考
法向	用于放置垂直于指定参考的基准轴。此类型还需要用户在【参考】列表框中定义参考，或添加附加点或顶点完全约束基准轴
相切	用于放置与指定参考相切的基准轴。此类型还需要用户添加附加点或顶点作为参考。创建位于该点或顶点处平行于切向量的轴
中心	通过选定平面圆边或曲线的中心，且垂直于指定曲线或边所在平面的方向放置基准轴

（2）【偏移参考】列表框：如果在【参考】列表框中指定【法向】作为参考类型，则激活【偏移参考】列表框。

2. 【显示】选项卡

【显示】选项卡中包含【调整轮廓】复选框。通过勾选【调整轮廓】复选框，可调整基准轴轮廓的长度，使基准轴轮廓与指定尺寸或选定参考相拟合。勾选该复选框后，激活下拉列表，该下拉列表中包含【大小】和【参考】两个选项。

（1）大小：用于调整基准轴长度。可手动通过控制滑块调整基准轴长度，或在【长度】文本框中输入长度值。

（2）参考：用于调整基准轴轮廓的长度，使其与选定参考（如边、曲面、基准轴、【模型】模式中的特征或【组件】模式中的模型）相拟合。【参考】列表框会显示选定参考的类型。

3．【属性】选项卡

【属性】选项卡用于显示或修改基准轴的名称。单击【名称】文本框后的【显示此特征的信息】按钮 ![i] ，弹出图 4.25 所示的浏览器，可显示当前基准轴的信息。

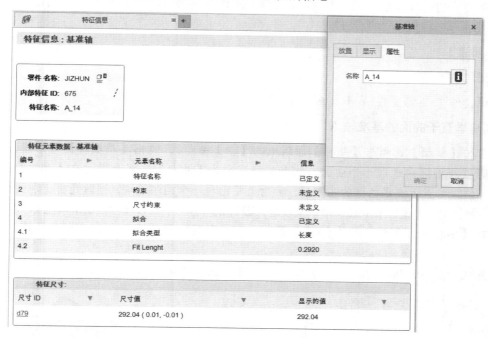

图 4.25　浏览基准轴信息

4.3.2　创建基准轴

在 Creo Parametric 中可创建的基准轴种类很多，下面简单介绍四种基准轴的创建方法。

1．垂直于曲面的基准轴

创建垂直于所选参考曲面的基准轴。在绘图区中选取一个曲面，曲面上将出现一个控制滑块，同时还将出现两个偏移参考控制滑块。拖动偏移参考控制滑块选取两个参考或以图形方式选取两个参考，如两个平面或两条直边。可以在【偏移参考】列表框中修改偏移的距离。

2．通过一点并垂直于选定曲面的基准轴

创建垂直于选定曲面并通过一个非选定曲面上的点的基准轴。在绘图区选取一个曲面后，按住 Ctrl 键，在绘图区选取一个非选定曲面上的点，即可创建基准轴。

3．通过曲线上一点并相切于选定曲线的基准轴

创建一个通过曲线上的点并与该曲线相切的基准轴。在绘图区选取一条曲线，按住 Ctrl 键，在绘图区选取一个选定曲线上的点，即可创建基准轴。

4．通过圆柱体轴线的基准线

通过选取圆柱面创建通过其中心线的基准轴。

动手学——创建基准轴

源文件：源文件\结果文件\第 4 章\基准轴.prt

前面介绍了创建基准轴的四种方法，本实例利用图 4.10 所示的基准模型介绍这四种方法的具体操作步骤。

【操作步骤】

1．打开文件

打开源文件"\原始文件\第 4 章\基准.prt"。

2．创建垂直于曲面的基准轴 A1

（1）单击【模型】选项卡【基准】面组中的【轴】按钮，弹出【基准轴】对话框。

（2）❶在绘图区中选取一个曲面，约束类型设置为【法向】，将会显示在【参考】列表框中。

（3）可预览垂直于选定曲面的基准轴，曲面上将出现一个控制滑块，同时还将出现两个偏移参考控制滑块。❷拖动一个偏移参考控制滑块至棱边，❸再拖动另一个偏移参考控制滑块至另一方向的棱边。

（4）在【偏移参考】列表框中❹修改第一个偏移距离，❺再修改第二个偏移距离，如图 4.26 所示。

（5）完成设置后，❻单击【确定】按钮，创建垂直于曲面的基准轴 A1，如图 4.27 所示。

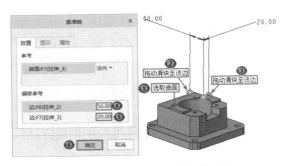

图 4.26　创建垂直于曲面的基准轴

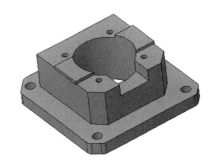

图 4.27　基准轴 A1

3．创建通过一点并垂直于选定曲面的基准轴 A2

（1）单击【模型】选项卡【基准】面组中的【轴】按钮，弹出【基准轴】对话框。

（2）❶在绘图区选取一个曲面，约束类型设置为【法向】，将显示在【参考】列表框中。

（3）❷按住 Ctrl 键，在绘图区选取一个非选定曲面上的点，选定点所在的边会显示在【参考】列表框中。这时可以预览通过该点且垂直于选定曲面的基准轴，如图 4.28 所示。

（4）❸单击【确定】按钮，创建通过选定点并垂直于选定曲面的基准轴 A2，如图 4.29 所示。

4．通过曲线上一点并相切于选定曲线的基准轴 A3

（1）单击【模型】选项卡【基准】面组中的【轴】按钮，弹出【基准轴】对话框。

（2）❶在绘图区选取一条曲线，选定曲线会显示在【参考】列表框中。可预览相切于选定曲线的基准轴。

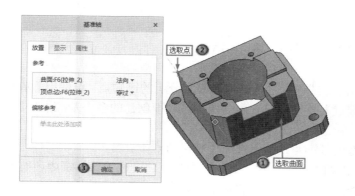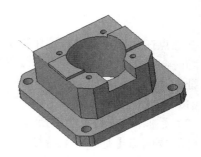

图 4.28　创建通过一点并垂直于选定曲面的基准轴　　　　图 4.29　基准轴 A2

（3）②按住 Ctrl 键，在绘图区选取一个选定曲线上的点，选定点所在的边会显示在【参考】列表框中，如图 4.30 所示。

（4）③单击【确定】按钮，创建通过选定点并与选定曲线相切的基准轴 A3，如图 4.31 所示。

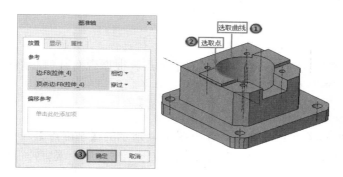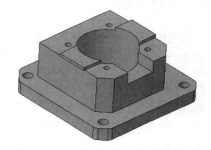

图 4.30　创建相切于选定曲线的基准轴　　　　图 4.31　基准轴 A3

5. 创建通过圆柱体轴线的基准轴 A4

（1）单击【模型】选项卡【基准】面组中的【轴】按钮，弹出【基准轴】对话框。

（2）①在绘图区选取圆柱面，②单击【确定】按钮，如图 4.32 所示，即可生成与该圆柱面轴线同线的基准轴 A4，结果如图 4.33 所示。

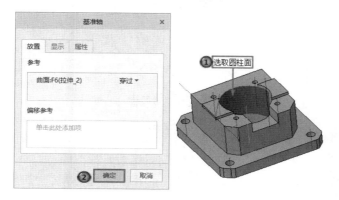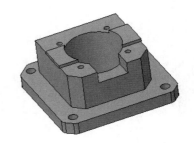

图 4.32　创建通过圆柱体轴线的基准轴　　　　图 4.33　基准轴 A4

4.4　基　准　点

基准点在几何建模时可用作构造元素，或作为进行计算和模型分析的已知点。可使用【基准点】特征随时向模型中添加基准点。【基准点】特征可包含同一操作过程中创建的多个基准点。属于相同特征的基准点表现如下。

（1）在【模型树】选项卡中，所有的基准点均显示在一个特征节点下。

（2）【基准点】特征中的所有基准点相当于一个组，删除一个特征将会删除该特征中所有的点。

（3）要删除【基准点】特征中的个别点，必须先编辑该点的定义。

（4）Creo Parametric 支持四种类型的基准点，这些点依据创建方法和作用的不同而各不相同。

1）点：位于图元上、图元相交处或某一图元偏移处所创建的基准点。

2）草绘点：在草绘器中创建的基准点。

3）偏移坐标系：通过自选定坐标系偏移所创建的基准点。

4）域：在【行为建模】中用于分析的点，一个域点标识一个几何域。

4.4.1　创建基准点

可使用一般类型的基准点创建位于模型几何上或自其偏移的基准点。根据现有几何和设计意图，可使用不同方法指定点的位置。下面简单介绍几种常用的方法。

1．创建平面偏移基准点

单击【模型】选项卡【基准】面组中的【点】按钮 ，弹出图 4.34 所示的【基准点】对话框。该对话框中包含【放置】和【属性】两个选项卡，前者用于定义点的位置，后者用于编辑特征名称并在 Creo Parametric 浏览器中访问特征信息。

新点将在【点】列表框中显示，根据系统提示选取参考平面。完成后选取的曲面显示在【参考】列表框中，同时【基准点】对话框中将增加【偏移参考】列表框，如图 4.35 所示。

图 4.34　【基准点】对话框 1

图 4.35　【基准点】对话框 2

在【偏移参考】列表框中单击，按住 Ctrl 键，在绘图区选取两个参考面，则选取的参考面将显示在此列表框中，如图 4.36 所示。

需要调整放置尺寸时，可在绘图区双击某一尺寸值，在打开的文本框中输入新值，或通过【基准点】对话框调整尺寸。也可单击【偏移参考】列表框中的某个尺寸值，输入新值。调整完尺寸后，单击左侧列表框中的【新点】选项可添加更多点，或单击【确定】按钮关闭对话框。

2．在曲线、边或基准轴上创建基准点

要在曲线、边或基准轴上创建基准点，首先需要选取一条边、基准曲线或轴放置基准点，然后单击【模型】选项卡【基准】面组中的【点】按钮 ，默认点被添加到选定图元中，同时弹出【基准点】对话框，新点被添加到【点】列表框中，并且操作所收集的图元会显示在【参考】列表框中，如图 4.37 所示。

图 4.36　选取偏移参考　　　　　图 4.37　【基准点】对话框 3

可通过控制滑块手动调整点的位置，或使用【放置】选项卡定位该点。在【偏移参考】选项组中包含两个单选按钮，分别介绍如下。

（1）曲线末端：从曲线或边的选定端点测量距离。要使用另一端点，可单击【下一端点】按钮。在选取曲线或边作为参考时，将默认选中【曲线末端】单选按钮。

（2）参考：选定参考图元测量距离。

指定偏移距离的方式有以下两种。

（1）比率：在【偏移】文本框中输入偏移比率。偏移比率是一个分数，是基准点到选定端点之间的距离与曲线或边总长度的比。比率可为 0～1 的任意值，如输入偏移比率为 0.25 时，将在曲线长度的 1/4 位置处放置基准点。

（2）通过指定实际长度：在下拉列表中选择【实际值】选项。在【偏移】文本框中，输入从基准点到端点或参考的实际曲线长度。完成设置后，在【放置】选项卡左侧列表框中单击【新点】选项可添加更多基准点，或单击【确定】按钮关闭对话框。

3．在图元相交处创建基准点

图元的组合方式有多种，可通过图元的相交创建基准点。在选取相交图元时，按住 Ctrl 键，可选取下列组合之一。

（1）3 个曲面或基准平面。

（2）与曲面或基准平面相交的曲线、基准轴或边。

（3）两条相交曲线、边或轴。

注意：

可选取两条不相交的曲线。此时，系统将点放置在第一条曲线上与第二条曲线距离最短的位置。

扫一扫，看视频

动手学——创建基准点

源文件：源文件\结果文件\第 4 章\基准点.prt

前面介绍了创建基准点的三种方法，本实例利用图 4.10 所示的基准模型介绍这三种方法的具体操作步骤。

【操作步骤】

1．打开文件

打开源文件"\原始文件\第 4 章\基准.prt"。

2．创建平面偏移基准点 PNT0

（1）单击【模型】选项卡【基准】面组中的【点】按钮 ✕✕，弹出【基准点】对话框。

（2）❶在绘图区中选取一个参考曲面，❷约束类型设置为【偏移】，❸偏移距离为 60.00。

（3）❹拖动一个偏移参考控制滑块至棱边，❺再拖动另一个偏移参考控制滑块至另一方向的棱边。

（4）❻在【偏移参考】列表框中修改第一个偏移的距离，❼再修改第二个偏移距离，如图 4.38 所示。

（5）完成设置后，❽单击【确定】按钮，创建平面偏移基准点 PNT0，如图 4.39 所示。

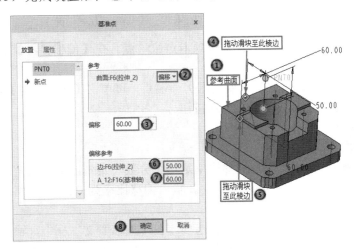

图 4.38　创建平面偏移基准点

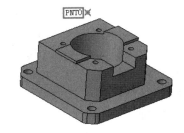

图 4.39　基准点 PNT0

3．在曲线、边或基准轴上创建基准点 PNT1

（1）单击【模型】选项卡【基准】面组中的【点】按钮 ✕✕，弹出【基准点】对话框。

（2）❶在绘图区选取一条边，❷约束类型设置为【在其上】。

（3）③偏移类型选择【比率】，④偏移参考选择【曲线末端】，⑤单击【下一端点】按钮，改变曲线末端位置到另一端，⑥偏移比率值设置为 0.75，如图 4.40 所示。

（4）⑦单击【确定】按钮，创建基准点 PNT1，如图 4.41 所示。

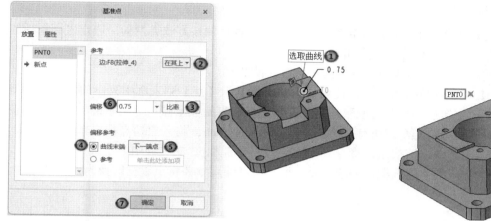
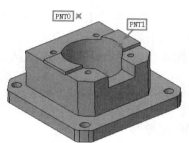

图 4.40　在曲线、边或基准轴上创建基准点　　　　图 4.41　基准点 PNT1

4. 在图元相交处创建基准点 PNT2

（1）单击【模型】选项卡【基准】面组中的【点】按钮 ×× ，弹出【基准点】对话框。

（2）①在绘图区选取第一个曲面，选定曲面会显示在【参考】列表框中。

（3）②按住 Ctrl 键，在绘图区选取第二个曲面和③第三个曲面，则在三个曲面的相交处创建一个新点，如图 4.42 所示。

（4）④单击【确定】按钮，创建基准点 PNT2，如图 4.43 所示。

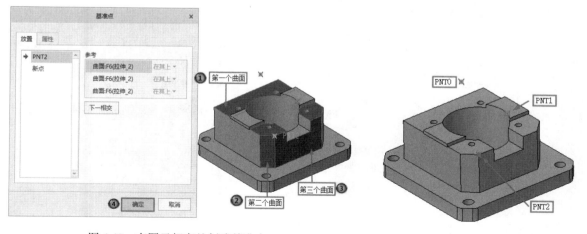

图 4.42　在图元相交处创建基准点　　　　　　图 4.43　基准点 PNT2

4.4.2　偏移坐标系基准点

Creo Parametric 中允许用户通过指定点坐标的偏移创建基准点。可使用笛卡儿坐标系、球坐标系或柱坐标系偏移创建基准点，具体操作步骤如下。

单击【模型】选项卡【基准】面组中的【点】下拉按钮 ，在弹出的【基准点】下拉列表中选择【偏移坐标系】选项 ，弹出图 4.44 所示的【基准点】对话框。【基准点】对话框中包含【放置】和【属性】两个选项卡。

1. 【放置】选项卡

（1）在【放置】选项卡中可通过指定参考坐标系、放置点偏移方法类型和沿选定坐标系轴的点坐标定义点的位置，其中主要选项含义如下。

1）【导入】按钮：单击该按钮，将数据文件输入模型。

2）【更新值】按钮：单击该按钮，使用文本编辑器显示【点】列表框中列出的所有点的值，也可用于添加新点、更新点的现有值或删除点。重定义基准点偏移坐标系时，如果单击【更新值】按钮并使用文本编辑器编辑一个或所有点的值，则 Creo Parametric 将为原始点指定新值。

3）【保存】按钮：单击该按钮，将点坐标保存到扩展名为.pts 的文件中。

4）【使用非参数阵列】复选框：勾选该复选框，将移除尺寸并将点数据转换为非参数矩阵。

📢 **注意：**

> 可通过【点】列表框或文本编辑器在非参数矩阵中添加、删除或修改点，而不能通过右键快捷菜单中的【编辑】命令执行这些操作。

（2）在【基准点】对话框的【类型】下拉列表中选择坐标系类型，在绘图区选取用于放置点的坐标系。

若需要添加新点，则可单击列表框中的单元格，输入新点的坐标，如图 4.45 所示。例如，对于笛卡儿坐标系（注："笛卡尔"为软件汉化错误，为保证正确性，本书正文一概使用"笛卡儿"），必须指定 X、Y 和 Z 方向上的距离。完成后，新点 PNT1 即出现在绘图区，并带有一个拖动控制滑块。

图 4.44 【基准点】对话框

图 4.45 指定点坐标

可以通过沿坐标系的每个轴拖动该点的控制滑块手动调整点的位置。需要添加其他点时，可单击列表框中的下一行，输入点的坐标；或单击【更新值】按钮，在文本编辑器中输入新值（各个值之间以空格进行分隔）。

完成点的创建后，单击【确定】按钮，关闭该对话框；或单击【保存】按钮并指定文件名及保存位置，将这些点保存到一个单独文件中。

2．【属性】选项卡

在【属性】选项卡中可重命名特征并在 Creo Parametric 浏览器中显示特征信息。

动手学——创建偏移坐标系基准点

扫一扫，看视频

源文件：源文件\结果文件\第 4 章\偏移坐标系基准点.prt

本实例利用图 4.10 所示的基准模型介绍创建偏移坐标系基准点的具体操作步骤。

【操作步骤】

1．新建文件

打开源文件"\原始文件\第 4 章\基准.prt"。

2．偏移坐标系

（1）单击【模型】选项卡【基准】面组中的【点】下拉按钮 ☓☓ ，在弹出的【基准点】下拉列表中选择【偏移坐标系】选项 ⌐ ，弹出【基准点】对话框。

（2）在快捷工具栏中勾选【坐标系显示】复选框，取消勾选其他复选框。❶在绘图区中选取一个坐标系，❷坐标系类型选择【笛卡儿】。

（3）❸单击列表框中的单元格，创建一个新点。

（4）❹输入 X 坐标为–30.00，❺Y 坐标为 75.00，❻Z 坐标为 120.00，基准点 PNT0 创建完成，如图 4.46 所示。同理，可继续创建新点。

（5）❼单击【保存】按钮，弹出【保存副本】对话框，输入文件名，进行保存。

（6）❽单击【确定】按钮，创建的偏移坐标系基准点 PNT0 如图 4.47 所示。

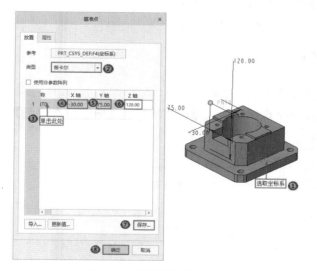

图 4.46　创建基准点 PNT0

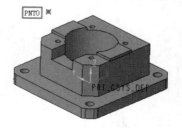

图 4.47　基准点 PNT0

4.5 基 准 曲 线

除了输入的几何模型外，Creo Parametric 中所有三维几何模型的创建均起始于二维截面。基准曲线允许在二维截面上插入，可以迅速准确地插入许多其他特征，如拉伸或旋转特征。此外，基准曲线也可用于创建扫描特征的轨迹。

4.5.1 创建基准曲线

在 Creo Parametric 中可以通过多种方式创建基准曲线。单击【模型】选项卡【基准】面组中的【曲线】按钮～，弹出图 4.48 所示的下拉列表。其包含 4 个命令，主要功能介绍如下。

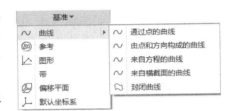

图 4.48 【曲线】下拉列表

- 通过点的曲线：用于创建通过点的基准曲线。
- 由点和方向构成的曲线：通过定义起点和方向在曲面上创建基准曲线。
- 来自方程的曲线：在曲线不自相交的情况下，从方程创建基准曲线。
- 来自横截面的曲线：从平面横截面边界（平面横截面与模型轮廓的相交处）创建基准曲线。
- 封闭曲线：从选定曲面、基准平面、面组或主体上的曲线和边创建封闭环曲线。

1. 通过点的曲线

单击【模型】选项卡【基准】面组中的【曲线】下拉按钮～，在弹出的下拉列表中选择【通过点的曲线】选项～，打开【曲线：通过点】操控板，如图 4.49 所示。

图 4.49 【曲线：通过点】操控板

【曲线：通过点】操控板中各选项含义如下。

（1）类型。

1）【样条】～：通过样条曲线将该点与前一个点相连。

2）【直线】∧：通过直线将该点与前一个点相连。选择该选项时，【曲线：通过点】操控板如图 4.50 所示。

图 4.50 【曲线：通过点】操控板-直线

（2）设置。

1）【倒圆角曲线】⌇：当曲线类型为【直线】时，向曲线添加圆角。

2）R：设置圆角半径值。

3）【在曲面上放置曲线】：将整个曲线放置在选定曲面上。

4）【曲面】：选取一个要在其上放置曲线的曲面、面组或主体。

5）【测地线】：将两点曲线放置在曲面上时使其成为测地线。其生成的曲线是曲面上的点之间的最短路径。

下面对各下滑面板中的参数进行介绍。

（1）【放置】下滑面板。

在操控板中单击【放置】按钮，打开图 4.51 所示的【放置】下滑面板。下面仅对其中部分选项进行介绍。

1）点集列表框：定义一组用于定义曲线的点集。在模型上选取多个点，选取的点会显示在列表框中。

2）点：将点、顶点、曲线端点或特征（如一个包含多个点的基准点特征）显示为参考以放置曲线。

图 4.51 【放置】下滑面板

3）连接到前一点的方式：有两种，即样条和直线。其效果与在操控板中单击【样条】按钮 或【直线】按钮 相同。

4）在曲面上放置曲线：勾选该复选框，使曲线位于选定的曲面、面组或主体上。

（2）【结束条件】下滑面板。

在操控板中单击【结束条件】按钮，打开图 4.52 所示的【结束条件】下滑面板，在该下滑面板中可设置起点和终点的结束条件。

1）自由：将曲线端点设置为自由。

2）相切：将曲线端点设置为与参考相切。选择该选项，下滑面板如图 4.53 所示。

图 4.52 【结束条件】下滑面板

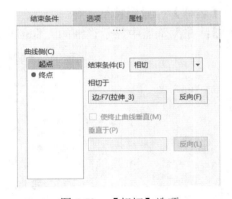

图 4.53 【相切】选项

①【相切于】：用于选择相切参考轴、参考边或参考面，以使曲线在端点处与之相切。

②【反向】：用于更改曲线方向。

③【使终止曲线垂直】：勾选该复选框，使终止曲线垂直于边。选择参考为曲面时，激活该复选框。

④【垂直于】：选取一条边，曲线将在端点与之垂直。其后的【反向】按钮用于更改垂直方向。

3）曲率连续：将曲线端点设置为与参考相切并为端点应用连续曲率条件。选择该选项，下滑面板如图 4.54 所示。

【曲率连续至】：选择一个参考轴、参考边或参考曲线，以使曲线在端点处与之相切。其他选项含义与上相同。

4）垂直：将曲线端点设置为与参考垂直。选择该选项，下滑面板如图 4.55 所示。

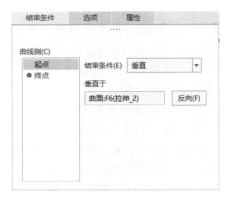

图 4.54　【曲率连续】选项　　　　　　　　图 4.55　【垂直】选项

【垂直于】：选择一个参考轴、参考边或参考曲线，以使曲线在端点处与之垂直。

（3）【选项】下滑面板。

在操控板中单击【选项】按钮，打开图 4.56 所示的【选项】下滑面板，在该下滑面板中可设置起点和终点的结束条件。

【扭曲曲线】：勾选该复选框，可将扭曲设置应用至曲线。选择一个参考后，单击【扭曲曲线设置】按钮，弹出【修改曲线】对话框，如图 4.57 所示，该对话框用于修改曲线参数。

（4）【属性】下滑面板。

在操控板中单击【属性】按钮，打开图 4.58 所示的【属性】下滑面板。

1）【名称】：设置特征名称。

2）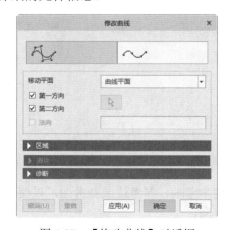：在浏览器中显示详细的元件信息。

图 4.56　【选项】下滑面板　　　　图 4.57　【修改曲线】对话框　　　　图 4.58　【属性】下滑面板

2．由点和方向构成的曲线

单击【模型】选项卡【基准】面组中的【曲线】下拉按钮～，在弹出的下拉列表中选择【由点和方向构成的曲线】选项～，打开【曲线：由点和方向构成】操控板，如图 4.59 所示。

图 4.59 【曲线：由点和方向构成】操控板

【曲线：由点和方向构成】操控板中各选项含义如下。

（1）参考。

1）起点：选取基准点、顶点或坐标系，以定义曲线的起点。

2）曲面：选取要在其上放置曲线的主体或面组的曲面。

3）方向：选取曲面、平面、曲线、边、轴、坐标系轴或顶点，以定义曲线的初始方向，参考方向将投影至曲线起点处的曲面。其后的【反向】按钮用于设置在起点处将曲线方向反向 180°。

4）角度：定义初始方向与曲线起点处切线间的夹角。

（2）范围。

1）侧 1：在选定方向上定义从起点开始的曲线范围。

①【按长度】：将曲线延伸至指定长度。其后的文本框用于设置曲线的长度。

②【按参考】：将曲线延伸至选定参考。其后的参考收集器用于定义曲线范围的参考。

③【按域】：沿所有选定曲面延伸曲线，直到曲线到达域边界。

2）侧 2：在侧 1 的相反方向上定义从起点开始的曲线范围。除了侧 1 列出的范围选项外，侧 2 还包含以下选项。

【无】：在第二方向上不延伸曲线。

下面对各下滑面板中的参数进行介绍。

（1）【参考】下滑面板。

在操控板中单击【参考】按钮，打开图 4.60 所示的【参考】下滑面板。

【细节】：单击该按钮，弹出【曲面集】对话框，如图 4.61 所示，该对话框可用于查看和编辑所选曲面、面组或主体。

（2）【范围】下滑面板。

在操控板中单击【范围】按钮，打开图 4.62 所示的【范围】下滑面板。其中各选项含义与操控板中的侧 1 和侧 2 各选项含义相同，这里不再赘述。

图 4.60 【参考】下滑面板

图 4.61 【曲面集】对话框

图 4.62 【范围】下滑面板

（3）【属性】下滑面板。

该下滑面板可以显示当前曲线的信息，也可对曲线进行重命名，还可以通过浏览器查看关于当前曲线的信息。单击【名称】文本框后面的【显示此特征的信息】按钮，即可打开浏览器查看曲线信息。

3．来自方程的曲线

单击【模型】选项卡【基准】面组中的【曲线】下拉按钮∿，在弹出的下拉列表中选择【来自方程的曲线】选项∿，打开【曲线：从方程】操控板，如图 4.63 所示。

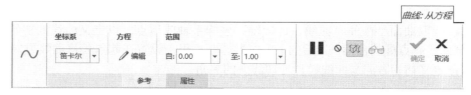

图 4.63　【曲线：从方程】操控板

【曲线：从方程】操控板中各选项含义如下。

（1）坐标系：用于选择坐标系类型，包括笛卡儿坐标系、柱坐标系或球坐标系。

（2）【编辑】✎：单击该按钮，弹出【方程】对话框，在其中编辑方程。

（3）范围。

1）【自】：设置自变量范围的下限值。

2）【至】：设置自变量范围的上限值。

下面对各下滑面板进行介绍。

（1）【参考】下滑面板。

在操控板中单击【参考】按钮，打开图 4.64 所示的【参考】下滑面板。

【坐标系】：含义与操控板中的【坐标系】含义相同。

（2）【属性】下滑面板。

在操控板中单击【属性】按钮，打开图 4.65 所示的【属性】下滑面板。

1）【名称】：设置特征名称。

2）**i**：在浏览器中显示详细的元件信息。

4．来自横截面的曲线

单击【模型】选项卡【基准】面组中的【曲线】下拉按钮∿，在弹出的下拉列表中选择【来自横截面的曲线】选项∿，打开【曲线】操控板，如图 4.66 所示。

【横截面】：用于显示创建曲线的横截面。

图 4.64　【参考】下滑面板　　图 4.65　【属性】下滑面板　　图 4.66　【曲线】操控板

5. 封闭曲线

单击【模型】选项卡【基准】面组中的【曲线】下拉按钮 ∿，在弹出的下拉列表中选择【封闭曲线】选项 ⌒，打开【曲线：封闭环】操控板，如图 4.67 所示。

动手学——创建通过点的曲线

本实例利用图4.10所示的基准模型介绍通过点的曲线的创建步骤。

图 4.67　【曲线：封闭环】操控板

扫一扫，看视频

【操作步骤】

1. 打开文件

打开源文件"\原始文件\第 4 章\基准.prt"。

2. 创建通过点的曲线

（1）单击【模型】选项卡【基准】面组中的【曲线】下拉按钮 ∿，在弹出的下拉列表中选择【通过点的曲线】选项 ∿，打开【曲线：通过点】操控板。

（2）❶勾选【放置】下滑面板中的【在曲面上放置曲线】复选框，❷在绘图区选取基准模型的上表面作为参考曲面。

（3）❸单击【点】列表框，在绘图区基准模型上依次拾取❹第一点、❺第二点、❻第三点、❼第四点和❽第五点，如图 4.68 所示。

📢 **注意：**

拾取的点必须位于参考曲面上。

（4）❾单击【确定】按钮 ✓，基准曲线创建完成，如图 4.69 所示。

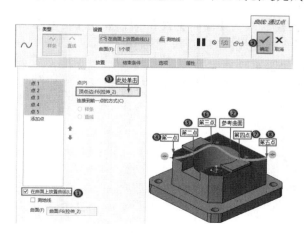

图 4.68　创建通过点的曲线　　　　图 4.69　基准曲线

扫一扫，看视频

动手练——创建由点和方向构成的曲线

本实例利用图 4.70 所示的圆台模型创建图 4.71 所示的由点和方向构成的曲线。

图 4.70　圆台模型　　　　　　　　图 4.71　由点和方向构成的曲线

📋 **思路点拨：**

（1）打开文件。
（2）创建由点和方向构成的曲线。

扫一扫，看视频

动手学——创建来自方程的曲线

源文件： 源文件\结果文件\第 4 章\来自方程的曲线.prt
本实例介绍来自方程的曲线的创建步骤。

【操作步骤】

1. 新建文件

（1）单击【主页】选项卡【数据】面组中的【新建】按钮，弹出【新建】对话框。

（2）选择【类型】为【零件】，输入文件名【来自方程的曲线】。取消勾选【使用默认模板】复选框，单击【确定】按钮，弹出【新文件选项】对话框，选择【mmns_part_solid_abs】模板，单击【确定】按钮，进入零件界面。

2. 创建来自方程的曲线

（1）单击【模型】选项卡【基准】面组中的【曲线】下拉按钮，在弹出的下拉列表中选择【来自方程的曲线】选项，打开【曲线：从方程】操控板。

（2）❶在绘图区中选取坐标系。❷单击操控板中的【编辑】按钮，弹出【方程】对话框，❸输入叶形线方程，❹单击【确定】按钮，返回操控板。

（3）❺在【至】列表框中输入数值 6.00，如图 4.72 所示。

（4）❻单击【确定】按钮，来自方程的曲线创建完成，如图 4.73 所示。

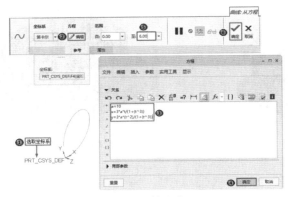

图 4.72　拾取点　　　　　　　　　　图 4.73　来自方程的曲线

动手练——创建来自横截面的曲线

源文件：源文件\结果文件\第 4 章\来自横截面的曲线.prt

本实例利用图 4.10 所示的基准模型创建图 4.74 所示的来自横截面的曲线。

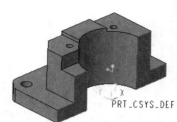

扫一扫，看视频

📋 **思路点拨：**

（1）模型剖切。
（2）创建来自横截面的曲线。

图 4.74　来自横截面的曲线

4.5.2　草绘基准曲线

可使用与草绘其他特征相同的方法草绘基准曲线。基准曲线可以由一个或多个草绘段及一个或多个开放或封闭的环组成。但是，将基准曲线用于其他特征，通常限定于开放或封闭环的单个曲线（它可以由许多段组成）。

要在草绘环境中草绘基准曲线，可单击【模型】选项卡【基准】面组中的【草绘】按钮，弹出图 4.75 所示的【草绘】对话框。其中，【放置】选项卡中各选项含义如下。

（1）【草绘平面】选项组：用于显示选取的草绘平面。其包含【平面】列表框，可随时在该列表框中单击以选取或重定义草绘平面。

（2）【草绘方向】选项组：包含【反向】按钮、【参考】列表框和【方向】下拉列表。单击【反向】按钮，切换草绘方向；可以在【参考】列表框中单击，以选取或重定义参考平面（必须定义草绘平面并与其垂直，然后才能草绘基准曲线）；在【方向】下拉列表中选择合适的方向。

图 4.75　【草绘】对话框

动手学——草绘基准曲线

源文件：源文件\结果文件\第 4 章\草绘基准曲线.prt

本实例介绍草绘基准曲线的步骤。

扫一扫，看视频

【操作步骤】

（1）单击【主页】选项卡【数据】面组中的【新建】按钮，弹出【新建】对话框。

（2）选择【类型】为【零件】，输入文件名【草绘基准曲线】。取消勾选【使用默认模板】复选框，单击【确定】按钮，弹出【新文件选项】对话框，选择【mmns_part_solid_abs】模板，单击【确定】按钮，进入零件界面。

（3）单击【模型】选项卡【基准】面组中的【草绘】按钮，弹出【草绘】对话框。

（4）在模型树中选取 FRONT 基准平面作为草绘平面，单击【草绘】按钮，进入草绘界面。

（5）单击快捷工具栏中的【草绘视图】按钮，如图 4.76 所示，使草绘平面平行于屏幕视角。

（6）单击【草绘】选项卡【草绘】面组中的【样条】按钮，绘制样条曲线。

（7）单击【确定】按钮，退出草绘界面，结果如图 4.77 所示。

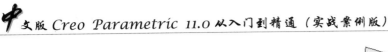

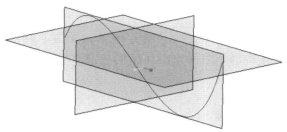

图 4.76　单击【草绘视图】按钮　　　　　　　　图 4.77　基准曲线

4.6　基准坐标系

基准坐标系是可以添加到模型和组件中的参考特征，利用它可执行下列操作。

（1）计算质量属性。

（2）组装元件。

（3）为有限元分析放置约束。

（4）为刀具轨迹提供制造操作参考。

（5）用作定位其他特征的参考（如坐标系、基准点、平面、输入的几何等）。

（6）对于大多数普通的建模任务，可使用坐标系作为方向参考。

4.6.1　基准坐标系种类

常用的基准坐标系有笛卡儿坐标系、柱坐标系和球坐标系三种。

1．笛卡儿坐标系

笛卡儿坐标系即显示 X、Y 和 Z 轴的坐标系。笛卡儿坐标系用 X、Y 和 Z 表示坐标值，如图 4.78 所示。

2．柱坐标系

柱坐标系用半径、角度和 Z 表示坐标值，如图 4.79 所示，其中 r 表示半径，θ 表示角度，Z 表示 Z 轴坐标值。

3．球坐标系

球坐标系用半径和两个角度表示坐标值，如图 4.80 所示。

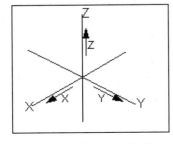

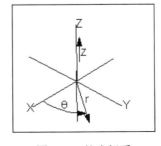

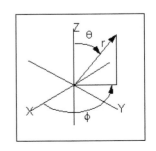

图 4.78　笛卡儿坐标系　　　　　图 4.79　柱坐标系　　　　　图 4.80　球坐标系

4.6.2 创建基准坐标系

Creo Parametric 将基准坐标系命名为 CS#，其中#是已创建的基准坐标系的编号。如果需要，可在创建过程中使用【坐标系】对话框中的【属性】选项卡为基准坐标系设置初始名称。如果要改变现有基准坐标系的名称，可右击【模型树】选项卡中相应的坐标系名称，在弹出的快捷菜单中选择【重命名】命令。

单击【模型】选项卡【基准】面组中的【坐标系】按钮$\downarrow$，弹出图 4.81 所示的【坐标系】对话框，其中包含【原点】【方向】【属性】3 个选项卡。

图 4.81 【坐标系】对话框

1．【原点】选项卡

（1）【参考】列表框：用于显示选取的参考坐标系。可随时在该列表框中选取或重定义坐标系的放置参考。

（2）【偏移参考】列表框：选取参考坐标系后弹出。在该列表框中的参考允许按表 4.4 中的方式偏移坐标系。

表 4.4　坐标系偏移类型

偏移类型	说　　明
笛卡儿	允许通过设置 X、Y 和 Z 值偏移坐标系
圆柱	允许通过设置半径、角度和 Z 值偏移坐标系
球坐标	允许通过设置半径和两个角度值偏移坐标系
自文件	允许通过转换文件输入坐标系的位置

2．【方向】选项卡

（1）【参考选择】单选按钮：选中该单选按钮，允许通过选取坐标系中任意两个坐标轴的方向参考定向坐标系。

（2）【选定的坐标系轴】单选按钮：选中该单选按钮，则可绕参考坐标系的轴旋转一定角度形成新的坐标系。

（3）【设置 Z 垂直于屏幕】按钮：单击该按钮，允许快速定向 Z 轴，使其垂直于查看的屏幕。此按钮只有在选中【选定的坐标系轴】单选按钮的状态下才可用。

3．【属性】选项卡

【属性】选项卡用于在 Creo Parametric 嵌入浏览器中查看关于当前坐标系的信息。

动手学——创建坐标系

源文件：源文件\结果文件\第 4 章\坐标系.prt
本实例利用图 4.10 所示的基准模型介绍几种坐标系的创建方法。

扫一扫，看视频

93

【操作步骤】

1. 打开文件

打开源文件"\原始文件\第 4 章\基准.prt"。

2. 利用参考新建坐标系

（1）单击【模型】选项卡【基准】面组中的【坐标系】按钮↓，弹出【坐标系】对话框。

（2）❶在绘图区中选取一个放置参考面，❷按住 Ctrl 键，再选取第二个参考面和❸第三个参考面，如图 4.82 所示。

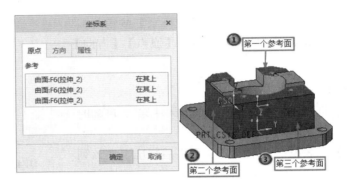

图 4.82　选取参考面

（3）❹选择【方向】选项卡，手动定向新坐标系。❺在【确定】下拉列表中选择 Y，为选定的参考设置坐标系第一个方向的名称为 Y。

（4）❻在【投影】下拉列表中选择 Z，❼单击【反向】按钮，调整 Z 轴方向，如图 4.83 所示。

（5）❽单击【确定】按钮，坐标系 CS0 创建完成，如图 4.84 所示。

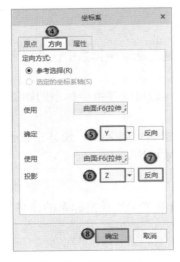

图 4.83　定义新方向

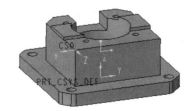

图 4.84　创建坐标系 CS0

3. 创建偏移坐标系

（1）单击【模型】选项卡【基准】面组中的【坐标系】按钮↓，弹出【坐标系】对话框。

（2）❶在绘图区选取一个坐标系作为参考，此时【偏移类型】下拉列表选择❷【笛卡儿】。

（3）调整偏移距离，可在绘图区拖动控制滑块将坐标系手动定位到所需位置，也可在【坐标系】对话框的【原点】选项卡中进行更改。❸修改 X 方向偏移值为 60.00，❹Y 方向偏移值为 80.00，❺Z 方向偏移值为 100.00，如图 4.85 所示。

📢 注意：

> 位于坐标系中心的控制滑块允许沿参考坐标系的任意一个轴拖动坐标系。要改变方向，可将光标悬停在控制滑块上方，然后向其中的一个轴移动光标，在移动光标的同时，拖动控制滑块改变坐标方向。

（4）❻单击【确定】按钮，坐标系 CS1 创建完成，如图 4.86 所示。

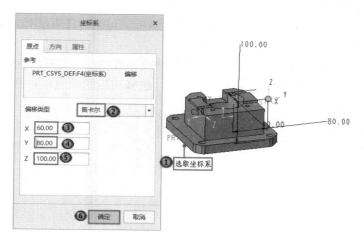

图 4.85　选取参考坐标系及偏移类型

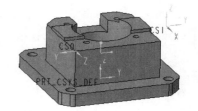

图 4.86　坐标系 CS1

4.7　基准特征显示状态控制

在复杂的模型中，虽然可以方便地设计各种基准，但当显示所有基准时模型会显得非常乱，尤其是在组件设计中，如图 4.87 所示。这样不但速度变慢，而且还容易产生错误。为了更清晰地表现图形，更好地利用基准，在 Creo Parametric 中提供了控制基准特征状态显示的功能。

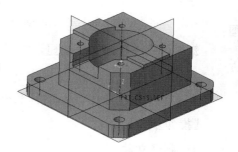

图 4.87　基准的显示

4.7.1　基准特征的显示控制

在快捷工具栏的【基准显示过滤器】下拉列表中包含几种常用的基准特征显示控制按钮，如图 4.88 所示。如果要显示某种基准特征，只需勾选该下拉列表中的复选框即可；如果要隐藏某种基准特征，只需取消勾选该复选框即可。

如果要对其他的基准特征进行显示控制，可单击【视图】选项卡【显示】面组中的按钮，如图 4.89 所示。单击不同的按钮，将显示或隐藏不同类型的基准特征。

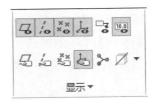

图 4.88　【基准显示过滤器】下拉按钮　　　　　　　　　图 4.89　【显示】面组

4.7.2　基准特征的显示颜色

为了区分各种基准特征，Creo Parametric 系统支持用户定制各种基准的显示颜色。选择【文件】→【选项】→【选项】命令，弹出图 4.90 所示的【Creo Parametric 选项】对话框，可通过【系统外观】选项卡中的【基准】选项组设置基准平面、轴、点和坐标系的颜色。

【基准】选项组中包含平面、轴、点和坐标系 4 个选项组。如果要修改基准特征中某一特性的显示颜色，单击其前面的颜色按钮 ，打开图 4.91 所示的下拉列表，选择相应的颜色，并单击【确定】按钮即可。

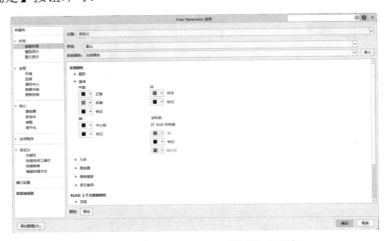

图 4.90　【Creo Parametric 选项】对话框

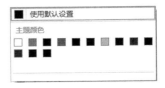

图 4.91　下拉列表

扫一扫，看视频

动手学——基准特征的显示控制

源文件：源文件\结果文件\第 4 章\基准显示.prt
本实例利用图 4.10 所示的基准模型介绍基准特征的显示控制。

【操作步骤】

1．新建文件

打开源文件"\原始文件\第 4 章\基准.prt"。

2．基准特征显示控制

（1）❶单击快捷工具栏中的【基准显示过滤器】按钮 ，弹出下拉列表，❷取消勾选【平面显示】复选框，❸勾选【坐标系显示】复选框和❹【轴显示】复选框，如图 4.92 所示。

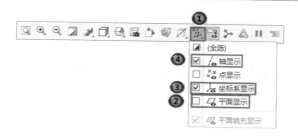

图 4.92　【基准显示过滤器】下拉列表

（2）选择【文件】→【选项】→【选项】命令，弹出【Creo Parametric 选项】对话框，①选择【系统外观】选项卡，②单击展开【基准】面组，③单击【中心线】前面的颜色按钮■ ▼，展开下拉列表，④颜色选择蓝色，如图 4.93 所示。

（3）⑤单击【确定】按钮，修改轴中心线颜色，结果如图 4.94 所示。

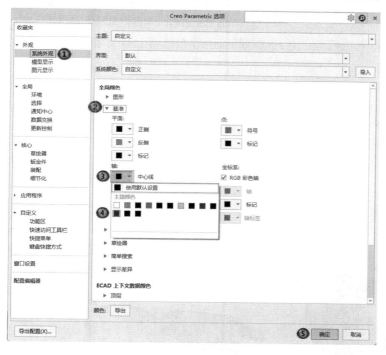

图 4.93　【Creo Parametric 选项】对话框

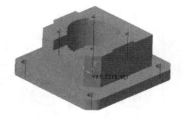

图 4.94　修改轴中心线颜色

第 5 章　基础特征建模

内容简介

前面学习了草图绘制和基准特征的创建，本章主要讲述拉伸、旋转、扫描和混合特征的创建和编辑。通过本章的学习，读者可以对一些简单的实体进行建模。

Creo Parametric 中常用的基础特征包括拉伸、旋转和混合。除此之外，还有作为实体建模时参考的基准特征，如基准平面、基准轴、基准点、基准坐标系等。Creo Parametric 是一个以特征造型为主的实体建模系统，对数据的存取也是以特征作为最小单元。Creo Parametric 创建的每个零件都是由一串特征组成的，零件的形状直接由这些特征控制，通过修改特征的参数就可以修改零件。

内容要点

➥ 拉伸特征
➥ 旋转特征
➥ 扫描特征
➥ 混合特征

案例效果

5.1　拉　伸　特　征

拉伸是定义三维几何特征的一种基本方法，即将二维截面延伸到垂直于草绘平面的指定距离处进行拉伸生成实体。可使用【拉伸】工具作为创建实体或曲面及添加或移除材料的基本方法之一。通常，要创建伸出项，需先选取用作截面的草绘基准曲线，然后激活【拉伸】工具即可。

5.1.1　【拉伸】操控板介绍

单击【模型】选项卡【形状】面组中的【拉伸】按钮，打开【拉伸】操控板，如图 5.1 所示。

图 5.1 【拉伸】操控板

【拉伸】操控板中各选项含义如下。

1.【类型】选项组

（1）【实体】按钮□：用于创建拉伸实体。

（2）【曲面】按钮▱：用于创建拉伸曲面。

2.【深度】选项组

（1）【深度】按钮⊥：用于约束拉伸特征的深度。可在其后的文本框中给定拉伸深度。在【拉伸】操控板中单击【可变】按钮⊥，在弹出的【深度】下拉列表中包含以下拉伸模式。

1）【可变】⊥：从草绘平面以指定深度值拉伸截面。若指定一个负的深度值，将会反转深度方向。

2）【对称】⊟：在给定的方向以指定深度值的一半拉伸草绘平面的两侧。

3）【到下一个】≡：拉伸至下一曲面。

4）【穿透】≢：使拉伸截面与所有曲面相交。

5）【穿至】⊥：将截面拉伸，使其与选定曲面或平面相交。其终止曲面可选择如下选项。

①由一个或几个曲面所组成的面组。

②在一个组件中，可选择另一元件的几何。几何是指组成模型的基本几何特征，如点、线、面等。

6）【到参考】⊥：将截面拉伸至一个选定点、曲线、平面或曲面。

注意：

（1）使用零件图元终止特征的规则：对于【到下一个】≡和【到参考】⊥两个选项，拉伸的轮廓必须位于终止曲面的边界内；在和另一图元相交处，终止的特征不具有和其相关的深度参数；修改终止曲面可改变特征深度。

（2）基准平面不能被用作终止曲面。

（2）【反向】按钮⤴：用于设定相对于草绘平面拉伸特征方向。

3.【设置】选项组

（1）【移除材料】按钮◢：用于沿拉伸移除材料，以便为实体特征创建切口或为曲面特征创建面组修剪。

（2）【反向】按钮⤴：创建切口时改变要移除的一侧。单击【移除材料】按钮后，出现该按钮。

（3）【加厚草绘】按钮⊏：用于为草绘添加厚度，以创建加厚的实体、加厚的实体切口或加厚的曲面修剪。单击该按钮，其后出现的文本框用于设置厚度值，其后的【反向】按钮⊠用于改变添加厚度的一侧或向两侧添加厚度。

5.1.2 【拉伸】下滑面板介绍

【拉伸】操控板中包含【放置】【选项】【主体选项】【属性】4 个下滑面板。

1.【放置】下滑面板

选择【放置】下滑面板，如图 5.2 所示，其用于重定义特征截面。

（1）【草绘】列表框：显示定义拉伸特征的草绘。

（2）【定义】按钮：用于创建草绘截面。

2.【选项】下滑面板

选择【选项】下滑面板，如图 5.3 所示。

图 5.2 【放置】下滑面板

图 5.3 【选项】下滑面板

（1）【侧 1/侧 2】：设置【侧 1】或者【侧 2】的深度选项。当深度选项为【可变】 和【对称】 时，可在其后的文本框中设置深度值。

（2）【封闭端】：勾选该复选框，当特征类型为【曲面】 且截面闭合时，封闭该特征的每个端点。选择【封闭端】选项可以用封闭端创建曲面特征。

（3）【添加锥度】：勾选该复选框，按输入的值使几何成锥形。

3.【主体选项】下滑面板

选择【主体选项】下滑面板，如图 5.4 所示。只有当类型为【实体】 时，该下滑面板才可用。其不可用于创建装配级特征。

（1）【创建新主体】：勾选该复选框，在新主体中创建特征。

（2）【主体】列表框。

1）在将特征添加到现有主体时，选择要添加几何的主体。除非选择了其他主体，否则其会显示默认主体。

图 5.4 【主体选项】下滑面板

2）在新主体中创建特征时，显示新主体的名称。

4.【属性】下滑面板

选择【属性】下滑面板，如图 5.5 所示。该下滑面板用于编辑特征名称，并在 Creo Parametric 浏览器中打开特征信息。

图 5.5 【属性】下滑面板

动手学——创建台灯管盖

源文件：源文件\结果文件\第 5 章\台灯管盖.prt

本实例创建的台灯管盖如图 5.6 所示。

扫一扫，看视频

【操作步骤】

1．新建文件

单击【主页】选项卡【数据】面组中的【新建】按钮，弹出【新建】对话框，选择【类型】为【零件】，子类型为【实体】，输入文件名【台灯管盖】，取消勾选【使用默认模板】复选框。单击【确定】按钮，弹出【新文件选项】对话框，选择【mmns_part_solid_abs】选项，单击【确定】按钮，进入零件界面。

图 5.6　台灯管盖

2．创建拉伸特征

（1）单击【模型】选项卡【形状】面组中的【拉伸】按钮，打开【拉伸】操控板。❶选择拉伸类型为【实体】，❷选择【放置】下滑面板，❸单击【定义】按钮，弹出【草绘】对话框，❹选取 FRONT 基准平面作为草绘平面，其余选项接受系统默认设置，操作步骤如图 5.7 所示。❺单击【草绘】按钮，进入草绘环境。

（2）绘制截面草图，如图 5.8 所示。单击【关闭】面组中的【确定】按钮，退出草绘环境。

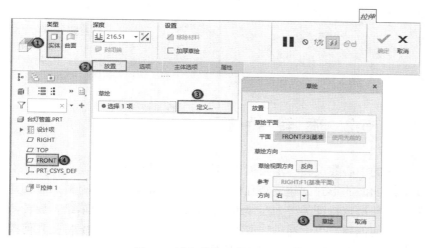

图 5.7　进入草绘环境操作步骤

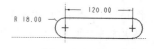

图 5.8　绘制截面草图

（3）❶在操控板中选择【可变】深度选项，❷在其后的文本框中输入【2.00】，如图 5.9 所示。❸单击【确定】按钮，生成拉伸特征，如图 5.10 所示。

图 5.9　设置操控板参数

图 5.10　拉伸特征

3．创建拉伸切除特征

（1）单击【模型】选项卡【形状】面组中的【拉伸】按钮，打开【拉伸】操控板。单击【放置】下滑面板中的【定义】按钮，弹出【草绘】对话框，选取拉伸体上表面作为草绘平面，其余选项接受系统默认设置。单击【草绘】按钮，进入草绘环境。

（2）单击【草绘】选项卡中的【拐角矩形】按钮□和【圆心和点】按钮⊙，绘制截面草图，如图 5.11 所示。单击【关闭】面组中的【确定】按钮，退出草绘环境。

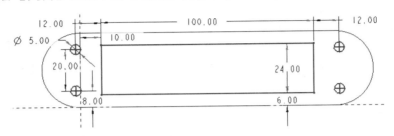

图 5.11　绘制截面草图

（3）在操控板中选择❶【穿透】深度选项，❷单击【移除材料】按钮，如图 5.12 所示。❸单击【确定】按钮，生成拉伸特征，如图 5.6 所示。

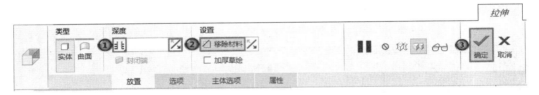

图 5.12　设置操控板参数

5.2　旋　转　特　征

旋转特征是将草绘截面绕定义的中心线旋转一定角度创建的特征。【旋转】工具也是创建实体的基本方法之一，它允许以实体或曲面的形式创建旋转几何特征，以及添加或去除材料。要创建旋转特征，通常可激活【旋转】工具并指定特征类型为实体或曲面，然后选取或创建草绘。旋转截面需要旋转轴，此旋转轴既可利用截面创建，也可通过选取模型几何进行定义。在预览特征几何模型后，可改变旋转角度，在实体或曲面、伸出项或切口间进行切换，或指定草绘厚度以创建加厚特征。

5.2.1　【旋转】操控板介绍

单击【模型】选项卡【形状】面组中的【旋转】按钮，打开图 5.13 所示的【旋转】操控板。

图 5.13　【旋转】操控板

【旋转】操控板与【拉伸】操控板中不同的选项含义介绍如下。

1.【轴】选项组

【轴】⑤：显示旋转轴。

2.【角度】选项组

（1）旋转方式：用于设置模型的旋转方式。

1）【可变】⅏：从草绘平面以指定角度旋转截面。其后的文本框用于输入角度值。

2）【对称】⊡：在草绘平面的每一侧以各个方向指定角度的一半旋转截面。其后的文本框用于输入角度值。

3）【到参考】⅏：将截面旋转至选定点、平面或曲面。其后的角度列表框用于显示定义旋转角度的点、平面或曲面。

（2）【角度】文本框：用于指定旋转特征的角度值。

（3）【反向】按钮↗：相对于草绘平面反转特征创建方向。

3.【设置】选项组

（1）【移除材料】按钮◿：使用旋转特征体积块创建切口。

（2）【反向】按钮↗：创建切口时改变要移除的一侧。单击【移除材料】按钮后，出现该按钮。

（3）【加厚草绘】按钮◻：通过为截面轮廓指定厚度创建特征。

（4）【反向】按钮↗：改变添加厚度的一侧，或向两侧添加厚度。单击【加厚草绘】按钮后，出现该按钮。

（5）【厚度】文本框：用于指定应用于截面轮廓的厚度。单击【加厚草绘】按钮后，出现该文本框。

5.2.2 【旋转】下滑面板介绍

【旋转】操控板包含【放置】【选项】【主体选项】【属性】4 个下滑面板。

1.【放置】下滑面板

选择【放置】下滑面板，如图 5.14 所示。

（1）【草绘】列表框：显示定义旋转特征的草绘。

（2）【定义】按钮：单击该按钮，打开草绘器，以创建内部草绘。

（3）【轴】列表框：单击并根据系统提示定义旋转轴。

图 5.14　【放置】下滑面板

2.【选项】下滑面板

选择【选项】下滑面板，如图 5.15 所示。

（1）【侧 1/侧 2】：设置【侧 1】或者【侧 2】的深度选项。当深度选项为【可变】⅏和【对称】⊡时，可在其后的文本框中设置深度值。

（2）【封闭端】：勾选该复选框，当特征类型为【曲面】◻且截面闭合时，封闭该特征的每个端点。选择【封闭端】选项可以用封闭端创建曲面特征。

图 5.15　【选项】下滑面板

动手学——创建阀杆

源文件：源文件\结果文件\第5章\阀杆.prt
本实例创建的阀杆如图5.16所示。

图5.16　阀杆

【操作步骤】

1. 新建文件

新建【阀杆】文件，进入零件界面。

2. 创建旋转特征

（1）单击【模型】选项卡【形状】面组中的【旋转】按钮，打开【旋转】操控板。

（2）单击操控板中【放置】下滑面板中的【定义】按钮，弹出【草绘】对话框。

（3）选取 FRONT 基准平面作为草绘平面，其余选项接受系统默认设置。单击【草绘】按钮，进入草绘环境。

（4）绘制旋转截面草图，如图5.17所示。

（5）截面绘制完成后，单击【关闭】面组中的【确定】按钮，退出草绘环境。❶在操控板中设置旋转角度为360°，如图5.18所示。

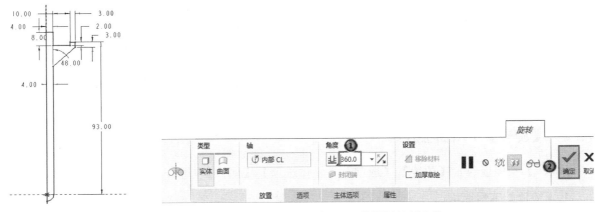

图5.17　绘制旋转截面草图　　　　　　　　图5.18　设置操控板参数

（6）❷单击【确定】按钮　　　，完成阀杆的创建，结果如图5.16所示。

5.3　扫　描　特　征

扫描特征通过草绘轨迹或选取轨迹，然后沿该轨迹对草绘截面进行扫描创建实体。常规的截面扫描可以是特征创建时的草绘轨迹，也可以是由选定基准曲线或边组成的轨迹。

作为一般规则，该轨迹必须有相邻的参考曲面或平面。在定义扫描时，系统检查指定轨迹的有效性，并创建法向曲面。法向曲面是指一个曲面，其法向用于创建该轨迹的 Y 轴。轨迹指定模糊时，系统会提示选取一个法向曲面。

可变截面扫描特征是沿一个或多个选定轨迹扫描截面时通过控制截面的方向、旋转角度和几何添加或移除材料，以创建实体或曲面特征。可变截面扫描是将草绘图元约束到其他轨迹（中心平面或现有几何），或使用由【trajpar】参数设置的截面关系使草绘可变。草绘所约束到的参考可改变截面形状。另外，以控制曲线或关系式（使用【trajpar】参数）定义标注形式也能使草绘可变。草绘在轨迹点处再生，并相应更新其形状。

5.3.1 【扫描】操控板介绍

单击【模型】选项卡【形状】面组中的【扫描】按钮 ，打开图 5.19 所示的【扫描】操控板。

图 5.19 【扫描】操控板

【扫描】操控板与【旋转】操控板中不同的选项含义介绍如下。

1．【截面】选项组

【草绘】按钮 ：单击该按钮，进入草绘界面，可以创建或编辑扫描截面。

2．【选项】选项组

（1）【恒定截面】 ：创建恒定截面扫描。沿轨迹扫描时，截面不会更改其形状，只有截面所在框架的方向发生变化。

（2）【可变截面】 ：创建可变截面扫描。将截面约束到轨迹，或使用带【trajpar】参数的截面关系使草绘可变。草绘所约束到的参考可更改截面形状。草绘沿着原点轨迹在各个点处重新生成，并相应更新其形状。

5.3.2 【扫描】下滑面板介绍

【扫描】操控板包含【参考】【选项】【相切】【主体选项】【属性】5 个下滑面板，本小节主要介绍【参考】【选项】【相切】下滑面板。

1．【参考】下滑面板

选择【参考】下滑面板，如图 5.20 所示。

（1）【轨迹】列表框。

1）【轨迹】：显示轨迹，包括用户选择作为轨迹原点和集类型的轨迹。

2）【X】：将轨迹设置为 X 轨迹。

3）【N】：将轨迹设置为法向轨迹。【N】复选框被勾选时，截面垂直于轨迹。

4）【T】：将轨迹设置为与【侧 1】【侧 2】或选定的曲面参考相切。

（2）【细节】：单击该按钮，弹出【链】对话框可以修改选定链的属性。

（3）【截平面控制】：设置定向截平面的方式（扫描坐标系的 Z 方向）。

1）【垂直于轨迹】：截平面在整个长度上保持与原点轨迹垂直。

2）【垂直于投影】：沿投影方向看去，截平面保持与原点轨迹垂直。Z 轴与指定方向上的原点轨迹的投影相切。【方向参考】列表框激活，提示选取方向参考。

3）【恒定法向】：Z 轴平行于指定的方向参考矢量。【方向参考】列表框激活，提示选取方向参考。

（4）【水平/竖直控制】：决定绕草绘平面法向的框架旋转沿扫描如何定向。

1）【自动】：由 XY 方向定向截平面。计算 X 矢量的方向，以使扫描几何扭转程度最低。对于没有参考任何曲面的原点轨迹，【自动】为默认选项。方向参考收集器允许用户定义扫描起始处的初始截面或框架的 X 轴方向。有时需要指定 X 轴方向，如对于直线轨迹或在起始处存在直线段的轨迹即是如此。

2）【垂直于曲面】：将截平面的 Y 轴设置为垂直于原点轨迹所在的曲面。如果【原点轨迹】参考为曲面上的曲线、曲面的单侧边、曲面的双侧边或实体边、由曲面相交创建的曲线或两条投影曲线，则此为默认选项。单击【下一个】按钮，可移至下一个法向曲面。

3）【X 轨迹】：将截平面的 X 轴设置为通过指定的 X 轨迹和沿扫描的截平面的交点。

（5）【起点的 X 方向参考】：当选择【垂直于轨迹】或【恒定法向】，且【水平/竖直控制】为【自动】时，显示原点轨迹起点处的截平面 X 轴方向。

2．【选项】下滑面板

选择【选项】下滑面板，如图 5.21 所示。

（1）【封闭端】：勾选该复选框，则封闭扫描特征的每一端。其适用于具有封闭环截面和开放轨迹的曲面扫描。

（2）【合并端】：勾选该复选框，将实体扫描特征的端点连接到邻近的实体曲面而不留间隙。其在以下情况下可用：扫描截面恒定时；存在一个开放的平面轨迹时；选择【垂直于轨迹】进行截平面控制时；选择【自动】进行水平/竖直控制时；相邻项包括至少一个实体特征时；扫描将几何添加到现有主体，且轨迹的端点与同一主体的曲面重合时。

（3）【草绘放置点】：指定原点轨迹上的点草绘截面，不影响扫描的起始点。如果【草绘放置点】为空，则将扫描的起始点用作草绘截面的默认位置。

3．【相切】下滑面板

选择【相切】下滑面板，如图 5.22 所示。

图 5.20　【参考】下滑面板　　　　图 5.21　【选项】下滑面板　　图 5.22　【相切】下滑面板

（1）【轨迹】列表框：显示扫描特征中的轨迹列表。

（2）【参考】下拉列表：用相切轨迹控制曲面。

1）【无】：禁用相切轨迹。

2）【侧】：扫描截面上包含与轨迹【侧1】上的曲面相切的中心线。

3）【侧】：扫描截面上包含与轨迹【侧2】上的曲面相切的中心线。

4）【选定】：手动为扫描截面中的相切中心线指定曲面。

动手学——创建茶壶

扫一扫，看视频

源文件：源文件\结果文件\第5章\茶壶.prt

本实例创建的茶壶如图5.23所示，茶壶把手采用的是恒定截面扫描，茶壶出水口部分采用的是可变截面扫描。

【操作步骤】

1. 新建文件

新建【茶壶】文件，进入零件界面。

2. 创建旋转特征

（1）单击【模型】选项卡【形状】面组中的【旋转】按钮 ，打开【旋转】操控板。

（2）单击【放置】下滑面板中的【定义】按钮，弹出【草绘】对话框。

图5.23 茶壶

（3）选取 FRONT 基准平面作为草绘平面，其余选项接受系统默认设置。单击【草绘】按钮，进入草绘环境。

（4）绘制旋转截面草图，如图5.24所示。

（5）单击【确定】按钮 ，返回【旋转】操控板。设置旋转角度为360°，单击【加厚草绘】按钮，设置厚度值为3，加厚方向向外。

（6）单击【确定】按钮，结果如图5.25所示。

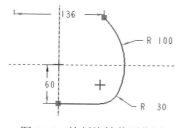

图5.24 绘制旋转截面草图

图5.25 旋转实体

3. 创建可变截面扫描特征

（1）单击【模型】选项卡【基准】面组中的【草绘】按钮 ，弹出【草绘】对话框。

（2）选取 FRONT 基准平面作为草绘平面，其余选项接受系统默认设置。单击【草绘】按钮，进入草绘环境。

（3）单击【草绘】选项卡【草绘】面组中的【样条】按钮 ，绘制扫描轨迹线，如图5.26所示。

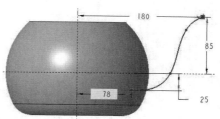

图5.26 绘制扫描轨迹线

（4）单击【确定】按钮 ，退出草绘环境。

（5）单击【模型】选项卡【形状】面组中的【扫描】按钮 ，打开【扫描】操控板。❶选择扫描类型为【实体】，❷在【选项】选项组中选择【可变截面】，❸在绘图区选取第（3）步绘制的扫描轨迹线。❹单击箭头，调整起点位置位于轨迹线的上端。

（6）❺在【参考】下滑面板的【截平面控制】中选择【垂直于轨迹】，其他参数采用默认设置，如图 5.27 所示。❻单击操控板中的【草绘】按钮 ，进入草绘界面。

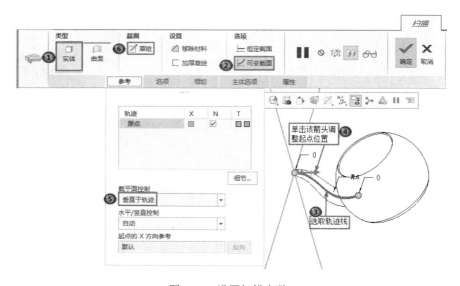

图 5.27　设置扫描参数 1

（7）❶绘制截面草图，❷单击【工具】选项卡【模型意图】面组中的❸【关系】按钮 **d=**，弹出【关系】对话框，❹输入【sd3=15*(1+2*trajpar)】关系式，如图 5.28 所示。

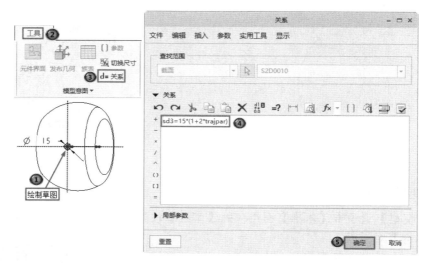

图 5.28　绘制截面草图并输入关系式

（8）❺单击【确定】按钮，关闭对话框。

（9）单击【确定】按钮 ，关闭【草绘】选项卡，返回【扫描】操控板。

（10）单击【加厚草绘】按钮，设置厚度值为 1.5，加厚方向向外。单击【确定】按钮，生成扫描实体，如图 5.29 所示。

（11）单击【模型】选项卡【工程】面组中的【壳】按钮，打开【壳】操控板，❶在【参考】下滑面板的【要壳化的主体】中选中【全部】单选按钮。❷在绘图区选取扫描实体的上端面，❸按住 Ctrl 键再选取扫描实体的下端面。❹设置厚度为 1.5，如图 5.30 所示。❺单击【确定】按钮　，抽壳完成，结果如图 5.31 所示。

图 5.29　扫描实体

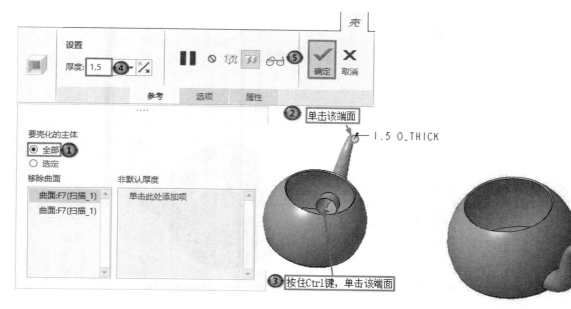

图 5.30　设置抽壳参数

图 5.31　抽壳结果

4．创建恒定截面扫描特征

（1）单击【模型】选项卡【基准】面组中的【草绘】按钮，弹出【草绘】对话框。

（2）选取 FRONT 基准平面作为草绘平面，其余选项接受系统默认设置。单击【草绘】按钮，进入草绘环境。

（3）单击【草绘】选项卡【草绘】面组中的【样条】按钮，绘制扫描轨迹线，如图 5.32 所示。

（4）单击【确定】按钮，退出草绘环境。

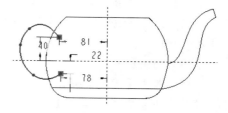

图 5.32　绘制扫描轨迹线

（5）单击【模型】选项卡【形状】面组中的【扫描】按钮，打开【扫描】操控板。❶选择扫描类型为【实体】，❷在【选项】选项组中选择【恒定截面】，❸在绘图区选取第（3）步绘制的扫描轨迹线。

（6）❹在【参考】下滑面板的【截平面控制】中选择【垂直于轨迹】，其他参数采用默认设置，如图 5.33 所示。❺单击【扫描】操控板中的【草绘】按钮，进入草绘界面。

（7）绘制图 5.34 所示的草图，单击【确定】按钮，退出草绘环境。

（8）单击【扫描】操控板中的【确定】按钮，生成恒定截面扫描实体，结果如图 5.35 所示。

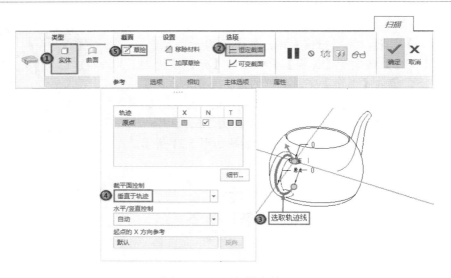

图 5.33　设置扫描参数 2

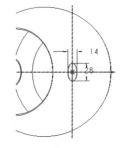

图 5.34　绘制草图

图 5.35　恒定截面扫描实体

5. 创建旋转切除特征

（1）单击【模型】选项卡【形状】面组中的【旋转】按钮 ，打开【旋转】操控板。

（2）单击【放置】下滑面板中的【定义】按钮，弹出【草绘】对话框。

（3）选取 FRONT 基准平面作为草绘平面，其余选项接受系统默认设置。单击【草绘】按钮，进入草绘环境。

（4）绘制旋转草图，结果如图 5.36 所示。

（5）单击【确定】按钮 ，返回【旋转】操控板。设置旋转角度为 360°，单击【移除材料】按钮 ，设置完成。单击【确定】按钮 ，生成旋转切除特征。将壶身内部多余的扫描实体切除，结果如图 5.37 所示。

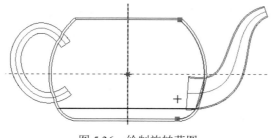

图 5.36　绘制旋转草图

图 5.37　旋转切除特征

6. 创建拉伸切除特征

（1）单击【模型】选项卡【形状】面组中的【拉伸】按钮⬚，打开【拉伸】操控板。

（2）单击【放置】下滑面板中的【定义】按钮，弹出【草绘】对话框，选取 FRONT 基准平面作为草绘平面，其余选项接受系统默认设置。单击【草绘】按钮，进入草绘环境。

（3）绘制图 5.38 所示的拉伸切除草图。

（4）单击【确定】按钮✓，返回【旋转】操控板。设置拉伸类型为【对称】⬚，深度为 34。单击【移除材料】按钮⬚，设置完成。单击【确定】按钮，生成拉伸切除特征。至此，茶壶创建完成，结果如图 5.23 所示。

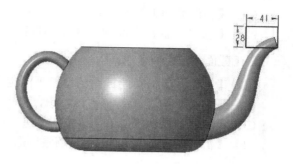

图 5.38　绘制拉伸切除草图

5.4　混　合　特　征

扫描特征是由截面沿轨迹扫描而成，但截面形状单一；而混合特征是由两个或两个以上的平面截面组成，通过将这些平面截面在其边界处用曲面连接形成一个连续特征。混合特征可以满足用户实现在一个实体中出现多个不同截面的要求。一个混合特征至少由一系列的两个平面截面组成，这些平面截面在其顶点处用过渡曲面连接形成一个连续特征。混合特征共有三种混合类型。

（1）平行：所有混合截面均位于平行平面上。

（2）旋转：混合截面绕旋转轴旋转，旋转的角度范围为-120°～+120°。

（3）常规：一般混合截面可以绕 X 轴、Y 轴和 Z 轴旋转，也可以沿这 3 个轴平移。每个截面都单独草绘，并用截面坐标系对齐。

5.4.1　【混合】操控板介绍

单击【模型】选项卡【形状】面组中的【混合】按钮⬚，打开【混合】操控板，如图 5.39 所示。单击【定义】按钮，创建两个截面后的【混合】操控板如图 5.40 所示，增加了【相切】下滑面板。

图 5.39　【混合】操控板

图 5.40　创建两个截面后的【混合】操控板

【混合】操控板与【扫描】操控板中不同的选项含义介绍如下。

1.【混合，使用】选项组

（1）【草绘截面】按钮 ：单击该按钮，使用内部或外部草绘截面创建混合特征。

（2）【选定截面】按钮 ：单击该按钮，使用选定截面创建混合特征。

2.【截面1】选项组

（1）【列表框】：草绘截面的草绘平面定义。

（2）【定义】按钮 ：单击该按钮，弹出【草绘】对话框，以定义第一个截面的内部草绘。

（3）【编辑】按钮 ：单击该按钮，进入草绘环境编辑草图。

（4）【添加截面】按钮 ：单击该按钮，创建新截面。

5.4.2 【混合】下滑面板介绍

【混合】操控板包含【截面】【选项】【相切】【主体选项】【属性】5个下滑面板。其中【相切】下滑面板在创建完成截面2后才会显示出来。本小节主要介绍【截面】【选项】【相切】下滑面板。

1.【截面】下滑面板

选择【截面】下滑面板，如图5.41所示。

（1）【草绘截面】：选中该单选按钮，使用内部或外部草绘截面创建混合特征。

（2）【选定截面】：选中该单选按钮，使用选定截面创建混合特征。

（3）【截面】列表框：将截面按其混合顺序列出。可以更改此顺序并使用不同于草绘定义顺序的混合顺序。

（4）【#】列表框：显示截面中的图元数。

（5）【添加】按钮：单击该按钮，在活动截面下插入一个新的截面。

（6）【移除】按钮：单击该按钮，删除活动截面。

（7）【上移】按钮：按混合顺序向上移动活动截面。

（8）【下移】按钮：按混合顺序向下移动活动截面。

（9）【草绘】列表框：显示要用于混合的第一个截面的草绘。

（10）【定义】按钮：单击该按钮，弹出【草绘】对话框，可以定义第一个截面的内部草绘。

图5.41 【截面】下滑面板

2.【选项】下滑面板

选择【选项】下滑面板，如图5.42所示。

（1）【直】：选中该单选按钮，则在两个截面间形成直曲面。

（2）【平滑】：选中该单选按钮，则形成平滑曲面。

（3）【封闭端】：只有将混合类型设置为【曲面】时，才能激活该复选框。勾选该复选框，则将封闭混合特征的两端。

图5.42 【选项】下滑面板

3.【相切】下滑面板

选择【相切】下滑面板，如图 5.43 所示。

（1）【边界】：在起始或终止截面处设置混合相切。

（2）【自由】：将曲面设置为不受侧参考影响。

（3）【相切】：将曲面设置为与曲面参考相切。

（4）【垂直】：将曲面设置为与曲面参考垂直。

（5）【图元】：设置参考曲面作为活动图元。

动手学——创建门把手

源文件：源文件\结果文件\第 5 章\门把手.prt
本实例创建的门把手如图 5.44 所示。

图 5.43　【相切】下滑面板

扫一扫，看视频

【操作步骤】

1. 新建文件

新建【门把手】文件，进入零件界面。

2. 创建混合特征

（1）单击【模型】选项卡【形状】面组中的【混合】按钮🗇，
打开【混合】操控板。❶在【截面】下滑面板中选中【草绘截面】

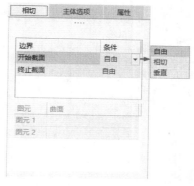

图 5.44　门把手

单选按钮，❷单击【定义】按钮，弹出【草绘】对话框，❸选取 TOP 基准平面作为草绘平面，其
余选项接受系统默认设置，如图 5.45 所示。

（2）❹单击【草绘】按钮，进入草绘环境，❺绘制图 5.46 所示的草图，❻单击【关闭】面组
中的【确定】按钮✔，返回【混合】操控板。

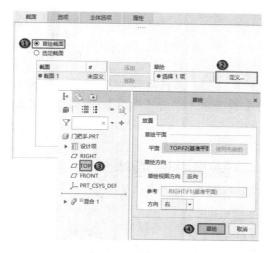

图 5.45　进入草绘操作步骤

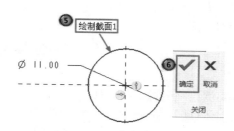

图 5.46　绘制截面 1

（3）此时，系统自动创建截面 2。❼在【截面】下滑面板中输入偏移距离 10.00，❽单击【草
绘】按钮，进入草绘环境，如图 5.47 所示。第一个截面变为灰色。此时，❾再绘制直径为 30.00 的
同心圆，作为第二个截面，如图 5.48 所示。❿单击【关闭】面组中的【确定】按钮✔，完成草图
绘制。

图 5.47　定义截面 2　　　　　　　　　　　图 5.48　绘制截面 2

（4）⑪单击【添加】按钮，插入截面 3，⑫输入偏移距离 20.00，⑬单击【草绘】按钮，进入草绘环境，如图 5.49 所示。绘制直径为 15.00 的同心圆，单击【关闭】面组中的【确定】按钮，完成草图绘制，结果如图 5.50 所示。

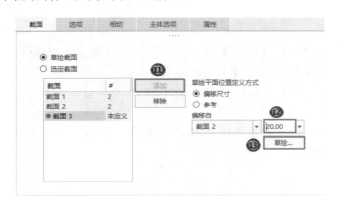

图 5.49　定义截面 3　　　　　　　　　　　图 5.50　绘制截面 3

（5）同上步骤，在截面 4 上绘制直径为 20.00 的同心圆，偏移距离为 20.00；在截面 5 上绘制直径为 40.00 的同心圆，偏移距离为 5.00。在【混合】操控板中单击【确定】按钮，完成顶端头部的创建，结果如图 5.44 所示。

扫一扫，看视频

5.5　综合实例——绘制电源插头

本实例绘制电源插头，如图 5.51 所示。首先绘制电源插头的主体草图并创建混合实体，然后在小端运用【扫描】和【旋转】命令绘制进线部分，最后利用【拉伸】命令在大端绘制插头。

图 5.51　电源插头

【操作步骤】

1．新建文件

新建【插头】文件，进入零件界面。

2. 创建混合特征

（1）单击【模型】选项卡【形状】面组中的【混合】按钮🖉，打开【混合】操控板。

（2）在【截面】下滑面板中单击【定义】按钮，弹出【草绘】对话框。

（3）选择 FRONT 基准平面作为草绘平面，其余选项接受系统默认值。单击【草绘】按钮，进入草绘界面。

（4）单击【草绘】选项卡【草绘】面组中的【中心矩形】按钮▣，绘制图 5.52 所示的截面 1。单击【关闭】面组中的【确定】按钮✓，退出草绘环境。

（5）此时，系统自动创建截面 2。在【截面】下滑面板中输入偏移距离 30.00，单击【草绘】按钮，进入草绘环境，第一个截面变为灰色。此时，再绘制图 5.53 所示的截面 2。单击【关闭】面组中的【确定】按钮✓，完成草图绘制。

（6）单击【确定】按钮　，完成混合特征的创建，如图 5.54 所示。

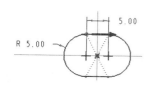

图 5.52　截面 1

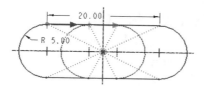

图 5.53　截面 2

图 5.54　混合特征

3. 创建旋转特征

（1）单击【模型】选项卡【形状】面组中的【旋转】按钮❖，打开【旋转】操控板。

（2）选择 RIGHT 基准平面作为草绘平面，在其上绘制图 5.55 所示的草图。

（3）在【旋转】操控板中设置旋转角度为 360°，单击【确定】按钮　，完成旋转特征的创建，如图 5.56 所示。

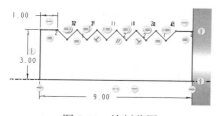

图 5.55　绘制草图

图 5.56　创建旋转特征

4. 创建扫描特征

（1）单击【模型】选项卡【基准】面组中的【草绘】按钮〜，弹出【草绘】对话框。

（2）选择基准平面 RIGHT 作为草绘平面，其余选项接受系统默认值。单击【草绘】按钮，进入草绘界面。

（3）绘制图 5.57 所示的扫描轨迹线。

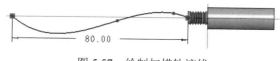

图 5.57　绘制扫描轨迹线

（4）单击【模型】选项卡【形状】面组中的【扫描】按钮，打开【扫描】操控板。选择第（3）步绘制的扫描轨迹线，选择扫描类型为【恒定截面】。

（5）单击【扫描】操控板中的【草绘】按钮，进入草绘环境，绘制图 5.58 所示的截面草图。单击【确定】按钮，退出草绘环境。

（6）单击【确定】按钮，完成扫描特征的创建，如图 5.59 所示。

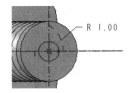
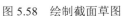

图 5.58　绘制截面草图

图 5.59　扫描特征

5. 创建拉伸特征

（1）单击【模型】选项卡【形状】面组中的【拉伸】按钮，打开【拉伸】操控板。单击【放置】下滑面板中的【定义】按钮，弹出【草绘】对话框。

（2）选择电源插头的大端面作为草绘平面，在其上绘制图 5.60 所示的圆弧。

（3）在【拉伸】操控板中单击【可变】按钮，在其后的文本框中输入拉伸深度 20.00，单击【确定】按钮，创建拉伸特征，如图 5.61 所示。

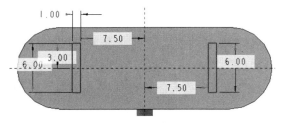

图 5.60　绘制圆弧

图 5.61　拉伸特征

6. 创建拉伸切除特征

（1）单击【模型】选项卡【形状】面组中的【拉伸】按钮，打开【拉伸】操控板。

（2）选择图 5.61 所示的拉伸特征的侧面作为草绘平面，绘制图 5.62 所示的草图。

（3）在【拉伸】操控板中单击【穿透】按钮，再单击【反向】按钮，调整拉伸方向。单击【移除材料】按钮，进行拉伸切除操作。单击【确定】按钮，结果如图 5.51 所示。

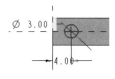

图 5.62　绘制草图

第 6 章　高级特征建模

内容简介

一些复杂的零件造型只通过基本特征和工程特征是无法完成的，如吊钩、螺纹等，在这些零件的建模过程中还要用到高级特征。

本章主要讲述扫描混合、螺旋扫描及旋转混合等复杂特征的创建。

内容要点

- ➘ 扫描混合特征
- ➘ 螺旋扫描特征
- ➘ 旋转混合特征

案例效果

6.1　扫描混合特征

扫描混合特征是使截面沿着指定轨迹进行延伸，生成实体。但由于沿轨迹的扫描截面是可变的，因此该特征又兼备混合特征的特性。扫描混合特征可以具有两种轨迹：原点轨迹（必选）和第二轨迹（可选）。每个轨迹特征必须至少有两个截面，且可在这两个截面间添加截面。要定义扫描混合特征的轨迹，可选取一条草绘曲线、基准曲线或边的链。每次只有一个轨迹是活动的。

6.1.1　【扫描混合】操控板介绍

单击【模型】选项卡【形状】面组中的【扫描混合】按钮 🖉，打开【扫描混合】操控板，如图 6.1 所示，选中轨迹曲线。

【扫描混合】操控板中各选项功能与 5.2.1 节中的【旋转】操控板中各选项功能类似，这里不再赘述。

图 6.1　【扫描混合】操控板

6.1.2　【扫描混合】下滑面板介绍

【扫描混合】操控板中包含【参考】【截面】【相切】【选项】【主体选项】【属性】6 个下滑面板，如图 6.1 所示。下面对部分下滑面板进行介绍。

1.【参考】下滑面板

选择【参考】下滑面板，如图 6.2 所示。该下滑面板中各选项与 5.3.2 小节中的【扫描】下滑面板中对应选项类似，这里不再赘述。

2.【截面】下滑面板

选择【截面】下滑面板，如图 6.3 所示。

图 6.2　【参考】下滑面板

图 6.3　【截面】下滑面板

（1）截面类型。

1）【草绘截面】：通过草绘定义截面草图。

2）【选定截面】：将先前定义的截面选择为扫描混合截面。

（2）【截面】列表框：列出为扫描混合特征定义的截面。每次只有一个截面是活动的。当将截面添加到列表框时，会按时间顺序对其进行编号和排序。标记为#的列中显示草绘截面中的图元数。

1）【插入】按钮：单击该按钮，创建新截面，新截面为活动截面。

2）【移除】按钮：单击该按钮，从列表框中移除选定的截面和扫描混合特征。

3）【草绘】按钮：单击该按钮，进入草绘环境，为截面定义草绘。

（3）【截面位置】列表框：显示链端点、顶点或基准点，以定位截面。

（4）【旋转】：对于定义截面的每个顶点或基准点，指定截面关于 Z 轴的旋转角度（范围为-120°～+120°）。

3．【相切】下滑面板

选择【相切】下滑面板，如图 6.4 所示。

（1）【边界】：为设置相切定义开始或终止截面。

（2）【条件】。

1）【自由】：开始或终止截面是自由端。

2）【相切】：选择相切曲面。【图元】下拉列表中会自动前进到下一个图元。

3）【法向】：扫描混合的起点或终点垂直于截平面。【图元】下拉列表会不可用并且无须参考。

图 6.4　【相切】下滑面板

4．【选项】下滑面板

选择【选项】下滑面板，如图 6.5 所示。

（1）【封闭端】：勾选该复选框，则封闭扫描混合的每一端。其适用于具有封闭截面和非封闭轨迹的曲面扫描混合。

（2）【调整以保持相切】：勾选该复选框，则在截面混合后保持所创建的曲面相切。

（3）混合控制选项。

图 6.5　【选项】下滑面板

1）【无混合控制】：不设置混合控制。

2）【设置周长控制】：将混合的周长设置为在截面之间线性地变化。选中该单选按钮，则启用【通过折弯中心创建曲线】复选框，可将曲线放置在扫描混合特征的中心。

3）【设置横截面面积控制】：在扫描混合的指定位置指定截面面积。

动手学——创建喇叭

源文件： 源文件\结果文件\第 6 章\喇叭.prt

本实例创建的喇叭如图 6.6 所示。

【操作步骤】

1．新建文件

新建【喇叭】文件，进入零件界面。

2．绘制草图

（1）单击【模型】选项卡【基准】面组中的【草绘】按钮，弹出【草绘】对话框，选取 TOP 基准平面作为草绘平面，其余选项接受系统默认设置。单击【草绘】按钮，进入草绘环境。

（2）绘制图 6.7 所示的草图。

（3）单击【模型】选项卡【基准】面组中的【点】按钮，弹出【基准点】对话框，在第（2）步绘制的草图曲线上选取一点创建新基准点，选择偏移参考为【曲线末端】，单击其后的【下一端点】按钮，调整曲线的下端点为曲线末端，设置偏移比率为 0.90，创建 PNT0 点，如图 6.8 所示。

（4）单击【基准点】对话框中的【新点】按钮，再参照第（3）

图 6.6　喇叭

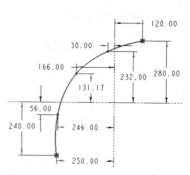

图 6.7　绘制草图

步创建 PNT1 点、PNT2 点、PNT3 点、PNT4 点、PNT5 点、PNT6 点、PNT7 点、PNT8 点、PNT9 点，偏移比率分别为 0.80、0.70、0.60、0.50、0.40、0.30、0.20、0.10 和 0.05，结果如图 6.9 所示。

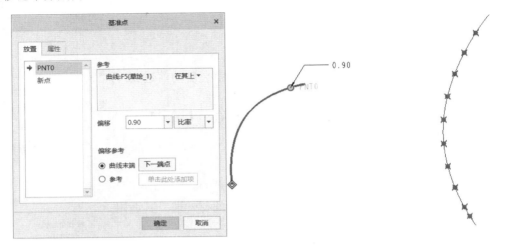

图 6.8　设置 PNT0 点 　　　　　　　　　　　　图 6.9　创建基准点

3．创建扫描混合特征

（1）单击【模型】选项卡【形状】面组中的【扫描混合】按钮 🪚，打开【扫描混合】操控板。❶选择扫描混合类型为【实体】，❷选取轨迹线，❸选择【截面】下滑面板，❹在【截面】列表框中选中【截面 1】，❺再在绘图区选取 PNT0 点，❻单击【草绘】按钮，进入草绘环境，如图 6.10 所示。

（2）❼绘制图 6.11 所示的截面 1 草图，将圆在与中心线的交点处打断。注意起点方向，后面绘制的其他截面方向应和截面 1 方向一致。

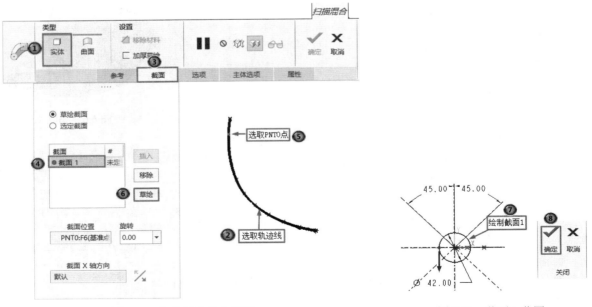

图 6.10　扫描混合操作步骤 　　　　　　　　　　图 6.11　截面 1 草图

（3）⑧单击【确定】按钮✔，返回【扫描混合】操控板。

（4）⑨单击【截面】下滑面板中的【插入】按钮，创建截面 2。⑩单击【截面 2】，使其处于激活状态。⑪在绘图区选取 PNT1 点，⑫单击【草绘】按钮，进入草绘环境，如图 6.12 所示。

（5）绘制图 6.13 所示的截面 2 草图。同理，绘制其他截面草图，如图 6.14～图 6.21 所示。

图 6.12　创建截面 2

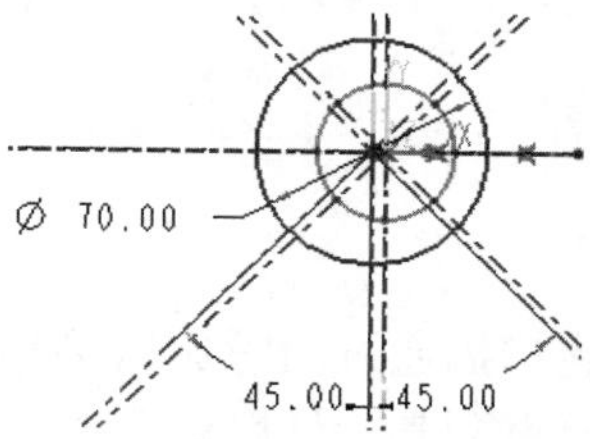

图 6.13　截面 2 草图

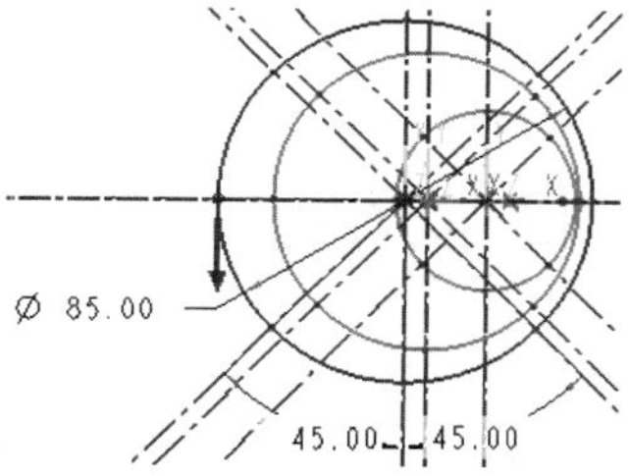

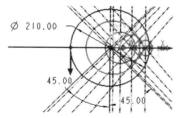

图 6.14　截面 3 草图

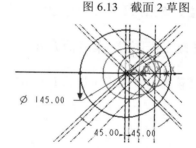

图 6.15　截面 4 草图

图 6.16　截面 5 草图

图 6.17　截面 6 草图

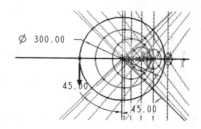

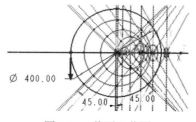

图 6.18　截面 7 草图

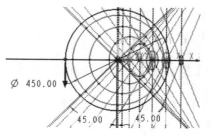

图 6.19　截面 8 草图

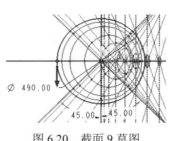

图 6.20　截面 9 草图

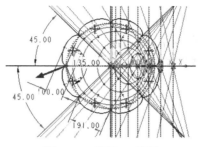

图 6.21　截面 10 草图

（6）截面草图绘制完成后，单击【扫描混合】操控板中的【加厚草绘】按钮匚，厚度设置为 8.00。单击【反向】按钮，调整加厚方向向外。

（7）单击【确定】按钮，结果如图 6.6 所示。

6.2　螺旋扫描特征

螺旋扫描通过沿螺旋轨迹扫描截面创建螺旋扫描特征。轨迹由旋转曲面的轮廓（定义螺旋特征的截面原点到其旋转轴的距离）和螺距（螺圈间的距离）定义。

通过【螺旋扫描】命令可创建实体特征、薄壁特征及其对应的剪切材料特征。

6.2.1　【螺旋扫描】操控板介绍

单击【模型】选项卡【形状】面组中的【螺旋扫描】按钮✺，打开图 6.22 所示的【螺旋扫描】操控板。

图 6.22　【螺旋扫描】操控板

【螺旋扫描】操控板中的各选项含义如下。

（1）【间距】：设置螺距值。

（2）【草绘】：单击该按钮，进入草绘界面绘制草图。

（3）【选项】选项组。

1）【左手定则】✺：用左手定则设置螺旋扫描方向。

2）【右手定则】✺：用右手定则设置螺旋扫描方向。

6.2.2　【螺旋扫描】下滑面板介绍

【螺旋扫描】操控板中包含【参考】【间距】【选项】【主体选项】【属性】5 个下滑面板。下面对部分下滑面板进行介绍。

1．【参考】下滑面板

选择【参考】下滑面板，如图 6.23 所示。

（1）【螺旋轮廓】列表框：用于显示螺旋扫描的草绘轮廓。

（2）【定义】：单击该按钮，弹出【草绘】对话框，绘制草图。

（3）【反向】按钮：单击该按钮，在螺旋轮廓的两个端点间切换螺旋扫描的起点。

（4）【螺旋轴】列表框：用于显示螺旋轴。

（5）【创建螺旋轨迹曲线】复选框：勾选该复选框，则从螺旋轨迹创建一条曲线，这样在创建螺旋扫描后，曲线将在 Creo Parametric 中可用。

（6）【截面方向】选项组：用于设置扫描截面的方向。

1）【穿过螺旋轴】：将截面定向为通过螺旋轴。

2）【垂直于轨迹】：将截面定向为垂直于扫描轨迹。

2．【间距】下滑面板

选择【间距】下滑面板，如图 6.24 所示。单击【添加间距】按钮，添加两个间距后，【间距】下滑面板如图 6.25 所示。

图 6.23　【参考】下滑面板　　　　图 6.24　【间距】下滑面板

（1）【序号】：以表的形式显示间距点的编号列表。

（2）【间距】：显示选定点的螺距值。可以通过改变螺距值进行恒定螺距的螺旋扫描，也可以进行变螺距的螺旋扫描。

（3）【位置类型】：设置确定位置的方法，该方法决定第 3 点以后的间距点的放置。

1）【按值】：使用距起点的距离值设置点位置。

2）【按参考】：使用参考设置点位置。

3）【按比率】：使用距螺旋轮廓起点的轮廓长度的比率设置点位置。

（4）【位置】：设置点位置。

1）【起点】：选择该选项，则显示距起点的距离值。

2）【终点】：选择该选项，则显示确定间距点位置的点、顶点、平面或曲面。

3．【选项】下滑面板

选择【选项】下滑面板，如图 6.26 所示。

图 6.25 添加间距后的【间距】下滑面板

图 6.26 【选项】下滑面板

（1）【封闭端】：勾选该复选框，则封闭扫描特征的每一端。其适用于具有封闭截面和非封闭轨迹的曲面扫描。

（2）【沿着轨迹】。

1）【常量】：沿轨迹扫描时保持恒定截面。

2）【变量】：用可变截面创建扫描。使用带【trajpar】参数的截面关系，使草绘可变。草绘沿着原点轨迹在各个点处重新生成，并相应更新其形状。

扫一扫，看视频

动手学——创建弹簧

源文件： 源文件\结果文件\第 6 章\弹簧.prt
本实例创建的弹簧如图 6.27 所示。

【操作步骤】

1. 新建文件

新建【弹簧】文件，进入零件界面。

2. 创建主体

图 6.27 弹簧

（1）单击【模型】选项卡【形状】面组中的【螺旋扫描】按钮🔩，打开【螺旋扫描】操控板。

（2）单击【参考】下滑面板中的【定义】按钮，弹出【草绘】对话框，选取 FRONT 基准平面作为草绘平面。单击【草绘】按钮，进入草绘环境。

（3）绘制如图 6.28 所示的扫描轨迹，并绘制一条中心线。单击【确定】按钮✓，退出草绘环境。

（4）单击【螺旋扫描】操控板中的【草绘】按钮✏，进入草绘环境，绘制图 6.29 所示的弹簧扫描截面。单击【确定】按钮✓，退出草绘环境。

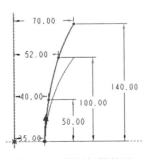

图 6.28 绘制扫描轨迹

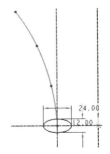

图 6.29 绘制弹簧扫描截面

（5）①选择【间距】下滑面板，②设置间距值为 10.00，位置默认为【起点】。③单击【添加间距】按钮，④设置间距值为 30.00，⑤再单击【添加间距】按钮，如图 6.30 所示。

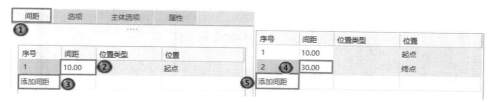

图 6.30 设置间距 1

（6）位置类型⑥选择【按参考】，⑦在绘图区选择样条曲线上的点，⑧设置间距值为 20.00，如图 6.31 所示。

（7）⑨单击【添加间距】按钮，⑩位置类型选择【按值】，⑪设置间距值为 14.00，⑫设置位置值为 50.00，如图 6.32 所示。⑬单击【确定】按钮 ✓，完成螺旋扫描特征的创建，如图 6.27 所示。

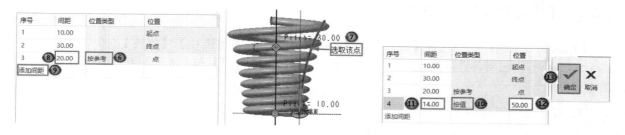

图 6.31 设置间距 2   图 6.32 设置间距 3

6.3 旋转混合特征

旋转混合特征指混合截面可以绕 Y 轴旋转且最大角度可达 120° 形成的特征。每个截面都要单独草绘并用截面坐标系对齐。如果第一个草绘或选择的截面包含一个旋转轴或中心线，则会将其自动选定为旋转轴；如果第一个草绘不包含旋转轴或中心线，则可选择几何作为旋转轴。

要相对于其他截面定义截面方向，所有截面必须位于相交于同一旋转轴的平面中。对于草绘截面，可以通过使用相对于混合中另一截面的偏移值或通过选择一个参考定义截面的草绘平面。

如果定义旋转混合特征为闭合，则 Creo Parametric 会使用第一个截面作为最后一个截面，并创建一个闭合的特征，不必草绘最后一个截面。

6.3.1 【旋转混合】操控板介绍

单击【模型】选项卡【形状】面组中的【旋转混合】按钮 ，打开图 6.33 所示的【旋转混合】操控板。单击【定义】按钮，创建两个截面后的【旋转混合】操控板如图 6.34 所示，增加了【相切】下滑面板。

图 6.33 【旋转混合】操控板

图 6.34 创建两个截面后的【旋转混合】操控板

【旋转混合】操控板中大部分选项已经在 5.4 节中进行了介绍，这里仅对【轴】选项组进行介绍。
【轴】选项组：显示草绘截面的旋转轴。

6.3.2 【旋转混合】下滑面板介绍

【扫描混合】操控板中包含【截面】【选项】【相切】【主体选项】【属性】5 个下滑面板。

5.4.2 小节中已对各选项进行了详细的介绍，下面仅对【截面】和【选项】下滑面板中的部分选项进行介绍。

1. 【截面】下滑面板

选择【截面】下滑面板，如图 6.35 所示。
【旋转轴】下拉列表：显示旋转轴。

2. 【选项】下滑面板

选择【选项】下滑面板，如图 6.36 所示。
【连接终止截面和起始截面】复选框：勾选该复选框，则将起始截面和终止截面连接起来以形成封闭混合。

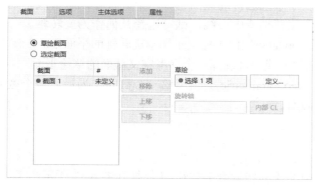

图 6.35 【截面】下滑面板

图 6.36 【选项】下滑面板

扫一扫，看视频

动手学——创建壶铃

源文件：源文件\结果文件\第 6 章\壶铃.prt
本实例创建的壶铃如图 6.37 所示。

【操作步骤】

1. 新建文件

新建【壶铃】文件,进入零件界面。

2. 创建旋转混合特征

(1) 单击【模型】选项卡【形状】面组中的【旋转混合】按钮 ,
打开【旋转混合】操控板。

(2) 单击【截面】下滑面板中的【定义】按钮,弹出【草绘】对话
框,选取 FRONT 基准平面作为草绘平面。单击【草绘】按钮,进入草
绘环境。

图 6.37 壶铃

(3) ❶绘制图 6.38 所示的截面 1 草图,并绘制一条中心线。❷单
击【确定】按钮 ,返回【旋转混合】操控板。

(4) 系统自动创建截面 2,❸设置偏移角度为 80°。❹单击【草绘】按钮,进入草绘环境,如
图 6.39 所示。❺绘制图 6.40 所示的截面 2 草图,❻单击【确定】按钮 ,返回【旋转混合】操
控板。

图 6.38 绘制截面 1 草图

图 6.39 设置截面 2

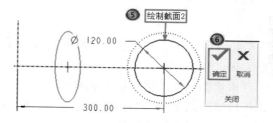

图 6.40 绘制截面 2 草图

(5) ❼单击【截面】下滑面板中的【添加】按钮,创建截面 3,❽设置截面 3 与截面 2 的偏移
角度为 90°。❾单击【草绘】按钮,进入草绘环境,如图 6.41 所示。

(6) ❿绘制截面 3 草图,如图 6.42 所示。⓫单击【确定】按钮 ,返回【旋转混合】操控板。

图 6.41 设置截面 3

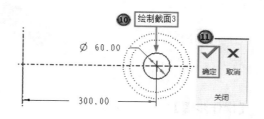

图 6.42 绘制截面 3 草图

(7) ⓬在【选项】下滑面板中勾选【连接终止截面和起始截面】复选框,如图 6.43 所示。

(8) ⓭单击【确定】按钮 ,完成旋转混合特征的创建,如图 6.44 所示。

3. 创建旋转特征

(1) 单击【模型】选项卡【形状】面组中的【旋转】按钮 ,打开【旋转】操控板。单击【放
置】下滑面板中的【定义】按钮,弹出【草绘】对话框,选取 TOP 基准平面作为草绘平面。

（2）单击【草绘】按钮，进入草绘环境，绘制图 6.45 所示的草图。单击【确定】按钮✔️，完成草图绘制。

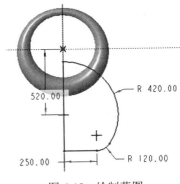

图 6.43 勾选【连接终止截面和起始 　　图 6.44　旋转混合特征　　　　图 6.45　绘制草图
　　　　截面】复选框

（3）在【旋转】操控板中输入旋转角度 360°，单击【确定】按钮✔️，完成旋转特征的创建，如图 6.37 所示。

6.4　综合实例——创建钻头

扫一扫，看视频

本实例创建的钻头如图 6.46 所示。首先创建钻头体，出屑槽和刃口需要分两段进行扫描切除，每一段进行两个相同的扫描操作，通过扫描混合创建钻杆，通过旋转切除创建钻头尖；其次创建倒圆角，出屑槽的过渡段通过扫描生成；最后创建钻头部分。

图 6.46　钻头

【操作步骤】

1．新建文件

新建【钻头】文件，进入零件界面。

2．拉伸钻头体

（1）单击【模型】选项卡【形状】面组中的【拉伸】按钮，打开【拉伸】操控板。单击【放置】下滑面板中的【定义】按钮，弹出【草绘】对话框，选取 FRONT 基准平面作为草绘平面，其余选项接受系统默认设置。单击【草绘】按钮，进入草绘环境。

（2）单击【草绘】面组中的【圆心和点】按钮◎，绘制图 6.47 所示的圆并修改其尺寸值。单击【关闭】面组中的【确定】按钮✔，退出草绘环境。

（3）在【拉伸】操控板中设置拉伸方式为【可变】▥，在其后的文本框中输入拉伸深度 12.00。单击【拉伸】操控板中的【确定】按钮✔，完成拉伸特征 1 的创建，如图 6.48 所示。

图 6.47　绘制圆 1　　　　　　　　　　　图 6.48　　拉伸特征 1

3. 扫描切除出屑槽

（1）单击【模型】选项卡【基准】面组中的【草绘】按钮🗎，弹出【草绘】对话框，选取 TOP 基准平面作为草绘平面，其余选项接受系统默认设置。单击【草绘】按钮，进入草绘环境。

（2）单击【草绘】面组中的【线】按钮✎，绘制图 6.49 所示的直线 1，作为扫描混合的轨迹。

（3）单击【模型】选项卡【形状】面组中的【扫描混合】按钮🖉，打开【扫描混合】操控板。选择【参考】下滑面板，选取刚刚绘制的直线 1；再选择【截面】下滑面板，选取直线 1 的一个端点。单击【截面】下滑面板中的【草绘】按钮，进入草绘环境，绘制图 6.50 所示的扫描截面草图 1。绘制完成后，单击【草绘】选项卡【关闭】面组中的【确定】按钮✔，退出草绘环境。

（4）单击【截面】下滑面板中的【插入】按钮，选取直线 1 的另一个端点；单击该下滑面板中的【草绘】按钮，绘制图 6.51 所示的扫描截面草图 2。

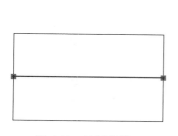

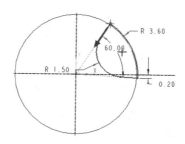

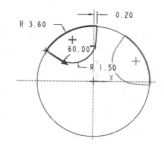

图 6.49　绘制直线 1　　　图 6.50　绘制扫描截面草图 1　　　图 6.51　绘制扫描截面草图 2

（5）绘制完成后，单击【关闭】面组中的【确定】按钮✔，退出草绘环境。

（6）单击【扫描混合】操控板中的【移除材料】按钮▱，删除多余部分；选中【选项】下滑面板中的【设置周长控制】单选按钮，使模型以周长形式显示。设置完成后，单击【确定】按钮✔，完成扫描混合特征 1 的创建，如图 6.52 所示。

（7）在模型树列表中选择【扫描混合 1】特征，单击【模型】选项卡【编辑】面组中的【阵列】按钮▦，打开【阵列】操控板。选择【类型】为【轴】，在绘图区拾取旋转轴，设置第一方向成员为 2，成员间的角度为 180°，生成的阵列特征 1 如图 6.53 所示。

图 6.52 扫描混合特征 1

图 6.53 阵列特征 1

4．扫描刃口

（1）选取图 6.49 所示的直线 1 为扫描轨迹线。

（2）单击【模型】选项卡【形状】面组中的【扫描混合】按钮，打开【扫描混合】操控板。单击【截面】按钮，打开【截面】下滑面板，选取直线 1 的一个端点，单击【草绘】按钮，绘制图 6.54 所示的扫描截面草图 3。绘制完成后，单击【关闭】面组中的【确定】按钮，退出草绘环境。

（3）单击【截面】下滑面板中的【插入】按钮，选取直线的另一个端点，单击【草绘】按钮，绘制图 6.55 所示的扫描截面草图 4。单击【关闭】面组中的【确定】按钮，退出草绘环境。

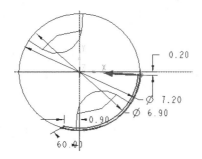

图 6.54 绘制扫描截面草图 3

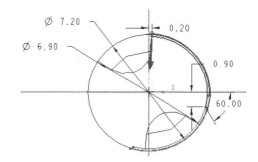

图 6.55 绘制扫描截面草图 4

（4）单击【扫描混合】操控板中的【移除材料】按钮，删除多余部分。选中【选项】下滑面板中的【设置周长控制】单选按钮，使模型以周长形式显示。设置完成后单击【确定】按钮，完成扫描混合特征 2 的创建，如图 6.56 所示。

（5）在模型树列表中选择【扫描混合 2】特征，单击【模型】选项卡【编辑】面组中的【阵列】按钮，打开【阵列】操控板，选择【类型】为【轴】，在绘图区拾取旋转轴，设置第一方向成员为 2，成员间的角度为 180°。生成的阵列特征 2 如图 6.57 所示。

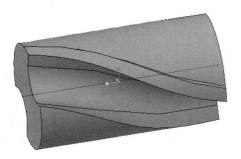

图 6.56 扫描混合特征 2

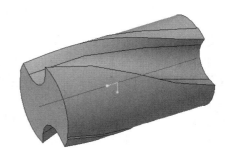

图 6.57 阵列特征 2

5. 拉伸钻头体

（1）单击【模型】选项卡【形状】面组中的【拉伸】按钮![img]，打开【拉伸】操控板，单击【放置】下滑面板中的【定义】按钮，弹出【草绘】对话框，选取 FRONT 基准平面作为草绘平面，其余选项接受系统默认设置。单击【草绘】按钮，进入草绘环境。

（2）单击【草绘】面组中的【圆心和点】按钮![img]，绘制图 6.58 所示的圆 2 并修改其尺寸。绘制完成后，单击【关闭】面组中的【确定】按钮![img]，退出草绘环境。

（3）在【拉伸】操控板中设置拉伸方式为【可变】![img]，在其后的文本框中输入拉伸深度为 12.00。单击【拉伸】操控板中的【确定】按钮![img]，完成拉伸特征 2 的创建，如图 6.59 所示。

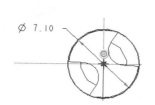

图 6.58　绘制圆 2

图 6.59　拉伸特征 2

6. 扫描第二段出屑槽

（1）单击【模型】选项卡【基准】面组中的【草绘】按钮![img]，弹出【草绘】对话框，选取 TOP 基准平面作为草绘平面，其余选项接受系统默认设置。单击【草绘】按钮，进入草绘环境，绘制图 6.60 所示的直线 2。

📢 **注意：**

> 在绘制直线时，应将图 6.60 所示的点 1 作为起点。

（2）单击【模型】选项卡【形状】面组中的【扫描混合】按钮![img]，打开【扫描混合】操控板。单击【参考】按钮，选取刚刚绘制的直线 2；再单击打开【截面】下滑面板，选取直线 2 的一个端点，单击【草绘】按钮，绘制图 6.61 所示的扫描截面草图 5。绘制完成后，单击【关闭】面组中的【确定】按钮![img]，退出草绘环境。

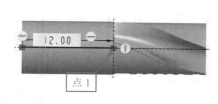

图 6.60　绘制直线 2

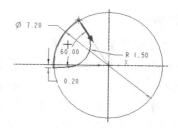

图 6.61　绘制扫描截面草图 5

（3）单击【截面】下滑面板中的【插入】按钮，选取直线 2 的另一个端点，再单击【草绘】按钮，绘制图 6.62 所示的扫描截面草图 6。绘制完成后，单击【关闭】面组中的【确定】按钮![img]，退出草绘环境。

（4）单击【扫描混合】操控板中的【移除材料】按钮![img]，删除多余部分。选中【选项】下滑面板中的【设置周长控制】单选按钮，使模型以周长形式显示。单击【关闭】面组中的【确定】按钮✓，完成扫描混合特征 3 的创建，如图 6.63 所示。

（5）在模型树列表中选择【扫描混合 3】特征，单击【模型】选项卡【编辑】面组中的【阵列】按钮⊞，打开【阵列】操控板，选择【类型】为【轴】，在绘图区拾取旋转轴，设置第一方向成员为 2，成员间的角度为 180°。生成的阵列特征 3 如图 6.64 所示。

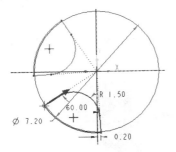
图 6.62　绘制扫描截面草图 6

图 6.63　扫描混合特征 3

图 6.64　阵列特征 3

7．扫描第二段刃口

采用与扫描第二段出屑槽相同的方法，选取 TOP 基准平面作为草绘平面，绘制图 6.65 和图 6.66 所示的扫描截面草图，最终生成扫描混合特征 4。利用【阵列】命令对扫描混合特征 4 进行阵列，结果如图 6.67 所示。

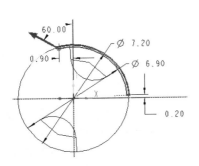
图 6.65　绘制扫描截面草图 7

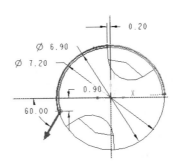
图 6.66　绘制扫描截面草图 8

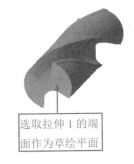
图 6.67　选取草绘平面

8．拉伸钻杆

（1）单击【模型】选项卡【形状】面组中的【拉伸】按钮，打开【拉伸】操控板，单击【放置】下滑面板中的【定义】按钮，弹出【草绘】对话框，选取图 6.67 所示的端面作为草绘平面，其余选项接受系统默认设置。单击【草绘】按钮，进入草绘环境。

（2）单击【草绘】面组中的【圆心和点】按钮 ⊙，绘制直径为 7.10 的圆。绘制完成后，单击【关闭】面组中的【确定】按钮 ✓，退出草绘环境。

（3）在【扫描混合】操控板中设置拉伸方式为【可变】⊥，在其后的文本框中输入拉伸深度为 40.00。单击【关闭】面组中的【确定】按钮 ✓，完成拉伸特征 3 的创建，如图 6.68 所示。

图 6.68　拉伸特征 3

9．旋转切除钻头

（1）单击【模型】选项卡【形状】面组中的【旋转】按钮 ✦，打开【旋转】操控板，单击【放置】下滑面板中的【定义】按钮，弹出【草绘】对话框，选取 RIGHT 基准平面作为草绘平面。

（2）单击【基准】面组中的【中心线】按钮 ⁝ 和【草绘】面组中的【线】按钮 ✓，绘制一条中心线和图 6.69 所示的旋转截面草图 1。绘制完成后，单击【关闭】面组中的【确定】按钮 ✓，退出草绘环境。

（3）在【旋转】操控板中设置旋转方式为【可变】 ⊥，在其后的文本框中输入旋转角度为 360°。

（4）单击【旋转】操控板中的【移除材料】按钮 ⃠，删除多余部分。单击【旋转】操控板中的【确定】按钮 ✓，完成旋转特征 1 的创建，如图 6.70 所示。

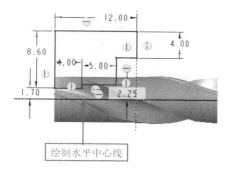

图 6.69　绘制旋转截面草图 1

图 6.70　旋转特征 1

10．创建钻头的拔模面

（1）单击【模型】选项卡【工程】面组中的【拔模】按钮 ◩，打开【拔模】操控板。

（2）单击【参考】按钮，激活【拔模曲面】列表框，分别选取图 6.71 所示的拔模曲面、拔模枢轴和拖动方向，在【拔模】操控板中输入拔模角度为 6°。

（3）单击【反向】按钮 ✗，调整拔模方向。单击【拔模】操控板中的【确定】按钮 ✓，完成拔模特征的创建，如图 6.72 所示。

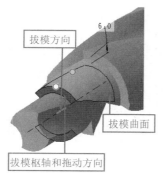

图 6.71　选取拔模曲面

图 6.72　拔模特征

11．旋转切除钻尖

（1）单击【模型】选项卡【形状】面组中的【旋转】按钮 ✦，打开【旋转】操控板。单击【放置】下滑面板中的【定义】按钮，弹出【草绘】对话框，选取 TOP 基准平面作为草绘平面。

（2）单击【基准】面组中的【中心线】按钮┊和【草绘】面组中的【线】按钮✓，绘制一条中心线和图 6.73 所示的旋转截面草图 2。绘制完成后，单击【关闭】面组中的【确定】按钮✓，退出草绘环境。

（3）在【旋转】操控板中设置旋转方式为【可变】止，并在其后的文本框中输入旋转角度为 360°。

（4）单击【旋转】操控板中的【移除材料】按钮◢，删除多余部分；再单击【预览】按钮◉◉，预览特征。单击【旋转】操控板中的【确定】按钮✓，完成旋转特征 2 的创建。

（5）使用同样的方法，在零件的另外一侧创建相同的特征，如图 6.74 所示。

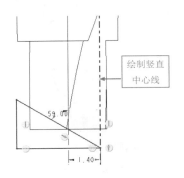

图 6.73　绘制旋转截面草图 2

图 6.74　旋转特征 2

12. 创建倒圆角特征

单击【模型】选项卡【工程】面组中的【倒圆角】按钮◥，打开【倒圆角】操控板。选取图 6.75 所示的倒圆角边，给定圆角半径为 0.55，单击【倒圆角】操控板中的【确定】按钮✓，完成倒圆角特征的创建。

13. 扫描切除过渡段

采用与扫描第二段出屑槽相同的方法，选取 TOP 基准平面作为草绘平面，绘制图 6.76～图 6.78 所示的草图。最终生成的钻头部分如图 6.46 所示。

图 6.75　选取倒圆角边

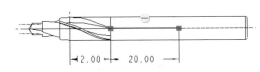

图 6.76　绘制直线 3

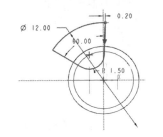

图 6.77　绘制扫描截面草图 9

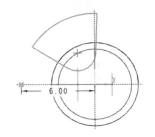

图 6.78　绘制扫描截面草图 10

第 7 章　工 程 特 征

内容简介

工程特征包括倒圆角、倒角、孔、抽壳、筋和拔模特征。通过本章的学习，读者可以在基础特征的基础上对模型进行工程上的修饰和完善。

内容要点

- 倒圆角特征
- 倒角特征
- 抽壳特征
- 孔特征
- 筋特征
- 拔模特征

案例效果

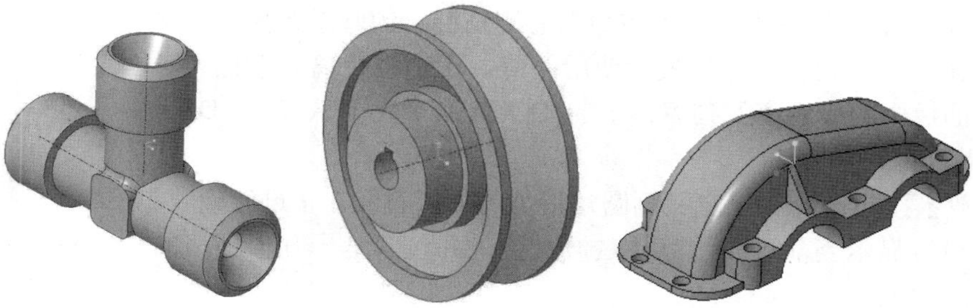

7.1　倒圆角特征

在 Creo Parametric 中可创建和修改倒圆角。倒圆角是一种边处理特征，通过向一条或多条边、边链或在曲面之间添加半径形成。曲面可以是实体模型曲面或常规的 Creo Parametric 零厚度面组和曲面。

要创建倒圆角，需定义一个或多个倒圆角集。倒圆角集是一种结构单位，包含一个或多个倒圆角段（倒圆角几何）。在指定倒圆角放置参考后，Creo Parametric 将使用默认集，并提供多种集类型，允许创建和修改集。

📢 注意：

> 默认设置适用于大多数建模情况，但用户可以自定义倒圆角集以获得满意的倒圆角几何。

7.1.1 【倒圆角】操控板介绍

单击【模型】选项卡【工程】面组中的【倒圆角】按钮 ，打开图 7.1 所示的【倒圆角】操控板。当在绘图区选取倒圆角几何图元时，将激活【过渡】按钮 。

图 7.1 【倒圆角】操控板

【倒圆角】操控板中包含以下选项。

（1）【集】按钮 ：用于处理倒圆角集。此选项为默认设置。

1）半径：用于控制当前【恒定】倒圆角的半径距离。可输入新值，也可在其下拉列表中选择最近使用的值。此选项仅适用于【恒定】倒圆角。

对于具有【圆锥形】截面形状的倒圆角，可单击打开图 7.2 所示的【集】下滑面板，在【截面形状】下拉列表中选择【D1×D2 圆锥】选项，此时【倒圆角】操控板如图 7.3 所示。

2）【圆锥参数】下拉列表：用于控制当前倒圆锥角的锐度。可输入新值，也可在其下拉列表中选择最近使用的值。【圆角参数】下拉列表与【集】下滑面板中的【参考】列表框相对应。

3）【圆锥距离】下拉列表：用于控制当前倒圆锥角的圆锥距离。可输入新值，也可在其下拉列表中选择最近使用的值。【圆锥距离】下拉列表与【集】下滑面板中的【距离】列表框中的 D（圆锥）或 D1、D2（D1×D2 圆锥）列相对应。

（2）【过渡】按钮 ：用于定义倒圆角特征的所有过渡。【过渡设置】下拉列表框可设置显示当前过渡的默认过渡类型，并包含基于几何环境的有效过渡类型的列表。

图 7.2 【集】下滑面板

图 7.3 【倒圆角】操控板

7.1.2 【倒圆角】下滑面板介绍

【倒圆角】操控板包含【集】【过渡】【段】【选项】【属性】5 个下滑面板。下面对各下滑面板进行介绍。

1. 【集】下滑面板

在激活【集】按钮 🐛 的状态下可使用【集】下滑面板,如图 7.4 所示。该下滑面板包含以下各选项。

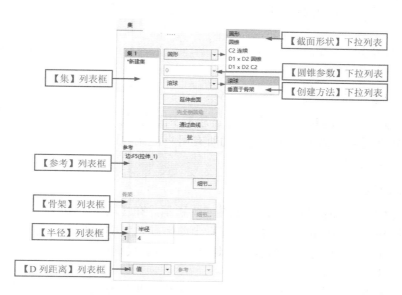

图 7.4 【集】下滑面板

(1)【集】列表框:包含当前倒圆角特征的所有倒圆角集,可用于添加、移除和修改倒圆角集。

(2)【截面形状】下拉列表:用于控制活动倒圆角集的截面形状。

(3)【圆锥参数】下拉列表:用于控制当前倒圆锥角的锐度。可输入新值,也可在其下拉列表中选择最近使用的值,默认值为 0.5。仅当选择【圆锥】或【D1×D2 圆锥】选项时,此下拉列表为可用状态。

(4)【创建方法】下拉列表:用于控制活动倒圆角集的创建方法。

(5)【完全倒圆角】按钮:单击此按钮,可将活动倒圆角集切换为【完全】倒圆角,或允许使用第 3 个曲面驱动曲面到曲面【完全】倒圆角。再次单击此按钮,可将倒圆角恢复为先前状态。

(6)【通过曲线】按钮:单击此按钮,可激活【驱动曲线】列表框,允许由选定曲线驱动活动的倒圆角半径,以创建由曲线驱动的倒圆角。再次单击此按钮,可将倒圆角恢复为先前状态。

(7)【参考】列表框:包含为倒圆角集所选取的有效参考。

(8)【骨架】列表框:根据活动的倒圆角类型,可激活下列列表框。

1)驱动曲线:包含曲线的参考,由该曲线驱动倒圆角半径,创建由曲线驱动的倒圆角。可在该列表框中单击或使用【通过曲线】命令将其激活。只需将半径捕捉(按住 Shift 键单击并拖动)至曲线,即可打开该列表框。

2)驱动曲面:包含将由【完全】倒圆角替换的曲面参考。可在该列表框中单击或使用【移除曲面】命令将其激活。

3)骨架:包含用于【垂直于骨架】或【可变】曲面至曲面倒圆角集的可选骨架参考。可在该列表框中单击或使用【可选骨架】命令将其激活。

(9)【细节】按钮:单击此按钮,弹出【链】对话框,以便修改链属性,如图 7.5 所示。

（10）【半径】列表框：用于控制活动倒圆角集半径的距离和位置。对于【完全】倒圆角或由曲线驱动的倒圆角，该列表框不可用。【半径】列表框包含以下选项。

1）D 列距离：用于指定倒圆角集中圆角半径的特征，位于【半径】列表框下方。

2）值：用于指定当前半径。

3）参考：使用参考设置当前半径。

2.【过渡】下滑面板

在激活【过渡】按钮 ✈ 的状态下可使用【过渡】下滑面板，如图 7.6 所示。【过渡】列表框包含整个倒圆角特征的所有用户定义的过渡，可用来修改过渡。

3.【段】下滑面板

【段】下滑面板可执行倒圆角段管理，如图 7.7 所示。在【段】下滑面板中可查看倒圆角特征的全部倒圆角集，查看当前倒圆角集中的全部倒圆角段，修剪、延伸或排除这些倒圆角段，以及处理放置模糊问题等。【段】下滑面板包含以下选项。

（1）【集】列表框：包含放置模糊的所有倒圆角集。此列表框针对整个倒圆角特征。

（2）【段】列表框：包含当前倒圆角集中放置不明确从而产生模糊的所有倒圆角段，并指示这些段的当前状态（包括、排除或已编辑）。

4.【选项】下滑面板

【选项】下滑面板如图 7.8 所示，包含以下选项。

图 7.5 【链】对话框

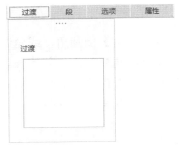

图 7.6 【过渡】下滑面板

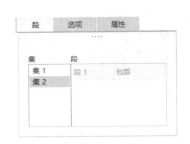

图 7.7 【段】下滑面板

图 7.8 【选项】下滑面板

（1）【实体】单选按钮：用于与现有几何相交的实体形式创建倒圆角特征。仅当选取实体作为倒圆角集的参考时，此单选按钮为可用状态。

（2）【曲面】单选按钮：用于与现有几何不相交的曲面形式创建倒圆角特征。仅当选取实体作为倒圆角集的参考时，此单选按钮为可用状态。

（3）【创建终止曲面】复选框：用于创建终止曲面，以封闭倒圆角特征的倒圆角段端点。仅当选择【有效几何】以及【曲面】或【新面组】连接类型时，此复选框为可用状态。

📣 注意：

> 要进行延伸，必须存在侧面，并使用这些侧面作为封闭曲面。如果不存在侧面，则不能封闭倒圆角段端点。

5.【属性】下滑面板

【属性】下滑面板包含以下选项。

（1）【名称】文本框：用于显示或更改当前倒圆角特征的名称。

（2）【显示此特征的信息】按钮 **ⓘ**：在系统浏览器中提供详细的倒圆角特征信息。

动手学——创建开关

扫一扫，看视频

源文件：源文件\结果文件\第7章\开关.prt

本实例创建开关，如图 7.9 所示。首先绘制开关基体的截面，通过拉伸得到基体；接着创建倒圆角特征；然后拉伸开关的按钮部分，对按钮部分进行拉伸切除，以得到按钮的曲面；最后创建倒圆角，得到最终的模型。

【操作步骤】

1. 打开文件

图 7.9 开关

单击【主页】选项卡【数据】面组中的【打开】按钮🗁，弹出【文件打开】对话框，选择【开关】文件，单击【打开】按钮，打开文件，如图 7.10 所示。

2. 创建倒圆角特征

（1）单击【模型】选项卡【工程】面组中的【倒圆角】按钮🔾，打开【倒圆角】操控板。拉伸切除形成的 8 条边如图 7.11 所示。

图 7.10 开关原始文件

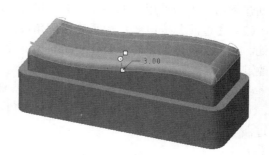

图 7.11 选取圆角边

（2）在【倒圆角】操控板中输入倒圆角的半径为 3.00。单击【确定】按钮 ✓，完成倒圆角特征的创建，如图 7.9 所示。

7.2 倒 角 特 征

倒角特征是对边或拐角进行斜切削。倒角曲面可以是实体模型或常规的 Creo Parametric 零厚度面组和曲面。在 Creo Parametric 中，根据选取的参考类型可创建不同的倒角特征。

7.2.1 【边倒角】操控板介绍

单击【模型】选项卡【工程】面组中的【边倒角】按钮 ，打开【边倒角】操控板，如图 7.12 所示。该操控板包含以下选项。

（1）【集】按钮 ：倒角段，由唯一属性、几何参考、平面角及一个或多个倒角距离组成，由倒角和相邻曲面所形成的三角边。

在 Creo Parametric 中包含的倒角类型有以下六种。

1）D×D：用于在各曲面上与边相距 D 处创建倒角。Creo Parametric 默认选择此选项。

2）D1×D2：用于在一个曲面距选定边 D1，在另一个曲面距选定边 D2 处创建倒角。

3）角度×D：用于创建一个倒角，它距相邻曲面的选定边距离为 D，与该曲面的夹角为指定角度。

◁» 注意：

> 只有符合下列条件时，以上 3 个方式才可使用【偏移曲面】创建方法：对边倒角，边链的所有成员必须正好由两个 90° 平面或两个 90° 曲面（如圆柱的端面）形成；对曲面到曲面倒角，必须选取恒定角度平面或恒定 90° 曲面。

4）45×D：用于创建一个与两个曲面的夹角均为 45°，且与各曲面上边的距离为 D 的倒角。此方式仅适用于使用 90° 曲面和【相切距离】创建方法的倒角。

5）O×O：用于在沿各曲面上的边偏移 O 处创建倒角。仅当【D×D】选项不适用时，Creo Parametric 才会默认选择此选项。仅当使用【偏移曲面】创建方法时，此方式才可用。

6）O1×O2：用于在一个曲面距选定边的偏移距离 O1，在另一个曲面距选定边的偏移距离 O2 处创建倒角。仅当使用【偏移曲面】创建方法时，此方式才可用。

（2）【过渡】按钮 ：用于连接倒角段的填充几何。过渡位于倒角段或倒角集端点的相交或终止处。在最初创建倒角时，Creo Parametric 使用默认过渡，并包含多种过渡类型，允许用户创建和修改过渡。

当在绘图区选取倒角特征时，该按钮被激活。单击该按钮，【边倒角】操控板如图 7.13 所示，可在【过渡设置】下拉列表中定义倒角特征的所有过渡。该下拉列表可用于改变当前过渡的过渡类型。

图 7.12 【边倒角】操控板

图 7.13 单击【过渡】按钮后的【边倒角】操控板

7.2.2 【边倒角】下滑面板介绍

【边倒角】操控板中的下滑面板与【倒圆角】操控板中的下滑面板的选项功能类似，故此处不再赘述。

动手学——创建三通管

源文件：源文件\结果文件\第 7 章\三通管.prt

本实例创建的三通管如图 7.14 所示。首先创建实体的三通管道，并在实体上创建接头特征；然后在三通管的连接处创建凸台；最后利用轴线创建孔特征，完成三通管实体的创建。

【操作步骤】

1．打开文件

单击【主页】选项卡【数据】面组中的【打开】按钮，弹出【文件打开】对话框，选择【三通管】文件，单击【打开】按钮，打开文件，如图 7.15 所示。

图 7.14　三通管

2．任意角度倒角

（1）单击【模型】选项卡【工程】面组中的【边倒角】按钮，打开【边倒角】操控板，①设置倒角方式为【角度×D】，②给定角度值 53°，③给定倒角距离 3.00，此时操控板中的倒角参数设置如图 7.16 所示。

（2）④按住 Ctrl 键选择 3 个圆孔边作为倒角边，⑤单击【确定】按钮，完成倒角，结果如图 7.17 所示。

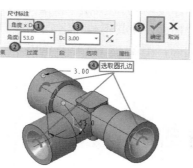

图 7.15　三通管原始文件　　　　图 7.16　设置倒角参数　　　　图 7.17　倒角操作

3．边缘倒角

（1）单击【模型】选项卡【工程】面组中的【边倒角】按钮，打开【边倒角】操控板，①设置倒角方式为【45×D】，②给定边长为 1.50。

（2）③按住 Ctrl 键，选择图 7.18 所示的 3 个接头的一侧边缘进行倒角，④完成后单击【确定】按钮，生成倒角特征，结果如图 7.19 所示。

4．倒圆角

（1）单击【模型】选项卡【工程】面组中的【倒圆角】按钮，在打开的【倒圆角】操控板中给定圆角半径值为 1.50。

（2）按住 Ctrl 键，选择图 7.20 所示的三通管道的过渡圆弧边界线，单击【确定】按钮，生成倒圆角特征。最终生成的实体如图 7.14 所示。

图 7.18　选取倒角边　　　　　图 7.19　边缘倒角　　　　　图 7.20　选取圆角边

7.3　抽 壳 特 征

对实体创建【壳】特征可将实体内部掏空，只留一个特定壁厚的壳。可指定要从壳移除的一个或多个曲面。如果未选取要移除的曲面，则会创建一个封闭壳，将零件的整个内部都掏空，且空心部分没有入口。在这种情况下，可在以后添加必要的切口或孔获得特定的几何。如果使厚度侧反向，壳厚度将被添加到零件的外部。

定义壳时，也可选取要在其中指定不同厚度的曲面。可为每个此类曲面指定单独的厚度，但无法为这些曲面输入负的厚度或反向厚度侧，厚度侧由壳的默认厚度确定。也可通过在【排除的曲面】列表框中指定曲面排除一个或多个曲面，使其不被壳化，此过程称为部分壳化。要排除多个曲面，可在按住 Ctrl 键的同时选取这些曲面。不过，Creo Parametric 不能壳化与在【排除的曲面】列表框中指定的曲面相垂直的材料。

7.3.1　【壳】操控板介绍

单击【模型】选项卡【工程】面组中的【壳】按钮 ，打开图 7.21 所示的【壳】操控板。

图 7.21　【壳】操控板

【壳】操控板中包含下列选项。

（1）【厚度】文本框：用于更改默认壳厚度。可在【厚度】文本框中输入新值，或在其下拉列表中选择最近使用的值。

（2）【反向】按钮 ：用于反向壳的创建侧。

7.3.2　【壳】下滑面板介绍

【壳】操控板中包含【参考】【选项】【属性】3 个下滑面板。下面对其中部分下滑面板进行介绍。

1.【参考】下滑面板

选择【参考】下滑面板，如图7.22所示，其用于显示当前【壳】特征。

（1）【移除曲面】列表框：用于选取要移除的曲面。如果未选取任何曲面，则会创建一个封闭壳，将零件的整个内部都掏空，且空心部分没有入口。

（2）【非默认厚度】列表框：用于选取要在其中指定不同厚度的曲面。可为此列表框中的每个曲面指定单独的厚度。

2.【选项】下滑面板

选择【选项】下滑面板，如图7.23所示，其用于设置排除曲面和细节。

（1）【排除曲面】列表框：用于选取一个或多个要从壳中排除的曲面。如果未选取任何要排除的曲面，则将壳化整个零件。

（2）【细节】按钮：单击该按钮，弹出图7.24所示用于添加或移除曲面的【曲面集】对话框（注意：通过【壳】操控板访问【曲面集】对话框时，不能选取面组曲面）。

图 7.22　【参考】下滑面板

图 7.23　【选项】下滑面板

图 7.24　【曲面集】对话框

（3）【延伸内部曲面】单选按钮：用于在壳特征的内部曲面形成一个盖。

（4）【延伸排除的曲面】单选按钮：用于在壳特征的排除曲面形成一个盖。

动手学——创建车轮盖

源文件：源文件\结果文件\第7章\车轮盖.prt

本实例创建图7.25所示的车轮盖。

【操作步骤】

1．打开文件

单击【主页】选项卡【数据】面组中的【打开】按钮，弹出【文件打开】对话框，选择【车轮盖】文件，单击【打开】按钮，打

图 7.25　车轮盖

扫一扫，看视频

开文件，如图 7.26 所示。

2. 创建抽壳特征

单击【模型】选项卡【工程】面组中的【壳】按钮■，打开【壳】操控板。❶将厚度修改为 5.00，❷选择实体的底面作为移除材料面，如图 7.27 所示。❸单击【确定】按钮✔，生成抽壳特征，如图 7.28 所示。

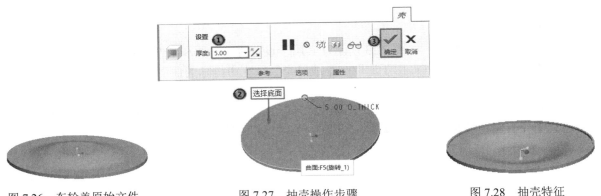

图 7.26　车轮盖原始文件　　　　图 7.27　抽壳操作步骤　　　　图 7.28　抽壳特征

3. 投影扫描轨迹线

（1）单击【模型】选项卡【编辑】面组中的【投影】按钮，打开【投影曲线】操控板。单击【基准】面组中的【草绘】按钮，弹出【草绘】对话框。选取基准平面 RIGHT 作为草绘平面，进入草绘界面。

（2）单击【视图】工具栏中的【草绘视图】按钮，使基准平面正视，绘制图 7.29 所示的草图。单击【确定】按钮✔，退出草图绘制环境。在打开的【参考】下滑面板中选取绘制的草图作为【链】选项，选择盖体内表面的所有圆环面作为投影曲面，选择中心旋转轴作为方向参照。生成的基准曲线如图 7.30 所示。

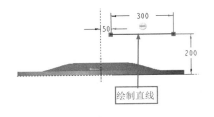

图 7.29　投影曲线草图　　　　　　　　图 7.30　基准曲线

4. 利用扫描生成加强筋

（1）单击【模型】选项卡【形状】面组中的【扫描】按钮，打开【扫描】操控板。选取投影曲线后，被选取的曲线变成粗的红色线条。单击【草绘】按钮，进入扫描截面草绘界面。

（2）单击【视图】工具栏中的【草绘视图】按钮，使界面正视，绘制图 7.31 所示的圆形截面，并使圆弧关于草绘参照中心对称。单击【确定】按钮✔，退出草图绘制环境。单击【扫描】操控板中的【完成】按钮✔，生成扫描特征，投影后的实体如图 7.32 所示。

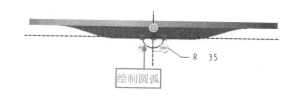

图 7.31　加强筋草图　　　　　　　　　　　　图 7.32　加强筋实体

5. 创建倒圆角

选择加强筋与圆盘的相交面作为倒角面，将圆角半径修改为 5.00，如图 7.33 所示，创建倒圆角。

6. 阵列加强筋特征

（1）按住 Ctrl 键，选择模型树列表中的【扫描 1】和【倒圆角 2】。单击【模型】选项卡【编辑】面组中的【几何阵列】按钮，打开【几何阵列】操控板，选择【类型】为【轴】，在绘图区拾取旋转轴，设置第一方向成员为 4，成员间的角度为 90°，如图 7.34 所示。

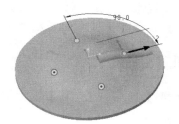

图 7.33　选择圆角边　　　　　　　　　　　图 7.34　设置成员参数

（2）单击【几何阵列】操控板中的【确定】按钮，生成阵列加强筋特征，如图 7.35 所示。

7. 创建中心孔特征

单击【模型】选项卡【工程】面组中的【孔】按钮，打开【孔】操控板，在【放置】下滑面板中定义凸台顶面的曲面和中心轴为主参照，参照类型默认为【同轴】，将孔直径修改为 60.00，将深度设置为【穿透】。生成的中心孔特征实体如图 7.36 所示。

图 7.35　几何阵列特征　　　　　　　　　　图 7.36　中心孔特征实体

8. 创建边孔特征

使用上面的方法创建孔，放置位置为轮盖最大圆环，参照类型为【径向】，偏移参考选取中心轴，RIGHT 基准平面为次参照，将半径修改为 350.00，角度修改为 45°，孔径修改为 40.00，深度设置为【穿透】，生成孔特征。采用上面的阵列方法阵列 4 个孔，实体如图 7.25 所示。

7.4 孔 特 征

利用【孔】工具可向模型中添加简单孔、定制孔和工业标准孔。通过定义放置参考、设置次（偏移）参考及定义孔的具体特征添加孔。

在 Creo Parametric 中，将孔分为【简单】和【标准】两种类型，其均可以通过【孔】命令创建。

（1）简单孔：由带矩形剖面的旋转切口组成。可创建以下三种直孔类型。

1）预定义矩形轮廓：使用 Creo Parametric 预定义的（直）几何，默认情况下，系统创建单侧矩形孔，可以使用【形状】下滑面板创建双侧简单直孔。双侧简单直孔通常用于组件中，允许同时格式化孔的两侧。

2）标准孔轮廓：使用标准孔轮廓作为钻孔轮廓，可以为创建的孔指定埋头孔、扩孔和刀尖角度。

3）草绘：使用草绘环境中的相关工具绘制的草图轮廓。

（2）标准孔：孔底部有实际钻孔时的底部倒角，由符合工业标准的紧固件表的拉伸切口组成。Creo Parametric 提供了符合工业标准的紧固件的孔图表及螺纹或间隙直径，也可创建自己的孔图表。对于标准孔，系统会自动创建螺纹注释。可以从孔螺纹曲面中分离出孔轴，并将螺纹放置在指定的层。

7.4.1 【孔】操控板介绍

单击【模型】选项卡【工程】面组中的【孔】按钮，打开【孔】操控板，简要介绍如下。

1．简单孔

单击【简单】按钮后，【孔】操控板如图 7.37 所示。

图 7.37 直孔状态下的【孔】操控板

（1）【轮廓】选项：指示要用于孔特征轮廓的几何类型，主要有【平整】、【钻孔】和【草绘】三种类型。其中，【平整】孔使用预定义的矩形，【钻孔】使用标准轮廓作为钻孔轮廓，而【草绘】孔允许创建新的孔轮廓草绘或浏览选择目录中所需的草绘。

（2）【直径】文本框：用于控制简单孔的直径。【直径】文本框中包含最近使用的直径，也可输入新值。

（3）【深度】选项：显示直孔的可能深度选项。其包括六种钻孔深度选项，见表 7.1。

表 7.1 深度选项按钮介绍

按 钮	名 称	含 义
	盲孔	在放置参考的两个方向上，以指定深度值在第一方向上钻孔
	到下一个	在第一方向上钻孔，直到下一个曲面（在【组件】模式下不可用）
	穿透	在第一方向上钻孔，直到与所有曲面相交

续表

按钮	名称	含　义
对称	对称	在放置参考的两个方向上，以指定深度值的一半分别在各方向上钻孔
到参考	到参考	在第一方向上钻孔，直到选定的点、曲线、平面或曲面
穿至	穿至	在第一方向上钻孔，直到与选定曲面或平面相交（在【组件】模式下不可用）

（4）【深度】文本框：用于指示孔特征是延伸到指定的参考，还是延伸到用户定义的深度。对于【盲孔】 和【对称】 选项，【深度】文本框会显示一个值，也可更改；对于【到参考】 和【穿至】 选项，显示曲面 ID；而对于【到下一个】 和【穿透】 选项，则为空。

2．标准孔

单击【标准】按钮 后，【孔】操控板如图 7.38 所示。

图 7.38　标准孔状态下的【孔】操控板

（1）【螺纹类型】下拉列表：用于显示可用的孔图表，其中包含螺纹类型/直径信息。初始时会列出工业标准孔图表（UNC、UNF 和 ISO）。

（2）【螺钉尺寸】下拉列表：根据在【螺纹类型】下拉列表中选择的孔图表，列出可用的螺钉尺寸。也可输入新值，或拖动直径图柄让系统自动选择最接近的螺钉尺寸。默认情况下，选择【螺纹类型】下拉列表中的第一个值，【螺钉尺寸】会显示最近使用的螺钉尺寸。

（3）【深度】选项：与直孔类型类似，不再赘述。

（4）深度值：与直孔类型类似，不再赘述。

（5）【攻丝】按钮 ：用于指出孔特征是螺纹孔还是间隙孔，即是否添加攻丝。如果标准孔类型为【盲孔】 ，则不能清除螺纹选项。

（6）【肩】按钮 ：单击该按钮，则其前尺寸值为钻孔的肩部深度。

（7）【刀尖】按钮 ：单击该按钮，则其前尺寸值为钻孔的总体深度。

（8）【沉头孔】按钮 ：单击该按钮，指定孔特征为沉头孔。

（9）【沉孔】按钮 ：单击该按钮，指定孔特征为沉孔。

3．草绘孔

（1）单击【孔】操控板中的【简单】按钮 ，创建简单孔，此选项为系统默认选项。

（2）单击【孔】操控板中的【草绘】按钮 ，系统显示【草绘】孔选项。

（3）草绘孔操作步骤如下。

1）单击【文件】选项卡中的【打开】按钮 ，弹出【文件打开】对话框，如图 7.39 所示，可以选择现有草绘（.sec）文件。

2）单击【草绘】按钮 ，进入草绘环境，可创建一个新草绘剖面（草绘轮廓）。在新的绘图区中草绘并标注草绘剖面，绘制完成后，单击【关闭】面组中的【确定】按钮 ，完成草绘剖面的创建并退出草绘环境（注意：草绘时要有旋转轴，即中心线，其要求与【旋转】命令相似）。

（4）如果需要重新定位孔，则需将主放置句柄拖到新的位置，或将其捕捉至参考。必要时，可在【放置】下滑面板的【放置】列表框中选择新放置，以此修改孔的放置类型。

（5）将次放置（偏移）参考句柄拖到相应参考上以约束孔。

（6）如果要将孔与偏移参考对齐，需在【偏移参考】列表框中选择该偏移参考，并将【偏移】更改为【对齐】，如图 7.40 所示。

图 7.39　【文件打开】对话框　　　　　　　　图 7.40　【放置】下滑面板

📢 **注意：**

> 这只适用于使用【线性】放置类型的孔。

（7）如果要修改草绘剖面，则单击【孔】操控板中的【草绘】按钮 ⬚，显示草绘剖面。

📢 **注意：**

> 孔直径和深度由草绘驱动。【形状】下滑面板仅显示草绘剖面。

（8）单击【孔】操控板中的【确定】按钮 ✔，生成草绘孔特征。

7.4.2　【孔】下滑面板介绍

在【孔】操控板中包含【放置】【形状】【注解】【主体选项】【属性】5 个下滑面板。

1.【放置】下滑面板

【放置】下滑面板用于选择和修改孔特征的位置与参考，如图 7.41 所示。

【放置】下滑面板中包含下列选项。

（1）【类型】下拉列表：用于指示孔特征使用偏移参考的方法。通过定义放置类型，可过滤可用偏移参考类型，见表 7.2。

图 7.41　【放置】下滑面板

表 7.2　可用参考类型

放置主参考	类型列表
平面实体曲面/基准平面	线性/径向/直径/同轴
轴（轴）	同轴（Coaxial）
点（Point）	在点上
圆柱实体曲面	径向/同轴
圆锥实体曲面	径向/同轴

（2）【反向】按钮：用于改变孔放置的方向。

（3）【放置】列表框：用于指示孔特征放置参考的名称，只能包含一个孔特征参考。该列表框处于活动状态时，用户可以选取新的放置参考。

（4）【偏移参考】列表框：用于指示在设计中放置孔特征的偏移参考。如果主放置参考是基准点，则该列表框不可用。该表分为以下 3 列。

1）第 1 列提供参考名称。

2）第 2 列提供偏移参考类型的信息。偏移参考类型的定义如下：对于线性参考类型，定义为【对齐】或【线性】；对于同轴参考类型，定义为【轴向】；对于直径和径向参考类型，则定义为【轴向】和【角度】。通过单击该列并从列表中选择偏移定义，可改变线性参考类型的偏移参考定义。

3）第 3 列提供参考偏移值。其中可输入正值和负值，负值会自动反向于孔的选定参考侧。参考偏移值列包含最近使用的值。

【孔】工具处于活动状态时，可选取新参考及修改参考类型和值。如果主放置参考改变，则仅当现有的偏移参考对于新的孔放置有效时，才能继续使用。

◀)) 注意：

> 不能使用两条边作为一个偏移参考来放置孔特征，也不能选取垂直于主参考的边，更不能选取定义【内部基准平面】的边，而应该创建一个异步基准平面。

（5）【孔方向】：用于指示在设计中孔的方向的参考。可选择实体的边、线、面作为参考，也可设置尺寸方向参考。

2.【形状】下滑面板

【形状】下滑面板用于预览当前孔的二维视图并修改孔特征属性，包括其深度选项、直径和全局几何。该下滑面板中的预览孔几何会自动更新，以反映所做的任何修改。直孔和标准孔有各自独立的下滑面板选项。

创建直孔时的【形状】下滑面板如图 7.42（a）所示，其中【侧 2】下拉列表对于【简单】孔特征，可确定简单孔特征第二侧深度选项的格式。所有【简单】孔深度选项均可用。默认情况下，该下拉列表深度选项为【无】（注意：该下拉列表不可用于【草绘】孔）。对于【草绘】孔特征，在打开【形状】下滑面板时，将会显示草绘几何。可在各参数下拉列表中选择前面使用过的参数值或输入新值。

创建标准孔时的下滑面板如图 7.42（b）所示，其中【包括螺纹曲面】复选框用于创建螺纹曲面，以代表孔特征的内螺纹；【退出沉头孔】复选框用于在孔特征的底面创建沉头孔。孔所在的曲面应垂直于当前的孔特征。对于标准螺纹孔特征，还可定义以下螺纹特征。

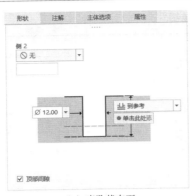

（a）直孔状态下 （b）标准孔状态下

图 7.42 【形状】下滑面板

（1）【全螺纹】单选按钮：用于创建贯通所有曲面的螺纹。此单选按钮对于【盲孔】【到下一个】及在【组件】模式下均不可用。

（2）【盲孔】单选按钮：用于创建到达指定深度值的螺纹。其中可输入新值，也可选择最近使用过的值。对于无螺纹的标准孔特征，可定义孔配合的标准[不单击【攻丝】按钮 ，且设置孔深度为 （穿透）]，如图 7.43 所示。

3.【注解】下滑面板

【注解】下滑面板仅适用于【标准】孔特征。在标准孔状态下，下滑面板如图 7.44 所示。该下滑面板用于预览正在创建或重定义的【标准】孔特征的特征注释。

图 7.43 无螺纹标准孔特征的【形状】下滑面板 图 7.44 【注解】下滑面板

4.【主体选项】下滑面板

【主体选项】下滑面板用于选择要切割的主体，如图 7.45 所示。其包括【全部】和【选定】2个单选按钮。选中【全部】单选按钮，则选择所有的主体结构作为被切割的主体；选中【选定】单选按钮，则可在绘图区拾取要切割的主体。

5.【属性】下滑面板

【属性】下滑面板用于获取孔特征的一般信息和参数信息，并可以重命名孔特征。标准孔状态与直孔状态下的【属性】下滑面板相比增加了一个参数表，如图 7.46 所示。

（1）【名称】列表框：允许通过编辑名称定制孔特征的名称。

（2）【显示此特征的信息】按钮 ：用于打开包含孔特征信息的嵌入式浏览器，如图 7.47 所示。

图 7.45　【主体选项】下滑面板　　　　　　　　（a）直孔状态下　　　　（b）标准孔状态下

　　　　　　　　　　　　　　　　　　　　　图 7.46　【属性】下滑面板

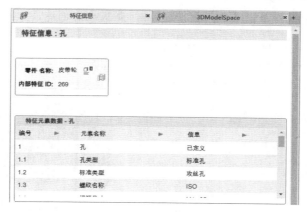

图 7.47　嵌入式浏览器

（3）【参数】列表框：允许查看在所使用的标准孔图表文件（.hol）中设置的定制孔数据。该列表框中包含【名称】列和【值】列，要修改参数名称和值，则必须修改孔图表文件。

动手学——创建皮带轮

源文件：源文件\结果文件\第 7 章\皮带轮.prt

本实例创建的皮带轮如图 7.48 所示。首先绘制皮带轮的截面，主要使用【镜像】和【复制】命令；然后利用【旋转】功能形成带轮外形；再利用【孔】工具形成中心孔，创建键槽，完成皮带轮的创建。

【操作步骤】

1．打开文件

单击【主页】选项卡【数据】面组中的【打开】按钮，弹出【文件打开】对话框，选择【皮带轮】文件，单击【打开】按钮，打开文件，如图 7.49 所示。

2．创建孔

（1）单击【模型】选项卡【工程】面组中的【孔】按钮，打开【孔】操控板。

（2）❶设置孔的类型为【简单】，❷轮廓为【平整】，❸给定直径值为 16.00，❹在【深度】中选择【穿透】选项。

图 7.48　皮带轮

图 7.49　皮带轮原始文件

（3）❺在【放置】下滑面板中设置类型为【同轴】，❻按住 Ctrl 键，选择旋转体的上表面和轴线，如图 7.50 所示。

（4）❼在【孔】操控板中单击【确定】按钮✓，完成孔的创建，如图 7.51 所示。

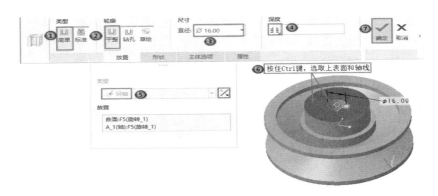

图 7.50　创建孔操作步骤

3. 加工键槽

（1）单击【模型】选项卡【形状】面组中的【拉伸】按钮，打开【拉伸】操控板。单击【放置】下滑面板中的【定义】按钮，弹出【草绘】对话框，根据提示选择皮带轮的一个端面作为草绘平面，接受默认参考平面及参考方向。单击【草绘】按钮，进入草绘界面。

（2）单击【草绘】选项卡【草绘】面组中的【矩形】按钮，绘制图 7.52 所示的键槽草图，完成后退出草绘界面。

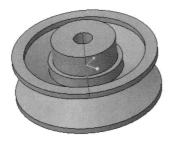

图 7.51　创建孔

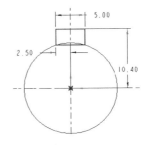

图 7.52　绘制键槽草图

（3）单击【拉伸】操控板中的【移除材料】按钮，设置拉伸方式为【穿透】，选择合适的移除方向。单击【确定】按钮，完成键槽的绘制，结果如图7.48所示。

7.5 筋 特 征

筋特征是连接到实体曲面的薄翼或腹板伸出项。筋通常用于加固设计中的零件，防止出现不需要的折弯。利用【筋】工具可快速开发简单或复杂的筋特征。

7.5.1 【轮廓筋】操控板介绍

在任一种情况下，指定筋的草绘后，即对草绘的有效性进行检查，如果有效，则将其放置在【参考】列表框中。【参考】列表框一次只接受一个有效的筋草绘。指定筋特征的有效草绘后，在绘图区中将出现预览几何。可在绘图区、操控板或在这两者的组合中直接操纵并定义模型。预览几何会自动更新，以反映所做的任何修改。

可创建直筋和旋转筋两种类型的筋特征，但其类型会根据连接几何自动进行设置。对于筋特征，可执行普通的特征操作，这些操作包括阵列、修改、重定参考和重定义。

📢 **注意：**

> 在【零件】模式中，能放置筋特征，但不能将筋创建为组件特征。

单击【模型】选项卡【工程】面组中的【筋】下拉按钮，在弹出的下拉列表中选择【轮廓筋】选项，打开图7.53所示的【轮廓筋】操控板。

图 7.53 【轮廓筋】操控板

【轮廓筋】操控板中包含下列选项。

（1）【宽度】文本框：用于控制筋特征的材料厚度。【宽度】文本框中包含最近使用的尺寸值。

（2）【反向方向】按钮：用于切换筋特征的厚度侧。单击该按钮，可从一侧转换到另一侧，其关于草绘平面对称。

7.5.2 【轮廓筋】下滑面板介绍

【轮廓筋】操控板包含【参考】【主体选项】【属性】3个下滑面板。

1.【参考】下滑面板

【参考】下滑面板用于显示筋特征参考的相关信息并对其进行修改，如图7.54所示。该下滑面板中包含下列选项。

（1）【草绘】列表框：用于显示为筋特征选定的有效草绘特征参考。可使用快捷菜单（光标位于列表框中）中的【移除】命令移除草绘参考。【草绘】列表框每次只能包含一个有效的筋特征。

（2）【反向】按钮：用于切换筋特征草绘的材料方向。单击该按钮，可改变特征方向。

2.【主体选项】下滑面板

【主体选项】下滑面板用于设置要创建筋板的主体，如图 7.55 所示。

3.【属性】下滑面板

【属性】下滑面板用于获取筋特征的信息并重命名筋特征，如图 7.56 所示。

图 7.54　【参考】下滑面板

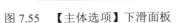

图 7.55　【主体选项】下滑面板

图 7.56　【属性】下滑面板

扫一扫，看视频

动手学——创建轴承座

源文件：源文件\结果文件\第 7 章\轴承座.prt

本实例创建的轴承座如图 7.57 所示。在源文件中已经将轴承座的主体绘制完成，本实例将在此基础上绘制筋板。

【操作步骤】

1．打开文件

单击【主页】选项卡【数据】面组中的【打开】按钮，弹出【文件打开】对话框，选择【轴承座】文件，单击【打开】按钮，打开文件，如图 7.58 所示。

2．创建轮廓筋

（1）单击【模型】选项卡【工程】面组中的【筋】下拉按钮 ，在弹出的下拉列表中选择【轮廓筋】选项 ，打开【轮廓筋】操控板。

（2）单击【参考】下滑面板中的【定义】按钮，弹出【草绘】对话框。选取 RIGHT 基准平面作为草绘平面，进入草绘环境，绘制图 7.59 所示的草图。单击【确定】按钮 ，退出草绘环境。

图 7.57　轴承座

图 7.58　轴承座原始文件

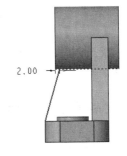

图 7.59　绘制草图

（3）在【参考】下滑面板中❶单击【反向方向】按钮，调整筋生成方向。

（4）❷在【轮廓筋】操控板中输入筋厚度为 3.00，如图 7.60 所示。❸单击【确定】按钮 ，完成筋特征的创建，结果如图 7.57 所示。

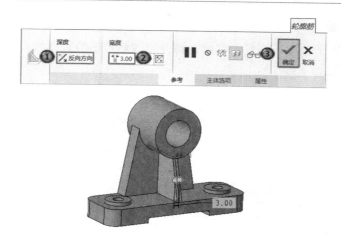

图 7.60　设置轮廓筋参数

7.5.3　【轨迹筋】操控板介绍

单击【模型】选项卡【工程】面组中的【筋】下拉按钮 💬 筋 ▼，在弹出的下拉列表中选择【轨迹筋】选项 ◁，打开图 7.61 所示的【轨迹筋】操控板。

图 7.61　【轨迹筋】操控板

【轨迹筋】操控板中包含下列选项。

（1）【宽度】文本框：用于控制筋特征的材料厚度。【宽度】文本框中包含最近使用的尺寸值。

（2）【反向方向】按钮 ：用于切换轨迹筋特征的拉伸方向。

（3）【添加拔模】按钮 ：在筋上添加拔模特征。

（4）【内部边倒圆角】按钮 ：在筋的内部边上添加圆角。

（5）【暴露边倒圆角】按钮 ：在筋的暴露边上添加圆角。

7.5.4　【轨迹筋】下滑面板介绍

【轨迹筋】操控板包含【放置】【形状】【主体选项】【属性】4 个下滑面板。

1.【放置】下滑面板

【放置】下滑面板用于显示筋特征参考的相关信息并对其进行修改，如图 7.62 所示。该下滑面板中包含下列选项。

（1）【草绘】列表框：用于显示为筋特征选定的有效草绘特征参考。可使用快捷菜单（光标位于列表框中）中的【移除】命令移除草绘参考。【草绘】列表框每次只能包含一个有效的筋特征。

（2）【定义】按钮：创建或更改截面。

2.【形状】下滑面板

【形状】下滑面板用于预览轨迹筋的二维视图并修改轨迹筋特征属性，包括厚度、圆角半径和拔模角度，如图 7.63 所示。

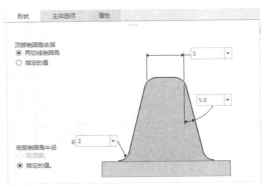

图 7.62　【参考】下滑面板

图 7.63　【形状】下滑面板

3.【主体选项】下滑面板

【主体选项】下滑面板用于设置要创建筋板的主体，如图 7.64 所示。

4.【属性】下滑面板

【属性】下滑面板用于获取筋特征的信息并重命名轨迹筋特征，如图 7.65 所示。

图 7.64　【主体选项】下滑面板

图 7.65　【属性】下滑面板

动手学——创建收纳盒

源文件：源文件\结果文件\第 7 章\收纳盒.prt

本实例创建图 7.66 所示的收纳盒。原始文件中创建了托盘的主体，本实例将创建托盘的筋板。

【操作步骤】

1.打开文件

单击【主页】选项卡【数据】面组中的【打开】按钮 ，弹出【文件打开】对话框，选择【收纳盒】文件，单击【打开】按钮，打开文件，如图 7.67 所示。

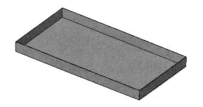

图 7.66　收纳盒

图 7.67　收纳盒原始文件

2. 创建轨迹筋特征

（1）单击【模型】选项卡【工程】面组中的【筋】下拉按钮 ▣筋▾，在弹出的下拉列表中选择【轨迹筋】选项▢，打开【轨迹筋】操控板。

（2）单击【放置】下滑面板中的【定义】按钮，弹出【草绘】对话框，选择图 7.68 所示的收纳盒的上表面作为草绘平面，其余选项接受系统默认设置。

（3）单击【草绘】按钮，进入草绘环境，绘制图 7.69 所示的轨迹筋草图。单击【确定】按钮✔，完成草图绘制。

图 7.68　选择草绘平面

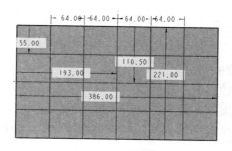

图 7.69　绘制轨迹筋草图

（4）①在【轨迹筋】操控板中设置筋的宽度为 3.00，②单击【添加拔模】按钮◢，③单击【暴露边倒圆角】按钮◠，④单击【内部边倒圆角】按钮◣，⑤选择【形状】下滑面板，⑥设置【顶部倒圆角依据】为【两切线倒圆角】，⑦【底部倒圆角半径】为【指定的值】，⑧拔模角度设置为 5.5，⑨底部圆角半径设置为 3.00，具体参数设置步骤如图 7.70 所示。⑩单击【确定】按钮✔，完成轨迹筋特征的创建，如图 7.66 所示。

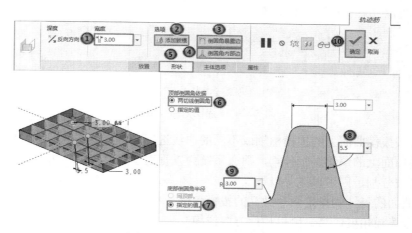

图 7.70　轨迹筋参数设置步骤

7.6　拔　模　特　征

拔模特征将向单独曲面或一系列曲面中添加一个介于 $-89.9°$ ～ $+89.9°$ 的拔模角度。用户可以对任何平面、曲面、圆柱、圆锥或直纹曲面进行拔模，但垂直于拖拉方向的面除外。

可拔模实体曲面或面组曲面，但不可拔模二者的组合。选择要拔模的曲面时，首先选定的曲面决定着可为此特征选定的其他曲面、实体或面组的类型。所有选定曲面必须来自单个主体或单个面组。

7.6.1 【拔模】操控板介绍

单击【模型】选项卡【工程】面组中的【拔模】按钮 ，打开图 7.71 所示的【拔模】操控板。

图 7.71 【拔模】操控板 1

【拔模】操控板常用功能介绍如下。

（1）【拔模曲面】：选择该项，选择要拔模的曲面。

（2）【拔模枢轴】列表框：用于指定拔模曲面上的中性直线或曲线，即曲面绕其旋转的直线或曲线。单击列表框可将其激活。最多可选择两个平面或曲线链。要选择第二枢轴，必须先用分割对象分割拔模曲面。

（3）【传播拔模曲面】：单击该按钮，则系统自动将拔模传播到与选定拔模曲面相切及平行的曲面。

（4）【保留内部倒圆角】：单击该按钮，则系统将内部倒圆角曲面保留为倒圆角，它们将不进行拔模。

（5）【角度】：拾取拔模曲面和拔模枢轴后，【拔模】操控板会变为图 7.72 所示。【角度】为拔模方向与生成的拔模曲面之间的角度。若拔模曲面被分割，则可为拔模曲面的每侧定义两个独立的角度。拔模角度必须在−30°～+30°之间。

图 7.72 【拔模】操控板 2

拔模曲面可按拔模曲面上的拔模枢轴或不同的曲线进行分割，如与面组或草绘曲线的交线。如果使用不在拔模曲面上的草绘进行分割，那么系统会以垂直于草绘平面的方向将其投影到拔模曲面上。若拔模曲面被分割，则可以进行以下操作。

1）为拔模曲面的每一侧指定两个独立的拔模角度。

2）指定一个拔模角度，第二侧以相反方向拔模。

3）仅拔模曲面的一侧（任意一侧均可），另一侧仍位于中性位置。

（6）【反转角度】按钮 ：用于反转拖拉方向，在拔模模型中由黄色箭头指示。

对于具有独立拔模侧的【分割拔模】，该操控板包含【角度 2】组合框和【反转角度】按钮 ，以控制第二侧的拔模角度。

7.6.2 【拔模】下滑面板介绍

【拔模】操控板包含【参考】【分割】【角度】【选项】【属性】5 个下滑面板。

1.【参考】下滑面板

选择【参考】下滑面板，如图 7.73 所示。

（1）【拔模曲面】列表框：用于显示来自单个主体或单个面组的拔模曲面。单击其后的【细节】按钮，弹出【曲面集】对话框，如图 7.74 所示，该对话框用于添加或移除曲面。

（2）【拔模枢轴】列表框：显示边、曲线、平面、面组、倒圆角或倒角曲面的链，这些曲面绕拔模曲面上的中性线或中性曲线旋转。最多可选择两个拔模枢轴。要选择第二枢轴，必须先用分割对象分割拔模曲面。单击其后的【细节】按钮，弹出【链】对话框，如图 7.75 所示，该对话框用于添加或移除拔模枢轴链。

图 7.73　【参考】下滑面板

图 7.74　【曲面集】对话框

图 7.75　【链】对话框

（3）【拖拉方向】列表框：用于确定拔模角度的方向，单击列表框可将其激活。可以选择平面、直边、基准轴、两点（如基准点或模型顶点）或坐标系。单击其后的【反向】按钮，则反向拖拉方向。

2.【分割】下滑面板

选择【分割】下滑面板，在选择拔模曲面和拔模枢轴后，下滑面板如图 7.76 所示。

（1）【分割选项】：在选择拔模曲面和拔模枢轴后，【分割选项】下拉列表中包含 3 个选项。

1）【不分割】：不分割拔模曲面，整个曲面绕拔模枢轴旋转。

2）【按拔模枢轴分割】：沿拔模枢轴分割拔模曲面。

3）【按分割对象分割】：使用面组或草绘分割拔模曲面。如果使用不在拔模曲面上的绘制分割，系统会以垂直于绘制平面的方向将其投影到拔模曲面上。如果选择此选项，将激活【分割对象】列表框。

（2）【分割对象】列表框：显示分割对象。

图 7.76　【分割】下滑面板

单击其后的【定义】按钮，弹出【草绘】对话框，用户可以在拔模曲面或另一个平面上绘制分割曲线。如果绘制的分割曲线不在拔模曲面上，系统则会以垂直于绘制平面的方向将其投影到拔模曲面上。

（3）【侧选项】：在选择拔模曲面和拔模枢轴后，【侧选项】下拉列表中包含 4 个选项。

1）【独立拔模侧面】：为拔模曲面的每一侧指定两个独立的拔模角。

2）【从属拔模侧面】：指定一个拔模角，第二侧以相反方向拔模。此选项仅在拔模曲面以拔模枢轴分割或使用两个枢轴分割拔模时可用。

3）【只拔模第一侧】：仅拔模曲面的第一侧面（由分割对象的正拖拉方向确定），第二侧面保持中性位置。此选项不适用于使用两个枢轴的分割拔模。

4）【只拔模第二侧】：仅拔模曲面的第二侧面，第一侧面保持中性位置。此选项不适用于使用两个枢轴的分割拔模。

3．【角度】下滑面板

选择【角度】下滑面板，当【分割】下滑面板的【分割选项】选择【不分割】时，【角度】下滑面板如图 7.77（a）所示。当【分割】下滑面板的【分割选项】选择【按拔模枢轴分割】或【按分割对象分割】时，【角度】下滑面板如图 7.77（b）所示。

（a）不分割　　　　　　　　　　　（b）按拔模枢轴分割或按分割对象分割

图 7.77　【角度】下滑面板

（1）恒定拔模：此时，【角度】下滑面板中仅包含带拔模角度的【角度 1】框的行，如图 7.78 所示。

（2）可变拔模：每个附加拔模角度都为单独的行，每行均包含带拔模角度的【角度 1】框、带参考名称的【参考】框和指定沿参考的拔模角控制位置的【位置】框，如图 7.79 所示。此时，系统自动勾选【调整角度保持相切】复选框。

图 7.78　恒定拔模　　　　　　　　　　图 7.79　可变拔模

（3）带独立拔模侧面的分割拔模（恒定和可变）：每行均包含一个【角度1】框和一个【角度2】框。图 7.80 所示为带独立拔模侧面的分割拔模（可变）【角度】下滑面板。

4．【选项】下滑面板

选择【选项】下滑面板，如图 7.81 所示。

图 7.80　带独立拔模侧面的分割拔模
（可变）【角度】下滑面板

图 7.81　【选项】下滑面板

（1）【排除环】列表框：显示要从拔模曲面排除的轮廓，仅在选定曲面包含多个环时可用。

（2）【排除拔模区域】复选框：可从拔模特征中排除拔模曲面和拖拉方向之间的角度大于或等于拔模角度的区域。

（3）【创建倒圆角/倒角几何】复选框：对于与倒圆角或倒角连接的几何，会在连接拔模几何后重新创建倒圆角或倒角。

（4）【延伸相交曲面】复选框：在边有外伸的情况下，尝试延伸拔模，使之与模型的相邻曲面相接触；如果拔模不能延伸到相邻的模型曲面，则模型曲面会延伸到拔模曲面中。如果这两种情况均不可能，或者未勾选该复选框，则系统将创建延伸超出模型边的拔模曲面，并创建一个曲面以封闭伸出的拔模和相邻曲面之间的间隙。如果将开放曲面选择为拔模曲面，则该复选框不可用。

动手学——创建充电器

源文件：源文件\结果文件\第 7 章\充电器.prt

本实例通过创建充电器练习创建拔模特征的操作步骤。首先分 4 个部分进行拉伸，形成充电器的基体，对其中的两部分拉伸体进行拔模操作；然后拉伸形成插销部分，形成最终的实体，结果如图 7.82 所示。

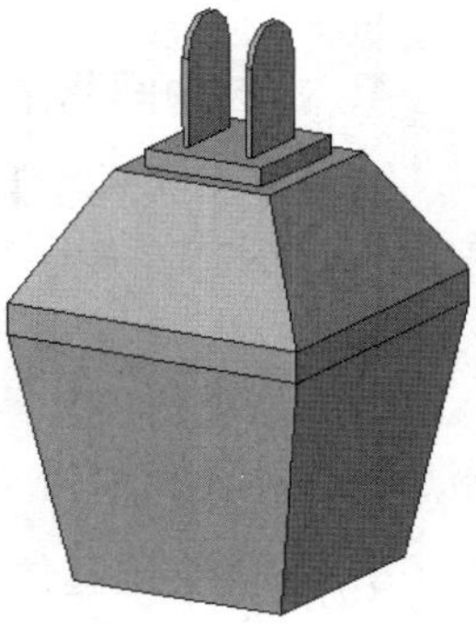

【操作步骤】

1．打开文件

单击【主页】选项卡【数据】面组中的【打开】按钮 ，弹出【文件打开】对话框，选择【充电器】文件，单击【打开】按钮，打开文件，如图 7.83 所示。

2．创建拔模 1

图 7.82　充电器

（1）单击【模型】选项卡【工程】面组中的【拔模】按钮 ，打开【拔模】操控板。❶按住 Ctrl 键，选择拉伸实体 1 的 4 个侧面。❷在【拔模枢轴】列表框中单击，❸选择拉伸实体 1 的上表面，❹在【拔模】操控板中设置【角度】为 10，如图 7.84 所示。

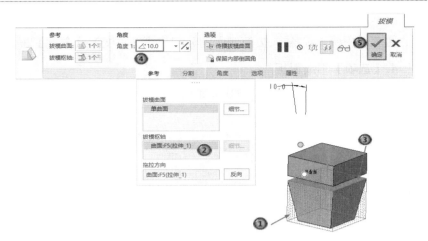

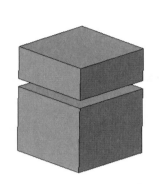

图 7.83　充电器原始文件　　　　　　　　　　　　图 7.84　设置拔模参数

（2）⑤单击【确定】按钮✔，完成拔模操作，结果如图 7.85 所示。

3. 创建拔模 2

（1）单击【模型】选项卡【工程】面组中的【拔模】按钮，打开【拔模】操控板。按住 Ctrl 键，选择拉伸实体 2 的 4 个侧面，在【拔模枢轴】列表框中单击，选择拉伸实体 2 的下表面，如图 7.86 所示。在【拔模】操控板中设置【角度】为 30°。

（2）单击【确定】按钮✔，完成拔模操作，结果如图 7.87 所示。

图 7.85　拔模 1　　　　　　图 7.86　设置拔模参数　　　　　　图 7.87　拔模 2

4. 拉伸中间基体

（1）单击【模型】选项卡【形状】面组中的【拉伸】按钮，打开【拉伸】操控板。选择基准平面 FRONT 为草绘平面，利用【投影】命令，选择矩形的 4 条边作为投影参考，绘制的草图如图 7.88 所示。单击【确定】按钮✔，退出草图绘制环境。

（2）在【拉伸】操控板中选择拉伸方式为【可变】，拉伸深度为 0.5。单击【确定】按钮✔，生成的拉伸实体如图 7.89 所示。

5. 拉伸突出基体

（1）单击【模型】选项卡【形状】面组中的【拉伸】按钮，打开【拉伸】操控板。选择图 7.89 所示的面作为草绘平面，绘制图 7.90 所示的草图截面。单击【确定】按钮✔，退出草图绘制环境。

（2）在【拉伸】操控板中输入可变深度值为 0.3，单击【确定】按钮✔，完成拉伸，结果如图 7.91 所示。

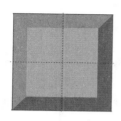

图 7.88　创建投影草图

图 7.89　拉伸实体 1

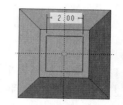

图 7.90　绘制草图截面

6．拉伸插销

（1）单击【模型】选项卡【形状】面组中的【拉伸】按钮，打开【拉伸】操控板。选择图 7.91 所示的拉伸体上表面为草绘平面，绘制插销草图，如图 7.92 所示。单击【确定】按钮 ，退出草图绘制环境。

（2）在【拉伸】操控板中输入可变深度为 2，单击【确定】按钮 ，结果如图 7.93 所示。

7．倒圆角

单击【模型】选项卡【工程】面组中的【倒圆角】按钮 ，打开【倒圆角】操控板。选择图 7.94 所示的边，设置圆角半径为 0.6。单击【确定】按钮 ，结果如图 7.82 所示。

图 7.91　拉伸实体 2

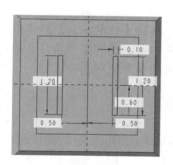

图 7.92　绘制插销草图

图 7.93　拉伸插销实体

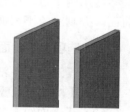

图 7.94　选择圆角边

7.6.3　【可变拖拉方向拔模】操控板介绍

可在以下选定点处设置可变拖拉方向拔模特征的拔模角。

（1）在拔模边或曲线的端点。

（2）在位于拔模边或曲线的基准点。

（3）沿拔模曲面。

也可以在远离拖拉方向参考曲面的单独位置设置拔模枢轴。可将可变拖拉方向拔模应用到实体曲面或面组曲面，但不可应用到这两种曲面的组合。选定的第一个曲面决定了可对其应用特征的其他曲面的类型。

单击【模型】选项卡【工程】面组中的【可变拖拉方向拔模】按钮 ，打开图 7.95 所示的【可变拖拉方向拔模】操控板。

【可变拖拉方向拔模】操控板中部分选项介绍如下。

图 7.95　【可变拖拉方向拔模】操控板

（1）【角度】列表框⊿：单击其下拉按钮，打开【角度】下拉面板，显示拔模角度。

（2）【延伸】列表框⬆：用于设置创建的新面组的长度。只有在【选项】面组中选中【新面组】单选按钮时，该列表框才被激活。

其余选项解释同【拔模】操控板。

7.6.4　【可变拖拉方向拔模】下滑面板介绍

【可变拖拉方向拔模】操控板包含【参考】【选项】【属性】3 个下滑面板。

1.【参考】下滑面板

选择【参考】下滑面板，如图 7.96 所示。

（1）【拖拉方向参考曲面】列表框：显示一个曲面或彼此相切的多个曲面、一个面组或一个平面，用以确定拔模拖拉方向。单击其后的【反向】按钮，可反向拖拉方向。

（2）【拔模枢轴】列表框：显示作为拔模几何枢轴的曲线或边链。链可以来自一个主体或多个面组。可以沿拔模枢轴定义多个拔模点，以设置不同的拔模角。

（3）【分割曲面】复选框：勾选该复选框，激活【分割曲面】列表框，在拔模曲面长度方向上最多显示两个点，可通过这些点改变已在拔模枢轴上定义的拔模角。此点可以是基准平面、面组或曲面。分割对象不得彼此相交，也不得与拖拉方向参考曲面相交。

2.【选项】下滑面板

选择【选项】下滑面板，如图 7.97 所示。

（1）【相同面组或主体】单选按钮：选中该单选按钮，创建的拔模面与原实体或面组是一体的。

（2）【新面组】单选按钮：选中该单选按钮，将拔模几何创建为新面组。

（3）【范围】下拉列表：在其下拉列表中选择一种方式，可设置拔模曲面的长度。

图 7.96　【参考】下滑面板

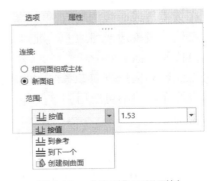

图 7.97　【选项】下滑面板

动手学——创建簸箕

源文件：源文件\结果文件\第7章\簸箕.prt
本实例通过创建图 7.98 所示的簸箕练习【可变拖拉方向拔模】命令。

【操作步骤】

1. 打开文件

单击【主页】选项卡【数据】面组中的【打开】按钮，弹出【文件打开】对话框，选择【簸箕】文件，单击【打开】按钮，打开文件，如图 7.99 所示。

2. 创建基准平面 DTM1

单击【模型】选项卡【基准】面组中的【平面】按钮，弹出【基准平面】对话框，选择 TOP 基准平面作为参考，设置平移距离为 60.00。单击【确定】按钮，DTM1 创建完成，如图 7.100 所示。

图 7.98　簸箕　　　　　　图 7.99　簸箕原始文件　　　　图 7.100　创建基准平面 DTM1

3. 创建拔模特征

（1）单击【模型】选项卡【工程】面组中的【可变拖拉方向拔模】按钮，打开【可变拖拉方向拔模】操控板，❶选择拉伸实体的上表面作为拖拉方向，❷在【参考】下滑面板的【拔模枢轴】列表框中单击，❸选择前面与上表面的相交长边作为拔模枢轴，❹勾选【分割曲面】复选框，❺选择 DTM1 作为分割曲面，❻在【角度】列表中修改【角度 1】为 30.0，❼【角度 2】为 60.0，如图 7.101 所示。

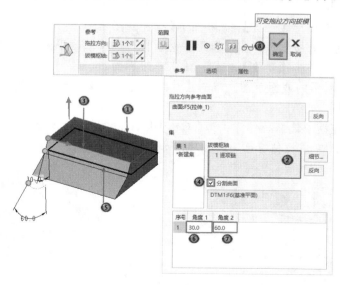

图 7.101　设置可变拖拉方向拔模参数

（2）❽单击【确定】按钮，完成拔模特征的创建，结果如图 7.102 所示。

4. 抽壳

单击【模型】选项卡【工程】面组中的【壳】按钮，打开【壳】操控板，将厚度修改为 3.00，选择实体的侧斜面作为移除材料面，如图 7.103 所示。单击【确定】按钮，生成壳特征，结果如图 7.98 所示。

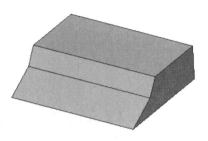

图 7.102　拔模结果

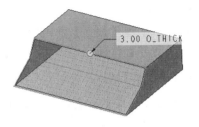

图 7.103　选择移除表面

7.7　综合实例——创建上箱盖

本实例创建上箱盖，如图 7.104 所示。首先通过【拉伸】命令创建主体结构，然后通过【孔】命令创建安装孔，再利用【轮廓筋】命令创建筋，最后利用【镜像】命令对部分结构进行镜像。

【操作步骤】

1. 新建文件

新建【上箱盖】文件，进入零件界面。

图 7.104　上箱盖

2. 创建拉伸特征 1

（1）单击【模型】选项卡【形状】面组中的【拉伸】按钮，打开【拉伸】操控板。单击【放置】下滑面板中的【定义】按钮，弹出【草绘】对话框。选择基准平面 FRONT 作为草绘平面，其余选项接受系统默认值。单击【草绘】按钮，进入草绘界面。

（2）绘制图 7.105 所示的截面草图。单击【草绘】选项卡【关闭】面组中的【确定】按钮，退出草绘环境。

（3）在【拉伸】操控板中选择拉伸方式为【对称】，在其后的文本框中输入拉伸深度为 220.00。单击【确定】按钮，完成拉伸特征 1 的创建，如图 7.106 所示。

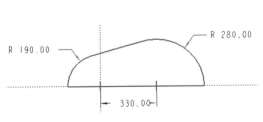

图 7.105　绘制截面草图 1

图 7.106　拉伸特征 1

3. 创建圆角特征

（1）单击【模型】选项卡【工程】面组中的【倒圆角】按钮 ，打开【倒圆角】操控板。选择拉伸特征的两条棱边，如图 7.107 所示。

（2）设置圆角的半径为 40.00，单击【确定】按钮 ，完成圆角的创建。

4. 创建拉伸特征 2

（1）单击【模型】选项卡【形状】面组中的【拉伸】按钮 ，打开【拉伸】操控板。单击【放置】下滑面板中的【定义】按钮，弹出【草绘】对话框。选择图 7.108 所示的面作为草绘平面，其余选项接受系统默认值。单击【草绘】按钮，进入草绘界面。

图 7.107　选择拉伸特征的两条棱边

（2）绘制图 7.109 所示的截面草图。单击【草绘】选项卡【关闭】面组中的【确定】按钮 ，退出草绘环境。

（3）在【拉伸】操控板中选择拉伸方式为【可变】 ，在其后的文本框中输入拉伸深度为 20.00。单击【反向】按钮 ，调整拉伸方向。

（4）在【主体选项】下滑面板中勾选【创建新主体】复选框，单击【确定】按钮 ，完成拉伸特征 2 的创建，如图 7.110 所示。

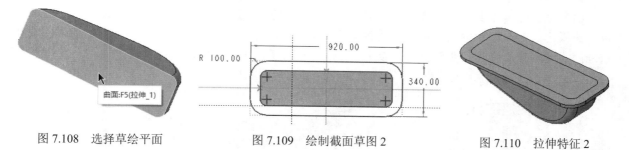

图 7.108　选择草绘平面　　　　图 7.109　绘制截面草图 2　　　　图 7.110　拉伸特征 2

5. 创建抽壳特征

单击【模型】选项卡【工程】面组中的【壳】按钮 ，打开【壳】操控板。将厚度修改为 20.00，在【参考】下滑面板中选择【要壳化的主体】为【选定】，在其下方的下拉列表中选中【主体 2】，右击，在弹出的快捷菜单中选择【移除】命令，然后在绘图区选择拉伸特征 1 实体。在【移除曲面】列表框中单击，选择拉伸特征 1 实体的底面作为要移除的面，如图 7.111 所示。单击【确定】按钮 ，生成抽壳特征，如图 7.112 所示。

图 7.111　选择要移除的面　　　　　　　　图 7.112　抽壳特征

6. 布尔运算

单击【模型】选项卡【主体】面组中的【布尔运算】按钮 ，打开【布尔运算】操控板。【操作】选择【合并】，选择两个实体分别作为要修改的主体和修改主体，单击【确定】按钮 ✔，布尔运算完成。

7. 创建拉伸特征 3

（1）单击【模型】选项卡【形状】面组中的【拉伸】按钮 🔊，打开【拉伸】操控板。选择图 7.112 所示的上箱盖腔体内表面作为草绘平面，绘制图 7.113 所示的截面草图。

（2）在【拉伸】操控板中单击【可变】按钮 ⊥，在其后的文本框中输入拉伸深度为 100.00。单击【确定】按钮 ✔，完成拉伸特征 3 的创建，如图 7.114 所示。

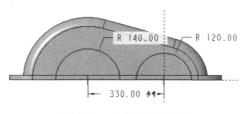

图 7.113　绘制截面草图 3

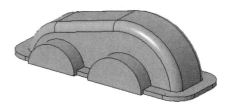

图 7.114　拉伸特征 3

8. 创建拔模特征

（1）单击【模型】选项卡【工程】面组中的【拔模】按钮 🔊，打开【拔模】操控板。按住 Ctrl 键，选择图 7.115 所示的圆柱面。在【拔模枢轴】列表框中单击，选择图 7.116 所示的曲面为拔模枢轴。在【拔模】操控板中设置【角度】为 5°，单击【反向】按钮，调整拔模方向。

（2）单击【确定】按钮 ✔，完成拔模操作，结果如图 7.117 所示。

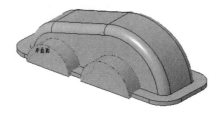

图 7.115　选择拔模曲面

图 7.116　选择拔模枢轴

图 7.117　拔模结果

9. 创建拉伸特征 4

（1）单击【模型】选项卡【形状】面组中的【拉伸】按钮 🔊，打开【拉伸】操控板。选择 TOP 基准平面作为草绘平面，绘制图 7.118 所示的截面草图。

（2）在【拉伸】操控板中单击【可变】按钮 ⊥，在其后的文本框中输入拉伸深度为 80.00。单击【确定】按钮 ✔，完成拉伸特征 4 的创建，如图 7.119 所示。

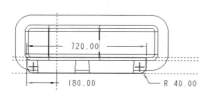

图 7.118　绘制截面草图 4

图 7.119　拉伸特征 4

10. 创建拉伸特征 5

（1）单击【模型】选项卡【形状】面组中的【拉伸】按钮💢，打开【拉伸】操控板。选择图 7.119 所示的平面作为草绘平面，绘制图 7.120 所示的截面草图。

（2）在【拉伸】操控板中单击【可变】按钮💢，在其后的文本框中输入拉伸深度为 100.00。单击【反向】按钮，调整切除方向。单击【移除材料】按钮💢，再单击【确定】按钮💢，完成拉伸特征 5 的创建，如图 7.121 所示。

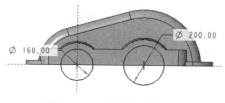

图 7.120 绘制截面草图 5

图 7.121 拉伸特征 5

11. 创建孔

（1）单击【模型】选项卡【工程】面组中的【孔】按钮💢，打开【孔】操控板。

（2）设置孔的类型为【简单】，轮廓为【平整】，给定直径值为 40.00，在【深度】中选择【穿透】选项。

（3）在【放置】下滑面板中设置类型为【线性】，选择 FRONT 基准平面和 RIGHT 基准平面作为偏移参考，将距离分别设置为 70.00 和 220.00，如图 7.122 所示。

（4）在【孔】操控板中单击【确定】按钮💢，完成孔 1 的创建，如图 7.123 所示。

（5）使用同样的方法创建孔 2，将孔到 FRONT 基准平面和 RIGHT 基准平面的距离分别设置为 70.00 和 640.00，如图 7.124 所示，结果如图 7.125 所示。

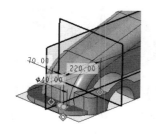

图 7.122 设置孔 1 位置

图 7.123 创建孔 1

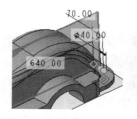

图 7.124 设置孔 2 位置

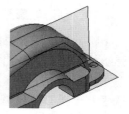

图 7.125 创建孔 2

（6）使用同样的方法创建孔 3，将孔到 FRONT 基准平面和 RIGHT 基准平面的距离均设置为 140.00，如图 7.126 所示，结果如图 7.127 所示。

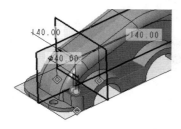

图 7.126 设置孔 3 位置

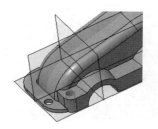

图 7.127 创建孔 3

（7）使用同样的方法创建孔 4，将孔到 FRONT 基准平面和 RIGHT 基准平面的距离均设置为 140.00，如图 7.128 所示，结果如图 7.129 所示。

（8）使用同样的方法创建孔 5，将孔到 FRONT 基准平面和 RIGHT 基准平面的距离分别设置为 140.00 和 480.00，如图 7.130 所示，结果如图 7.131 所示。

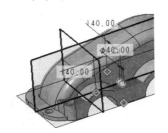

图 7.128　设置孔 4 位置

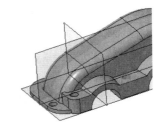

图 7.129　创建孔 4

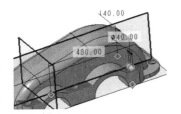

图 7.130　设置孔 5 位置

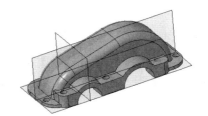

图 7.131　创建孔 5

12．创建基准平面 DTM1

单击【模型】选项卡【基准】面组中的【平面】按钮◻，弹出【基准平面】对话框，选择 RIGHT 基准平面作为参考，平移距离设置为 330。单击【确定】按钮，DTM1 创建完成，如图 7.132 所示。

13．创建轮廓筋 1

（1）单击【模型】选项卡【工程】面组中的【筋】下拉按钮，在弹出的下拉列表中选择【轮廓筋】选项⬞，打开【轮廓筋】操控板。

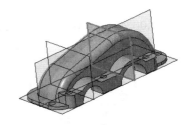

图 7.132　创建基准平面 DTM1

（2）单击【参考】下滑面板中的【定义】按钮，弹出【草绘】对话框。选择 DTM1 基准平面作为草绘平面，单击【草绘】按钮，进入草绘环境。

（3）绘制一条直线，如图 7.133 所示。单击【确定】按钮✓，退出草绘环境。

（4）在【轮廓筋】操控板中输入筋的厚度 20，单击【参考】下滑面板中的【反向】按钮，更改材料创建方向。单击【确定】按钮✓，结果如图 7.134 所示。

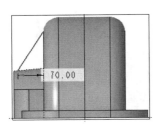

图 7.133　绘制轮廓筋草图

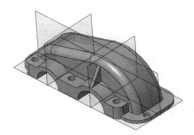

图 7.134　创建轮廓筋

14. 镜像特征 1

（1）在模型树中选择【拉伸 3】～【孔 5】特征，如图 7.135 所示。

（2）单击【模型】选项卡【编辑】面组中的【镜像】按钮 ，打开【镜像】操控板。在工作区选择 FRONT 基准平面作为镜像平面，单击【确定】按钮 ，完成镜像。

（3）在模型树中选中镜像后的【拔模斜度 1（2）】，在弹出的快捷菜单中选择【编辑定义】选项 ，打开【拔模】操控板。单击【角度 1】后的【反向】按钮 ，更改拔模方向。在【参考】下滑面板的【拔模枢轴】列表框中单击，在绘图区选择图 7.136 所示的面作为拔模枢轴。单击【确定】按钮 ，结果如图 7.137 所示。

图 7.135　选择【拉伸 3】～
【孔 5】特征

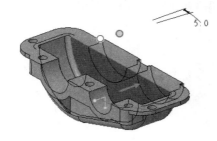

图 7.136　选择拔模枢轴

图 7.137　镜像特征 1

15. 镜像特征 2

（1）在模型树中选择【轮廓 筋 1】特征。

（2）单击【模型】选项卡【编辑】面组中的【镜像】按钮 ，打开【镜像】操控板。在工作区选择 FRONT 基准平面作为镜像平面，单击【确定】按钮 ，完成镜像，结果如图 7.104 所示。

第 8 章　实体特征编辑

内容简介

前面章节介绍了各种特征的创建方法，通过这些方法可以创建一些简单的零件。但直接创建的特征往往不能完全符合用户的设计意图，这时就需要通过特征编辑命令对创建的特征进行编辑操作，使之符合用户的要求。本章将讲解实体特征的各种编辑方法，通过本章的学习，希望读者能够熟练地掌握各种编辑命令及其使用方法。

内容要点

- ↘ 特征操作
- ↘ 镜像
- ↘ 阵列
- ↘ 缩放模型

案例效果

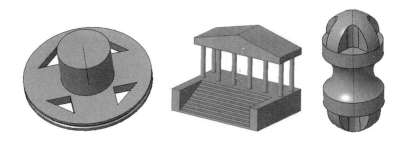

8.1　特　征　操　作

实体特征的编辑除了镜像、阵列、缩放等操作命令外，还包含重新排序、插入特征、删除特征、隐含特征和隐藏特征等操作命令。

8.1.1　重新排序

特征的顺序是指特征出现在模型树中的序列。重新排序就是在模型树中向前或向后移动特征，更改其重新生成的顺序。在排序过程中，不能将子项特征排在父项特征的前面；同时，对现有特征重新排序可更改模型的外观。

在重新排序特征时需要考虑以下几个特殊情况。

（1）多个特征：可以在同一操作期间重新排序多个特征。

（2）组和阵列特征：可以将特征重新排序到组内或组外。

1）如果插入点是组标题或阵列标题，并且将选定特征重新排序在插入点之后，则选定特征将在整个组或阵列后重新排序。

2）如果插入点是组的第一个成员并且在插入点之前重新排序选定特征，则选定特征将添加至组并且成为第一个组成员。

3）如果选择一个阵列成员进行重新排序，则阵列的全部成员将被选定以进行重新排序。

（3）合成嵌入的和未嵌入的特征：只要基准间无冲突的父子项关系，便可以在单个主特征下重新排序嵌入的基准。

1）如果在嵌入的插入点之后重新排序基准特征，则该特征可能变成嵌入的基准特征。

2）如果在独立的插入点之前重新排序嵌入的基准特征，则该特征可能变成未嵌入的基准特征。

（4）父项和子项特征：父项不能移动，因此父项的重新生成发生在它们的子项重新生成之后；子项不能移动，因此子项的重新生成发生在它们的父项重新生成之前。

动手学——重新排序底座

源文件：源文件\结果文件\第 8 章\底座.prt
本实例对图 8.1 所示的底座进行重新排序。

【操作步骤】

1．打开文件

单击【主页】选项卡【数据】面组中的【打开】按钮，弹出【文件打开】对话框，选择【底座】文件，单击【打开】按钮，打开文件，如图 8.1 所示。

2．特征重新排序

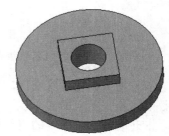
图 8.1　底座

（1）在模型树中单击【树列】按钮，弹出图 8.2 所示的【模型树列】对话框。

（2）在【类型】列表框中选择【特征号】选项，单击【添加】按钮，将其添加到【显示】列表框中。

（3）单击【确定】按钮，则在模型树中显示特征的【特征号】属性，如图 8.3 所示。

图 8.2　【模型树列】对话框

图 8.3　添加特征号

（4）选择【模型】选项卡【操作】面组中的【重新排序】命令，弹出【特征重新排序】对话框，如图 8.4 所示。

（5）❶单击【要重新排序的特征】列表框，❷在模型树中选择【拉伸 3】选项，❸在【新建位置】选项组中选中【之前】单选按钮，❹在【目标特征】下拉列表处单击，❺在模型树中选择【拉伸 2】选项。

（6）❻单击【特征重新排序】对话框中的【确定】按钮，结果如图 8.5 所示。

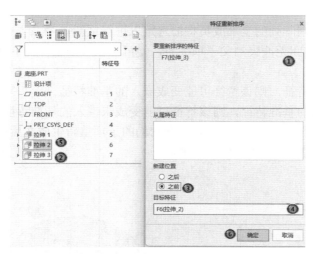

图 8.4 　【特征重新排序】对话框

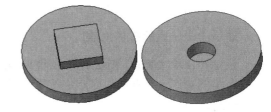

图 8.5 　重新排序后的图形

从图 8.5 中可以看出，虽然没有对特征进行修改、添加或删除，但由于重新排序，整个图形的效果发生了很大的变化。

还有一种更简单的重新排序方法：在模型树中选取一个或多个特征，拖动鼠标，将所选特征拖动到新位置即可。但这种方法没有重新排序的提示，有时可能会引起错误。

📢 注意：

　　有些特征不能重新排序，如三维注释的隐含特征。如果试图将一个子零件移动到比其父零件更高的位置，则父零件将随子零件相应移动，且保持父子关系。此外，如果将父零件移动到另一位置，则子零件也将随父零件相应移动，以保持父子关系。

8.1.2　插入特征

在进行零件设计过程中，有时创建一个特征后，需要在该特征或几个特征之前先创建其他特征，这时就需要启用插入特征模式。

通常，零件的新特征会添加在模型树中的最后一个现有特征（包括隐含特征）后。使用插入特征模式时，可以将特征添加到特征序列内的任意一点，但第一特征前除外。

可以使用插入特征模式将特征插入组中，但无法将其插入组中的第一特征前。

插入特征模式的工作方式如下。

1．命令插入

（1）选中一个特征，右击，在弹出的快捷菜单中选择【在此插入】命令，此时➡ 在此插入图标就会插入在该特征的下面。

（2）操作完成，即可在此插入定位符的当前位置进行新特征的建立。特征建立完成后，可以通过右击在此插入定位符；选择弹出的快捷菜单中的【退出插入模式】命令，可以在插入定位符后返回默认位置。

2. 拖动插入定位符

选择插入定位符，按住鼠标左键并拖动指针到所需位置，插入定位符随着指针移动。释放鼠标左键，插入定位符将置于新位置，并且会保持当前视图的模型方向，模型不会复位到新位置。

动手学——插入圆角特征

源文件：源文件\结果文件\第 8 章\滑轮.prt
本实例对图 8.6 所示的滑轮插入圆角特征。

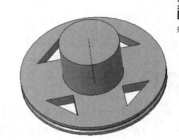

扫一扫，看视频

【操作步骤】

1. 打开文件

单击【主页】选项卡【数据】面组中的【打开】按钮，弹出【文件打开】对话框，选择【滑轮】文件，单击【打开】按钮，打开文件，如图 8.6 所示。

图 8.6　滑轮

2. 插入特征

（1）在模型树中选择【旋转 1】特征，右击，在弹出的快捷菜单中选择【在此插入】命令，如图 8.7 所示。此时，插入定位符移动到【旋转 1】特征下方。

（2）单击【模型】选项卡【工程】面组中的【倒圆角】按钮，打开【倒圆角】操控板，设置半径为 1.00，选择图 8.8 所示的边进行圆角处理。单击【确定】按钮，圆角完成。

图 8.7　选择【在此插入】命令

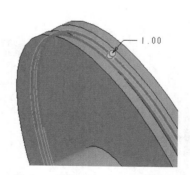

图 8.8　选择圆角边并进行处理

（3）在模型树中选中插入定位符，右击，在弹出的快捷菜单中选择【退出插入模式】命令，如图 8.9 所示。

（4）弹出【确认】对话框，如图 8.10 所示，单击【是】按钮，退出插入特征模式。

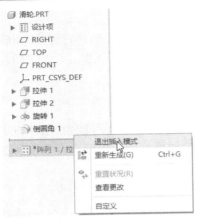

图 8.9　选择【退出插入模式】命令　　　　图 8.10　【确认】对话框

8.1.3　删除特征

删除一个特征，即从零件中永久性移除该特征。

如果选择具有子项的特征进行删除，则必须考虑子项。可以将子项删除，但也可以通过编辑其参考将其保留。

如果要删除该模型中的某一特征，可以在模型树上选择该特征，右击，在弹出的快捷菜单中选择【删除】命令。

如果所选的特征没有子特征，则会弹出图 8.11 所示的【删除】对话框，同时该特征在模型树和绘图区中加亮显示。单击【确定】按钮，即可删除该特征。

如果选取的特征存在子特征，则在选择【删除】命令后就会出现图 8.12 所示的【删除】对话框，同时该特征及所有的子特征都在模型树和绘图区中加亮显示。

如果单击【确定】按钮，即可删除该特征及所有子特征。用户也可以单击【编辑细节】按钮，从弹出的【子项处理】对话框中对子特征进行处理，如图 8.13 所示。

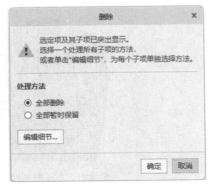

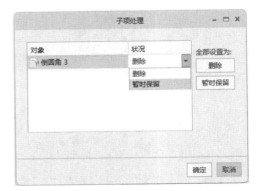

图 8.11　【删除】对话框 1　　　　图 8.12　【删除】对话框 2　　　　图 8.13　【子项处理】对话框

扫一扫，看视频

动手学——删除特征

源文件： 源文件\结果文件\第 8 章\支座.prt

本实例对图 8.14 所示的支座进行特征删除。

【操作步骤】

1. 打开文件

单击【主页】选项卡【数据】面组中的【打开】按钮，弹出【文件打开】对话框，选择【支座】文件，单击【打开】按钮，打开文件，如图8.14所示。

2. 删除特征

（1）①在模型树中选择【镜像1】，右击，在弹出的快捷菜单中②选择【删除】命令，如图8.15所示。弹出图8.16所示的【删除】对话框，同时该特征及所有子特征都将在模型树和绘图区中加亮显示，如图8.17所示。

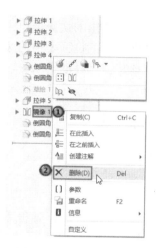

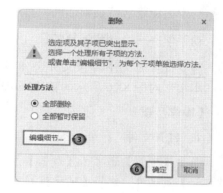

图8.14 支座 　　图8.15 右键快捷菜单 　　图8.16 【删除】对话框

（2）③单击【编辑细节】按钮，弹出【子项处理】对话框，④在【状况】下拉列表中选择【删除】，如图8.18所示。⑤单击【确定】按钮，返回【删除】对话框。⑥单击【确定】按钮，完成特征的删除，结果如图8.19所示。

图8.17 加亮显示所选特征 　　图8.18 【子项处理】对话框 　　图8.19 删除结果

8.1.4 隐含和恢复特征

隐含特征类似于将其从再生中暂时删除，但可随时解除隐含（恢复）显示特征。在设计过程中，可以通过隐含零件上的特征简化零件模型，并减少再生时间。例如，在处理一个复杂组件时，可以隐含一些当前组件过程并不需要其详图的特征和元件。在设计过程中，隐含某些特征的作用如下。

（1）隐含其他区域的特征后，可更专注于当前特征。

（2）隐含当前不需要的特征可减少更新，加速修改过程。

（3）隐含特征可减少显示内容，从而加速显示过程。

（4）隐含特征可以起到暂时删除特征，尝试不同设计迭代的作用。

隐含特征的操作方式有如下两种。

（1）在模型树中选择某一特征，右击，在弹出的快捷菜单中单击【隐含】按钮 📥。

（2）选择【模型】选项卡【操作】面组【操作】下拉列表中的【隐含】→【隐含】命令。

如果要在绘图区恢复隐含特征，可在模型树中选择要恢复的一个或多个隐含特征。恢复隐含特征的操作方式同样有如下两种。

（1）在模型树中选择某一隐含特征，右击，在弹出的快捷菜单中单击【恢复】按钮 ➥。

（2）选择【模型】选项卡【操作】面组【操作】下拉列表中的【恢复】→【恢复】命令，将在模型树中去掉隐含特征前面的项目符号，表示该特征已经取消隐含，同时绘图区也将显示该特征。

动手学——隐含和恢复特征

源文件：源文件\结果文件\第 8 章\轴承座.prt

本实例对图 8.20 所示的轴承座进行特征隐含和恢复。

【操作步骤】

1. 打开文件

单击【主页】选项卡【数据】面组中的【打开】按钮 🗁，弹出【文件打开】对话框，选择【轴承座】文件，单击【打开】按钮，打开文件，如图 8.20 所示。

图 8.20　轴承座

2. 隐含特征

（1）❶在模型树中选择【拉伸 3】选项，右击，❷在弹出的快捷菜单中单击【隐含】按钮 📥，如图 8.21 所示，弹出【隐含】对话框，如图 8.22 所示，同时选择的特征在模型树和绘图区中加亮显示。

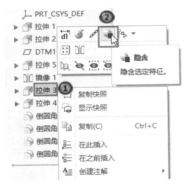

图 8.21　单击【隐含】按钮

图 8.22　【隐含】对话框

（2）❸单击【隐含】对话框中的【确定】按钮，隐含选择的特征，结果如图 8.23 所示。

（3）一般情况下，模型树中不显示被隐含的特征。如果要显示隐含的特征，可在模型树中单击【树过滤器】按钮 🔽，弹出【树过滤器】对话框，如图 8.24 所示。

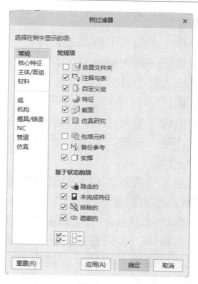

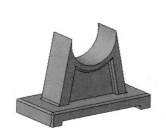

图 8.23 隐含特征

图 8.24 【树过滤器】对话框

（4）勾选【基于状态的项】选项组中的【隐含的】复选框，单击【确定】按钮，隐含对象将在模型树中列出，并带有一个项目符号，表示该特征被隐含，如图 8.25 所示。

3. 恢复隐含特征

在模型树中选择隐含的【拉伸 3】特征，右击，在弹出的快捷菜单中单击【恢复】按钮，则绘图区也将显示该特征，如图 8.26 所示。

图 8.25 显示隐含特征

图 8.26 恢复隐含特征

📢 注意：

在模型中，基本特征不能隐含。如果对基本特征（第一个）不满意，可以重定义特征截面或将其删除并重新创建。

8.1.5 隐藏和显示特征

Creo Parametric 允许在当前 Creo Parametric 进程中的任何时间即时隐藏或取消隐藏所选的模型图元。使用【隐藏】和【取消隐藏】命令，可节约宝贵的设计时间。

使用【隐藏】命令时，无须将图元分配到某一层中并遮蔽整个层。可隐藏和重新显示单个基准特征，如基准平面和基准轴，而无须同时隐藏或重新显示所有基准特征。下列项目类型可即时隐藏。

（1）单个基准平面（与同时隐藏或显示所有基准平面相对应）。

（2）基准轴。

（3）含有轴、平面和坐标系的特征。

（4）分析特征（点和坐标系）。

（5）基准点（整个阵列）。

（6）坐标系。

（7）基准曲线（整条曲线，不是单个曲线段）。

（8）面组（整个面组，不是单个曲面）。

（9）组件元件。

如果要隐藏某一特征，右击模型树或绘图区中的某一个或多个特征，在弹出的快捷菜单中单击【隐藏】按钮，即可隐藏该特征。

隐藏某一特征时，Creo Parametric 将该特征在绘图区中删除，但特征仍会以灰色显示在模型树中，表示该项目处于隐藏状态，如图 8.27 所示。

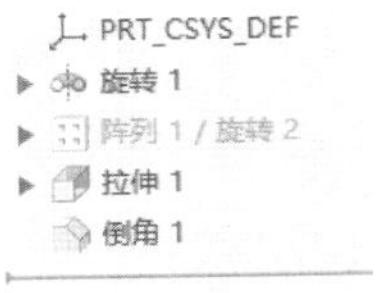

如果要取消隐藏某一特征，在模型树中选择隐藏的项目，右击，在弹出的快捷菜单中选择【取消隐藏】命令，即可取消隐藏某一特征。此时在模型树中，该特征将正常显示，也将在绘图区中重新显示。

图 8.27　模型树

另外，还可单击【工具】选项卡【调查】面组中的【查找】按钮，选择某一指定类型的所有项目（如某一组件内所有元件中相同类型的全部特征），单击【视图】选项卡【可见性】面组中的【隐藏】按钮，即可将其隐藏。

当使用模型树手动隐藏项目或创建异步项目时，这些项目会自动添加到称为【隐藏项目】的层（如果该层已存在）。如果该层不存在，则系统将自动创建一个名为【隐藏项目】的层，并将隐藏项目添加到其中。该层始终被创建在【层树】列表的顶部。

扫一扫，看视频

动手学——隐藏和显示特征

源文件：源文件\结果文件\第 8 章\轮毂.prt

本实例对图 8.28 所示的轮毂进行特征隐藏和显示。

【操作步骤】

1．打开文件

单击【主页】选项卡【数据】面组中的【打开】按钮，弹出【文件打开】对话框，选择【轮毂】文件，单击【打开】按钮，打开文件，如图 8.28 所示。

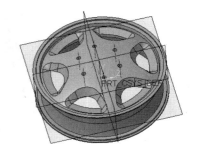

图 8.28　轮毂

2．隐藏特征

（1）在快捷工具栏中单击【基准显示过滤器】下拉按钮，在弹出的下拉列表中取消勾选【轴显示】【点显示】【坐标系显示】复选框，如图 8.29 所示，将绘图区的基准轴、基准点和坐标系全部隐藏。

（2）在模型树中选择 RIGHT 基准平面，右击，在弹出的快捷菜单中单击【隐藏】按钮，如图 8.30 所示，将 RIGHT 基准平面隐藏。

（3）同理，将 TOP 基准平面隐藏。

图 8.29　取消勾选【轴显示】
【点显示】【坐标系显示】复选框

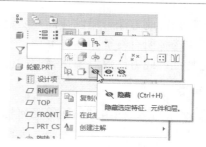

图 8.30　单击【隐藏】按钮

（4）按住 Shift 键，在模型树中选择【草绘 1】和【草绘 2】特征，绘图区中两个特征将高亮显示，如图 8.31 所示。右击，在弹出的快捷菜单中单击【隐藏】按钮❤，则绘图区中的草绘 1 和草绘 2 图线被隐藏，如图 8.32 所示。

图 8.31　选中图线

图 8.32　隐藏图线

3. 显示隐藏特征

在模型树中选择【草绘 1】特征，右击，在弹出的快捷菜单中单击【显示】按钮◉，如图 8.33 所示，即可将隐藏的特征显示出来，如图 8.34 所示。

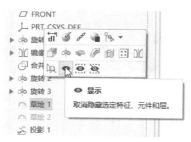

图 8.33　单击【显示】按钮

图 8.34　显示图线

8.2　镜　　像

使用【镜像】工具，可针对平面或曲面复制特征或几何。镜像副本可以是独立副本，也可以是随着原始特征或几何更新的从属副本。也可镜像整个阵列。

在模型树中，🎬表示独立的镜像特征，而🎬表示从属的镜像特征。

1. 特征镜像

通常采用【所有特征】和【选定特征】两种方法镜像特征。

（1）所有特征：此方法可镜像特征并创建包含模型所有特征几何的合并特征。采用此方法时，必须在模型树中选择所有特征和零件节点。

（2）选定特征：此方法仅镜像选择的特征。

2．几何镜像

允许镜像诸如基准、面组和曲面等几何特征，也可在模型树中选取相应节点镜像整个零件。

📢 **注意：**

> 仅当镜像特征时，才可使镜像的项完全从属。

当镜像以下项目时，不支持完全相关性。

（1）阵列特征。

（2）移动的复制特征。

（3）镜像特征。

（4）包络特征。

（5）合并/继承特征。

（6）复制几何特征。

（7）收缩包络特征。

（8）曲线来自截面特征。

（9）Creo Flexible Modeling 元件。

8.2.1 【镜像】操控板介绍

单击【模型】选项卡【编辑】面组中的【镜像】按钮 ⃫⃫ ，打开图 8.35 所示的【镜像】操控板。

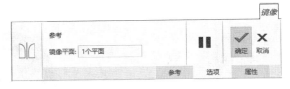

图 8.35 【镜像】操控板

【镜像】操控板中的常用功能介绍如下。

【镜像平面】：选择创建镜像特征的平面。

8.2.2 【镜像】下滑面板介绍

【镜像】操控板包含【参考】【选项】【属性】3 个下滑面板。下面对部分下滑面板进行介绍。

1．【参考】下滑面板

选择【参考】下滑面板，如图 8.36 所示。

（1）【镜像平面】列表框：选择创建镜像特征的平面。

（2）【镜像的特征】列表框：选择要进行镜像的特征。

图 8.36 【参考】下滑面板

2.【选项】下滑面板

选择【选项】下滑面板，如图 8.37 所示。

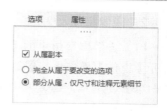

（1）【从属副本】复选框：勾选该复选框，使镜像的特征尺寸从属于选择特征的尺寸。当勾选该复选框时，镜像特征是原特征的从属特征，当原特征改变时，镜像特征也发生改变；未勾选该复选框时，原特征的改变对镜像特征不产生影响。

图 8.37 【选项】下滑面板

（2）【完全从属于要改变的选项】单选按钮：镜像特征完全从属于原特征。

（3）【部分从属 - 仅尺寸和注释元素细节】单选按钮：镜像特征中仅尺寸和注释元素细节从属于原特征。

在图 8.38 中，图 8.38（a）为原特征以 DTM1 基准平面为镜像平面的镜像结果；图 8.38（b）为镜像完成后，将模型树中名称为【旋转 1】的旋转特征的旋转角度更改为 200°后的结果；图 8.38（c）为勾选【从属副本】复选框，完成复制后，对原始特征进行编辑后的复制结果；图 8.38（d）为取消勾选【从属副本】复选框，完成复制后修改原特征得到的结果。

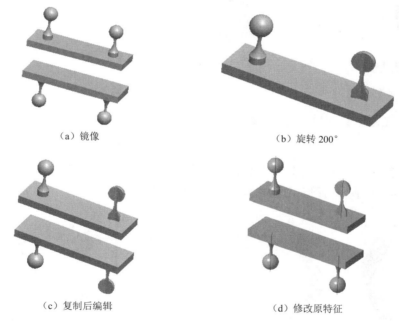

（a）镜像　　　　　　　　　　　　　　（b）旋转 200°

（c）复制后编辑　　　　　　　　　　　（d）修改原特征

图 8.38 镜像结果对比

动手学——创建板簧

源文件：源文件\结果文件\第 8 章\板簧.prt
本实例创建图 8.39 所示的板簧。

【操作步骤】

1. 打开文件

单击【主页】选项卡【数据】面组中的【打开】按钮，弹出【文件打开】对话框，选择【板簧】文件，单击【打开】按钮，打开文件，如图 8.40 所示。

图 8.39 板簧

2. 镜像特征

（1）选择模型树中的【扫描 1】特征，单击【模型】选项卡【编辑】面组中的【镜像】按钮 ，打开【镜像】操控板。❶选择板簧的下端面作为镜像平面，❷选择【选项】下滑面板，❸勾选【从属副本】复选框，❹选中【完全从属于要改变的选项】单选按钮，如图 8.41 所示。

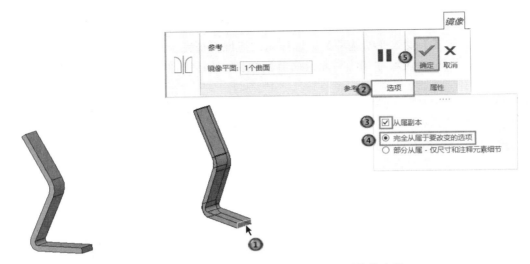

图 8.40　板簧原始文件　　　　　　　　图 8.41　设置镜像参数

（2）❺单击【确定】按钮 ，镜像完成，如图 8.42 所示。

3. 倒圆角

单击【模型】选项卡【工程】面组中的【倒圆角】按钮 ，设置圆角半径为 0.10，选择板簧的四条边，如图 8.43 所示。倒圆角后的实体如图 8.39 所示。

图 8.42　镜像结果　　　　　　　　　　图 8.43　选择圆角边

8.3　阵　列

特征阵列就是按照一定的排列方式复制特征。在创建阵列时，通过改变某些指定尺寸，可创建选定特征的实例，结果将得到一个特征阵列。特征阵列有尺寸、方向、轴、填充、表、参考、点和曲线八种类型。

（1） 尺寸：通过使用驱动尺寸并指定阵列的增量变化控制阵列。尺寸阵列可以为单向或双向。

（2）方向：通过指定方向并拖动控制滑块设置阵列增长的方向和增量创建自由形式阵列。方向阵列可以为单向或双向。

（3）轴：通过使用拖动控制滑块设置阵列的角增量和径向增量创建自由形式径向阵列，也可将阵列拖动成为螺旋形。

（4）填充：通过选定栅格用实例填充区域控制阵列。

（5）表：通过使用阵列表并为每一阵列实例指定尺寸值控制阵列。

（6）参考：通过参考另一阵列控制阵列。

（7）点：将阵列成员放置在几何草绘点、几何草绘坐标系或基准点上。

（8）曲线：通过指定沿着曲线的阵列成员间的距离或阵列成员的数目控制阵列。

其中，尺寸和方向两种类型的阵列结果为矩形阵列，而轴类型阵列结果为圆形阵列。

阵列有如下优点。

（1）创建阵列是重新生成特征的快捷方式。

（2）阵列是通过参数控制的。因此，通过改变阵列参数，如实例数、实例之间的间距和原始特征尺寸，可修改阵列。

（3）修改阵列比分别修改特征更为有效。在阵列中改变原始特征的尺寸时，Creo Parametric 自动更新整个阵列。

（4）对包含在一个阵列中的多个特征同时执行操作，比操作单独特征更为方便和高效。例如，可方便地隐含阵列或将其添加到层。

8.3.1 尺寸【阵列】操控板介绍

尺寸阵列是通过选择特征的定位尺寸阵列参数的阵列方式。创建尺寸阵列时，选择特征尺寸，并指定这些尺寸的增量变化及阵列中的特征数。【尺寸】阵列可以是单向阵列，如孔的线性阵列；也可以是双向阵列，如孔的矩形阵列。

在模型树中选择要阵列的特征，单击【模型】选项卡【编辑】面组中的【阵列】按钮，打开【阵列】操控板。在【类型】下拉列表中选择【尺寸】类型，如图 8.44 所示。

图 8.44 尺寸【阵列】操控板

尺寸【阵列】操控板中的各选项含义如下。

1.【第一方向】

（1）选择项收集器：第一方向的阵列尺寸。单击以将其激活，可添加或删除尺寸。

（2）【成员数】：输入第一方向的阵列成员数。

2.【第二方向】

（1）单击此收集器：第二方向的阵列尺寸。单击以将其激活，可添加或删除尺寸。

（2）【成员数】：输入第二方向的阵列成员数。

8.3.2 尺寸【阵列】下滑面板介绍

尺寸【阵列】特征包含【尺寸】【选项】【属性】3 个下滑面板，下面对部分下滑面板进行介绍。

1.【尺寸】下滑面板

选择【尺寸】下滑面板，如图 8.45 所示。此下滑面板用于定义阵列方向 1 和方向 2 的尺寸及增量。

（1）【方向 1】列表框：用于确定第一方向阵列尺寸及增量值。

（2）【方向 2】列表框：用于确定第二方向阵列尺寸及增量值。

2.【选项】下滑面板

选择【选项】下滑面板，如图 8.46 所示。此下滑面板用于对重新生成的选项进行下列操作。

（1）【相同】：通过假定所有成员都相同，不相交且不打断零件边计算成员几何。

（2）【可变】：通过假定所有成员形状各异且不彼此相交计算成员几何。

（3）【常规】：通过假定所有成员形状各异且可能彼此相交计算成员几何。

图 8.45 【尺寸】下滑面板   图 8.46 【选项】下滑面板

动手学——创建礼堂大门

源文件：源文件\结果文件\第 8 章\礼堂大门.prt

本实例创建礼堂大门，如图 8.47 所示。首先大门基础的右护台和左护台分别通过拉伸创建；然后在中间拉伸台阶，在台阶上拉伸出一根柱子，通过阵列创建所有的柱子；最后在柱子顶上创建顶棚，得到完整的模型。

【操作步骤】

1. 打开文件

单击【主页】选项卡【数据】面组中的【打开】按钮 ，弹出【文件打开】对话框，选择【礼堂大门】文件，单击【打开】按钮，打开文件，如图 8.48 所示。

图 8.47　礼堂大门

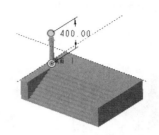

图 8.48　礼堂大门原始文件

2．阵列柱子

（1）在模型树上选择拉伸柱特征。

（2）单击【模型】选项卡【编辑】面组中的【阵列】按钮▦，打开【阵列】操控板。❶选择阵列类型为【尺寸】，❷【第一方向】选择尺寸 50，❸【成员数】为 6，❹【增量】为 200.00；❺在【第二方向】收集器处单击，❻【第二方向】选择尺寸 300，❼【成员数】为 2，❽【增量】为 −200.00。❾单击图中的 4 个点，取消阵列，如图 8.49 所示。

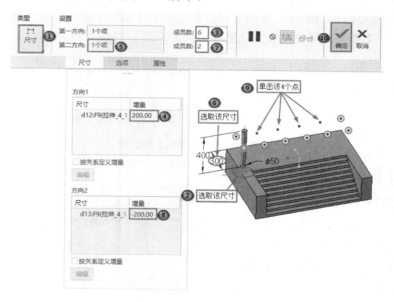

图 8.49　设置阵列参数

（3）❿单击【确定】按钮✔，完成阵列操作，如图 8.50 所示。

3．创建偏移基准平面

单击【模型】选项卡【基准】面组中的【平面】按钮▱，弹出【基准平面】对话框。在模型树中选择 TOP 基准平面作为参考，偏移量设置为 400.00，如图 8.51 所示。

4．拉伸顶棚

（1）单击【模型】选项卡【形状】面组中的【拉伸】按钮▱，打开【拉伸】操控板。单击【放置】下滑面板中的【定义】按钮，弹出【草绘】对话框。选择新创建的基准平面 DIM1 作为草绘平面，绘制图 8.52 所示的截面草图。单击【确定】按钮✔，退出草图绘制环境。

（2）在【拉伸】操控板中输入可变深度为 400，单击【确定】按钮 ，完成拉伸。完成后的模型如图 8.47 所示。

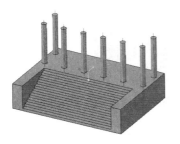

图 8.50　阵列结果

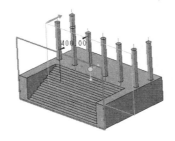

图 8.51　偏移基准平面

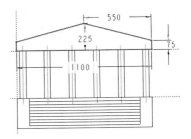

图 8.52　绘制截面草图

8.3.3　方向【阵列】操控板介绍

方向阵列通过指定方向并拖动控制滑块设置阵列增长的方向和增量创建自由形式阵列，即先指定特征的阵列方向，然后指定尺寸值和行列数。方向阵列可以为单向或双向。

在模型树中选择要阵列的特征，单击【模型】选项卡【编辑】面组中的【阵列】按钮 ，打开【阵列】操控板。在【类型】下拉列表中选择【方向】类型，如图 8.53 所示。

图 8.53　方向【阵列】操控板

方向【阵列】操控板中的部分选项含义如下。

1．【第一方向】

（1） 收集器：第一方向参考。选择建立第一方向的参考。

（2）【成员数】：输入第一方向的阵列成员数。

（3）【间距】：输入阵列成员间的距离。

2．【第二方向】

（1） 收集器：第二方向参考。选择建立第二方向的参考。

（2）【成员数】：输入第二方向的阵列成员数。

（3）【间距】：输入阵列成员间的距离。

8.3.4　方向【阵列】下滑面板介绍

方向【阵列】下滑面板与尺寸【阵列】下滑面板完全相同，这里不再赘述。

动手学——创建阀盖

扫一扫，看视频

源文件：源文件\结果文件\第 8 章\阀盖.prt

如图 8.54 所示，本实例通过阀盖的创建练习方向阵列的操作步骤。首先利用【拉伸】命令创建拉伸实体；然后利用【旋转】命令切出中心孔，再利用【螺旋扫描】命令切出螺纹；接下来创建孔，最后利用【阵列】命令进行阵列。

【操作步骤】

1. 打开文件

单击【主页】选项卡【数据】面组中的【打开】按钮，弹出【文件打开】对话框，选择【阀盖】文件，单击【打开】按钮，打开文件，如图 8.55 所示。

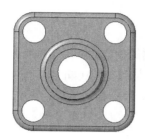

图 8.54 阀盖　　　　　　　图 8.55 阀盖原始文件

2. 创建螺旋扫描切除特征

（1）单击【模型】选项卡【形状】面组中的【螺旋扫描】按钮，打开【螺旋扫描】操控板。单击【参考】下滑面板中的【定义】按钮，弹出【草绘】对话框。选择 RIGHT 基准平面作为草绘平面，绘制引导线和中心线，如图 8.56 所示。单击【确定】按钮，退出草图绘制环境。

（2）返回【螺旋扫描】操控板，单击【草绘】按钮，绘制图 8.57 所示的截面草图。单击【确定】按钮，退出草图绘制环境。

（3）单击【移除材料】按钮，单击【确定】按钮，完成螺旋扫描切除特征的创建，如图 8.58 所示。

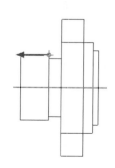
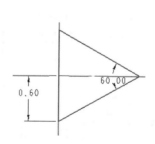
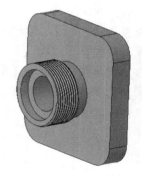

图 8.56 绘制引导线和中心线　　图 8.57 绘制截面草图　　图 8.58 创建螺旋扫描切除特征

3. 创建倒圆角特征

（1）单击【模型】选项卡【工程】面组中的【倒圆角】按钮，打开【倒圆角】操控板。选择图 8.59 所示的边线，设置圆角的半径为 3.00。单击【确定】按钮，完成圆角的创建。

（2）单击【模型】选项卡【工程】面组中的【倒圆角】按钮，打开【倒圆角】操控板。选择图 8.60 所示的边线，设置圆角的半径为 5.00。单击【确定】按钮，完成圆角的创建。

图 8.59　选择边线 1　　　　　　　　图 8.60　选择边线 2

4．创建拉伸切除特征

（1）单击【模型】选项卡【形状】面组中的【拉伸】按钮，打开【拉伸】操控板。单击【放置】下滑面板中的【定义】按钮，弹出【草绘】对话框。选择图 8.61 所示的面作为草绘平面，绘制截面，如图 8.62 所示。单击【确定】按钮，退出草图绘制环境。

（2）返回【拉伸】操控板，选择【穿透】深度选项，单击【移除材料】按钮。单击【确定】按钮，完成拉伸切除特征的创建，如图 8.63 所示。

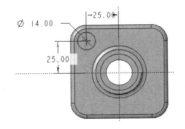

图 8.61　选择草绘平面　　　　　图 8.62　绘制截面　　　　　图 8.63　创建拉伸切除特征

5．创建方向阵列

（1）在模型树中选择【拉伸 6】孔特征，单击【阵列】按钮，打开【阵列】操控板。选择阵列类型为【方向】，❶选择水平边作为第一方向参照，❷单击【反向】按钮调整方向，❸【成员数】设置为 2，❹【间距】设置为 50.00。❺在【第二方向】收集器上单击，❻选择竖直边作为第二方向参照，❼单击【反向】按钮调整方向，❽【成员数】设置为 2，❾【间距】设置为 50.00。方向阵列参数设置步骤如图 8.64 所示。

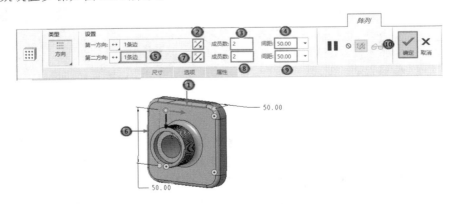

图 8.64　方向阵列参数设置步骤

（2）⑩单击【确定】按钮 ✔，完成阵列特征，如图 8.54 所示。

8.3.5　轴【阵列】操控板介绍

轴阵列就是特征绕旋转中心轴在圆周上进行阵列。圆周阵列第一方向的尺寸用于定义圆周方向上的角度增量，第二方向尺寸用于定义阵列径向增量。

在模型树中选择要阵列的特征，单击【模型】选项卡【编辑】面组中的【阵列】按钮 ▦，打开【阵列】操控板。在【类型】下拉列表中选择【轴】类型，如图 8.65 所示。

图 8.65　轴【阵列】操控板

轴【阵列】操控板中的各选项含义如下。

（1）●选择 1 项 ✎【轴】：选择要成为阵列中心的基准轴。

（2）【第一方向成员】：输入第一方向的阵列成员数。

（3）【成员间的角度】：输入阵列成员间的角度。

（4）【角度范围】：设置阵列的角度范围。成员数目将在指定的角度上均分。

（5）【第二方向成员】：输入第二方向的阵列成员数。

（6）【径向距离】：输入阵列成员间的径向距离。

8.3.6　轴【阵列】下滑面板介绍

前面已经对【尺寸】下滑面板进行了详细介绍，本小节只对【选项】下滑面板中的部分选项进行介绍。

选择【选项】下滑面板，如图 8.66 所示。

（1）【使用替代原点】复选框：勾选该复选框，使用替代原点表示引线的中心。

（2）【跟随轴旋转】复选框：勾选该复选框，对旋转平面中的阵列成员进行旋转，使其跟随轴旋转。

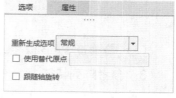

图 8.66　【选项】下滑面板

动手学——创建瓶盖

源文件：源文件\结果文件\第 8 章\瓶盖.prt

如图 8.67 所示，本实例首先绘制拉伸实体作为瓶盖主体，然后创建倒圆角并抽壳，再采用可变截面扫描切割实体为凹槽形，最后对凹槽形切割特征进行阵列。

【操作步骤】

1. 打开文件

单击【主页】选项卡【数据】面组中的【打开】按钮 ▧，弹出【文件打开】对话框，选择【瓶盖】文件，单击【打开】按钮，打开文件，如图 8.68 所示。

扫一扫，看视频

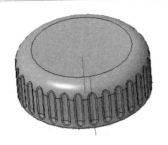

图 8.67　瓶盖

图 8.68　瓶盖原始文件

2. 阵列特征 1

（1）在模型树中选择【扫描 1】特征。

（2）单击【模型】选项卡【编辑】面组中的【阵列】按钮▦，打开【阵列】操控板。❶设置阵列类型为【轴】，❷在模型中选择轴 A_1 作为参考。❸在【阵列】操控板中设置【第一方向成员】为 30，❹【成员间的角度】为 12°，如图 8.69 所示。

图 8.69　设置阵列参数

（3）❺单击【阵列】操控板中的【确定】按钮，完成阵列，结果如图 8.70 所示。

3. 参考阵列特征

（1）在模型树中选择【倒圆角 3】特征。

（2）单击【模型】选项卡【编辑】面组中的【阵列】按钮▦，打开【阵列】操控板，在【类型】下拉列表中选择【参考】，如图 8.71 所示。

（3）单击【阵列】操控板中的【确定】按钮，完成阵列，结果如图 8.67 所示。

图 8.70　阵列结果

图 8.71　设置阵列参考

8.3.7 填充【阵列】操控板介绍

填充阵列可以通过定义栅格阵列类型、成员间的间距等参数填充草绘区域而创建。

在模型树中选择要阵列的特征，单击【模型】选项卡【编辑】面组中的【阵列】按钮，打开【阵列】操控板，选择【填充】类型，如图 8.72 所示。

图 8.72 填充【阵列】操控板

填充【阵列】操控板中的各选项含义如下。

（1）【草绘】：选择已有草图或草绘要填充的区域。单击收集器以将其激活，可添加或删除草绘。

（2）【栅格阵列】：设置栅格类型，单击下拉按钮，可在弹出的下拉列表中选择栅格类型。默认的栅格类型为【正方形】。

（3）【间距】：指定阵列成员间的间距值。可在【阵列】操控板按钮旁的文本框中输入一个新值，或在绘图区中拖动控制滑块，或双击与【间距】相关的值并输入新值。

（4）【旋转】：指定栅格绕原点的旋转角度。可在【阵列】操控板按钮旁的文本框中输入一个值，或在绘图区中拖动控制滑块，或双击与控制滑块相关的值并输入新值。

（5）【边界】：指定阵列成员中心与草绘边界间的最小距离。可在【阵列】操控板按钮旁的文本框中输入一个新值（使用负值可使中心位于草绘的外面），或在绘图区中拖动控制滑块，或双击与控制滑块相关的值并输入新值。

（6）【半径】：指定圆形和螺旋形栅格的径向间隔。可在【阵列】操控板按钮旁的文本框中输入一个值，或在绘图区中拖动控制滑块，或双击与控制滑块相关的值并输入新值。

8.3.8 填充【阵列】下滑面板介绍

【阵列】操控板包含【参考】【选项】【属性】下滑面板，下面对部分下滑面板进行介绍。

1．【参考】下滑面板

选择【参考】下滑面板，如图 8.73 所示。该下滑面板用于创建或编辑草绘截面。

【定义】按钮：用于创建草绘截面。

2．【选项】下滑面板

选择【选项】下滑面板，如图 8.74 所示。

（1）【使用替代原点】复选框：勾选该复选框，使用替代原点表示引线的中心。

（2）【跟随引线位置】复选框：勾选该复选框，使用相同距离作为阵列导引，从草绘平面中偏移阵列成员。

（3）【跟随曲面形状】复选框：勾选该复选框，定位成员以跟随选定曲面的形状。单击收集器将其激活，可添加或删除要跟随的曲面。

（4）【跟随曲面方向】复选框：勾选该复选框，将空间中的成员定向为跟随曲面方向。

（5）【间距】：用于调整成员间的距离。

1）【按照投影】：将成员直接投影到曲面上。

2）【映射到曲面空间】：将成员映射到曲面空间。

3）【映射到曲面 UV 空间】：将成员映射到曲面 UV 空间。

图 8.73 【参考】下滑面板

图 8.74 【选项】下滑面板

扫一扫，看视频

动手学——创建漏勺头

源文件：源文件\结果文件\第 8 章\漏勺头.prt

如图 8.75 所示，本实例通过漏勺头的创建介绍填充阵列的操作步骤。

【操作步骤】

1．打开文件

单击【主页】选项卡【数据】面组中的【打开】按钮，弹出【文件打开】对话框，选择【漏勺头】文件，单击【打开】按钮，打开文件，如图 8.76 所示。

图 8.75 漏勺头

2．创建填充阵列

（1）在模型树中选择【拉伸 1】特征，单击【阵列】按钮，打开【阵列】操控板。选择阵列类型为【填充】，单击【参考】下滑面板中的【定义】按钮，弹出【草绘】对话框。选择 TOP 基准平面作为草绘平面，以原点为圆心绘制图 8.77 所示的圆。单击【确定】按钮，退出草绘环境。

图 8.76 漏勺头原始文件

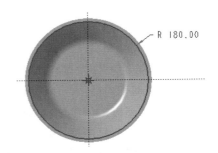

图 8.77 绘制圆

（2）在【阵列】操控板中❶选择【栅格阵列】为【圆】，❷设置【间距】为 15.00，❸【边界】为 0.00，❹【旋转】为 0°，❺【半径】为 15.00，如图 8.78 所示。

（3）⑥单击【确定】按钮 ✓ ，完成阵列，结果如图 8.75 所示。

图 8.78 设置填充阵列参数

8.3.9 表【阵列】操控板介绍

表阵列通过一个可编辑表为阵列的每个实例指定唯一的尺寸，可使用阵列表创建特征或组的复杂或不规则阵列。

可为一个阵列建立多个表，这样通过变换阵列的驱动表即可更改阵列。

在创建阵列之后，可随时修改阵列表。隐含或删除表驱动阵列的同时也将隐含或删除该阵列导引。

如果将尺寸、方向或轴阵列类型重新定义为表阵列，则只有当选定的阵列包含第二尺寸时，表阵列中的表才显示值；如果选择了不带有第二尺寸的填充阵列、曲线阵列、方向阵列或轴阵列，则该表为空。

在【装配】模式中，可使用阵列表来阵列装配特征和元件。

阵列表只能驱动阵列尺寸，如果不取消阵列，则阵列实例无法独立。

在模型树中选择要阵列的特征，单击【模型】选项卡【编辑】面组中的【阵列】按钮 ▦ ，打开【阵列】操控板。在【类型】下拉列表中选择【表】，如图 8.79 所示。

表【阵列】操控板中的各选项含义如下。

（1）【尺寸】收集器：显示所选尺寸的数量。

（2）【编辑启用的表】按钮 ✎ ：单击该按钮，弹出【Pro/TABLE】对话框，在表中为每个阵列成员添加一行，并指定其尺寸，如图 8.80 所示。

图 8.79 表【阵列】操控板

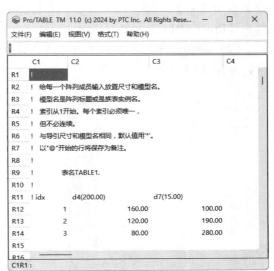

图 8.80 【Pro/TABLE】对话框

8.3.10 表【阵列】下滑面板介绍

表【阵列】操控表包含【表尺寸】【选项】【属性】3 个下滑面板，下面对【表尺寸】下滑面板进行介绍。

选择【表尺寸】下滑面板，如图 8.81 所示。使用此下滑面板显示包括在阵列表中的尺寸。

图 8.81　【表尺寸】下滑面板

动手学——创建信号标

源文件：源文件\结果文件\第 8 章\信号标.prt

本实例创建信号标，如图 8.82 所示。

【操作步骤】

1. 打开文件

单击【主页】选项卡【数据】面组中的【打开】按钮，弹出【文件打开】对话框，选择【信号标】文件，单击【打开】按钮，打开文件，如图 8.83 所示。

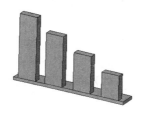

图 8.82　信号标

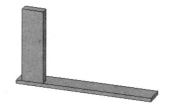

图 8.83　信号标原始文件

2. 阵列特征

（1）在模型树中选择【拉伸 2】特征，单击【阵列】按钮，打开【阵列】操控板。①选择阵列类型为【表】，②按住 Ctrl 键，在绘图区选择尺寸 200 和 15。③单击【编辑启用的表】按钮，弹出【Pro/TABLE】对话框。

（2）④编辑阵列序号、阵列距离和高度值，⑤单击【关闭】按钮，关闭【Pro/TABLE】对话框，如图 8.84 所示。

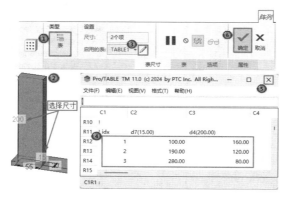

图 8.84　设置阵列参数

（3）⑥单击【确定】按钮✔，完成阵列，结果如图 8.82 所示。

8.3.11　参考【阵列】操控板介绍

参考阵列会将特征或组的阵列创建在任何其他阵列特征或组之上。可将参考阵列添加到以下项中。

（1）参考任何阵列成员几何的特征或组。

（2）参考使用草绘放置创建的孔特征中的任何孔的特征。

一些定位新参考阵列特征的参考，必须只能是对初始阵列特征或组的参考。

实例数总是与初始阵列相同，因此阵列参数不用于控制该阵列。

若增加的特征不使用初始阵列的特征获取其几何参考，就不能为新特征使用参考阵列。

只有选定特征或组参考了另一个阵列特征或组，或特征参考了使用草绘放置创建的孔特征中的任何孔时，参考阵列类型才会出现在【阵列】选项卡的【类型】下拉列表中。

在模型树中选择要阵列的特征，单击【模型】选项卡【编辑】面组中的【阵列】按钮▦，打开【阵列】操控板，系统自动选择【参考】类型，如图 8.85 所示。单击【确定】按钮✔，即可创建参考阵列。

图 8.85　参考【阵列】操控板

8.3.12　参考【阵列】下滑面板介绍

参考【阵列】操控板包含【选项】和【属性】下滑面板，与尺寸【阵列】操控板中的【选项】和【属性】下滑面板基本相同，这里不再赘述。

扫一扫，看视频

动手学——创建端盖

源文件：源文件\结果文件\第 8 章\端盖.prt
本实例创建端盖，如图 8.86 所示。

【操作步骤】

1．打开文件

单击【主页】选项卡【数据】面组中的【打开】按钮，弹出【文件打开】对话框，选择【端盖】文件，单击【打开】按钮，打开文件，如图 8.87 所示。

图 8.86　端盖

2．阵列特征

（1）在模型树中选择【拉伸 1】特征。

（2）单击【模型】选项卡【编辑】面组中的【阵列】按钮▦，打开【阵列】操控板，设置阵列类型为【轴】，在模型中选择图 8.87 所示的轴为参考。在【阵列】操控板中设置阵列个数为 4，阵列成员间的角度为 90°。

（3）单击【确定】按钮 ✓，完成阵列，结果如图 8.88 所示。

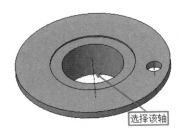

图 8.87　端盖原始文件

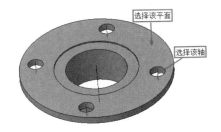

图 8.88　阵列结果

3. 创建孔特征

（1）单击【模型】选项卡【工程】面组中的【孔】按钮 🗔，打开【孔】操控板。选择类型为【简单】，轮廓选择【平整】，设置直径为 35.00，深度为【盲孔】 ⊥⊥，深度为 3，按住 Ctrl 键，选择图 8.88 所示的轴和平面。

（2）单击【确定】按钮 ✓，完成孔特征的创建，如图 8.89 所示。

4. 阵列孔

（1）在模型树中选择【孔 1】特征。

（2）单击【模型】选项卡【编辑】面组中的【阵列】按钮 ▦，打开【阵列】操控板，❶ 系统自动选择阵列类型为【参考】，如图 8.90 所示。

（3）❷ 单击【确定】按钮 ✓，完成阵列操作，如图 8.86 所示。

图 8.89　创建孔特征

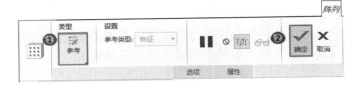

图 8.90　设置阵列参数

8.3.13　曲线【阵列】操控板介绍

曲线阵列可沿草绘曲线创建特征实例。

在模型树中选择要阵列的特征，单击【模型】选项卡【编辑】面组中的【阵列】按钮 ▦，打开【阵列】操控板。在【类型】下拉列表中选择【曲线】类型，如图 8.91 所示。

图 8.91　曲线【阵列】操控板

曲线【阵列】操控板中的各选项含义如下。

（1）【间距】：用于设置阵列成员间的距离。

（2）【成员数】：输入阵列成员数。

8.3.14 曲线【阵列】下滑面板介绍

曲线【阵列】操控板包含【参考】【选项】【属性】3 个下滑面板，下面对部分下滑面板进行介绍。

1.【参考】下滑面板

选择【参考】下滑面板，如图 8.92 所示。该下滑面板用于定义草图。单击【定义】按钮，弹出【草绘】对话框，绘制一条草绘曲线。

（1）对于开放的草绘，阵列的方向通常为从曲线的起点到曲线的终点。

（2）对于封闭的草绘，阵列的方向可以是自选定顶点的任意一侧。

（3）对于单个图元的封闭草绘，分割草绘以选择起点。

图 8.92 【参考】下滑面板

要更改曲线的起点和方向，可单击【参考】下滑面板中的【定义】按钮，弹出【草绘】对话框；选择【草绘】选项卡【设置】面组【特征工具】下拉列表中的【起点】命令，在绘图区重新选择点作为起点。

2.【选项】下滑面板

选择【选项】下滑面板，如图 8.93 所示。

（1）【重新生成选项】：通过选择限定性更强的重新生成选项减少重新生成时间，具体取决于阵列的复杂程度。

1）【相同】：所有的阵列成员尺寸相同，放置在相同的曲面上，且彼此之间或与零件边界不相交。

2）【可变】：阵列成员的尺寸可以不同或者可放置在不同的曲面上，但彼此之间或与零件边界不能相交。

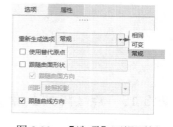

图 8.93 【选项】下滑面板

3）【常规】：无任何阵列成员限制。

（2）【使用替代原点】：使用不同于导引特征或几何的默认几何中心的原点放置阵列导引。

（3）【跟随曲面形状】：将阵列成员定位为跟随选定曲面的形状。单击收集器，并选择一个曲面。

（4）【跟随曲面方向】：将阵列成员定向为跟随曲面方向。

（5）【间距】：设置阵列导引和阵列成员投影到曲面上的方式。

（6）【跟随曲线方向】：将阵列成员放置到草绘平面中以跟随曲线。

动手学——创建储物盒

源文件：源文件\结果文件\第 8 章\储物盒.prt

本实例创建储物盒，如图 8.94 所示。

【操作步骤】

1. 打开文件

单击【主页】选项卡【数据】面组中的【打开】按钮 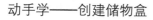，

扫一扫，看视频

图 8.94 储物盒

弹出【文件打开】对话框，选择【储物盒】文件，单击【打开】按钮，打开文件，如图 8.95 所示。

2．创建曲线阵列

（1）在模型树中选择【拉伸 2】特征，单击【模型】选项卡【编辑】面组中的【阵列】按钮，打开【阵列】操控板，在【类型】下拉列表中选择【曲线】类型。

（2）单击【参考】下滑面板中的【定义】按钮，弹出【草绘】对话框，选择 FRONT 基准平面作为草绘平面，绘制图 8.96 所示的曲线。单击【确定】按钮，退出草图绘制环境。

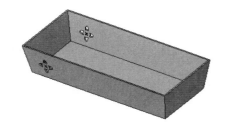

图 8.95　储物盒原始文件

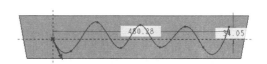

图 8.96　绘制曲线

（3）返回【阵列】操控板，①设置【成员数】为 6，如图 8.97 所示。②单击【确定】按钮，完成曲线阵列，如图 8.94 所示。

图 8.97　设置阵列参数

8.3.15　点【阵列】操控板介绍

点阵列是将阵列成员放置在点或坐标系上创建一个阵列。当创建点阵列时，应创建或选择以下任何参考。

（1）包含一个或多个几何草绘点或几何草绘坐标系的草绘特征。

（2）包含一个或多个几何草绘点或几何草绘坐标系的内部草绘。

（3）基准点特征。

（4）导入特征（包含一个或多个基准点）。

（5）分析特征（包含一个或多个基准点）。

创建点阵列时，系统会通过将导引特征或几何的原点放置在各点或坐标系上创建阵列成员。这些会显示在阵列预览中，其中导引成员的原点显示为◎，而针对每个附加阵列成员放置该原点的位置显示为●。

默认情况下，导引特征或几何的原点位于特征或几何周围假想边界框的中心。边界框是包含所有特征或几何的最小可能矩形框。边界框的侧边平行于模型默认坐标系的 X、Y 和 Z 轴。该边界框不可见，此处显示出来仅供说明。

因此，默认情况下，系统会将阵列导引成员的中心放置在各个点阵列位置处。但是，如果阵列导引成员使用某个点作为参考，则系统会自动使用此点作为替代原点。这同样适用于阵列导引成员使用坐标系作为参考的情况。

在模型树中选择要阵列的特征，单击【模型】选项卡【编辑】面组中的【阵列】按钮，打开【阵列】操控板，在【类型】下拉列表中选择【点】类型，如图 8.98 所示。

图 8.98　点【阵列】操控板

点【阵列】操控板中的各选项含义如下。

（1）【设置】选项组。

1）【来自草绘】按钮：单击该按钮，用户可以选择一个包含几何点/几何坐标系的草绘；也可以单击【参考】下滑面板中的【定义】按钮，创建一个草图。

2）【来自特征】按钮：单击该按钮，用户可以选择一个或多个已创建好的基准点。

3）【来自阵列】按钮：单击该按钮，用户可以选择阵列的点或坐标系。

（2）【使用替代原点】收集器：单击右侧按钮，可以选择不同的图元用作原点。这样可以更好地控制阵列成员的创建方式，如果对默认设置不满意，即可执行此操作。也可以移除【使用替代原点】收集器中显示的默认原点。

8.3.16　点【阵列】下滑面板介绍

点【阵列】操控板包含【参考】【选项】【属性】3 个下滑面板，下面对部分下滑面板进行介绍。

1.【参考】下滑面板

选择【参考】下滑面板，如图 8.99 所示。单击【定义】按钮，弹出【草绘】对话框，绘制几何点/几何坐标系，必须确保它们是几何图元。构造图元只是辅助草绘，其所参考的草绘也可能包含曲线。当勾选【选项】下滑面板中的【跟随曲线方向】复选框时，每个阵列成员将被定向为反映曲线切向（在此方向上其点与曲线重合）；如果取消勾选【跟随曲线方向】复选框，则草绘中出现的所有曲线都会被忽略。

2.【选项】下滑面板

选择【选项】下滑面板，如图 8.100 所示。该下滑面板中的各选项含义在曲线【阵列】操控板中已有介绍，这里不再赘述。

图 8.99　【参考】下滑面板

图 8.100　【选项】下滑面板

动手学——创建苹果点阵列

源文件：源文件\结果文件\第 8 章\苹果点阵列.prt

本实例创建苹果点阵列，如图 8.101 所示。

图 8.101　苹果点阵列

【操作步骤】

1. 打开文件

单击【主页】选项卡【数据】面组中的【打开】按钮，弹出【文件打开】对话框，选择【苹果】文件，单击【打开】按钮，打开文件，如图 8.102 所示。

2. 创建分组

在模型树中选择【草绘 1】，按住 Shift 键，选择【实体化 2】，右击，在弹出的快捷菜单中单击【分组】按钮，如图 8.103 所示。创建分组，结果如图 8.104 所示。

图 8.102　苹果原始文件　　　图 8.103　单击【分组】按钮　　　图 8.104　创建分组

3. 创建点阵列

（1）在模型树中选择刚刚创建的分组，单击【模型】选项卡【编辑】面组中的【阵列】按钮，打开【阵列】操控板，在【类型】下拉列表中选择【点】类型，【设置】选择【来自草绘】。单击【参考】下滑面板中的【定义】按钮，弹出【草绘】对话框，选择 RIGHT 基准平面作为草绘平面，绘制图 8.105 所示的曲线和点。单击【确定】按钮，退出草图绘制环境。

（2）返回【阵列】操控板，❶选择【选项】下滑面板，❷取消勾选【跟随曲线方向】复选框，如图 8.106 所示。❸单击【确定】按钮，完成阵列，如图 8.101 所示。

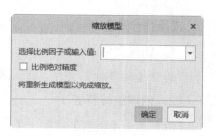

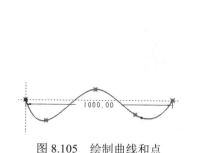

图 8.105　绘制曲线和点

图 8.106　设置参数

8.4　缩 放 模 型

利用【缩放模型】命令可根据用户的需求对整个零件造型进行指定比例的缩放操作，也可将特征尺寸缩小或放大一定比例。

单击【模型】选项卡【操作】面组中的【缩放模型】按钮，弹出【缩放模型】对话框，如图 8.107 所示。

【缩放模型】对话框中的各选项含义如下。

（1）【选择比例因子或输入值】：在预定义值列表中选择比例因子或输入自定义值。

（2）【比例绝对精度】复选框：勾选该复选框，则按照以上因子更新模型绝对精度。

动手学——特征缩放

源文件：源文件\结果文件\第 8 章\凸轮.prt
本实例对图 8.108 所示的凸轮进行特征缩放。

【操作步骤】

1．打开文件

单击【主页】选项卡【数据】面组中的【打开】按钮 ，弹出【文件打开】对话框，选择【凸轮】文件，单击【打开】按钮，打开文件，如图 8.108 所示。

图 8.107　【缩放模型】对话框

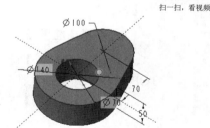

图 8.108　凸轮

2．模型缩放

（1）单击【模型】选项卡【操作】面组中的【缩放模型】按钮，弹出【缩放模型】对话框，给定缩放比例值 3，如图 8.109 所示。单击【确定】按钮，即可完成特征缩放操作，完成后模型尺寸处于隐藏状态。

（2）再次双击模型使之显示尺寸，图 8.110 所示为模型放大 3 倍后的效果。

图 8.109　【缩放模型】对话框

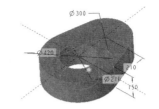

图 8.110　模型放大 3 倍后的效果

扫一扫，看视频

8.5　综合实例——创建连接轴

本实例创建的连接轴如图 8.111 所示。首先利用【旋转】命令创建主体结构，然后利用【拉伸】命令创建凹槽，接着利用【阵列】命令进行轴阵列，最后利用【镜像】命令进行镜像。

【操作步骤】

1．新建文件

新建【连接轴】文件，进入零件界面。

2．创建旋转特征 1

（1）单击【模型】选项卡【形状】面组中的【旋转】按钮 💠，打开【旋转】操控板。单击【放置】下滑面板中的【定义】按钮，弹出【草绘】对话框。选取 FRONT 基准平面作为草绘平面，其他选项接受系统默认设置。单击【草绘】按钮，进入草绘环境。

（2）绘制图 8.112 所示的旋转草图 1，单击【关闭】面组中的【确定】按钮 ✓，退出草绘环境。

（3）在【旋转】操控板中单击【实体】按钮 □ 和【变量】按钮 ⏣，设置旋转角度为 360°。单击【确定】按钮 ✓，完成旋转特征 1 的创建，如图 8.113 所示。

图 8.111　连接轴

3．创建基准平面

（1）单击【模型】选项卡【基准】面组中的【平面】按钮 ⟋，弹出【基准平面】对话框，选择 TOP 基准平面作为参照，偏移距离设置为 45。

（2）单击【确定】按钮，创建 DTM1 基准平面，如图 8.114 所示。

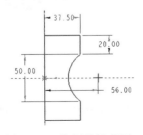

图 8.112　绘制旋转草图 1

图 8.113　旋转特征 1

图 8.114　DTM1 基准平面

4．创建旋转特征 2

（1）单击【模型】选项卡【形状】面组中的【旋转】按钮 💠，打开【旋转】操控板。单击【放置】下滑面板中的【定义】按钮，弹出【草绘】对话框。选取 FRONT 基准平面作为草绘平面，其他选项接受系统默认设置。单击【草绘】按钮，进入草绘环境。

（2）绘制图 8.115 所示的旋转草图 2，单击【确定】按钮 ✓ ，退出草绘环境。

（3）在【旋转】操控板中设置旋转角度为 360°，单击【确定】按钮 ✓ ，结果如图 8.116 所示。

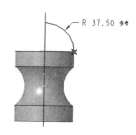

图 8.115　绘制旋转草图 2

图 8.116　旋转特征 2

5．创建拉伸切除特征

（1）单击【模型】选项卡【形状】面组中的【拉伸】按钮 ，打开【拉伸】操控板。单击【放置】下滑面板中的【定义】按钮，弹出【草绘】对话框。选择 DTM1 基准平面作为草绘平面，绘制拉伸草图，如图 8.117 所示。单击【确定】按钮 ✓ ，退出草绘环境。

（2）返回【拉伸】操控板，选择拉伸方式为【穿透】 ，单击【移除材料】按钮 。单击【确定】按钮 ✓ ，完成拉伸切除特征的创建，如图 8.118 所示。

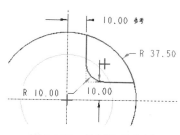

图 8.117　绘制拉伸草图

图 8.118　拉伸切除特征

6．阵列特征

（1）在模型树中选择【拉伸 1】特征。

（2）单击【模型】选项卡【编辑】面组中的【阵列】按钮 ，打开【阵列】操控板，设置阵列类型为【轴】，在模型中选择轴 A_1 作为参考。在【阵列】操控板中设置阵列个数为 4，阵列成员间的角度为 90°。

（3）单击【阵列】操控板中的【确定】按钮 ✓ ，完成阵列，结果如图 8.119 所示。

7．创建镜像特征

（1）选择模型树中的【旋转 2】和【阵列 1/拉伸 1】特征，单击【模型】选项卡【编辑】面组中的【镜像】按钮 ，打开【镜像】操控板，选择 TOP 基准平面作为镜像平面。

（2）单击【确定】按钮 ✓ ，镜像完成，如图 8.111 所示。

图 8.119　阵列特征

第9章 曲面造型

内容简介

本章介绍曲面造型的基本绘制方法、高级曲面造型的绘制方法，以及特殊曲面或实体造型的绘制方法，目的是让读者初步掌握 Creo Parametric 11.0 高级曲面的绘制方法与技巧。

内容要点

- ↘ 填充曲面
- ↘ 边界混合曲面
- ↘ 圆锥曲面和多边曲面
- ↘ 将切面混合到曲面
- ↘ 相切曲面
- ↘ 从文件创建曲面
- ↘ 曲面的自由成型
- ↘ 展平面组

案例效果

9.1 曲面设计概述

曲面特征主要用于创建复杂零件。曲面之所以称为面，是因为其没有厚度。在 Creo Parametric 中使用各种按钮创建单个曲面，然后对曲面进行修剪、切削等编辑操作，完成后将多个单独的曲面进行合并，最后将合并的曲面生成实体，因为只有实体才能进行加工制作。本章将按照这个顺序先介绍曲面的创建，然后进行编辑操作，最后生成实体。

　　基本曲面的创建与第 5 章和第 6 章中创建实体特征的按钮相同，只要在操控板中选择类型为【曲面】，即可创建相应的曲面。本章只对基本曲面中的【填充】和【边界混合】按钮及高级曲面创建按钮进行介绍。

　　本节介绍的高级曲面按钮包括【自由式】【将切面混合到曲面】【顶点倒圆角】【圆锥曲面和 N 侧曲面片】【将截面混合到曲面】【在曲面间混合】。其中，【自由式】【将切面混合到曲面】【顶点倒圆角】按钮位于【模型】选项卡的【曲面】面组中。而【圆锥曲面和 N 侧曲面片】【将截面混合到曲面】【在曲面间混合】这几个按钮在 Creo Parametric 11.0 初始默认状态时不显示在功能区中，用户可以通过定制将这几个按钮调到功能区的自定义面组（自定义组）中，其方法如下。

　　（1）选择【文件】→【选项】命令，弹出【Creo Parametric 选项】对话框，选择【配置编辑器】选项，将【enable obsoleted features】配置选项的值设置为【yes】，单击【确定】按钮，这样上述几个按钮就会显示在【所有按钮】列表中。

　　（2）使用同样的方法弹出【Creo Parametric 选项】对话框，选择【自定义】节点下的【功能区】。

　　（3）从【显示】下拉列表中选择【当前模式】，在设计零件列表中选择【模型】选项卡中的【曲面】面组。

　　（4）从【类别】下拉列表中选择【所有按钮（设计零件）】，并从其关联的【所有按钮】列表中分别选择要定制的按钮，单击【将选定项添加到功能区】按钮 ➡，即可将按钮添加到【曲面】面组中。注意，可以为功能区新建选项卡或新建面组。

9.2　填　充　曲　面

　　在 Creo Parametric 中采用填充特征创建填充曲面。填充曲面是填充特征通过其边界定义的一个二维平面特征。任何填充特征均必须包括一个平面的封闭环草绘特征。填充特征是通过其边界定义的一种平整曲面封闭环特征，用于加厚曲面。

9.2.1　【填充】操控板介绍

　　单击【模型】选项卡【曲面】面组中的【填充】按钮🔲，打开【填充】操控板，如图 9.1 所示。在菜单栏中选择【编辑】→【填充】按钮，可创建和重定义被称为填充特征的填充曲面特征。

　　【草绘】列表框：显示填充特征的有效草绘截面，该截面可为独立截面或从属截面。其中，独立截面是指通过【参考】下滑面板中的【定义】按钮创建的草图截面；从属截面是指在创建填充曲面之前已绘制好的草图截面，在创建填充曲面时直接选取即可。

图 9.1　【填充】操控板

9.2.2　【填充】下滑面板介绍

　　【填充】操控板包含【参考】和【属性】下滑面板，下面仅对【参考】下滑面板进行介绍。

　　选择【参考】下滑面板，如图 9.2 所示。

　　（1）【定义】按钮：单击该按钮，弹出【草绘】对话框，绘制草图。

（2）【编辑】按钮：当需要对草图进行修改时，单击该按钮，弹出【草绘】对话框，允许用户重新定义独立截面。仅当使用独立截面时该按钮才可用。

图 9.2　【参考】下滑面板

（3）【断开链接】按钮：仅当填充特征使用从属截面时才出现该按钮，中断从属截面和父草绘特征之间的关联性。草绘特征参考将复制到新的独立截面。

扫一扫，看视频

动手学——创建果冻杯

源文件：源文件\结果文件\第 9 章\果冻杯.prt
本实例创建的果冻杯如图 9.3 所示。

【操作步骤】

1．新建文件

新建【果冻杯】文件，进入零件界面。

2．创建拉伸曲面 1

（1）单击【模型】选项卡【形状】面组中的【拉伸】按钮，打开【拉伸】操控板。选择拉伸类型为【曲面】，单击【放置】下滑面板中的【定义】按钮，弹出【草绘】对话框，选取 TOP 基准平面作为草绘平面，其余选项接受系统默认设置。单击【草绘】按钮，进入草绘环境。

图 9.3　果冻杯

（2）绘制图 9.4 所示的拉伸草图 1，单击【确定】按钮，退出草绘环境。

（3）在【拉伸】操控板中选择拉伸方式为【可变】，在其后的文本框中输入 40，勾选【选项】下滑面板中的【添加锥度】复选框，并设置锥度值为 12，单击【确定】按钮，生成拉伸曲面 1，如图 9.5 所示。

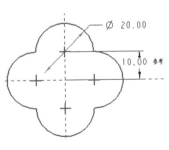

图 9.4　绘制拉伸草图 1

图 9.5　拉伸曲面 1

3．创建填充曲面 1

（1）单击【模型】选项卡【曲面】面组中的【填充】按钮，打开【填充】操控板。单击❶【参考】下滑面板中的❷【定义】按钮，弹出【草绘】对话框，❸选取 TOP 基准平面作为草绘平面，其余选项接受系统默认设置。❹单击【草绘】按钮，进入草绘环境。❺绘制草图，如图 9.6 所示。

（2）单击【确定】按钮，退出草绘环境。

（3）单击【填充】操控板中的【确定】按钮，创建的填充曲面 1 如图 9.7 所示。

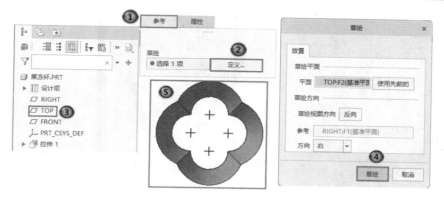

图 9.6 绘制填充草图 1

图 9.7 填充曲面 1

4. 创建 DTM1

单击【模型】选项卡【基准】面组中的【平面】按钮◻，弹出【基准平面】对话框，选择 TOP 基准平面作为参照，设置平移距离为 40。单击【确定】按钮，DTM1 创建完成，如图 9.8 所示。

5. 创建填充曲面 2

（1）单击【模型】选项卡【曲面】面组中的【填充】按钮▨，打开【填充】操控板。单击【参考】下滑面板中的【定义】按钮，弹出【草绘】对话框，选取 DTM1 基准平面作为草绘平面，其余选项接受系统默认设置。单击【草绘】按钮，进入草绘环境，绘制填充草图 2，如图 9.9 所示。

（2）单击【确定】按钮✔，退出草绘环境。

（3）单击【填充】操控板中的【确定】按钮 ，创建的填充曲面 2 如图 9.10 所示。

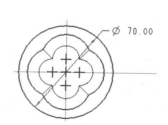

图 9.8 创建 DTM1

图 9.9 绘制填充草图 2

图 9.10 填充曲面 2

6. 创建拉伸曲面 2

（1）单击【模型】选项卡【形状】面组中的【拉伸】按钮，打开【拉伸】操控板。选择拉伸类型为【曲面】，单击【放置】下滑面板中的【定义】按钮，弹出【草绘】对话框，选取 DTM1 基准平面作为草绘平面，其余选项接受系统默认设置。单击【草绘】按钮，进入草绘环境。

（2）绘制图 9.11 所示的拉伸草图 2，单击【确定】按钮，退出草绘环境。

（3）在【拉伸】操控板中选择拉伸方式为【可变】，在其后的文本框中输入 20，勾选【选项】下滑面板中的【添加锥度】复选框，并设置锥度值为 12。单击【确定】按钮 ，生成拉伸曲面 2，如图 9.12 所示。

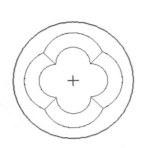

图 9.11 绘制拉伸草图 2

图 9.12 拉伸曲面 2

7. 创建 DTM2

单击【模型】选项卡【基准】面组中的【平面】按钮◻，弹出【基准平面】对话框，选择 TOP 基准平面作为参照，设置平移距离为 60。单击【确定】按钮，DTM2 创建完成，如图 9.13 所示。

8. 创建填充曲面 3

（1）单击【模型】选项卡【曲面】面组中的【填充】按钮▢，打开【填充】操控板。单击【参考】下滑面板中的【定义】按钮，弹出【草绘】对话框，选取 DTM2 基准平面作为草绘平面，其余选项接受系统默认设置。单击【草绘】按钮，进入草绘环境，绘制填充草图 3，如图 9.14 所示。

图 9.13 创建 DTM2

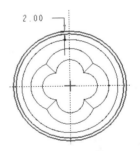

图 9.14 绘制填充草图 3

（2）单击【确定】按钮✔，退出草绘环境。

（3）单击【填充】操控板中的【确定】按钮 ，创建的填充曲面如图 9.3 所示。

9.3 边界混合曲面

利用【边界混合】工具，可在参考实体（在一个或两个方向上定义曲面）之间创建边界混合特征。在每个方向上选定的第一个和最后一个图元上定义曲面的边界。添加更多参考图元（如控制点和边界条件）可使用户更完整地定义曲面形状，可选取曲线、零件边、基准点、曲线或边的端点作为参考图元。

在每个方向上必须连续选择参考图元，可对参考图元进行重新排序。为边界混合曲面选取曲线时，Creo Parametric 允许在第一和第二方向上选取曲线。此外，可选择混合曲面的附加曲线。选取参考图元的规则如下。

（1）曲线、零件边、基准点、曲线或边的端点可作为参考图元使用。基准点或顶点只能出现在列表框的最前面或最后面。

（2）在每个方向上都必须按连续的顺序选择参考图元。

（3）对于在两个方向上定义的混合曲面来说，其外部边界必须形成一个封闭的环，这意味着外部边界必须相交。若边界不终止于相交点，系统将自动修剪这些边界，并使用与其有关的部分。

（4）如果要使用连续边或一条以上的基准曲线作为边界，可按住 Shift 键选取曲线链。

（5）为混合而选取的曲线不能包含相同的图元数。

（6）当指定曲线或边定义混合曲面形状时，系统会记住参考图元选取的顺序，并为每条链分配一个适当的号码。可通过在【参考】列表框中单击曲线集并将其拖动到所需位置调整顺序。

9.3.1 【边界混合】操控板介绍

单击【模型】选项卡【曲面】面组中的【边界混合】按钮，打开【边界混合】操控板，如图 9.15 所示。

图 9.15 【边界混合】操控板

（1）【第一方向】列表框：显示第一方向上的曲线或边链参考。

（2）【第二方向】列表框：显示第二方向上的曲线或边链参考。

9.3.2 【边界混合】下滑面板介绍

在选择了曲线或边链之后，【边界混合】操控板包含【曲线】【约束】【控制点】【选项】【属性】5 个下滑面板，下面仅对部分下滑面板进行介绍。

1. 【曲线】下滑面板

选择【曲线】下滑面板，如图 9.16 所示。

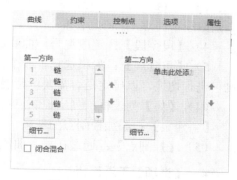

图 9.16 【曲线】下滑面板

（1）【第一方向】列表框：显示第一方向上用于创建混合曲面的曲线或边链参考。

（2）【第二方向】列表框：显示第二方向上用于创建混合曲面的曲线或边链参考。

（3）【↑】：在连接序列中向上重新排序链。

（4）【↓】：在连接序列中向下重新排序链。

（5）【闭合混合】复选框：通过将最后一条曲线与第一条曲线混合形成封闭环曲面。该复选框只适用于其他列表框为空的单向曲线。

2. 【约束】下滑面板

选择【约束】下滑面板，如图 9.17 所示。

（1）【边界】：列出边界混合中的链。

（2）【条件】：控制边界条件，包括边对齐的相切条件。每个链的可能条件为【自由】【相切】【曲率】【垂直】。

（3）【显示拖动控制滑块】复选框：显示用于控制边界拉伸因子的拖动控制滑块。

（4）【添加侧曲线影响】复选框：启用侧曲线影响。在单向混合曲面中，对于指定为【相切】或【曲率】的边界条件，系统使混合曲面的侧边相切于参考的侧边。

（5）【添加内部边相切】复选框：设置混合曲面单向或双向的相切内部边条件。此条件只适用于具有多段边界的曲面。可创建带有曲面片（通过内部边并与之相切）的混合曲面。某些情况下，如果几何复杂，则内部边的二面角可能会与 0 有所偏差。

（6）【优化曲面形状】复选框：定义 4 条边界并应用相切（G1）或曲率（G2）连接时平滑单个曲面（非复合曲面）。

3.【控制点】下滑面板

选择【控制点】下滑面板，如图 9.18 所示。

（1）【第一】：添加或移除第一方向上的控制点。

（2）【第二】：添加或移除第二方向上的控制点。

（3）【拟合】：列出下列预定义的控制选项。

1）【自然】：使用一般混合例程混合，并使用相同例程重置输入曲线的参数，可获得最逼近的曲面。

2）【弧长】：对原始曲线进行的最小调整。使用一般混合例程混合曲线，被分成相等的曲线段并逐段混合的曲线除外。

3）【点到点】：逐点混合。第一条曲线中的点 1 连接到第二条曲线中的点 1，依此类推。

4）【段至段】：逐段混合。曲线链或复合曲线被连接。

5）【可延展】：如果选择了一个方向上的两条相切曲线，则可进行切换，以确定是否需要可延展选项。

（4）【集】列表框：列出控制点集。

【新建集】：添加控制点的新集。

（5）【控制点】：通过在输入曲线上映射控制点位置形成曲面。

4.【选项】下滑面板

选择【选项】下滑面板，如图 9.19 所示。

（1）【影响曲线】列表框：显示用于影响混合曲面的形状或逼近方向的曲线链。

（2）【细节】：单击该按钮，弹出【链】对话框，以修改链组属性。

（3）平滑度【因子】：控制曲面的粗糙度、不规则性或投影。

（4）【在方向上的曲面片】（第一和第二）：控制用于形成结果曲面的沿 u 和 v 方向的曲面片数。

动手学——创建铣刀刀体

本实例创建的铣刀刀体如图 9.20 所示。

图 9.17　【约束】下滑面板

图 9.18　【控制点】下滑面板

图 9.19　【选项】下滑面板

扫一扫，看视频

【操作步骤】

1. 新建文件

新建【铣刀刀体】文件，进入零件界面。

2. 绘制草图

单击【模型】选项卡【基准】面组中的【草绘】按钮～，弹出【草绘】对话框，选取 TOP 基准平面作为草绘平面，其余选项接受系统默认设置。单击【草绘】按钮，进入草绘环境。利用草绘按钮绘制图 9.21 所示的草图，单击【确定】按钮 ✓，退出草绘环境。

图 9.20 铣刀刀体

3. 阵列草图

（1）在【模型树】选项卡中选择前面创建的草绘。单击【模型】选项卡【编辑】面组中的【阵列】按钮⊞，打开【阵列】操控板。

（2）在【阵列】操控板中设置阵列类型为【方向】，在模型树中选取 TOP 基准平面作为方向参考，输入阵列个数为 6，距离为 30。

（3）单击【阵列】操控板中的【确定】按钮 ，完成草图阵列，如图 9.22 所示。

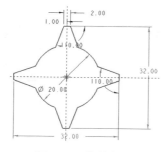

图 9.21 绘制草图

图 9.22 阵列草图

4. 创建边界混合曲面

（1）单击【模型】选项卡【曲面】面组中的【边界混合】按钮◰，打开【边界混合】操控板，①按 Ctrl 键，依次选取 6 个截面，如图 9.23 所示。

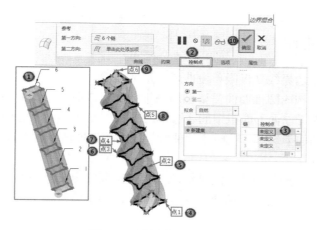

图 9.23 设置边界曲面参数

（2）在【边界混合】操控板中❷选择【控制点】下滑面板，❸在链 1 的【控制点】列单击，❹依次选择截面 1 的点 1，❺截面 2 的点 2，❻截面 3 的点 3，❼截面 4 的点 4，❽截面 5 的点 5，❾截面 6 的点 6，如图 9.23 所示。

（3）❿单击【边界混合】操控板中的【确定】按钮 ，生成边界曲面，如图 9.20 所示。

9.4 圆锥曲面和多边曲面

Creo Parametric 11.0 中将以前版本的【继承】改名为【旧版】。可以在【文件】→【选项】→【自定义】→【功能区】→【过滤命令】文本框中搜索【旧版】按钮，将其添加到【操作】面组中。

单击【模型】选项卡【操作】面组中的【旧版】按钮 ，打开菜单管理器，如图 9.24 所示。依次选择【曲面】→【高级】→【完成】，打开【高级特征选项】菜单管理器，如图 9.25 所示。继续选择【边界】→【完成】，打开【边界选项】菜单管理器，如图 9.26 所示。可在该菜单管理器中选择【圆锥曲面】和【N 侧曲面】按钮。

图 9.24　菜单管理器

图 9.25　【高级特征选项】
菜单管理器

图 9.26　【边界选项】
菜单管理器

也可以单击【模型】选项卡【曲面】面组中的【圆锥曲面和 N 侧曲面片】按钮，打开【边界选项】菜单管理器。

9.4.1　建立高级圆锥曲面

圆锥曲面是指以两条边界线（仅限单段曲线）形成曲面，再以一条控制曲线调整曲面隆起程度的曲面建立方式。其中，构成圆锥曲面需要利用圆锥曲线形成曲面，即曲面的截面为圆锥线。

单击【模型】选项卡【曲面】面组中的【圆锥曲面和 N 侧曲面片】按钮，打开【边界选项】菜单管理器，选择【圆锥曲面】选项，此时【肩曲线】和【相切曲线】两个选项被激活，如图 9.27 所示。这两个选项的意义如下。

（1）肩曲线：曲面穿过控制曲线。这种情况下，控制曲线定义曲面的每个截面圆锥肩的位置。

（2）相切曲线：曲面不穿过控制曲线。这种情况下，控制曲线定义穿过圆锥截面渐进曲线交点的直线。

选择【肩曲线】→【完成】选项，弹出【曲面：圆锥，肩曲线】对话框和【曲线选项】菜单管理器，如图 9.28 所示。

图 9.27　选择【圆锥曲面】

图 9.28　【曲面：圆锥，肩曲线】对话框和
【曲线选项】菜单管理器

【曲面：圆锥，肩曲线】对话框和【曲线选项】菜单管理器中的各选项意义如下。

（1）曲线：定义圆锥曲面的边界曲线和控制曲线，其中包含以下几种类型。

1）逼近方向：指定逼近曲面的曲线。

2）边界：指定圆锥混合的两条边界线。

3）肩曲线：指定控制曲线隆起程度的肩曲线。

4）五种编辑方式：包括添加项、移除项、修改项、插入项和显示项。

（2）圆锥参数：控制生成曲面的形式，范围是 0.05～0.95，包括以下几种类型。

1）0<圆锥线参数<0.5：椭圆。

2）圆锥线参数=0.5：抛物线。

3）0.5<圆锥线参数<0.95：双曲线。

动手学——创建瓶子

源文件：源文件\结果文件\第 9 章\瓶子.prt
本实例创建的瓶子如图 9.29 所示。

【操作步骤】

1．新建文件

新建【瓶子】文件，进入零件界面。

2．创建圆锥曲面 1

扫一扫，看视频

图 9.29　瓶子

（1）单击【模型】选项卡【基准】面组中的【草绘】按钮，弹出【草绘】
对话框，选择 FRONT 基准平面作为草绘平面，进入草绘界面，绘制图 9.30 所示的草图 1。

（2）同理，在 RIGHT 基准平面内绘制图 9.31 所示的草图 2。生成的 3 条曲线如图 9.32 所示。

（3）单击【模型】选项卡【曲面】面组中的【圆锥曲面和 N 侧曲面片】按钮，弹出【边界选项】
菜单管理器，依次选择❶【圆锥曲面】→❷【肩曲线】→❸【完成】，如图 9.33 所示。

（4）弹出【曲面：圆锥，肩曲线】对话框和【曲线选项】菜单管理器，如图 9.34 所示。

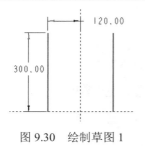

图 9.30　绘制草图 1

图 9.31　绘制草图 2

图 9.32　3 条曲线

图 9.33　【边界选项】菜单管理器

图 9.34　【曲面：圆锥，肩曲线】
对话框和【曲线选项】菜单管理器

（5）④按住 Ctrl 键，选择图 9.35 所示的边界曲线，⑤选择【肩曲线】选项，⑥选择肩曲线，⑦单击【确认曲线】按钮，如图 9.36 所示。

图 9.35　选择边界曲线

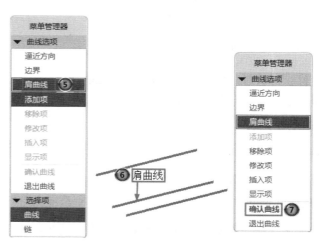

图 9.36　选择肩曲线

（6）打开【输入圆锥曲线参数】文本框，⑧输入参数值 0.5000，如图 9.37 所示。⑨单击【接受值】按钮✓，⑩再单击【曲面：圆锥，肩曲线】对话框中的【确定】按钮，完成圆锥曲面的创建，如图 9.38 所示。

图 9.37　【输入圆锥曲线参数】文本框　　　　　　　　图 9.38　圆锥曲面 1

3. 镜像曲面

（1）单击【模型】选项卡【基准】面组中的【平面】按钮▱，弹出【基准平面】对话框，以 FRONT 基准平面作为参考平面，平移距离设置为 45，创建基准平面 DTM1，如图 9.39 所示。

（2）在模型树中选择【曲面 标识 66】，单击【模型】选项卡【编辑】面组中的【镜像】按钮▯▯，打开【镜像】操控板，选择基准平面 DTM1 为镜像平面。单击【确定】按钮▮，镜像特征创建完成，如图 9.40 所示。

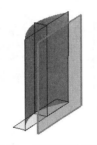

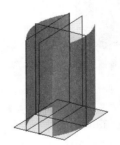

图 9.39　基准平面 DTM1　　　　　　　　图 9.40　镜像曲面

4. 创建圆锥曲面 2

（1）单击【模型】选项卡【基准】面组中的【草绘】按钮▨，弹出【草绘】对话框，选择 DTM1 基准平面作为草绘平面，进入草绘界面，绘制图 9.41 所示的草图 3。

（2）单击【模型】选项卡【基准】面组中【平面】按钮▱，弹出【基准平面】对话框，以图 9.42 所示的两条边为参考，创建基准平面 DTM2，如图 9.43 所示。

（3）单击【模型】选项卡【基准】面组中的【草绘】按钮▨，弹出【草绘】对话框，选择 DTM1 基准平面作为草绘平面，进入草绘界面。利用【投影】按钮，绘制图 9.44 所示的草图 4。

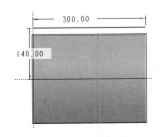
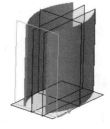
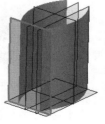
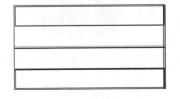

图 9.41　绘制草图 3　　　　图 9.42　选择参考边　图 9.43　基准平面 DTM2　　　　图 9.44　绘制草图 4

（4）单击【模型】选项卡【曲面】面组中的【圆锥曲面和N侧曲面片】按钮，弹出【边界选项】菜单管理器，依次选择【圆锥曲面】→【肩曲线】→【完成】。

（5）弹出【曲面：圆锥，肩曲线】对话框和【曲线选项】菜单管理器。

（6）按住 Ctrl 键，选择图 9.45 所示的边界曲线，选择【肩曲线】选项，选择图 9.45 所示的肩曲线，单击【确认曲线】按钮。

（7）打开【输入圆锥曲线参数】文本框，输入参数值 0.5，单击【接受值】按钮 ✓，再单击【曲面：圆锥，肩曲线】对话框中的【确定】按钮，完成圆锥曲面的创建，如图 9.46 所示。

5. 镜像曲面

在模型树中选择【曲面 标识 101】，单击【模型】选项卡【编辑】面组中的【镜像】按钮 ，打开【镜像】操控板，选择 RIGHT 基准平面作为镜像平面，单击【确定】按钮 ，镜像特征创建完成，如图 9.47 所示。

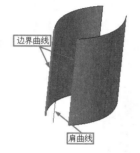
图 9.45　选择边界曲线和肩曲线

图 9.46　圆锥曲面 2

图 9.47　镜像曲面

6. 创建扫描混合曲面

（1）单击【模型】选项卡【基准】面组中的【平面】按钮 ，弹出【基准平面】对话框，选择 TOP 基准平面作为参考，平移距离设置为 300，创建基准平面 DTM3，如图 9.48 所示。

（2）同理，选择 TOP 基准平面作为参考，平移距离设置为 400，创建基准平面 DTM4，如图 9.49 所示。

（3）单击【模型】选项卡【基准】面组中的【草绘】按钮 ，弹出【草绘】对话框，选择 DTM3 基准平面作为草绘平面，进入草绘界面。利用【投影】按钮，绘制图 9.50 所示的草图 5。

图 9.48　基准平面 DTM3

图 9.49　基准平面 DTM4

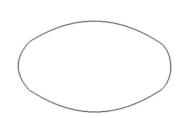
图 9.50　绘制草图 5

（4）单击【模型】选项卡【基准】面组中的【草绘】按钮 ，弹出【草绘】对话框，选择 DTM4 基准平面作为草绘平面，进入草绘界面。利用【投影】按钮，绘制图 9.51 所示的圆，并在与斜中心线的交点处打断，圆被分割为 4 部分。

（5）单击【模型】选项卡【基准】面组中的【草绘】按钮~，弹出【草绘】对话框，选择 DTM1 基准平面作为草绘平面，进入草绘界面，绘制图 9.52 所示的草图 7。

（6）单击【模型】选项卡【形状】面组中的【扫描混合】按钮~，打开【扫描混合】操控板，【类型】选择【曲面】，选择草图 7 绘制的直线作为引导线。选中【截面】下滑面板中的【选定截面】单选按钮，在绘图区选择图 9.53 所示的截面 1，单击【插入】按钮，再在绘图区选择图 9.53 所示的截面 2。

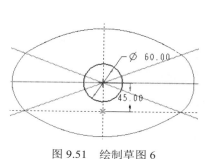

图 9.51　绘制草图 6

图 9.52　绘制草图 7

图 9.53　选择截面

（7）单击【确定】按钮　，扫描混合截面创建完成。

7. 创建拉伸曲面

单击【模型】选项卡【形状】面组中的【拉伸】按钮，打开【拉伸】操控板，【类型】选择【曲面】，在模型树中选择【草绘 6】，拉伸距离设置为 50。单击【确定】按钮　，拉伸曲面创建完成，如图 9.54 所示。

8. 创建填充曲面

（1）单击【模型】选项卡【曲面】面组中的【填充】按钮，打开【填充】操控板。单击【参考】下滑面板中的【定义】按钮，弹出【草绘】对话框，选取 TOP 基准平面作为草绘平面，其余选项接受系统默认设置。单击【草绘】按钮，进入草绘环境。利用【投影】按钮，绘制图 9.55 所示的填充草图。

图 9.54　拉伸曲面

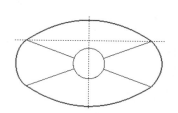

图 9.55　绘制填充草图

（2）单击【确定】按钮　，退出草绘环境。

（3）单击【填充】操控板中的【确定】按钮　，创建的填充曲面如图 9.29 所示。

9.4.2　建立 N 侧曲面

N 侧曲面片用于处理 N 条线段所围成的曲面，线段数目不得少于 5 条，N 侧曲面边界不能包括相切的边和曲线。N 条线段形成一个封闭的环。N 侧曲面片的形状由连接到一起的边界几何决定。

N 侧曲面片的形状由修补到一起的边界几何决定。对于某些边界，N 侧曲面片可能会生成具有不合乎要求的形状和特性的几何。例如，在以下情况下，可能会出现不良几何。

（1）边界有拐点。

（2）边界段间的角度非常大（大于 160°）或非常小（小于 20°）。

（3）边界由很长和很短的段组成。

若 N 侧曲面片不能创建令人满意的几何，则可用较少的边界创建一系列 N 侧曲面片，或者使用【混合曲面】功能。

单击【模型】选项卡【曲面】面组中的【圆锥曲面和 N 侧曲面片】按钮，弹出【边界选项】菜单管理器，选择【N 侧曲面】→【完成】即可建立 N 侧曲面。

动手学——创建凳面

源文件： 源文件\结果文件\第 9 章\凳面.prt

本实例创建的凳面如图 9.56 所示。

【操作步骤】

1. 新建文件

新建【凳面】文件，进入零件界面。

图 9.56　凳面

2. 绘制曲线

（1）单击【基准】面组中的【草绘】按钮，选择 TOP 面作为草绘平面，进入草绘界面，绘制图 9.57 所示的曲线。

（2）单击【模型】选项卡【基准】面组中的【平面】按钮，弹出【基准平面】对话框。按住 Ctrl 键，选择图 9.58 所示的直线和 TOP 基准平面作为参考，旋转角度设置为 45°，生成的基准平面 DTM1 如图 9.59 所示。

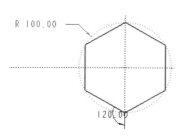

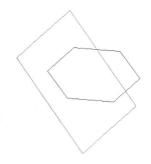

图 9.57　绘制曲线　　　　图 9.58　选择参考　　　　图 9.59　生成的基准平面 DTM1

（3）单击【模型】选项卡【基准】面组中的【草绘】按钮，选择 DTM1 面作为草绘平面，进入草绘界面，绘制图 9.60 所示的圆弧。单击【确定】按钮，退出草图绘制环境。

（4）选择第（3）步创建的曲线，单击【镜像】按钮，打开【镜像】操控板，选择 RIGHT 基准平面作为镜像平面，完成曲线的镜像，如图 9.61 所示。

图 9.60　草绘圆弧　　　　　　　　　图 9.61　镜像曲线

（5）单击【模型】选项卡【基准】面组中的【平面】按钮，弹出【基准平面】对话框。按住 Ctrl 键，选择图 9.62 所示的点 1、点 2 和 TOP 基准平面，创建基准平面 DTM2，如图 9.63 所示。

（6）重复单击【镜像】按钮，分别以基准平面 DTM2、RIGHT 作为镜像面，直至曲线镜像如图 9.64 所示。

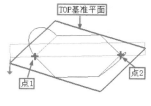  

图 9.62　选择参考　　　　图 9.63　创建基准平面 DTM2　　　　图 9.64　镜像的最终曲线

3．创建 N 侧曲面

（1）在模型树中选择【草绘 1】，在弹出的快捷菜单中选择【隐藏】命令，结果如图 9.65 所示。

（2）单击【模型】选项卡【曲面】面组中的【圆锥曲面和 N 侧曲面片】按钮，弹出【边界选项】菜单管理器，依次选择①【N 侧曲面】→②【完成】，如图 9.66 所示。

图 9.65　隐藏草绘　　　　　　图 9.66　选择【N 侧曲面】→【完成】

（3）弹出【曲面：N 侧】对话框、【链】菜单管理器和【选择】对话框。

（4）③按住 Ctrl 键，选择 6 条曲线，④单击【选择】对话框中的【确定】按钮。

（5）⑤再单击【链】菜单管理器中的【完成】按钮，如图 9.67 所示。⑥最后单击【曲面：N 侧】对话框中的【确定】按钮，生成的曲面如图 9.56 所示。

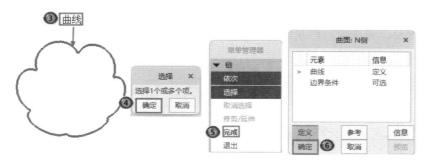

图 9.67　设置多边曲面

9.5　将切面混合到曲面

　　【将切面混合到曲面】按钮允许用户从边或曲线中创建与曲面相切的拔模曲面（混合的曲面）。在使用【将切面混合到曲面】按钮之前，需要创建分型面和参考曲线，如拔模线。

　　相切拔模曲面的类型如下。

　　（1）创建曲线驱动的相切拔模：在参考曲线（如分型曲线或绘制曲线）和与上述曲面相切的选定参考零件曲面之间的分型面一侧或两侧创建曲面。此参考曲线必须位于参考零件之外。

　　（2）使用超出拔模曲面的恒定拔模角度进行相切拔模：通过沿参考曲线的轨迹并与拖动方向成指定恒定角度创建曲面的方式创建曲面。使用该特征为无法利用常规"拔模"特征进行拔模的曲面添加相切拔模；还可使用该特征将相切拔模添加至具有倒圆角边的筋中，并保持与参考零件相切。

　　（3）在拔模曲面内部使用恒定拔模角度进行相切拔模：创建拔模曲面内部的、具有恒定拔模角的曲面。该曲面在参考曲线（如拔模线或轮廓曲线）一侧或两侧上以相对于参考零件曲面的指定角度进行创建，并在拔模曲面和参考零件的相邻曲面之间提供倒圆角过渡。

　　单击【模型】选项卡【曲面】面组中的【将切面混合到曲面】按钮，弹出【曲面：相切曲面】对话框和【常规选择方向】菜单管理器，如图 9.68 所示。在【结果】选项卡中无论选择哪种拔模类型，界面都是一样的。下面对三种拔模类型的共同参数进行介绍。

1．【结果】选项卡和【常规选择方向】菜单管理器

　　【结果】选项卡和【常规选择方向】菜单管理器中的各选项含义如下。

　　（1）【单侧】：仅在参考曲线的一侧创建拔模。

　　（2）【双侧】：在参考曲线的两侧创建拔模。

　　（3）【选择拖拉方向】按钮：单击该按钮，选择拔模方向。该方向的参照类型在【常规选择方向】菜单管理器进行选择。

　　1）【平面】：选择一个平面，拔模方向垂直于该平面。

　　2）【曲线/边/轴】：选择一条边或轴作为拔模方向。

　　3）【坐标系】：选择一个坐标系，此时【常规选择方向】菜单管理器如图 9.69 所示，在其中选择一个轴作为拔模方向。

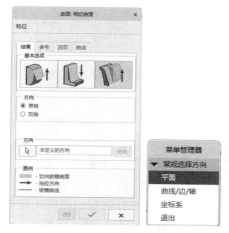

图 9.68　【曲面：相切曲面】对话框和【常规
选择方向】菜单管理器

图 9.69　选择【坐标系】后的
【常规选择方向】菜单管理器

2.【链】菜单管理器

选择【曲面：相切曲面】对话框中的【参考】选项卡，弹出【链】菜单管理器和【选择】对话框，如图 9.70 所示。【链】菜单管理器中的各选项含义如下。

（1）依次：一段一段地选择曲线或模型边线组成线段（一定要依次选择）。

（2）相切链：选择相切的曲线组成线段。

（3）曲线链：选择曲线组成线段。

（4）边界链：选择模型的边界组成线段。

（5）曲面链：选择曲面的边界组成线段。

（6）目的链：选择目的链组成线段。

3.【曲线】选项卡

选择【曲线】选项卡，如图 9.71 所示，该选项卡用于编辑参考曲线，选择要包括在拔模线中或从中排除的参考曲线段。当系统在创建相切拔模时出现故障，如参考曲线自交时，使用此功能。

图 9.70　【链】菜单管理器和【选择】对话框

图 9.71　【曲线】选项卡

9.5.1 创建曲线驱动的相切拔模

在【曲面：相切曲面】对话框中单击【创建曲线驱动"相切拔模"】按钮，进行拔模参数设置。下面对【参考】选项卡和【选项】选项卡进行介绍。

1. 【参考】选项卡

选择【参考】选项卡，如图 9.72 所示。该选项卡中的各选项含义如下。

（1）【选择拔模线】按钮：单击该按钮，在绘图区选择参考曲线，此参考曲线必须位于参考零件几何之外。

（2）【选择相切曲面】按钮：单击该按钮，在绘图区选择要与拔模面相切的曲面。

（3）【选择分型面】按钮：单击该按钮，在绘图区选择分型面。该按钮只在拔模方向选择【单侧】时才有。

2. 【选项】选项卡

选择【选项】选项卡，如图 9.73 所示。该选项卡中列出了相切拔模的可选项。

图 9.72 【参考】选项卡

图 9.73 【选项】选项卡

（1）【闭合曲面】：允许修剪，或在某些情况下延伸相切拔模直到选定曲面。当相邻曲面处在相对于被拔模曲面的某个角度上时，使用该项。闭合曲面必须始终为实体曲面。基准平面或曲面几何不能为封闭曲面。

（2）【骨架曲线】：允许指定附加曲线，该曲线控制与截面平面垂直的定向。如果单独使用参考曲线导致几何自交，则可使用该元素。

（3）【顶角】：对单侧曲线驱动的相切拔模。当拔模线没有延伸至曲面边界并且尚未指定闭合曲面时，用于控制自动创建的附加平面的拔模角。如果不指定值，系统将使用零度角。

动手学——创建棋子

源文件：源文件\结果文件\第9章\棋子.prt

本实例创建的棋子如图9.74所示。

【操作步骤】

1. 打开文件

单击【主页】选项卡【数据】面组中的【打开】按钮，弹出【文件打开】对话框，选择【棋子】文件，单击【打开】按钮，文件打开，如图9.75所示。

2. 绘制草图

单击【模型】选项卡【基准】面组中的【草绘】按钮，弹出【草绘】对话框，选择图9.75所示的拉伸实体2的上表面作为草绘平面，进入草绘界面，绘制图9.76所示的草图。

图9.74　棋子　　　　　图9.75　棋子原始文件　　　　　图9.76　绘制草图1

3. 创建拔模曲面

（1）单击【模型】选项卡【曲面】面组中的【将切面混合到曲面】按钮，弹出【曲面：相切曲面】对话框和【常规选择方向】菜单管理器，❶单击【创建曲线驱动"相切拔模"】按钮，❷【方向】选择【单侧】。❸在【常规选择方向】菜单管理器中单击【平面】按钮，❹在绘图区中选择图9.75所示的拉伸实体2的上表面，❺单击【反向】按钮，调整拔模方向向下，❻单击【确定】按钮，如图9.77所示。

（2）❼选择【参考】选项卡，打开【链】菜单管理器，❽选择曲线，❾单击【链】菜单管理器中的【完成】按钮。

（3）❿单击【曲面：相切曲面】对话框中的【选择相切曲面】按钮，⓫按住Ctrl键，选择圆柱面为相切面。⓬单击【选择】对话框中的【确定】按钮，⓭再单击【曲面：相切曲面】对话框中的【确定】按钮，如图9.78所示，结果如图9.79所示。

4. 实体化

在模型树中选择刚刚创建的曲面，单击【模型】选项卡【编辑】面组中的【实体化】按钮，打开【实体化】操控板，【类型】选择【替换曲面】，单击【确定】按钮，结果如图9.80所示。

5. 创建旋转实体

（1）单击【模型】选项卡【形状】面组中的【旋转】按钮，打开【旋转】操控板。选择拉伸类型为【实体】，单击【放置】下滑面板中的【定义】按钮，弹出【草绘】对话框，选取 FRONT 基准平面作为草绘平面，其余选项接受系统默认设置。单击【草绘】按钮，进入草绘环境。

图 9.77　选择方向参考　　　　　　　　图 9.78　设置拔模曲线和相切面参数

图 9.79　创建的拔模曲面　　　　　　　图 9.80　实体化结果

（2）绘制图 9.81 所示的旋转草图，单击【确定】按钮，退出草绘环境。

（3）在【旋转】操控板中设置旋转角度为 360°，单击【确定】按钮，生成旋转实体，如图 9.82 所示。

6．实体抽壳

单击【模型】选项卡【工程】面组中的【壳】按钮，打开【壳】操控板，【厚度】设置为 1.1，选择拉伸实体 1 的底面作为要移除的面。单击【确定】按钮，结果如图 9.83 所示。

7．创建拉伸切除实体

（1）单击【模型】选项卡【形状】面组中的【拉伸】按钮，打开【拉伸】操控板。选择拉伸类型为【实体】，单击【放置】下滑面板中的【定义】按钮，弹出【草绘】对话框，选取 TOP 基准平面作为草绘平面，其余选项接受系统默认设置。单击【草绘】按钮，进入草绘环境。

图 9.81　绘制旋转草图

图 9.82　旋转实体

图 9.83　抽壳结果

（2）绘制图 9.84 所示的草图，单击【确定】按钮 ✓ ，退出草绘环境。

（3）在【拉伸】操控板中选择拉伸方式为【可变】 ⊥ ，在其后的文本框中输入 1.9，单击【反向】按钮 ✕ ，调整切除方向，如图 9.85 所示。单击【移除材料】按钮 ◢ ，单击【确定】按钮 ，生成拉伸切除特征，如图 9.86 所示。

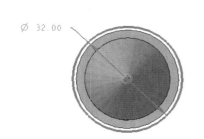

图 9.84　绘制草图 2

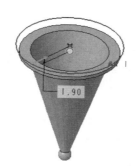

图 9.85　调整切除方向

图 9.86　拉伸切除特征

9.5.2　创建在实体外部与实体表面圆弧相切的拔模曲面

在【曲面：相切曲面】对话框中单击【使用超出拔模曲面的恒定拔模角度进行相切拔模】按钮 ，进行相关参数设置，创建拔模曲面。下面对【参考】选项卡和【选项】选项卡进行介绍。

1.【参考】选项卡

选择【参考】选项卡，如图 9.87 所示。该选项卡中的各选项含义如下。

（1）【拔模线选择】按钮 ：单击该按钮，在绘图区选择参考曲线。参考曲线可以是任何边或曲线（如拔模曲线）的链。此参考曲线必须位于参考零件曲面之上。不能选择装配级轮廓曲线作为相切拔模的参考曲线。要在参考模型中创建相切拔模，必须在参考模型本身中创建一条轮廓曲线。

（2）【角度】文本框：输入拔模角度。

（3）【半径】文本框：输入将拔模曲面与邻近的参考零件曲面连接在一起的圆角的半径值。

2.【选项】选项卡

选择【选项】选项卡，如图 9.88 所示。该选项卡中列出了相切拔模的可选项，即【闭合曲面】和【骨架曲线】。

图 9.87 【参考】选项卡

图 9.88 【选项】选项卡

动手学——创建宠物盆

源文件： 源文件\结果文件\第 9 章\宠物盆.prt
本实例创建的宠物盆如图 9.89 所示。

【操作步骤】

1. 打开文件

单击【主页】选项卡【数据】面组中的【打开】按钮，弹出【文件打开】对话框，选择【宠物盆】文件，单击【打开】按钮，文件打开，如图 9.90 所示。

图 9.89 宠物盆

图 9.90 宠物盆原始文件

2. 创建拔模曲面

（1）单击【模型】选项卡【曲面】面组中的【将切面混合到曲面】按钮，弹出【曲面：相切曲面】对话框和【常规选择方向】菜单管理器，❶单击【使用超出拔模曲面的恒定拔模角度进行相切拔模】按钮，❷【方向】选择【单侧】。❸在【常规选择方向】菜单管理器中单击【平面】按钮，❹绘图区中选择旋转实体的上表面，❺单击【反向】按钮，调整拔模方向向下，❻单击【确定】按钮，如图 9.91 所示。

（2）⑦选择【参考】选项卡，打开【链】菜单管理器，⑧单击【链】菜单管理器中的【依次】按钮，⑨选择曲线，⑩单击【完成】按钮。

（3）⑪在【曲面：相切曲面】对话框中设置【角度】为 10°，⑫【半径】为 30.00，⑬单击【确定】按钮 ✓，如图 9.92 所示。

图 9.91　选择方向参考

图 9.92　设置拔模曲线和相切面参数

3．实体化

在模型树中选择刚刚创建的曲面，单击【模型】选项卡【编辑】面组中的【实体化】按钮 ，打开【实体化】操控板，【类型】选择【替换曲面】，箭头方向向内，单击【确定】按钮 ，结果如图 9.93 所示。

4．创建旋转切除实体

（1）单击【模型】选项卡【形状】面组中的【旋转】按钮 ，打开【旋转】操控板。单击【放置】下滑面板中的【定义】按钮，弹出【草绘】对话框，选择基准平面 FRONT 作为草绘平面，绘制草图和中心线，如图 9.94 所示。单击【确定】按钮 ，退出草图绘制环境。

（2）在【旋转】操控板中输入旋转角度 360°，单击【移除材料】按钮 ，单击【确定】按钮 ，完成旋转切除特征的创建，如图 9.95 所示。

图 9.93　实体化结果

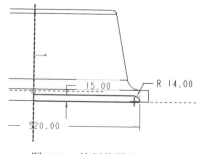

图 9.94　绘制草图和中心线

图 9.95　旋转切除特征

229

5. 倒圆角1

单击【模型】选项卡【工程】面组中的【倒圆角】按钮，打开【倒圆角】操控板，半径设置为30。选择图9.96所示的边进行圆角处理，单击【确定】按钮，圆角完成。

6. 倒圆角2

单击【模型】选项卡【工程】面组中的【倒圆角】按钮，打开【倒圆角】操控板，半径设置为100。选择图9.97所示的边进行圆角处理，单击【确定】按钮，圆角完成，结果如图9.89所示。

图9.96　选择圆角边1　　　　　　　　　　图9.97　选择圆角边2

9.5.3　创建在实体内部与实体表面圆弧相切的拔模曲面

在【曲面：相切曲面】对话框中单击【在拔模曲面内部使用恒定拔模角度进行相切拔模】按钮，进行相关参数设置，创建拔模曲面。【参考】选项卡和【选项】选项卡与【使用超出拔模曲面的恒定拔模角度进行相切拔模】参数完全相同，这里不再赘述。

扫一扫，看视频

动手学——创建鼠标

源文件：源文件\结果文件\第9章\鼠标.prt
本实例创建的鼠标如图9.98所示。

【操作步骤】

1. 新建文件

新建【鼠标】文件，进入零件界面。

图9.98　鼠标

2. 创建扫描曲面

（1）单击【模型】选项卡【基准】面组中的【草绘】按钮，弹出【草绘】对话框，选择FRONT基准平面作为草绘平面，进入草绘界面，绘制图9.99所示的扫描轨迹线。

（2）单击【模型】选项卡【形状】面组中的【扫描】按钮，打开【扫描】操控板，选择扫描类型为【曲面】，选项选择【恒定截面】。在绘图区选取第（1）步创建的扫描轨迹线，单击箭头，调整起点位置位于轨迹线的右端。

（3）单击【扫描】操控板中的【草绘】按钮，进入草绘界面，绘制图9.100所示的截面草图。单击【确定】按钮，退出草绘环境。

（4）单击【确定】按钮，生成扫描曲面，如图9.101所示。

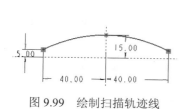

图 9.99　绘制扫描轨迹线

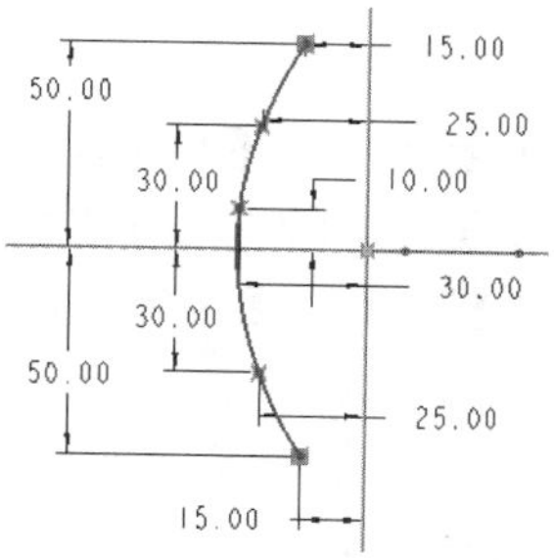

图 9.100　截面草图

图 9.101　扫描曲面

3．创建基准平面

单击【模型】选项卡【基准】面组中的【平面】按钮 ▱，弹出【基准平面】对话框，以 TOP 基准平面作为参考平面，平移距离设置为 15，创建基准平面 DTM1，如图 9.102 所示。

4．创建拉伸实体

（1）单击【模型】选项卡【形状】面组中的【拉伸】按钮 ，打开【拉伸】操控板。选择拉伸类型为【实体】，单击【放置】下滑面板中的【定义】按钮，弹出【草绘】对话框，选取 DTM1 基准平面作为草绘平面，其余选项接受系统默认设置。单击【草绘】按钮，进入草绘环境。

（2）绘制图 9.103 所示的拉伸草图，单击【确定】按钮 ，退出草绘环境。

（3）在【拉伸】操控板中选择拉伸方式为【到参考】 ，绘图区选择刚刚创建的扫描曲面，单击【确定】按钮 ，生成拉伸实体，隐藏扫描曲面后结果如图 9.104 所示。

图 9.102　创建 DTM1

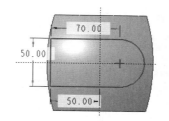

图 9.103　绘制拉伸草图

图 9.104　拉伸实体

5．倒圆角

（1）单击【模型】选项卡【工程】面组中的【倒圆角】按钮 ，打开【倒圆角】操控板，选择图 9.105 所示的圆角边，设置圆角半径为 6。

（2）单击【确定】按钮 ，圆角完成，结果如图 9.106 所示。

图 9.105　选择圆角边

图 9.106　创建圆角

6．创建拔模曲面

（1）单击【模型】选项卡【曲面】面组中的【将切面混合到曲面】按钮，弹出【曲面：相切曲面】对话框和【常规选择方向】菜单管理器，❶单击【在拔模曲面内部使用恒定拔模角度进行相切拔模】按钮，❷【方向】选择【单侧】。❸在【常规选择方向】菜单管理器中单击【平面】按钮，❹在绘图区中选择鼠标底面，❺单击【确定】按钮，如图 9.107 所示。

（2）❻选择【参考】选项卡，打开【链】菜单管理器，❼单击【相切链】按钮。❽按住 Ctrl 键，在绘图区选择拔模曲线，❾单击【完成】按钮。

（3）❿在【曲面：相切曲面】对话框中设置【角度】为 10°。⓫【半径】为 2.00，如图 9.108 所示。⓬单击【确定】按钮 ✓，结果如图 9.109 所示。

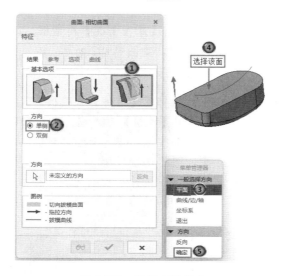

图 9.107　选择方向参考

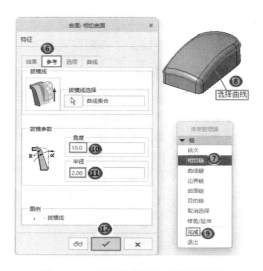

图 9.108　选择拔模曲线并设置参数

7．实体化

在模型树中选择刚刚创建的曲面，单击【模型】选项卡【编辑】面组中的【实体化】按钮，打开【实体化】操控板，【类型】选择【替换曲面】，单击【确定】按钮，结果如图 9.98 所示。

图 9.109　创建的拔模曲面

9.6　相　切　曲　面

相切曲面的创建命令有两个，分别是【将截面混合到曲面】和【在曲面间混合】。本节分别对这两个命令进行介绍。

9.6.1　将截面混合到曲面

将截面混合到曲面是将曲面特征通过混合的方式，与截面或封闭的 2D 轮廓产生混合的曲面特征，是在草绘轮廓与指定的表面之间建立过渡曲面或实体。过渡部分一端为草绘建立的曲面，另一端则与指定的曲面相切。为相切边界选择的曲面必须是闭合的。曲面与截面之间建立的相切曲面是由曲面与截面之间的一系列相切曲面组成的。

单击【模型】选项卡【曲面】面组中的【将截面混合到曲面】按钮，展开菜单管理器，如图 9.110 所示。

单击【曲面】按钮，弹出【曲面：截面到曲面混合】对话框和【选择】对话框，如图 9.111 所示。根据系统提示选择曲面，单击【选择】对话框中的【确定】按钮，弹出【设置草绘平面】菜单管理器，如图 9.112 所示。

选择一个基准平面，设置方向，进入草绘环境，绘制截面草图。单击【曲面：截面到曲面混合】对话框中的【确定】按钮，即可生成曲面。

图 9.110　【将截面混合到曲面】
菜单管理器　　　　　　　　图 9.111　【曲面：截面到曲面混合】
对话框和【选择】对话框　　　图 9.112　【设置草绘平面】
菜单管理器

动手学——创建滚珠笔尖

源文件：源文件\结果文件\第 9 章\滚珠笔尖.prt
本实例创建的滚珠笔尖如图 9.113 所示。

扫一扫，看视频

1. 打开文件

单击【主页】选项卡【数据】面组中的【打开】按钮，弹出【文件打开】对话框，选择【滚珠笔尖】文件，单击【打开】按钮，文件打开，如图 9.114 所示。

图 9.113　滚珠笔尖　　　　　　　　图 9.114　滚珠笔尖原始文件

2. 创建基准平面 DTM1

单击【模型】选项卡【基准】面组中的【平面】按钮，弹出【基准平面】对话框，以 FRONT 基准平面为参照，平移距离设置为 5。单击【确定】按钮，DTM1 创建完成，如图 9.115 所示。

3. 创建曲面

（1）单击【模型】选项卡【曲面】面组中的【将截面混合到曲面】按钮，在其菜单管理器中，单击【曲面】按钮，弹出【曲面：截面到曲面混合】对话框和【选择】对话框，①在绘图区选择距离 DTM1 基准平面较远的半球面，②单击【选择】对话框中的【确定】按钮，打开【设置平面】菜单管理器，③单击【平面】按钮，④在绘图区选择 DTM1 基准平面，打开【方向】菜单管理器，⑤单击【确定】按钮，打开【草绘视图】菜单管理器，⑥单击【默认】按钮，进入草绘环境。其设置过程如图 9.116 所示。

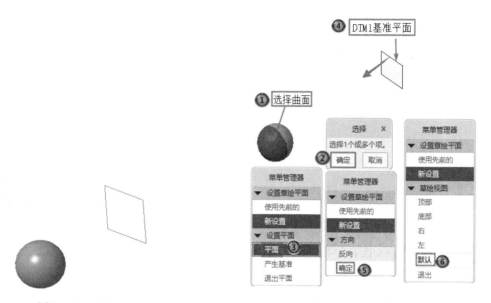

图 9.115　DTM1

图 9.116　设置过程

（2）绘制图 9.117 所示的草图 1，单击【确定】按钮 ✔，退出草图绘制环境。

（3）单击【曲面：截面到曲面混合】对话框中的【确定】按钮，相切曲面创建完成，如图 9.118 所示。

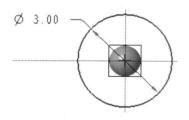

图 9.117　绘制草图 1

图 9.118　创建的相切曲面

4. 创建拉伸曲面

（1）单击【模型】选项卡【形状】面组中的【拉伸】按钮，打开【拉伸】操控板。选择拉伸类型为【曲面】，单击【放置】下滑面板中的【定义】按钮，弹出【草绘】对话框，选取 DTM1 基准平面作为草绘平面，其余选项接受系统默认设置。单击【草绘】按钮，进入草绘环境。

（2）绘制图 9.119 所示的草图 2，单击【确定】按钮 ✔，退出草绘环境。

（3）在【拉伸】操控板中选择拉伸方式为【可变】，在其后的文本框中输入 10。单击【确定】按钮，生成拉伸特征，如图 9.120 所示。

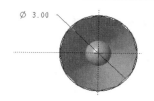

图 9.119　绘制草图 2

图 9.120　拉伸特征

5．加厚曲面

（1）单击【模型】选项卡【编辑】面组中的【加厚】按钮，打开【加厚】操控板，选择【类型】为【填充实体】，设置厚度值为 0.2。在绘图区选择图 9.121 所示的曲面 1，单击【反向】按钮，调整加厚方向向内。

（2）勾选【主体选项】下滑面板中的【创建新主体】复选框，单击【确定】按钮，曲面加厚完成。

（3）单击【模型】选项卡【编辑】面组中的【加厚】按钮，打开【加厚】操控板，选择【类型】为【填充实体】，设置厚度值为 0.2。在绘图区选择图 9.122 所示的曲面 2，单击【反向】按钮，调整加厚方向向内。对其进行加厚，单击【确定】按钮，曲面加厚完成，结果如图 9.123 所示。

图 9.121　选择曲面 1

图 9.122　选择曲面 2

图 9.123　加厚曲面

9.6.2　在曲面间混合

在曲面间混合是指从曲面到相切曲面进行混合来创建面组，可在两个曲面之间创建平滑的曲面或实体过渡。用于该特征的曲面，曲面上的每个点均必须有匹配的切点，如两个球面；曲面间必须有至少 30°的倾角。

单击【模型】选项卡【曲面】面组中的【在曲面间混合】按钮，展开菜单管理器，如图 9.124 所示。

单击【曲面】按钮，弹出【曲面：曲面到曲面混合】对话框和【选择】对话框，如图 9.125 所示。根据系统提示选择曲面，单击【选择】对话框中的【确定】按钮，弹出【设置草绘平面】菜单管理器，如图 9.126 所示。

图 9.124　【在曲面间混合】
菜单管理器

图 9.125　【曲面：曲面到曲面混合】
对话框和【选择】对话框

图 9.126　【设置草绘平面】
菜单管理器

选择一个基准平面，设置方向，进入草绘环境，绘制截面草图。单击【伸出项：截面到曲面混合】对话框中的【确定】按钮，即可生成曲面。

扫一扫，看视频

动手学——创建圆锥销

源文件：源文件\结果文件\第 9 章\圆锥销.prt
本实例创建的圆锥销如图 9.127 所示。

图 9.127　圆锥销

1. 新建文件

新建【圆锥销】文件，进入零件界面。

2. 创建旋转曲面 1

（1）单击【模型】选项卡【形状】面组中的【旋转】按钮，打开【旋转】操控板。【类型】选择【曲面】，单击【放置】下滑面板中的【定义】按钮，弹出【草绘】对话框，选择基准平面 FRONT 作为草绘平面，绘制草图和中心线，如图 9.128 所示。单击【确定】按钮，退出草图绘制环境。

（2）在【旋转】操控板中输入旋转角度 360°，单击【确定】按钮，完成旋转曲面 1 的创建，如图 9.129 所示。

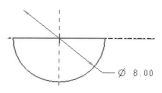

图 9.128　绘制旋转草图 1

图 9.129　旋转曲面 1

3. 创建旋转曲面 2

（1）单击【模型】选项卡【形状】面组中的【旋转】按钮，打开【旋转】操控板。【类型】选择【曲面】，单击【放置】下滑面板中的【定义】按钮，弹出【草绘】对话框，选择基准平面 FRONT 作为草绘平面，绘制草图和中心线，如图 9.130 所示。单击【确定】按钮，退出草图绘制环境。

（2）在【旋转】操控板中输入旋转角度 360°，单击【确定】按钮，完成旋转曲面 2 的创建，如图 9.131 所示。

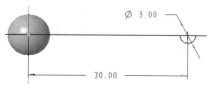

图 9.130　绘制旋转草图 2

图 9.131　旋转曲面 2

4. 创建曲面

单击【模型】选项卡【曲面】面组中的【在曲面间混合】按钮，在展开的菜单管理器中单击【曲面】按钮，弹出【曲面：曲面到曲面混合】对话框。❶在绘图区选择第一曲面，❷根据系统提示选择第二曲面，❸单击【曲面：曲面到曲面混合】对话框中的【确定】按钮，如图 9.132 所示，曲面创建完成，如图 9.133 所示。

5. 实体化

单击【模型】选项卡【编辑】面组中的【实体化】按钮 ，打开【实体化】操控板，【类型】选择【填充实体】，在绘图区选择图 9.134 所示的面组。单击【确定】按钮 ，结果如图 9.127 所示。

图 9.132　选择曲面　　　　　　图 9.133　创建的曲面　　　　　图 9.134　选择面组

9.7　从文件创建曲面

使用文件创建曲面，经常用于对已有的实物曲面进行特征曲线关键点的测绘后，将测绘点保存为系统接受文件，格式为 *.Ibl，然后用 Creo Parametric 对曲面进行修改完善。

9.7.1　创建数据文件

在 Windows 记事本中，将各特征的关键点坐标按格式一次写在记事本上，并将该文件保存为扩展名类型为 *.ibl 的文件。其默认的格式如下。

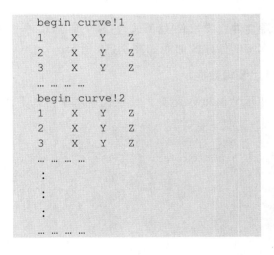

```
Open Index Arclength
begin section!1
begin curve!1
1    X    Y    Z
2    X    Y    Z
… … …

begin curve!2
1    X    Y    Z
2    X    Y    Z
3    X    Y    Z
… … …
    :
    :
    :
Begin section!2
```

```
begin curve!1
1    X    Y    Z
2    X    Y    Z
3    X    Y    Z
… … …

begin curve!2
1    X    Y    Z
2    X    Y    Z
3    X    Y    Z
… … …
    :
    :
    :
… … …
```

其具体解释如下。

第一行的 Open 表示截面生成的类型，可以是 Open（开放）或 Closed（封闭）。

第一行的 Arclength 表示曲面混成的类型，可以是 Arclength（弧形）或 Pointwise（逐点）。

第二行的 begin section 表示新生成截面，在每个截面生成前必须要有这一句。

第三行的 begin curve 表示将列出截面处的曲线的数据点。

数字部分从左到右第 1 列为各点坐标的编号，第 2～4 列依次为笛卡儿坐标的 X、Y、Z 值。每一段数据前都要指明该数据属于哪一个截面。

如果曲线中只有两个数据点，则该曲线为一直线段；如果多于两点，则为一自由曲线。

9.7.2　创建与编辑曲面

可通过从.ibl 格式的文件导入曲线创建混合曲面。

因为曲面特征的数据存储在零件及文件中，所以即使从磁盘中删除该文件，仍可修改该特征。

单击【模型】选项卡【曲面】面组中的【从文件混合】按钮，展开菜单管理器，如图 9.135 所示。

单击【曲面】按钮，弹出【曲面：从文件混合】对话框和【获取坐标系】菜单管理器，如图 9.136 所示。单击【获取坐标系】菜单管理器中的【PRT_CSYS_DEF】按钮，弹出【打开】对话框，选择要打开的.ibl 文件，单击【导入】按钮，弹出【方向】菜单管理器，如图 9.137 所示。

图 9.135　【从文件混合】　　图 9.136　【曲面：从文件混合】对话框　　图 9.137　【方向】
菜单管理器　　　　　和【获取坐标系】菜单管理器　　　　菜单管理器

动手学——从文件创建曲面

源文件： 源文件\结果文件\第 9 章\从文件创建曲面.prt
本实例创建的曲面如图 9.138 所示。

图 9.138　曲面

1. 编辑数据

打开 Windows 记事本，在记事本中输入下面的数据。

```
Open Index    Arclength
Begin section ! 1
  Begin curve ! 1
  1          -65              -160           0
  2           0              -150           0
  3          60              -120           0

  Begin curve ! 2
  1          60              -120           0
  2          90               -70           0
  3         100                0            0
  4         100               70           0

  Begin curve ! 3
  1         100               70           0
  2          60              100           0
  3           0               95           0
```

4	-46	69	0
Begin curve ! 4			
1	-46	69	0
2	-80	25	0
3	-100	-10	0
4	-90	-76	0
Begin section ! 2			
Begin curve ! 1			
1	25	-70	200
2	80	-10	200
Begin curve ! 2			
1	80	-10	200
2	20	70	200
Begin curve ! 3			
1	20	70	200
2	-65	30	200
Begin curve ! 4			
1	-65	30	200
2	-50	-50	200

2．保存文件

选择【文件】→【另存为】命令，弹出【另存为】对话框，在【文件名】文本框中输入【c1.ibl】，单击【保存】按钮，保存数据文件。

3．新建文件

新建【从文件创建曲面】文件，进入零件界面。

4．创建曲面

（1）单击【模型】选项卡【曲面】面组中的【从文件混合】按钮，在展开的菜单管理器中单击【曲面】按钮，弹出【曲面：从文件混合】对话框和【获取坐标系】菜单管理器。❶单击【获取坐标系】菜单管理器中的【PRT_CSYS_DEF】按钮，弹出【打开】对话框，❷选择要打开的【c1.ibl】文件，❸单击【导入】按钮，如图 9.139 所示。

（2）系统弹出【方向】菜单管理器，❹单击【确定】按钮，❺再单击【曲面：从文件混合】对话框中的【确定】按钮，参数设置如图 9.140 所示。创建的曲面如图 9.141 所示。

图 9.139　导入坐标系

图 9.140　参数设置

5. 修改曲面

（1）①单击【模型】选项卡【操作】面组中的【旧版】按钮⚙，打开【继承零件】菜单管理器，单击【修改】按钮，②在展开的【修改】菜单管理器中选择【值】，③在绘图区中选择刚刚创建的曲面，弹出【确认】对话框，④单击【是】按钮，如图 9.142 所示，系统打开图 9.143 所示的记事本。

图 9.141　文件创建的曲面　　　　　　　　　　图 9.142　修改文件操作步骤

（2）编辑点数据，使第二个截面的 4 条线段首尾倒置，如图 9.144 所示。将记事本保存并关闭，单击【修改】菜单管理器中的【完成】按钮，再单击【模型】选项卡【操作】面组中的【旧版】按钮⚙，退出命令。

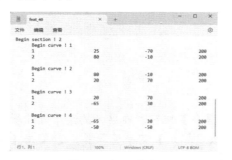

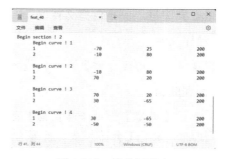

图 9.143　记事本　　　　　　　　　　　　图 9.144　修改记事本

（3）单击【模型】选项卡【操作】面组中的【重新生成】按钮🔁，生成的曲面如图 9.138 所示。

9.8　曲面的自由成型

所谓曲面的自由变形，就是用网格的方式，把曲面分成很多小面，利用小面上的顶点移动位置控制曲面的变形。曲面的自由变形有两种方法：一种是对存在的曲面进行整体调整；另一种是在曲面的局部进行曲面调整。

单击【模型】选项卡【操作】面组中的【旧版】按钮⚙，打开【继承零件】菜单管理器，依次选择【曲面】→【新建】→【高级】→【完成】→【自由成型】→【完成】命令，如图 9.145 所示，弹出【曲面：自由成型】对话框，如图 9.146 所示。该对话框中所示元素的意义解释如下。

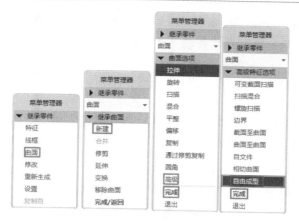

图 9.145　选择命令

图 9.146　【曲面：自由成型】对话框

（1）【基准曲面】：定义进行自由构建曲面的基本曲面。

（2）【栅格】：控制基本曲面上经、纬方向的网格数。

（3）【操控】：进行一系列的自由构建曲面操作，如移动曲面、限定曲面自由构建区域等。

定义基准曲面，经、纬网格数后，弹出【修改曲面】对话框，如图 9.147 所示，曲面变形的控制由该对话框中的参数来控制。下面对该对话框中的各个选项组进行介绍。

1．【移动平面】选项组

在【修改曲面】对话框的【移动平面】选项组中可以指定参考平面，利用参考平面引导曲面的自由变形。

（1）单击【移动平面】后的列表框下拉按钮，弹出图 9.148 所示的 3 个移动平面选项。

图 9.147　【修改曲面】对话框

图 9.148　【移动平面】选项组

1）【动态平面】：根据移动方向，系统自动定义移动平面。

2）【定义的平面】：选择一个平面定义移动方向。

3）【原始平面】：以选择的底层基本曲面定义移动方向。

（2）【第一方向】：可以拖动控制点沿着第一方向移动。

（3）【第二方向】：可以拖动控制点沿着第二方向移动。

（4）【法向】：可以拖动控制点沿着所定义的移动平面的法线方向移动。

2．【区域】选项组

选择【修改曲面】对话框中的【区域】选项组，如图 9.149 所示。在该选项组中可以设定在曲面自由变形的过程中指定区域是光滑过渡，还是按直线形过渡等。单击【第一/二方向】后的下拉按钮，可以分别设定两个方向上的过渡方式。过渡方式各选项含义说明如下。

（1）【局部】：只移动选定点。

（2）【平滑区域】：将点的运动应用到符合立方体空间指定的区域内。选择两点，可以确定一个区域。

（3）【线性区域】：将点的运动应用到平面内的指定区域内。选择两点，可以确定一个区域。

（4）【恒定区域】：以相同距离，移动指定区域中的所有点。选择两点，可以确定一个区域。

3. 【诊断】选项组

选择【修改曲面】对话框中的【诊断】选项组，如图9.150所示。在【诊断】选项组中，可以在曲面自由变形的过程中显示曲面的不同特性，从而直观地观看曲面的变形情况。

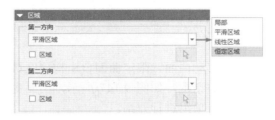

图 9.149　【区域】选项组

图 9.150　【诊断】选项组

扫一扫，看视频

动手学——创建自由成型曲面

源文件：源文件\结果文件\第9章\自由成型曲面.prt
本实例创建的自由成型曲面如图9.151所示。

1. 打开文件

单击【主页】选项卡【数据】面组中的【打开】按钮，弹出【文件打开】对话框，选择【拉伸曲面】文件，单击【打开】按钮，文件打开，如图9.152所示。

图 9.151　自由成型曲面

图 9.152　拉伸曲面

2. 创建自由成型曲面

（1）单击【旧版】按钮后选择【曲面】→【新建】→【高级】→【完成】→【自由成型】→【完成】按钮，弹出【曲面：自由成型】对话框。

（2）❶选择拉伸曲面，打开【输入在指定方向的控制曲线号】文本框，❷在文本框中输入一个方向的控制曲线数目9，❸单击【接受值】按钮✓；继续打开另一方向的文本框，❹输入数目7，❺单击【接受值】按钮✓。

（3）弹出【修改曲面】对话框，❻在绘图区选择各控制点，按住鼠标左键拖动各控制点到适当的位置，松开鼠标。自由曲面创建步骤如图 9.153 所示。

（4）单击【修改曲面】对话框中的【确定】按钮，关闭【修改曲面】对话框。在【曲面：自由成型】对话框中单击【确定】按钮，创建的自由成型曲面如图 9.154 所示。

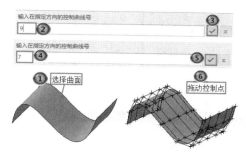

图 9.153　自由曲面创建步骤　　　　　图 9.154　自由成型曲面

3．创建区域成型曲面

（1）在模型树中选择自由形状曲面特征，右击，在弹出的快捷菜单中选择【编辑定义】命令，弹出【曲面：自由成型】对话框，❶双击【操控】元素。

（2）弹出【修改曲面】对话框，❷勾选【第一方向】下的【区域】复选框，根据系统提示，❸按住 Ctrl 键，沿箭头方向选择两条控制曲线。

（3）❹勾选【第二方向】下的【区域】复选框，根据系统提示，按住 Ctrl 键，❺沿箭头方向选择两条控制曲线，此时由这 4 条控制线组成一个区域，如图 9.155 所示。❻拖动该区域内的控制点，即可改变曲面形状。

（4）单击【修改曲面】对话框中的【确定】按钮，关闭【修改曲面】对话框。在【曲面：自由成型】对话框中单击【确定】按钮，修改后的自由成型曲面如图 9.156 所示。

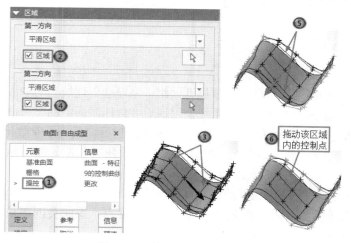

图 9.155　修改曲面操作步骤　　　　　图 9.156　自由成型曲面

4．创建恒定区域成型曲面

（1）在模型树中选择区域成型曲面特征，右击，在弹出的快捷菜单中选择【编辑定义】命令，弹出【曲面：自由成型】对话框，①双击【操控】元素。

（2）弹出【修改曲面】对话框，②【移动平面】选择【定义的平面】，③在模型树中选择 TOP 基准平面，④在【区域】选项组的【第一方向】中选择【恒定区域】，⑤拖动任一控制点，此时整个区域都随着变动。修改曲面操作步骤如图 9.157 所示。

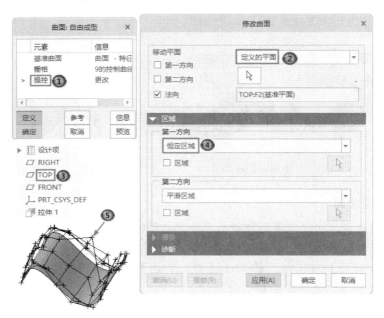

图 9.157　修改曲面操作步骤

（3）单击【修改曲面】对话框中的【确定】按钮，关闭【修改曲面】对话框。在【曲面：自由成型】对话框中单击【确定】按钮，修改后的曲面如图 9.151 所示。

（4）单击【模型】选项卡【操作】面组中的【旧版】按钮，退出命令。

9.9　展平面组

使用【展平面组】可以展开曲面、面组或实体曲面。要展开面组，系统会创建统一的曲面参数化方式，然后将其展开，同时保留原始面组的参数化方式。系统使用逼近并封闭源面组的参考曲面创建源面组的参数化方式。系统可在内部定义参考曲面，或者也可创建曲面，然后将其用于参数化。

（1）系统可以相对于所选定的固定原点展开该面组。默认情况下，系统在与原始面组相切于原点的平面上放置展平面组。

（2）也可随意指定其他的放置平面，并按需要定向该面组。要放置该面组，需选择一个坐标系，将其 XY 平面作为放置平面；要定向该面组，需在该面组上选择一个基准点，系统会创建从原点到指定基准点的矢量，并使该矢量与坐标系 X 轴对齐。

展平面组应注意以下几点。

（1）原点和 X 方向的点必须位于源面组上。

（2）源面组的曲面必须彼此相切。

（3）如果原点是坐标系，那么无须单独的方向点，从原点坐标系选择 X 方向。

【展平面组】功能只对面组有效，如果要展开实体的表面，可以先复制实体表面，再把实体表面转换为面组。

9.9.1　【展平面组】操控板介绍

单击【模型】选项卡【曲面】面组中的【展平面组】按钮 ，打开图 9.158 所示的【展平面组】操控板。

图 9.158　【展平面组】操控板

（1）【曲面】列表框：选择欲展平的源曲面、面组或实体曲面。面组中的各曲面必须相切。

（2）【原点】列表框：要选择展平面组或曲面将与源面组或曲面相切的原点，可在【原点】列表框中选择面组或曲面中的点或曲面上的坐标系。原点必须位于源面组上。

（3）【指定】按钮 ：为展平面组或曲面定义替代位置。单击该按钮，【展开面组】操控板变为图 9.159 所示。

图 9.159　单击【指定】按钮后的【展平面组】操控板

1）【坐标系(XY 平面)】列表框：要为展平面组或曲面定义平面，可在【坐标系】列表框中选择目标坐标系。展平面组或曲面将位于坐标系的 XY 平面上。目标坐标系的原点将与源面组或曲面中的原点重合。

2）【方向点】列表框：要定义 X 方向，可在【方向点】列表框中选择基准点或顶点。X 方向是原点至曲面上方向点的投影方向。如果选择曲面上的坐标系作为原点，那么展平面组或曲面的 X 方向与目标坐标系的 X 轴重合。可选择基准点或顶点，以覆盖此默认方向。

9.9.2　【展平面组】下滑面板介绍

【展平面组】操控板包含【参考】和【属性】下滑面板，下面仅【参考】下滑面板进行介绍。

选择【参考】下滑面板，如图 9.160 所示。

（1）【参考曲面】列表框：为展平的曲面或面组定义替代参数化，在【参数化曲面】列表框中选择曲面即可。

（2）【对称平面】列表框：要定义对称平面，可在【参考】选项卡【对称平面】列表框中选择平面。对称平面必须穿过原点。

图 9.160　【参考】下滑面板

动手学——展平面组

源文件：源文件\结果文件\第 9 章\展平面组.prt

本实例创建的展平曲面如图 9.161 所示。

图 9.161　展平曲面

1．打开文件

单击【主页】选项卡【数据】面组中的【打开】按钮，弹出【文件打开】对话框，选择【展平曲面】文件，单击【打开】按钮，文件打开，如图 9.162 所示。

2．创建基准点 PNT0

单击【模型】选项卡【基准】面组中的【点】按钮，弹出【基准点】对话框，选择图 9.163 所示的位置创建基准点 PNT0。

图 9.162　拉伸曲面

图 9.163　创建基准点 PNT0

3．展平曲面

（1）单击【模型】选项卡【曲面】面组中的【展平面组】按钮，打开【展平面组】操控板。❶选择展平曲面，❷单击【原点】列表框，❸选择 PNT0 基准点，如图 9.164 所示。

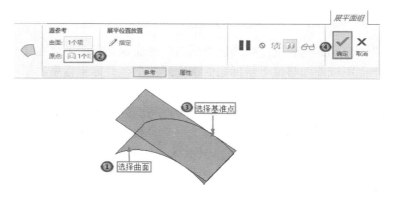

图 9.164　展平曲面操作步骤

（2）❹单击【确定】按钮，展平曲面结果如图 9.165 所示。

4．创建指定位置的展平曲面

（1）在模型树中选择【展平面组 1】特征，在弹出的快捷菜单中单击【隐藏】按钮，如图 9.166 所示。

（2）单击【模型】选项卡【基准】面组中的【点】按钮，弹出【基准点】对话框，在拉伸曲面的另一侧面创建另一个基准点 PNT1，如图 9.167 所示。

图 9.165　展平曲面

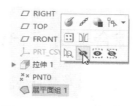

图 9.166　隐藏展平面组 1

图 9.167　另一侧创建的基准点 PNT1

（3）单击【模型】选项卡【基准】面组中的【平面】按钮▱，选择图 9.168 所示的拉伸曲面边线作为参考，建立辅助平面 DTM1，如图 9.169 所示。

（4）单击【模型】选项卡【基准】面组中的【坐标系】按钮↳，弹出【坐标系】对话框。按住 Ctrl 键，在模型树中选择 DTM1 基准平面、RIGHT 基准平面和 TOP 基准平面。

（5）选择【方向】选项卡，第一个方向选择用【Y】命名，如图 9.170 所示。单击【确定】按钮，创建的坐标系 CS0 如图 9.171 所示。

图 9.168　选择边

图 9.169　创建的辅助平面 DTM1

图 9.170　命名第一方向

（6）单击【模型】选项卡【曲面】面组中的【展平面组】按钮▱，打开【展平面组】操控板。❶选择展平曲面，❷在操控板的【原点】列表框中❸选择 PNT0 基准点，❹单击【指定】按钮✎，❺在绘图区选择 CS0 坐标系，❻单击【方向】列表框，❼在绘图区选择 PNT1 基准点，如图 9.172 所示。

图 9.171　创建的坐标系 CS0

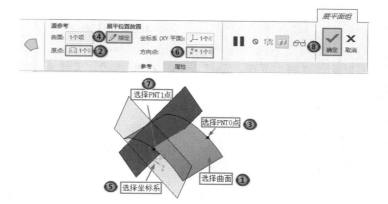

图 9.172　展平曲面操作步骤

（7）⑧单击【确定】按钮　　，展平结果如图 9.161 所示。

9.10　综合实例——创建灯罩

本实例主要练习高级曲面中的圆锥曲面及将截面混合到曲面等高阶曲面功能，最终生成的灯罩如图 9.173 所示。

图 9.173　灯罩

【操作步骤】

1．新建文件

新建【灯罩】文件，进入零件界面。

2．从方程创建曲线

（1）单击【模型】选项卡【基准】面组中的【曲线】→【来自方程的曲线】按钮 ∿ ，打开【曲线：从方程】操控板，坐标系选择【柱坐标】，如图 9.174 所示。

图 9.174　【曲线：从方程】操控板

（2）单击【编辑】按钮，弹出【方程】对话框，输入以下方程：

$$R=100$$
$$Theta=t*360$$
$$Z=9*\sin(10*T*360)$$

（3）单击【确定】按钮，关闭对话框，根据系统提示在模型树中选择坐标系 ↳ PRT_CSYS_DEF。单击【确定】按钮　　，生成曲线，如图 9.175 所示。

（4）重复执行【来自方程的曲线】命令，在【方程】对话框中输入以下公式：

$$r=70$$
$$theta=t*360$$
$$z=40$$

（5）以此创建圆。同理，创建 r=40、z=90 的圆，最终生成的曲线如图 9.176 所示。

图 9.175　从方程生成的曲线

图 9.176　最终生成的曲线

3．创建曲面特征

（1）单击【模型】选项卡【曲面】面组中的【圆锥曲面和 N 侧曲面片】按钮，弹出【边界选项】菜单管理器，依次选择【圆锥曲面】→【肩曲线】→【完成】，弹出【曲面：圆锥，肩曲线】对话框和【曲线选项】菜单管理器，如图 9.177 所示。

（2）在绘图区选择图 9.178 所示的边界曲线，在【曲线选项】菜单管理器中单击【肩曲线】按钮，在绘图区中选择图 9.178 所示的肩曲线，单击【曲线选项】菜单管理器中的【确认曲线】按钮。

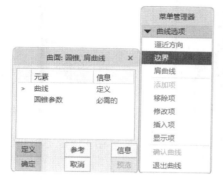

图 9.177 　【曲面：圆锥，肩曲线】对话框和
【曲线选项】菜单管理器

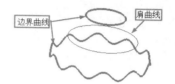

图 9.178 　选择曲线

（3）打开【输入圆锥曲线参数】文本框，输入值 0.5，单击【接受值】按钮 ✔，

（4）单击【曲面：圆锥，肩曲线】对话框中的【确定】按钮，生成的灯罩曲面如图 9.179 所示。

4．生成灯罩的顶部

（1）单击【模型】选项卡【形状】面组中的【旋转】按钮 ◈，打开【旋转】操控板。单击【放置】下滑面板中的【定义】按钮，弹出【草绘】对话框，选择 RIGHT 基准平面作为草绘平面，绘制草图和中心线，如图 9.180 所示。单击【确定】按钮 ✔，退出草图绘制环境。

（2）在【旋转】操控板中输入旋转角度 360°，单击【确定】按钮 ✔，生成的旋转特征曲面如图 9.181 所示。

图 9.179 　灯罩曲面

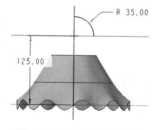

图 9.180 　绘制旋转截面

图 9.181 　旋转特征曲面

5．创建混合曲面

（1）单击【模型】选项卡【曲面】面组中的【将切面混合到曲面】命令，弹出【曲面：相切曲面】对话框和【常规选择方向】菜单管理器，单击【创建曲线驱动"相切拔模"】按钮 ▣†，【方向】选择【单侧】。在【常规选择方向】菜单管理器中选择【平面】按钮，在模型树中选择 FRONT 基准平面，箭头方向向上，如图 9.182 所示，单击【确定】按钮。

（2）选择【参考】选项卡，打开【链】菜单管理器，选择图 9.183 所示的曲线，单击【完成】按钮。

（3）单击【选择相切曲面】按钮 ⌖，弹出【选择】对话框，按住 Ctrl 键，选择图 9.184 所示的半球面为相切面，单击【确定】按钮。再单击【曲面：相切曲面】对话框中的【确定】按钮 ✓，结果如图 9.173 所示。

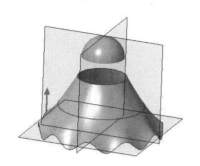
图 9.182　设置方向

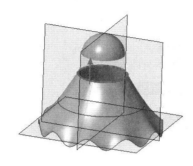
图 9.183　选择曲线

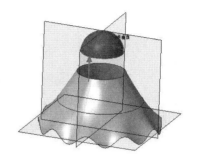
图 9.184　选择相切曲面

第 10 章 曲 面 编 辑

内容简介

曲面完成后，根据设计要求，可能需要对曲面进行修改与调整。曲面的修改与编辑命令主要位于【模型】选项卡【编辑】面组中。只有在模型中选择曲面后，【编辑】面组中的命令才能使用。本章将讲述曲面的编辑与修改命令，在曲面模型的建立过程中，利用这些命令加快建模速度。

内容要点

- ➥ 镜像曲面和复制曲面
- ➥ 合并曲面和修剪曲面
- ➥ 曲面偏移和曲面加厚
- ➥ 延伸曲面和曲面的实体化

案例效果

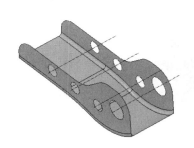  

10.1 镜 像 曲 面

镜像功能可以相对于一个平面对称复制特征。通过镜像简单特征完成复杂模型的设计，可以节省大量的制作时间。使用镜像工具，用户可以建立一个或多个曲面关于某个平面的镜像。

选择要镜像的曲面，单击【模型】选项卡【编辑】面组中的【镜像】按钮 ▯▯，打开【镜像】操控板，如图 10.1 所示。

该操控板及其对应的下滑面板与 8.2 节类似，

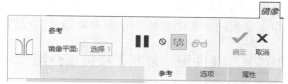

图 10.1 【镜像】操控板

这里不再赘述。

【镜像平面】列表框：显示要关于其进行镜像的平面参考，可选择基准平面、目的基准平面或平面曲面。

动手学——创建调节器

源文件：源文件\结果文件\第 10 章\调节器.prt
本实例创建的调节器如图 10.2 所示。

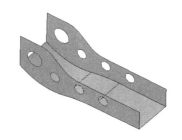

图 10.2　调节器

【操作步骤】

1．打开文件

打开【调节器】文件，如图 10.3 所示。

2．镜像曲面

（1）在模型树中选择图 10.4 所示的曲面，单击【模型】选项卡【编辑】面组中的【镜像】按钮 ，打开【镜像】操控板。❶在【镜像】操控板中单击【镜像平面】列表框，❷在绘图区选择 TOP 基准平面作为镜像平面。

（2）❸单击【确定】按钮 ，操作过程如图 10.5 所示，镜像结果如图 10.2 所示。

图 10.3　调节器原始文件

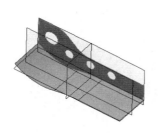

图 10.4　选择曲面

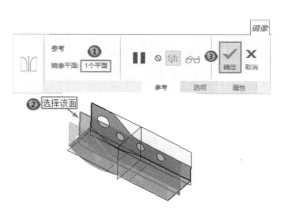

图 10.5　镜像操作过程

10.2　复 制 曲 面

利用【复制】命令，可以直接在选定的曲面上创建一个面组，生成的面组含有与父项曲面形状和大小相同的曲面。使用该命令可以复制已存在的曲面或实体表面。

10.2.1　【曲面：复制】操控板介绍

曲面的复制有三种形式：一是复制所有选择的曲面；二是复制曲面并填充曲面上的孔；三是复

制曲面上封闭区域内的部分曲面。

选择要复制的曲面，单击【模型】选项卡【操作】面组中的【复制】按钮，再单击【模型】选项卡【操作】面组中的【粘贴】按钮，打开【曲面：复制】操控板，如图 10.6 所示。

图 10.6　【曲面：复制】操控板

【参考】列表框：显示要复制的曲面集和面组。

10.2.2　【曲面：复制】下滑面板介绍

【曲面：复制】操控板包含【参考】【选项】【属性】3 个下滑面板，下面对部分下滑面板进行介绍。

1. 【参考】下滑面板

选择【参考】下滑面板，如图 10.7 所示。

（1）【复制参考】列表框：显示要复制的曲面集，只能从一个主体选择参考。

（2）【细节】按钮：单击该按钮，弹出【曲面集】对话框，可以编辑曲面集属性。

图 10.7　【参考】下滑面板

2.【选项】下滑面板

选择【选项】下滑面板，如图 10.8 所示。

（1）【按原样复制所有曲面】：创建与选定曲面完全相同的副本。

（2）【排除曲面并填充孔】：复制某些曲面，并允许填充曲面内的孔。选中该单选按钮，其下的两个列表框将被激活，如图 10.9 所示。

1）【排除轮廓】列表框：选择要从当前复制特征中排除的曲面。

2）【填充孔/曲面】列表框：在已选择的曲面上选择要填充的孔。

（3）【复制内部边界】：选中该单选按钮，【边界曲线】列表框被激活，如图 10.10 所示，选择要复制的曲面的边界。

图 10.8　【选项】
下滑面板

图 10.9　选中【排除曲面并填充孔】
单选按钮后激活列表框

图 10.10　选中【复制内部边界】
单选按钮后激活列表框

（4）【取消修剪包络】：复制曲面或面组，并移除所有内部轮廓。其可以使用当前轮廓的包络为复制曲面和面组创建外轮廓。对于面组，会复制面组的每个曲面，从而为每个复制曲面生成单独的面组。

（5）【取消修剪定义域】：复制曲面或面组，并移除所有内部轮廓。其可以为复制曲面和面组创建对应于曲面定义域的外轮廓。对于面组，会复制面组的每个曲面，从而为每个复制曲面生成单独的面组。

下面通过实例对【复制】和【粘贴】命令进行详细介绍。

动手学——按原样复制所有曲面

源文件：源文件\结果文件\第 10 章\按原样复制所有曲面.prt
本实例对图 10.11 所示的滑块上的曲面进行原样复制。

【操作步骤】

1．打开文件

打开【滑块】文件，如图 10.11 所示。

2．复制曲面

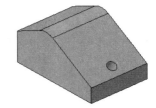
图 10.11　滑块

（1）按住 Ctrl 键，在绘图区中选择图 10.12 所示的 3 个曲面。单击【模型】选项卡【操作】面组中的【复制】按钮，再单击【模型】选项卡【操作】面组中的【粘贴】按钮，打开【曲面：复制】操控板。

（2）❶选择【选项】下滑面板，❷选中【按原样复制所有曲面】单选按钮，如图 10.13 所示。❸单击【确定】按钮，完成所选曲面的复制，结果如图 10.14 所示。

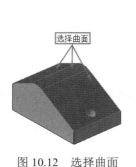
图 10.12　选择曲面

图 10.13　参数设置

因为复制的曲面与原始曲面重合，所以不易观察，可以通过镜像复制的曲面特征观察生成的复制曲面。

（3）在模型树中选择【复制 1】特征，单击【模型】选项卡【编辑】面组中的【镜像】按钮，打开【镜像】操控板，选择图 10.14 所示的镜像平面。单击【确定】按钮，镜像结果如图 10.15 所示。

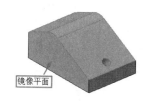

图 10.14　原样复制结果

图 10.15　镜像结果

动手练——排除曲面并填充孔

源文件：源文件\结果文件\第 10 章\排除曲面并填充孔.prt

本实例对图 10.11 所示的滑块上的曲面采用排除曲面并填充孔的方式进行复制，结果如图 10.16 所示。

扫一扫，看视频

思路点拨：

（1）打开【曲面：复制】操控板。

（2）选中【排除曲面并填充孔】单选按钮，进行相关复制操作。

图 10.16　镜像复制结果

动手学——复制内部边界

扫一扫，看视频

源文件：源文件\结果文件\第 10 章\复制内部边界.prt

本实例对图 10.11 所示的滑块上的曲面采用复制内部边界的方式进行复制。

【操作步骤】

1．打开文件

打开【滑块】文件，如图 10.11 所示。

2．绘制草图

单击【模型】选项卡【基准】面组中的【草绘】按钮，选择图 10.17 所示的表面作为草绘平面，绘制图 10.18 所示的草图。单击【确定】按钮，退出草图绘制环境。

图 10.17　选择草绘平面

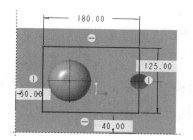

图 10.18　绘制草图

3．复制曲面

（1）选择图 10.19 所示的曲面，单击【模型】选项卡【操作】面组中的【复制】按钮，再单击【模型】选项卡【操作】面组中的【粘贴】按钮，打开【曲面：复制】操控板。

255

（2）❶选择【选项】下滑面板，❷选中【复制内部边界】单选按钮，❸按住 Ctrl 键，在绘图区选择刚刚绘制的草图作为边界曲线，如图 10.20 所示。

图 10.19　选择曲面

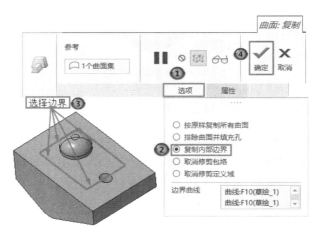

图 10.20　参数设置

（3）❹单击【确定】按钮 ✓，完成所选边界内曲面的复制，结果如图 10.21 所示。

（4）在模型树中选择【复制 1】特征，单击【模型】选项卡【编辑】面组中的【镜像】按钮 ⮂，打开【镜像】操控板，选择图 10.21 所示的镜像平面。单击【确定】按钮 ✓，镜像结果如图 10.22 所示。

图 10.21　复制边界内曲面

图 10.22　镜像结果

扫一扫，看视频

动手练——采用种子和边界曲面方式复制曲面

源文件：源文件\结果文件\第 10 章\种子和边界复制曲面.prt

本实例对图 10.11 所示的滑块上的曲面采用种子和边界曲面方式进行复制，结果如图 10.23 所示。

✏️**思路点拨：**

（1）打开【曲面：复制】操控板。

（2）在对话框中【规则】选项组中选中【种子和边界曲面】单选按钮，进行相关复制操作。

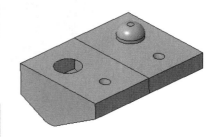

图 10.23　镜像曲面

10.2.3 【移动（复制）】操控板介绍

在进行变换操作时，变换的对象可以是特征，也可以是几何。本小节介绍操控板和下滑面板时，选择的变换对象为几何图素。只有当选择的变换图素为几何时，才会出现【参考】和【选项】下滑面板；当选择特征对象时，这两个下滑面板不会出现。

将绘图区左下角的选择过滤器设置为【几何】，如图 10.24 所示。

选择要复制的曲面或面组，单击【模型】选项卡【操作】面组中的【复制】按钮▤，再单击【模型】选项卡【操作】面组中的【选择性粘贴】按钮▤，弹出【选择性粘贴】对话框，如图 10.25 所示。勾选【从属副本】复选框，选中【完全从属于要改变的选项】单选按钮，再勾选【对副本应用移动/旋转变换】复选框，单击【确定】按钮，打开图 10.26 所示的【移动（复制）】操控板。

图 10.24 选择过滤器

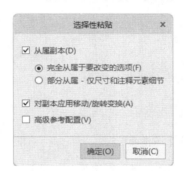

图 10.25 【选择性粘贴】对话框

图 10.26 【移动（复制）】操控板

（1）【平移】按钮↔：可以沿选择的参考平移复制曲面。

（2）【旋转】按钮↻：可以绕选择的参考旋转复制曲面。

（3）【参考】列表框：在创建或重新定义时，显示方向参考。可在绘图区中选择基准坐标系的 X 轴、Y 轴或 Z 轴，以指定平移或旋转的方向。

（4）【偏移】文本框：输入平移距离或旋转角度。

10.2.4 【移动（复制）】下滑面板介绍

【移动（复制）】操控板包含【参考】【变换】【选项】【属性】4 个下滑面板，下面对部分下滑面板进行介绍。

1. 【参考】下滑面板

选择【参考】下滑面板，如图 10.27 所示。

【移动项】列表框：显示要移动/旋转的几何。

2. 【变换】下滑面板

选择【变换】下滑面板，如图 10.28 所示。

（1）【变换】列表框：显示【移动】特征中的平移对象和旋转对象列表。选择变换时，会显示与其关联的类型、尺寸和参考。

（2）【设置】列表框：在【平移】模式和【旋转】模式之间切换，在其后的文本框中指定值。在【平移】模式中，该值表示将移动特征平移的距离；在【旋转】模式中，该值表示移动特征绕移动参考旋转的角度【用度（°）表示】。

（3）【方向参考】：显示变换的方向参考。

3. 【选项】下滑面板

选择【选项】下滑面板，如图 10.29 所示。

图 10.27　【参考】下滑面板

图 10.28　【变换】下滑面板

图 10.29　【选项】下滑面板

（1）【复制原始几何】复选框：勾选该复选框，则创建要移动的原始几何副本并保留原始几何。

（2）【隐藏原始几何】复选框：勾选该复选框，则完成变换后仅显示新移动的几何，隐藏原始几何。

动手学——移动复制齿槽

源文件：源文件\结果文件\第 10 章\齿槽移动复制.prt

本实例对图 10.30 所示的皮带轮上的齿槽进行移动复制。

【操作步骤】

1. 打开文件

打开【皮带轮】文件，如图 10.30 所示。

图 10.30　皮带轮

2. 移动复制齿槽

（1）在模型树中选择【旋转 2】特征，单击【模型】选项卡【操作】面组中的【复制】按钮，再单击【模型】选项卡【操作】面组中的【选择性粘贴】按钮，弹出【选择性粘贴】对话框。勾选【从属副本】复选框，选中【完全从属于要改变的选项】单选按钮，再勾选【对副本应用移动/旋转变换】复选框，单击【确定】按钮，打开【移动（复制）】操控板。

（2）❶在【移动（复制）】操控板的【类型】中选择【平移】，❷在绘图区中选择 A1 轴作为移动的方向参考，❸设置移动距离为 35.00，如图 10.31 所示。

（3）❹单击【确定】按钮，结果如图 10.32 所示。

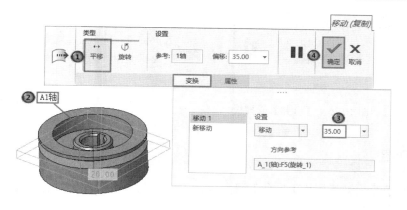

图 10.31　移动复制操作步骤

扫一扫，看视频

图 10.32　移动复制模型

动手练——旋转复制孔

源文件：源文件\结果文件\第 10 章\孔旋转复制.prt

本实例对图 10.33 所示的连接盘上的孔进行旋转复制，结果如图 10.34 所示。

图 10.33　连接盘

图 10.34　旋转复制结果

思路点拨：

（1）打开【移动（复制）】操控板。

（2）进行旋转复制操作。

10.3　合　并　曲　面

两个相邻或相交面组可合并，生成的面组是一个单独的特征，与两个原始面组及其他单独的特征一样。在删除合并面组特征后，原始面组仍然存在。

10.3.1　【合并】操控板介绍

按住 Ctrl 键，选择要合并的两个曲面。单击【模型】选项卡【编辑】面组中的【合并】按钮，打开图 10.35 所示的【合并】操控板。【合并】操控板的各选项含义如下。

（1）【保留的第一面组的侧】按钮：单击该按钮，对于第一个面组，反向要保留的侧。

（2）【保留的第二面组的侧】按钮：单击该按钮，对于第二个面组，反向要保留的侧。

图 10.35 【合并】操控板

10.3.2 【合并】下滑面板介绍

【合并】操控板包含【参考】【选项】【属性】3 个下滑面板，下面对部分下滑面板进行介绍。

1. 【参考】下滑面板

选择【参考】下滑面板，如图 10.36 所示。

（1）【面组】列表框：显示为合并操作选定的面组。

（2）【移动到顶部】按钮⌐：将选定面组移动到列表的顶部并将其作为主面组。

（3）【上移】按钮↑：在列表中向上移动选定面组。

（4）【下移】按钮↓：在列表中向下移动选定面组。

2. 【选项】下滑面板

选择【选项】下滑面板，如图 10.37 所示。

图 10.36 【参考】下滑面板

图 10.37 【选项】下滑面板

（1）【相交】：当两个曲面相互交错时，选择相交形式来合并，通过单击两个【反向】按钮↗为每个面组指定哪一部分包括在合并特征中。

（2）【联接】：当一个曲面的边位于另一个曲面的表面时，选中该单选按钮，将与边重合的曲面合并在一起。

扫一扫，看视频

动手学——相交合并灯罩

源文件：源文件\结果文件\第 10 章\灯罩.prt

本实例对图 10.38 所示的灯罩上的两个曲面进行相交合并。

【操作步骤】

1. 打开文件

打开【灯罩】文件，如图 10.38 所示。

图 10.38 灯罩

2. 合并曲面

（1）按住 Ctrl 键，在模型树中选择【旋转 1】和【拉伸 1】两个曲面，单击【模型】选项卡【编辑】面组中的【合并】按钮🖈，打开【合并】操控板。

（2）❶单击【保留的第一面组的侧】按钮🖈和❷【保留的第二面组的侧】按钮🖈，调整箭头方向向上和向外。❸选择【选项】下滑面板，❹选中【相交】单选按钮，如图 10.39 所示。

（3）❺单击【合并】操控板中的【确定】按钮✔，完成合并曲面的建立，如图 10.40 所示。

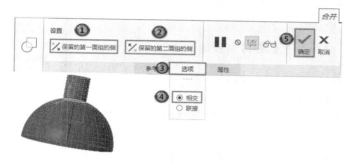

图 10.39　设置参数

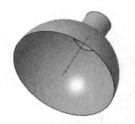

图 10.40　合并后的曲面

扫一扫，看视频

动手练——联接合并草帽

源文件：源文件\结果文件\第 10 章\草帽.prt

本实例对图 10.41 所示的草帽上的两个曲面进行联接合并，结果如图 10.42 所示。

图 10.41　草帽

图 10.42　合并结果

📝 **思路点拨：**

（1）打开文件。

（2）进行联接合并操作。

10.4　修 剪 曲 面

曲面的修剪就是通过新生成的曲面或是利用曲线、基准平面等切割修剪已存在的曲面。常用的修剪曲面的方法有：用特征中的移除材料的方法修剪曲面、用曲面修剪曲面、用曲面上的曲线修剪曲面、用在曲面顶点处倒圆角修剪曲面。用特征中移除材料的方法修剪曲面在创建特征时已经做过介绍，在此不再赘述，本节主要介绍后面三种修剪曲面的方法。

10.4.1 【修剪】操控板介绍

单击【模型】选项卡【编辑】面组中的【修剪】按钮，打开【修剪】操控板，如图 10.43 所示。其各选项含义如下。

图 10.43 【修剪】操控板

（1）【面组】：选择该选项，则需选择面组进行修剪。
（2）【曲线】：选择该选项，则需选择曲线进行修剪。
（3）【修剪对象】列表框：单击该列表框，可添加或移除修剪对象参考 (如曲面、曲线链或基准平面)。
（4）【反向】按钮：在要保留的已修剪曲面的单侧、另一侧或两侧之间反向。
（5）【轮廓修剪】：使用该选项，以垂直于参考平面的视图方向修剪面组。

10.4.2 【修剪】下滑面板介绍

当选择类型为【面组】时，【修剪】操控板包含【参考】【选项】【属性】3 个下滑面板；当选择类型为【曲线】时，【修剪】操控板仅提供【参考】【属性】下滑面板。下面对部分下滑面板进行介绍。

1.【参考】下滑面板

选择操控板中的【参考】下滑面板，如图 10.44 所示。
（1）【修剪的面组】列表框：单击该列表框，可添加或移除要修剪的面组。
（2）【修剪的曲线】列表框：单击该列表框，可添加或移除要修剪的曲线。
（3）【交换】按钮：确定修剪面组的哪一侧将保留修剪面组 ID。仅当修剪方向为两侧时，【交换】按钮才可用。
（4）【修剪对象】列表框：可添加或移除修剪对象参考（如曲面、曲线链或基准平面）。
（5）【细节】：单击该按钮，弹出【链】对话框，可以查看和编辑链属性。

2.【选项】下滑面板

选择操控板中的【选项】下滑面板，勾选【加厚修剪】复选框，如图 10.45 所示。

图 10.44 【参考】下滑面板

图 10.45 【选项】下滑面板

（1）【保留修剪曲面】：勾选该复选框，则保留修剪曲面。

（2）【加厚修剪】：对修剪对象进行加厚，此时被修剪的曲面上仅修剪加厚的部分，其余部分保留。

（3）【垂直于曲面】：在垂直于曲面的方向上加厚曲面。

（4）【自动拟合】：确定缩放坐标系并沿 3 个轴自动拟合。

（5）【控制拟合】：用特定的缩放坐标系和受控制的拟合运动加厚曲面。

（6）【排除曲面】列表框：用于添加或移除排除的曲面。

动手学——灯罩曲面修剪

扫一扫，看视频

源文件：源文件\结果文件\第 10 章\灯罩曲面修剪.prt

本实例对图 10.46 所示的灯罩上的两个曲面进行修剪。

【操作步骤】

1．打开文件

打开【灯罩】文件，如图 10.46 所示。

图 10.46　灯罩

2．修剪曲面

（1）单击【模型】选项卡【编辑】面组中的【修剪】按钮，打开【修剪】操控板，❶【类型】选择【面组】，❷在绘图区中选择旋转曲面作为修剪面组，❸在【修剪对象】列表框中单击，❹在绘图区中选择拉伸曲面作为修剪对象。

（2）❺选择【选项】下滑面板，❻取消勾选【保留修剪面组】复选框，❼勾选【加厚修剪】复选框，❽厚度值设置为 10.00，如图 10.47 所示。

（3）❾单击【修剪】操控板中的【确定】按钮，完成曲面的修剪，如图 10.48 所示。

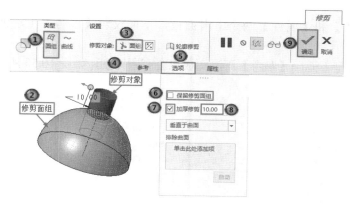

图 10.47　修剪曲面操作步骤

图 10.48　修剪后的曲面

10.4.3　【投影曲线】操控板介绍

曲面上的曲线可以用于修剪曲面，对于用于修剪曲面的曲线来说，其不一定是要封闭的，但曲线一定要位于曲面上。因此，所选择的将修剪曲面的曲线必须位于曲面上，不能选择任意的空间曲线，我们可以通过投影的方法将空间曲线投影到曲面上，再利用投影曲线修剪曲面。

单击【模型】选项卡【编辑】面组中的【投影】按钮，打开【投影曲线】操控板，如图 10.49 所示。其各选项含义如下。

图 10.49 【投影曲线】操控板

1.【投影】选项组

（1）【链】：投影曲线或边链。

（2）【草绘】：投影草绘。

（3）【修饰草绘】：投影修饰草绘。

2.【投影目标】列表框

单击该列表框，添加或移除要在其上投影草绘或链的一个或多个主体、面组或基准平面构成的曲面。

3.【投影方向】选项组

（1）【沿方向】：沿着指定方向投影。单击其后的列表框，添加或移除要用作方向参考的平面、轴、坐标系轴或直图元。

（2）【垂直于曲面】：垂直于曲线平面、指定平面或指定曲面投影。

10.4.4 【投影曲线】下滑面板介绍

【投影曲线】操控板包含【参考】和【属性】两个下滑面板，下面仅对【参考】下滑面板进行介绍。

选择【参考】下滑面板，投影类型不同，【参考】下滑面板也会有所区别，如图 10.50 所示。

图 10.50 【参考】下滑面板

（1）【链】列表框：显示要投影的曲线链或边链。单击其后的【细节】按钮，弹出【链】对话框，以修改链属性。

（2）【草绘】列表框：显示要投影的草绘或修饰草绘。单击其后的【定义】按钮，弹出【草绘】对话框，绘制内部草图。

（3）【曲面】列表框：显示要在其上投影草绘或链的一个或多个主体、面组或基准平面构成的曲面。单击其后的【细节】按钮，弹出【曲面集】对话框，以修改曲面集属性。

动手学——投影修剪水果篮

源文件：源文件\结果文件\第 10 章\水果篮.prt
本实例对图 10.51 所示的水果篮进行投影修剪。

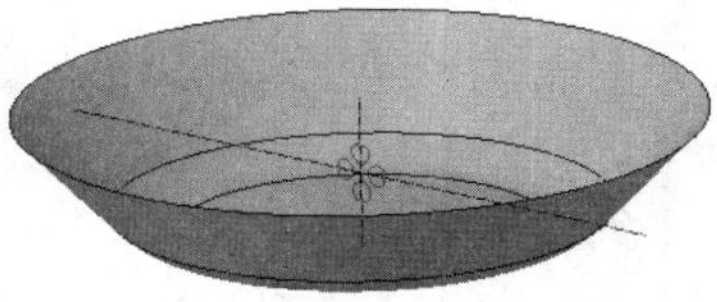

【操作步骤】

1．打开文件

打开【水果篮】文件，如图 10.51 所示。

图 10.51 水果篮

2．投影曲线

（1）单击【模型】选项卡【编辑】面组中的【投影】按钮，打开【投影曲线】操控板，①投影选择【链】，②按住 Ctrl 键，在绘图区选择 4 个链。

（2）③在【参考】下滑面板的【曲面】列表框中单击，④在绘图区选择一侧的旋转曲面。此时，在【参考】下滑面板中增加了【方向参考】列表框，⑤单击该列表框，⑥在绘图区选择 FRONT 基准平面作为方向参考，如图 10.52 所示。

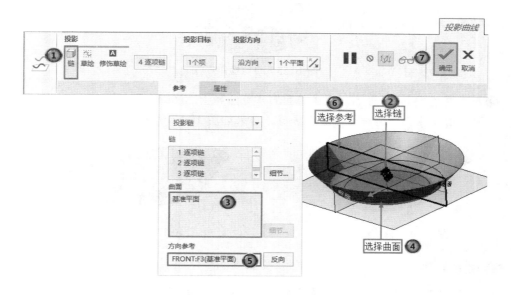

图 10.52 投影操作过程

（3）⑦单击【确定】按钮，退出草图绘制环境。

3．阵列曲线

（1）在模型树中选择【投影 1】特征，单击【模型】选项卡【编辑】面组中的【阵列】按钮，【类型】选择【轴】，在绘图区选择图 10.53 所示的轴，【第一方向成员】设置为 20，【成员间的角度】设置为 18。

（2）单击【确定】按钮，完成阵列，结果如图 10.54 所示。

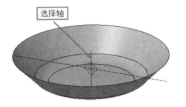

图 10.53　投影结果　　　　　　　　　　图 10.54　阵列结果 1

4. 修剪曲面

（1）单击【模型】选项卡【编辑】面组中的【修剪】按钮，打开【修剪】操控板，❶【类型】选择【面组】，❷在绘图区选择旋转曲面。❸单击【修剪对象】列表框，❹在绘图区选择链，箭头方向指向曲线外侧，如图 10.55 所示。

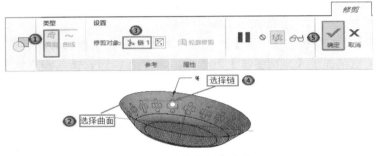

图 10.55　修剪操作步骤

（2）❺单击【确定】按钮，完成曲面的修剪，如图 10.56 所示。

（3）同理，用其他 3 个链对曲面进行修剪，结果如图 10.57 所示。

图 10.56　修剪结果　　　　　　　　　　图 10.57　修剪最终结果

5. 阵列修剪特征

（1）按住 Shift 键，在模型树中选择【修剪 1】～【修剪 4】特征，在弹出的快捷菜单中单击【分组】按钮，创建组特征。

（2）选择刚刚创建的组特征，单击【模型】选项卡【编辑】面组中的【阵列】按钮，系统自动选择【类型】为【参考】，单击【确定】按钮，将【草绘 1】隐藏，阵列结果如图 10.58 所示。

图 10.58　阵列结果 2

10.4.5　【顶点倒圆角】操控板介绍

使用【顶点倒圆角】功能可以在外部面组边上创建圆角。可选择几个顶点并将相同半径应用到所有顶点，但是所有选定的顶点必须位于同一面组。

单击【模型】选项卡【曲面】面组中的【顶点倒圆角】按钮，打开【顶点倒圆角】操控板，如图 10.59 所示。其各选项含义如下。

图 10.59　【顶点倒圆角】操控板

（1）【顶点】列表框：用于选择要倒圆角的顶点。

（2）【半径】列表框：用于设置圆角值，从最近使用的值菜单中选择或拖动控制滑块调整值。此半径将应用于所有选定顶点。

10.4.6　【顶点倒圆角】下滑面板介绍

【顶点倒圆角】操控板包含【参考】和【属性】两个下滑面板，下面仅对【参考】下滑面板进行介绍。

选择【参考】下滑面板，如图 10.60 所示。

【顶点】列表框：显示要倒圆角的顶点。

图 10.60　【参考】下滑面板

动手学——顶点修剪调节器

扫一扫，看视频

源文件：源文件\结果文件\第 10 章\调节器顶点修剪.prt

本实例对图 10.2 所示的调节器进行顶点修剪。

【操作步骤】

1．打开文件

打开【调节器】文件，如图 10.2 所示。

2．顶点修剪

（1）单击【模型】选项卡【曲面】面组中的【顶点倒圆角】按钮，打开【顶点倒圆角】操控板，❶设置半径为 120.00，❷按住 Ctrl 键，选择曲面上的两个顶点，如图 10.61 所示，结果如图 10.62 所示。

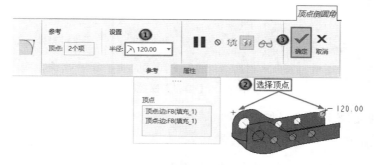

图 10.61　倒圆角操作步骤

（2）❸单击【确定】按钮✔，生成圆角。

（3）使用同样的方法，选择图 10.62 所示的顶点进行圆角处理，结果如图 10.63 所示。

图 10.62　圆角修剪　　　　　　　　　　　图 10.63　圆角结果 1

3．曲面倒圆角

（1）单击【模型】选项卡【工程】面组中的【倒圆角】按钮，打开【倒圆角】操控板，设置半径为 20。按住 Ctrl 键，在绘图区中选择图 10.64 所示的两组曲面，单击【确定】按钮✔，圆角完成。

（2）重复【圆角】命令，选择另一侧的曲面和底部曲面进行圆角，半径为 20，结果如图 10.65 所示。

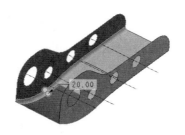

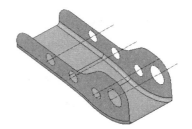

图 10.64　选择曲面　　　　　　　　　　　图 10.65　圆角结果 2

10.5　曲　面　偏　移

10.5.1　【偏移】操控板介绍

在模型中选择一个面，单击【模型】选项卡【编辑】面组中的【偏移】按钮，打开【偏移】操控板，如图 10.66 所示。使用该操控板可完成曲面偏移的各种设置及操作。

图 10.66　【偏移】操控板

【偏移】操控板中的各选项含义如下。

1．【类型】选项组

（1）【曲面】：选择该选项，则偏移或替换曲面或面组。

（2）【链】 ~ ：选择该选项，则偏移曲线和边。

（3）【面组边界链】 ⌐ ：选择该选项，则偏移一条单侧边界边链。

2．【偏移类型】选项组

当选择【类型】为【曲面】 ▭ 时，才有该选项组。

（1）【（标准偏移）】 ◫ ：偏移一个面组、曲面或者实体面。

（2）【（具有拔模）】 ◫ ：这类偏移包括在草绘内部的面组或曲面区，以及拔模侧曲面。还可以使用此选项创建直的或相切侧曲面轮廓。

（3）【（展开）】 ◫ ：在封闭面组或者实体草绘的选定面之间创建一个连续曲面或实体。当使用【草绘区域】选项时，将在开放面组或实体曲面的选定面之间创建连续的曲面或实体。该功能通常用于在曲面上打上商标等一些标记。

（4）【（替换曲面）】 ◫ ：用面组或者基准平面替换实体面。

3．【偏移】文本框

在【偏移】文本框中输入偏移距离。

4．【特殊处理】列表框

【特殊处理】列表框显示要从偏移中排除的曲面。

5．【偏移方式】选项组

当选择【类型】为【链】 ~ 时，才有该选项组，此时的操控板如图 10.67 所示。

图 10.67　【类型】为【链】 ~ 时的【偏移】操控板

（1）【沿曲面】 ▱ ：选择该选项，则沿参考曲面偏移曲线。

（2）【垂直于曲面】 ▱ ：选择该选项，则垂直于参考曲面偏移曲线。

10.5.2　【偏移】下滑面板介绍

当选择【类型】为【曲面】 ▭ 时，【偏移】操控板包含【参考】【选项】【属性】3 个下滑面板；当选择【类型】为【链】时 ~ ，【偏移】操控板包含【参考】【属性】2 个下滑面板。下面对部分下滑面板进行介绍。

1．【参考】下滑面板

（1）当选择【类型】为【曲面】 ▭ 时，根据选择的【偏移类型】不同，【参考】下滑面板如图 10.68 所示。

1）【偏移曲面】：显示要偏移的曲面，只能从一个主体选择参考。

2）【偏移曲面组】：显示要偏移的曲面组，只能从一个主体选择参考。单击其后的【细节】按钮，弹出【曲面集】对话框，以修改曲面集属性。

（a）标准偏移　　　　　（b）具有拔模　　　　　（c）展开　　　　　（d）替换曲面

图 10.68　【类型】为【曲面】□时的【参考】下滑面板

3）【草绘】列表框：显示偏移的草绘。单击其后的【定义】按钮，进入草绘环境绘制草图。

4）【替换面组】列表框：显示要替换选定曲面的面组或者基准平面。

（2）当选择【类型】为【链】～时，【参考】下滑面板如图 10.69 所示。

1）【偏移链】列表框：显示要偏移的曲线或者曲线链。单击其后的【细节】按钮，弹出【链】对话框，以修改曲线属性。

2）【参考曲面】列表框：显示参考面组、平面或者曲面。

（3）当选择【类型】为【面组边界链】＜时，【参考】下滑面板如图 10.70 所示。

图 10.69　【类型】为【链】～　　　　　图 10.70　【类型】为【面组边界链】＜

时的【参考】下滑面板　　　　　　　　　时的【参考】下滑面板

【边界边】列表框：显示要偏移的边界边链。单击其后的【细节】按钮，弹出【链】对话框，以修改曲线属性。

2．【选项】下滑面板

当选择【类型】为【曲面】□时，才有【选项】下滑面板，根据选择的【偏移类型】不同，【选项】下滑面板也会有所不同。下面对各种情况下的选项进行介绍。

（1）当【偏移类型】为【标准偏移】时，三种偏移方式的下滑面板如图 10.71 所示。其各选项含义如下。

（a）垂直于曲面　　　　　（b）自动拟合　　　　　（c）控制拟合

图 10.71　【偏移类型】为【标准偏移】时的【选项】下滑面板

1）【垂直于曲面】：选择该偏移方式时，沿垂直于曲面的方向创建偏移，如图 10.71（a）所示。

①【特殊处理】列表框：显示要从偏移操作中排除的曲面，或者显示要用于创建逼近偏移的曲面。可以从【特殊处理】列表框中选择单曲面，然后选择特殊处理的类型；也可以选择下列命令之一。

a.【自动】：使用那些不经过特殊处理就无法偏移的曲面填充【特殊处理】列表框。

b.【全部排除】：从偏移操作中排除收集器中的所有曲面。

c.【全部逼近】：为收集器中的所有曲面创建逼近偏移。

②【连接逼近偏移曲面】复选框：当逼近曲面无法与标准偏移曲面合并时，创建连接逼近偏移曲面。

③【创建侧曲面】复选框：创建用于连接选定曲面和偏移曲面的侧曲面。如果偏移几何包含逼近偏移曲面，则无法创建侧曲面。

2）【自动拟合】：选择该偏移方式时，沿坐标系的轴偏移曲面，此时只有【创建侧曲面】复选框，如图 10.71（b）所示。

3）【控制拟合】：选择该偏移方式时，沿坐标系的指定轴缩放和拟合面组，如图 10.71（c）所示。

①【坐标系】列表框：显示用于缩放和调整偏移的坐标系。

②【X】【Y】【Z】复选框：勾选其中一个复选框，则沿选定轴平移。

（2）当【偏移类型】为【具有拔模】时，两种偏移方式的下滑面板如图 10.72 所示。

1）【偏移方式】选项组。

①【垂直于曲面】：选择该平移方式时，沿垂直于曲面的方向创建偏移。

②【平移】：选择该平移方式时，沿选定方向平移偏移曲面。

2）【侧曲面垂直于】选项组。

①【曲面】：选中该单选按钮，则将法向参考设置为曲面。

②【草绘】：选中该单选按钮，则将法向参考设置为草绘。

3）【侧面轮廓】选项组。

①【直】：选中该单选按钮，则将曲面轮廓设置为直。

②【相切】：选中该单选按钮，则将曲面轮廓设置为相切。

（3）当【偏移类型】为【展开】时，两种偏移方式的下滑面板如图 10.73 所示。其各选项含义如下。

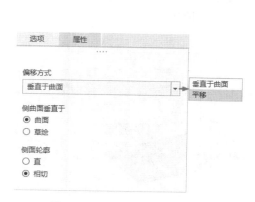

图 10.72 【选项】下滑面板 1

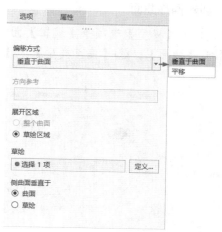

图 10.73 【选项】下滑面板 2

1）【方向参考】列表框：显示平移偏移的方向参考。

2）【展开区域】选项组。

①【整个曲面】：展开选定的整个曲面。

②【草绘区域】：展开由草绘定义的选定曲面部分。

（4）当【偏移类型】为【替换曲面】时，下滑面板如图 10.74 所示。

【保留替换面组】复选框：通过参考面组的副本创建新曲面。

图 10.74　【选项】下滑面板 3

扫一扫，看视频

动手学——创建洗菜盆

源文件：源文件\结果文件\第 10 章\洗菜盆.prt
本实例创建图 10.75 所示的洗菜盆。

【操作步骤】

1．新建文件

新建【洗菜盆】文件，进入零件界面。

2．创建填充曲面

图 10.75　洗菜盆

（1）单击【模型】选项卡【基准】面组中的【草绘】按钮，弹出【草绘】对话框，选择 TOP 基准平面绘制草图，如图 10.76 所示。

（2）单击【模型】选项卡【曲面】面组中的【填充】按钮，在模型树中选择【草绘 1】，单击【确定】按钮，结果如图 10.77 所示。

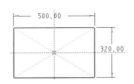

图 10.76　绘制草图

图 10.77　填充曲面

3．创建偏移曲面

（1）单击【模型】选项卡【编辑】面组中的【偏移】按钮，打开【偏移】操控板，❶选择【类型】为【曲面】，❷【偏移类型】为【具有拔模】，如图 10.78 所示。

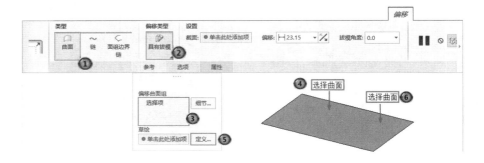

图 10.78　设置偏移参数 1

（2）❸单击【参考】下滑面板中的【偏移曲面组】列表框，❹在绘图区选择填充曲面，❺单击【定义】按钮，弹出【草绘】对话框，❻选择填充曲面为草绘平面，绘制图 10.79 所示的截面草图。

（3）单击【确定】按钮✔，返回【偏移】操控板，❼设置【偏移】为 160.00，❽【拔模角度】为 2°，❾单击【选项】下滑面板，❿【偏移方式】设置为【垂直于曲面】，⓫【侧曲面垂直于】选择【曲面】，⓬【侧面轮廓】选择【相切】，如图 10.80 所示。⓭单击【确定】按钮✔，结果如图 10.81 所示。

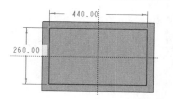

图 10.79　绘制截面草图

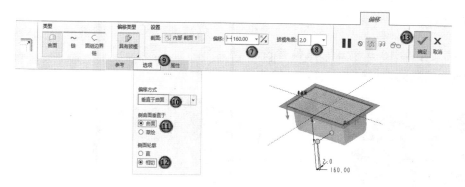

图 10.80　设置偏移参数 2

图 10.81　洗菜盆盆体

4．创建标记

（1）单击【模型】选项卡【编辑】面组中的【偏移】按钮，打开【偏移】操控板，选择❶【类型】为【曲面】，❷【偏移类型】为【展开】，❸选择洗菜盆的边沿曲面作为偏移面组，❹设置【偏移】为 2.00。

（2）❺单击【选项】下滑面板，❻【偏移方式】设置为【垂直于曲面】，❼【侧曲面垂直于】选择【草绘】，如图 10.82 所示。❽单击【定义】按钮，弹出【草绘】对话框，❾选择洗菜盆的边沿曲面作为草绘平面，绘制图 10.83 所示的草图。

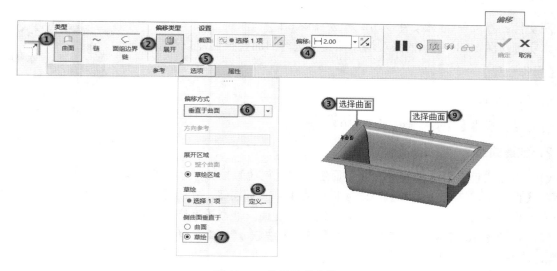

图 10.82　设置偏移参数 3

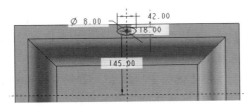

图 10.83　绘制草图

（3）单击【确定】按钮✔，返回【操控板】，单击【确定】按钮✔，结果如图 10.75 所示。

动手练——凳面标准偏移

源文件：源文件\结果文件\第 10 章\凳面标准偏移.prt

本实例对图 10.84 所示的凳面进行标准偏移，结果如图 10.85 所示。

图 10.84　凳面

图 10.85　偏移后的模型

思路点拨：

（1）打开文件。

（2）进行曲面偏移操作。

动手学——景观塔曲面替换

源文件：源文件\结果文件\第 10 章\景观塔.prt

本实例对图 10.86 所示的景观塔原始文件进行曲面替换创建景观塔。

【操作步骤】

1. 打开文件

打开【景观塔】原始文件，如图 10.86 所示。

图 10.86　景观塔原始文件

2. 创建曲面

（1）单击【模型】选项卡【形状】面组中的【旋转】按钮◆，打开【旋转】操控板。选择旋转类型为【曲面】，单击【放置】下滑面板中的【定义】按钮，弹出【草绘】对话框，选取 FRONT 基准平面作为草绘平面，其余选项接受系统默认设置。单击【草绘】按钮，进入草绘环境。

（2）绘制图 10.87 所示的草图，单击【确定】按钮✔，返回【旋转】操控板。单击【确定】按钮✔，旋转曲面如图 10.88 所示。

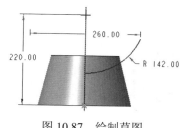

图 10.87　绘制草图

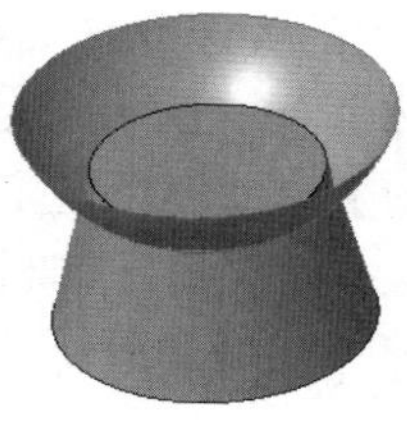

图 10.88　旋转曲面

3. 替换面组

（1）单击【模型】选项卡【编辑】面组中的【偏移】按钮，打开【偏移】操控板，选择①【类型】为【曲面】，②【偏移类型】为【替换曲面】，③选择圆台的顶面作为偏移曲面，④在【替换面组】列表框中单击，⑤选择旋转曲面。

（2）⑥单击【选项】下滑板，⑦勾选【保留替换面组】复选框，如图 10.89 所示。

（3）⑧单击【确定】按钮，结果如图 10.90 所示。

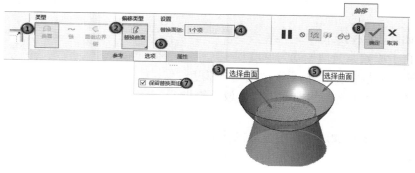

图 10.89　设置偏移参数

图 10.90　替换结果

10.6　曲面加厚

从理论上讲，曲面是没有厚度的，因此，如果以曲面为参考，产生薄壁实体，就要用到曲面加厚功能，其在设计一些复杂的均匀薄壁塑料件、压铸件、钣金件时经常用到。

10.6.1　【加厚】操控板介绍

选择面组，单击【模型】选项卡【编辑】面组中的【加厚】按钮，打开图 10.91 所示的【加厚】操控板。

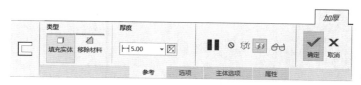

图 10.91　【加厚】操控板

【加厚】操控板中的各选项含义如下。

（1）【填充实体】□：使用选定的曲面或面组创建实体。

（2）【移除材料】◢：使用选定的曲面或面组移除材料。

（3）【厚度】：定义特征的材料厚度。

（4）【反向】▨：切换加厚特征的材料方向。可通过单击在以下三种材料侧之间进行切换：一侧、另一侧和两侧。

10.6.2 【加厚】下滑面板介绍

【加厚】操控板包含【参考】【选项】【主体选项】【属性】4 个下滑面板，下面对部分下滑面板进行介绍。

1．【参考】下滑面板

选择【参考】下滑面板，如图 10.92 所示。

【面组】列表框：显示要加厚的曲面或面组。

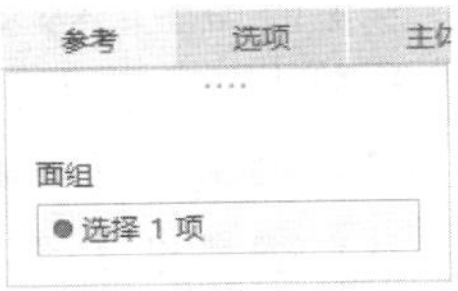

图 10.92　【参考】下滑面板

2．【选项】下滑面板

选择【选项】下滑面板，如图 10.93 所示。

（1）【垂直于曲面】：垂直于原始曲面增加均匀厚度。

（2）【自动拟合】：系统根据自动决定的坐标系缩放相关的厚度。

（3）【控制拟合】：在指定坐标系下将原始曲面进行缩放并沿指定轴给出厚度。

（4）【排除曲面】列表框：显示要从加厚操作中排除的曲面。

3．【主体选项】下滑面板

（1）选择【主体选项】下滑面板，当选择【类型】为【填充实体】时，【主体选项】下滑面板如图 10.94 所示。该下滑面板不可用于创建装配级特征。

图 10.93　【选项】下滑面板

1）【将几何添加到主体】：创建的主体与原主体合并。在添加几何时显示，在【主体】列表框中选择要添加几何的主体。除非选择了其他主体，否则会显示默认主体。

2）【创建新主体】：创建新的主体特征，与原主体不合并。在【主体】列表框中显示新主体的名称。

（2）当选择【类型】为【填充实体】时，【主体选项】下滑面板如图 10.95 所示。

图 10.94　【主体选项】下滑面板 1

图 10.95　【主体选项】下滑面板 2

1）【全部】：从特征所通过的所有主体中切割几何。

2）【选定】：从选定主体中切割几何。除非选择了一个或多个其他主体，否则会显示默认主体。

3）【主体】列表框：选择要从中移除几何的主体。

动手学——景观塔曲面加厚

源文件：源文件\结果文件\第 10 章\景观塔加厚.prt

本实例对图 10.90 所示的景观塔进行曲面加厚。

【操作步骤】

1．打开文件

打开【景观塔】文件，如图 10.90 所示。

2．曲面加厚

（1）单击【模型】选项卡【编辑】面组中的【加厚】按钮，打开【加厚】操控板，①选择绘图区中的曲面进行加厚，②【类型】选择【填充实体】，③设置厚度为 5.00，④单击【反向】按钮，调整方向向内，如图 10.96 所示。

（2）⑤单击【确定】按钮，结果如图 10.97 所示。

图 10.96　设置曲面加厚参数

图 10.97　加厚结果

10.7　延　伸　曲　面

延伸曲面是指通过指定距离移动编辑链延伸面组。延伸曲面的方法包括四种，分别是同一曲面类型的延伸、延伸曲面到指定的平面、与原曲面相切延伸、与原曲面逼近延伸。

10.7.1　【延伸】操控板介绍

选择要延伸曲面的边界链，再单击【模型】选项卡【编辑】面组中的【延伸】按钮，打开图 10.98 所示的【延伸】操控板。

【延伸】操控板中的各选项含义如下。

（1）【沿初始曲面】：选择的边界链沿原始曲面进行延伸。

图 10.98 【延伸】操控板

（2）【至平面】⬚：选择的边界链在与指定平面垂直的方向上延伸至平面。

（3）【延伸距离】：输入曲面延伸的距离。

（4）【反向】按钮⬚：可改变曲面延伸的方向。

10.7.2 【延伸】下滑面板介绍

当【类型】为【沿初始曲面】⬚时，【延伸】操控板包含【参考】【测量】【选项】【属性】下滑面板；当【类型】为【至平面】⬚时，【延伸】操控板仅提供【参考】【属性】下滑面板。下面对部分下滑面板进行介绍。

1.【参考】下滑面板

选择【参考】下滑面板，【类型】为【沿初始曲面】⬚和【至平面】⬚时的下滑面板分别如图 10.99（a）和（b）所示。

（a）沿初始曲面　　　　　　　　　　（b）至平面

图 10.99 【参考】下滑面板

（1）【边界边】列表框：显示曲面延伸的边链。

（2）【参考平面】列表框：显示曲面延伸的参考平面。

2.【测量】下滑面板

选择【测量】下滑面板，如图 10.100 所示，用户可在该下滑面板中添加、删除或设置延伸的相关配置。在列表框已存在的行上右击，在弹出的快捷菜单中选择【添加】命令，可在延伸特征的参考边中添加控制点。

图 10.100 【测量】下滑面板

单击【测量】下滑面板中的 下拉按钮，弹出两种测量距离方式。

（1）【 】：测量参考曲面中的延伸距离。

（2）【 】：测量选定平面中的延伸距离。

每种测量方式又有四种距离类型。

（1）【垂直于边】：垂直于边测量延伸距离。

（2）【沿边】：沿测量边测量延伸距离。

（3）【至顶点平行】：在顶点处开始延伸边并平行于测量边。

（4）【至顶点相切】：在顶点处开始延伸边并与下一单侧边相切。

3．【选项】下滑面板

选择【选项】下滑面板，如图 10.101 所示。

在【方法】列表框中可以选择曲面的三种延伸方式。

（1）【相同】：采用连续曲率变化的方式延伸原始曲面。原始曲面将按指定的距离通过其选定的原始边界。

（2）【相切】：建立的延伸曲面与原始曲面相切。

（3）【逼近】：在原始曲面和延伸边之间，以边界混合的方式创建延伸特征。

图 10.101 【选项】下滑面板

动手学——创建杯托

源文件：源文件\结果文件\第 10 章\杯托.prt
本实例创建图 10.102 所示的杯托。

【操作步骤】

1．打开文件

打开【杯托】文件，如图 10.103 所示。

2．延伸曲面 1

（1）单击【模型】选项卡【编辑】面组中的【延伸】按钮 ，打开【延伸】操控板，❶选择【类型】为【沿初始曲面】 ，❷选择边界链，❸设置【延伸距离】为 80.00。

（2）❹选择【测量】下滑面板，❺在第一行上右击，❻从弹出的快捷菜单中选择【添加】命令，添加第 2 个控制点，❼【距离】修改为 40.00，【位置】修改为 0.25。

（3）使用同样的方法，添加第 3 个控制点，❽【距离】修改为 30.00，【位置】修改为 0.50。

（4）使用同样的方法，添加第 4 个控制点，❾【距离】修改为 40.00，【位置】修改为 0.75。

（5）使用同样的方法，添加第 5 个控制点，❿【距离】修改为 80.00，【位置】修改为 1，如图 10.104 所示。

（6）⓫单击【确定】按钮 ，完成曲面的延伸，结果如图 10.105 所示。

扫一扫，看视频

图 10.102 杯托

图 10.103 杯托原始文件

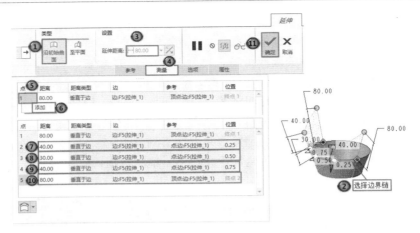

图 10.104　设置参数

（7）重复【延伸】命令，选择图 10.106 所示的边界链，设置【延伸距离】为 80。单击【确定】按钮，完成曲面的延伸，结果如图 10.107 所示。

图 10.105　延伸曲面　　　　　图 10.106　选择边界链　　　　　图 10.107　延伸结果

3．创建填充曲面

（1）单击【模型】选项卡【曲面】面组中的【填充】按钮，打开【填充】操控板。单击【参考】下滑面板中的【定义】按钮，弹出【草绘】对话框，选择 TOP 基准平面作为草绘平面，绘制图 10.108 所示的草图。单击【确定】按钮，退出草绘环境。

（2）单击【确定】按钮，完成填充曲面的创建，如图 10.109 所示。

4．曲面合并

单击【模型】选项卡【编辑】面组中的【合并】按钮，打开【合并】操控板，选择两组曲面，单击【确定】按钮，合并完成。

5．曲面加厚

单击【模型】选项卡【编辑】面组中的【加厚】按钮，打开【加厚】操控板，选择合并后的曲面，设置厚度为 1.5，单击【反向】按钮，调整加厚方向向内。单击【确定】按钮，加厚完成，如图 10.110 所示。

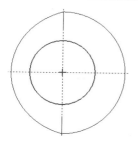

图 10.108　绘制草图

图 10.109　创建填充曲面

图 10.110　加厚曲面

6. 倒圆角

单击【模型】选项卡【工程】面组中的【倒圆角】按钮 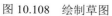，打开【倒圆角】操控板，设置圆角半径为 50，选择图 10.111 所示的两条棱边。单击【确定】按钮 ，结果如图 10.102 所示。

图 10.111　选择要圆角的棱边

10.8　曲面的实体化

实体化就是将前面设计的面组特征转换为实体几何。有时为了能分析生成的模型特性，也需要把曲面模型转变为实体模型。

需要转变为实体的曲面模型必须两端完全封闭，不能有缺口，或是曲面能与实体表面相交，并组成封闭的曲面空间。用于创建切削特征的面组可以是封闭的，也可以是开放的。如果是开放的，则面组的边界位于实体特征表面上，或与实体表面相交。

曲面的实体化包括曲面模型转变为实体和用曲面修剪切割实体两种功能。

10.8.1　【实体化】操控板介绍

选择曲面，单击【模型】选项卡【编辑】面组中的【实体化】按钮 ，打开【实体化】操控板，如图 10.112 所示。

图 10.112　【实体化】操控板

【实体化】操控板中的各选项含义如下。

（1）【填充实体】 ：用实体材料填充由面组界定的体积块。

（2）【移除材料】 ：移除面组内侧或外侧的材料。

（3）【替换曲面】 ：用面组替换部分曲面，面组边界必须位于曲面上。

（4）【材料侧】 ：确定生成的材料方向。

10.8.2 【实体化】下滑面板介绍

【实体化】操控板包含【参考】【主体选项】【属性】3 个下滑面板，下面对部分下滑面板进行介绍。

1．【参考】下滑面板

选择【参考】下滑面板，如图 10.113 所示。

【面组】列表框：显示要实体化的曲面或面组。

2．【主体选项】下滑面板

选择【主体选项】下滑面板，如图 10.114 所示。

（1）【将几何添加到主体】：创建的主体与原主体合并。在添加几何时显示，在【主体】列表框中选择要添加几何的主体。除非选择了其他主体，否则会显示默认主体。

（2）【创建新主体】：创建新的主体特征，与原主体不合并。在【主体】列表框中显示新主体的名称。

图 10.113　【参考】下滑面板

图 10.114　【主体选项】下滑面板

扫一扫，看视频

动手学——铣刀刀体实体化

源文件：源文件\结果文件\第 10 章\铣刀刀体.prt

本实例对图 10.115 所示的铣刀刀体进行实体化。

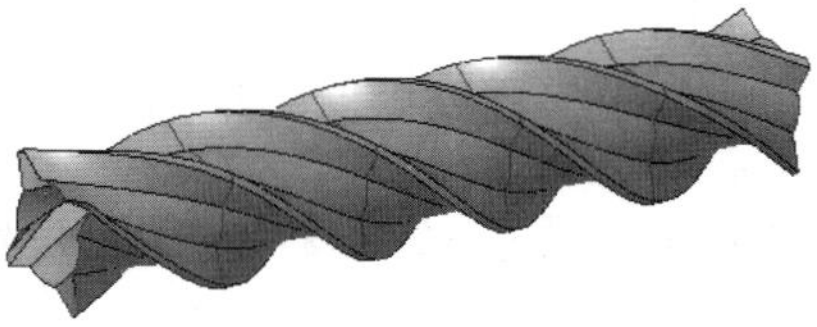

【操作步骤】

1．打开文件

打开【铣刀刀体】文件，如图 10.115 所示。

图 10.115　铣刀刀体

2．创建填充曲面

单击【模型】选项卡【曲面】面组中的【填充】按钮，打开【填充】操控板，选择图 10.116 所示的草图。单击【确定】按钮，完成填充曲面的创建。

图 10.116　选择草图

3．复制填充曲面

（1）在模型树中选择【填充 1】特征，单击【模型】选项卡【操作】面组中的【复制】按钮，再单击【模型】选项卡【操作】面组中的【选择性粘贴】按钮，弹出【选择性粘贴】对话框，勾选【对副本应用移动/旋转变换】复选框，单击【确定】按钮，打开【移动（复制）】操控板。

（2）在【移动（复制）】操控板中，【类型】选择【平移】，在绘图区中选择 TOP 基准平面作为移动的方向参考，设置移动距离为 150，单击【确定】按钮，结果如图 10.117 所示。

4. 曲面合并

单击【模型】选项卡【编辑】面组中的【合并】按钮⟳，打开【合并】操控板，选择所有曲面进行合并，单击【确定】按钮✔，合并完成。

5. 实体化

单击【模型】选项卡【编辑】面组中的【实体化】按钮⬛，打开【实体化】操控板，选择铣刀刀体面组。单击【确定】按钮✔，实体化完成，结果如图 10.118 所示。

图 10.117　复制填充曲面　　　　图 10.118　实体化

10.9　综合实例——创建轮毂

本实例主要练习曲面的基本造型和曲面编辑。首先分析要创建的模型的特征，轮毂由外圈和轮条组成，轮条是通过在曲面上挖孔得到的。在轮条的设计中，一个主要的技术就是投影、边界曲面和合并，这是本曲面制作中比较核心的部分。轮毂如图 10.119 所示。

【操作步骤】

1. 新建文件

新建【轮毂】文件，进入零件界面。

2. 创建旋转曲面 1

图 10.119　轮毂

（1）单击【模型】选项卡【形状】面组中的【旋转】按钮⬧，打开【旋转】操控板，选择【类型】为【曲面】。选择 FRONT 基准平面作为草绘平面，绘制旋转草图，如图 10.120 所示。输入旋转角度 360°，完成旋转特征的创建，如图 10.121 所示。

（2）在模型树中选择【旋转 1】特征，单击【模型】选项卡【编辑】面组中的【镜像】按钮⬚⬚，打开【镜像】操控板，选择 TOP 基准平面作为镜像平面，结果如图 10.122 所示。

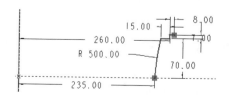

图 10.120　绘制旋转草图　　　图 10.121　旋转曲面 1　　　图 10.122　镜像曲面

（3）单击【模型】选项卡【编辑】面组中的【合并】按钮，打开【合并】操控板。按住 Ctrl 键，在绘图区选择两个曲面，单击【确定】按钮，完成曲面的合并。

3. 创建旋转曲面 2

（1）单击【模型】选项卡【形状】面组中的【旋转】按钮，打开【旋转】操控板，选择【类型】为【曲面】。选择基准平面 FRONT 作为草绘平面，绘制图 10.123 所示的草图。单击【确定】按钮，退出草图绘制环境。

（2）单击【确定】按钮，完成旋转曲面，如图 10.124 所示。

（3）在模型树中选择【旋转 2】特征，在弹出的快捷菜单中单击【隐藏】按钮，如图 10.125 所示，隐藏【旋转 2】特征。

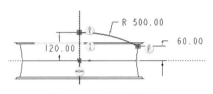

图 10.123　绘制草图 1

图 10.124　旋转曲面 2

图 10.125　单击【隐藏】按钮

4. 创建旋转曲面 3

（1）重复【旋转】命令，打开【旋转】操控板，选择基准平面 FRONT 作为草绘平面，绘制图 10.126 所示的草图。单击【确定】按钮，退出草图绘制环境。

（2）单击【确定】按钮，完成旋转曲面的制作，如图 10.127 所示。

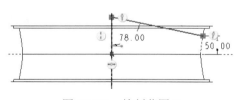

图 10.126　绘制草图 2

图 10.127　旋转曲面 3

5. 绘制曲线 1

（1）在模型树中选择【旋转 3】特征，在弹出的快捷菜单中单击【隐藏】按钮，隐藏【旋转 3】特征。

（2）单击【模型】选项卡【基准】面组中的【草绘】按钮，弹出【草绘】对话框，选择 TOP 基准平面作为草绘平面，绘制图 10.128 所示的草图曲线。单击【确定】按钮，退出草图绘制环境。

6. 绘制曲线 2

（1）单击【模型】选项卡【基准】面组中的【草绘】按钮，弹出【草绘】对话框，选择 TOP 基准平面作为草绘平面，进入草绘环境。

（2）单击【草绘】选项卡【草绘】面组中的【偏移】按钮，弹出【类型】菜单管理器，选择偏移边为【环】，选择曲线 1，弹出【于箭头方向输入偏移】输入框，输入偏移量为−14，将其向内偏移 14，如图 10.129 所示。

（3）单击【接受值】按钮☑，关闭【类型】菜单管理器。再单击【确定】按钮 ✓，退出草图绘制环境，结果如图 10.130 所示。

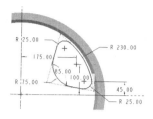

图 10.128 绘制曲线 1

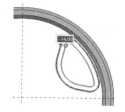

图 10.129 选择曲线

图 10.130 绘制曲线 2

7. 曲线投影

（1）按住 Ctrl 键，在模型树中选择【旋转 2】【旋转 3】特征，在快捷菜单中单击【显示】按钮 ◉，显示结果如图 10.131 所示。

（2）单击【模型】选项卡【编辑】面组中的【投影】按钮 ⤳，打开【投影曲线】操控板，选择曲线 2。在【参考】下滑面板中单击【曲面】列表框，在绘图区中选择图 10.132 所示的旋转 3 曲面。

图 10.131 显示曲面

图 10.132 选择曲线、曲面和参考方向

（3）在【参考】下滑面板中单击【方向参考】列表框，在模型树中选择 TOP 基准平面，单击【确定】按钮 ✓，完成曲线的投影操作，结果如图 10.133 所示。

（4）同理，将曲线 1 创建的曲线投影到旋转 2 曲面上，结果如图 10.134 所示。

图 10.133 投影曲线 1

图 10.134 投影曲线 2

8. 创建边界混合曲面

（1）按住 Ctrl 键，在模型树中选择所有旋转曲面及两个草图，在弹出的快捷菜单中单击【隐藏】按钮 ◣，结果如图 10.135 所示。

（2）单击【模型】选项卡【基准】面组中的【通过点的曲线】按钮 ∿，打开【曲线：通过点】操控板，绘制投影曲线 1 和投影曲线 2 对应点之间的连接线。

（3）单击【确定】按钮✔️，完成连接线 1，结果如图 10.136 所示。

图 10.135　隐藏曲面

图 10.136　创建的曲线

（4）同理，绘制其余 5 条曲线，结果如图 10.137 所示。

（5）单击【模型】选项卡【曲面】面组中的【边界混合】按钮🗐，打开【边界混合】操控板。按住 Ctrl 键，选择 6 条连接线为第一方向曲线，两条投影曲线为第二方向曲线，如图 10.138 所示。单击【确定】按钮✔️，结果如图 10.139 所示。

图 10.137　绘制的 6 条曲线

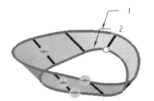

图 10.138　选择曲线

图 10.139　边界混合曲面

9. 阵列曲面

（1）在模型树中选择【旋转 1】和【镜像 1】特征，在弹出的快捷菜单中单击【显示】命令👁️。

（2）在模型树中选择【边界混合 1】特征，单击【模型】选项卡【编辑】面组中的【阵列】按钮▦，打开【阵列】操控板。选择【类型】为【轴】，在绘图区中选择图 10.140 所示的轴，设置【第一方向成员数】为 6，【成员间的角度】为 60°。单击【确定】按钮✔️，完成阵列操作，结果如图 10.141 所示。

图 10.140　选择轴

图 10.141　阵列结果

10. 合并曲面

（1）将所有隐藏的特征显示。

（2）按住 Ctrl 键，在模型树中选择【边界混合 1[1]】和【旋转 2】特征，单击【模型】选项卡【编辑】面组中的【合并】按钮🗗，打开【合并】操控板，单击【保留的第二面组的侧】按钮✂️，调整箭头方向向外，如图 10.142 所示。单击【确定】按钮✔️，合并完成，结果 1 如图 10.143 所示。

（3）同理，按住 Ctrl 键，在模型树中选择【合并 2】和【旋转 3】特征进行合并，结果 2 如图 10.144 所示。

图 10.142　调整箭头方向 1

图 10.143　合并结果 1

图 10.144　合并结果 2

（4）同理，按住 Ctrl 键，在模型树中选择【合并 3】和【边界混合 1[2]】特征进行合并，结果 3 如图 10.145 所示。

（5）同理，分别在模型树中选择【合并 4】和【边界混合 1[3]】、【合并 5】和【边界混合 1[4]】、【合并 6】和【边界混合 1[5]】、【合并 7】和【边界混合 1[6]】进行合并，结果如图 10.146 所示。

图 10.145　合并结果 3

图 10.146　合并结果 4～7

11．挖孔

（1）在模型树中选择【合并 1】以下的所有特征，在弹出的快捷菜单中单击【隐藏】按钮👁。

（2）单击【模型】选项卡【形状】面组中的【旋转】按钮，打开【旋转】操控板，选择【类型】为【曲面】。选择基准平面 FRONT 作为草绘平面，绘制如图 10.147 所示的草图。单击【确定】按钮，退出草图绘制环境。

（3）单击【确定】按钮，完成旋转曲面，如图 10.148 所示。

（4）在模型树中选择【旋转 4】特征，单击【模型】选项卡【编辑】面组中的【阵列】按钮，打开【阵列】操控板，【类型】选择【轴】，选择图 10.148 所示的轴，设置【第一方向成员数】为 6，【成员间的角度】为 60°。单击【阵列】操控板中的【确定】按钮，完成阵列操作，如图 10.149 所示。

图 10.147　绘制草图 3

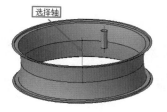

图 10.148　旋转曲面 4

图 10.149　阵列旋转曲面

（5）在模型树中选择【合并 1】以下的所有特征，在弹出的快捷菜单中单击【显示】按钮，显示所有特征。

（6）按住 Ctrl 键，选择【旋转 4[1]】和【合并 8】特征，单击【模型】选项卡【编辑】面组中的【合并】按钮🔘，打开【合并】操控板，调整箭头方向，如图 10.150 所示。

（7）单击【确定】按钮✔，合并完成，如图 10.151 所示。

（8）同理，将其余曲面进行合并，最终结果如图 10.152 所示。

图 10.150　调整箭头方向 2

图 10.151　合并结果 8

图 10.152　最终合并结果

12. 合并主体

（1）按住 Ctrl 键，在模型树中选择【合并 1】和【合并 14】特征，单击【模型】选项卡【编辑】面组中的【合并】按钮🔘，打开【合并】操控板，调整箭头方向，如图 10.153 所示。

（2）选择【选项】下滑面板，选中【联接】单选按钮，单击【确定】按钮✔，合并完成。

13. 曲面加厚

（1）在模型树中选择【合并 15】特征，单击【模型】选项卡【编辑】面组中的【加厚】按钮▣，打开【加厚】操控板，设置厚度值为 4。单击【反向】按钮，调整加厚方向向内，如图 10.154 所示。

（2）单击【确定】按钮✔，结果如图 10.119 所示。

图 10.153　调整箭头方向 3

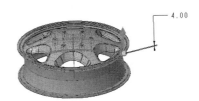

图 10.154　调整箭头方向 4

第 11 章　零件实体装配

内容简介

在产品设计过程中，如果零件的 3D 模型已经设计完毕，就可以通过建立零件之间的装配关系将零件装配起来。根据需要，可以对装配的零件之间进行各种连接。

内容要点

- 装配基础
- 创建装配图
- 插入元件
- 装配约束
- 连接类型的定义
- 爆炸视图的生成与编辑

案例效果

11.1　装 配 基 础

本节对装配相关的内容进行简要介绍。

11.1.1　装配简介

零件装配功能是 Creo Parametric 中非常重要的功能之一。下面对装配环境进行简单介绍，让读者对整个环境有大致了解。装配环境的用户界面如图 11.1 所示。

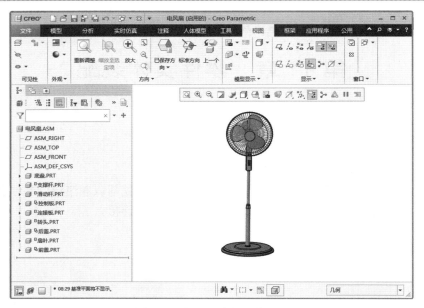

图 11.1　装配环境的用户界面

11.1.2　组件模型树

如图 11.2 所示，在模型树中，组件以图形化、分层表示。模型树中的节点表示构成组件的子组件、零件和特征，图标或符号提供其他信息。双击元件名称，可以放大或缩小树显示。

模型树可作为一个选择工具，在各种元件和特征操作中迅速标识并选择对象。另外，系统定义信息栏可用于显示模型树中有关元件和特征的信息。当顶级组件处于活动状态时，可通过右击模型树中的选项，在弹出的图 11.3 所示的快捷菜单中对组件进行如下操作。

图 11.2　模型树

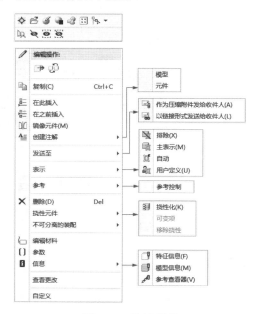

图 11.3　快捷菜单

（1）打开元件模型。

（2）重定义元件约束。

（3）重定义参考，删除、隐含、恢复、替换和阵列元件。

（4）创建、装配或包含新元件。

（5）创建装配特征。

（6）创建注释。

（7）控制参考。

（8）访问模型和元件信息。

（9）重定义所有元件的显示状态。

（10）重定义单个元件的显示状态。

（11）固定打包元件的位置。

（12）更新收缩包络特征。

（13）修改组件或组件中的任意元件。

　　只有当系统中不存在其他活动操作时，才可在模型树中调用操作，且当子模型处于活动状态时，在没有活动模型的项目上只能进行编辑、隐藏/取消隐藏及查看信息等操作。

11.2　创建装配图

　　如果要创建一个装配体模型，首先应创建一个装配体模型文件。单击【主页】选项卡【数据】面组中的【新建】按钮 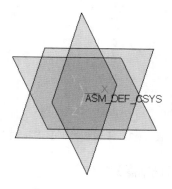，弹出图 11.4 所示的【新建】对话框。在【类型】选项组中选中【装配】单选按钮，在【子类型】选项组中选中【设计】单选按钮，在【文件名】文本框中输入文件名，取消勾选【使用默认模板】复选框，单击【确定】按钮，在弹出的【新文件选项】对话框中选择【mmns_asm_design_abs】选项，单击【确定】按钮，进入装配环境。

　　此时在绘图区有 3 个默认的基准平面，如图 11.5 所示。这 3 个基准平面相互垂直，是默认的装配基准平面，用于作为放置零件时的基准，尤其是第一个零件。

图 11.4　【新建】对话框

图 11.5　默认的基准平面

11.3 插 入 元 件

装配图创建之后，即进入装配界面。首先要将元件添加到装配文件中，然后对元件进行装配约束。

单击【模型】选项卡【元件】面组中的【组装】按钮，弹出【打开】对话框，选择要插入的元件，单击【打开】按钮，打开【元件放置】操控板，如图 11.6 所示。

图 11.6 【元件放置】操控板

【元件设置】操控板的各选项含义如下。

1. 【方法】选项组

（1）【按照界面】：使用界面放置元件。

（2）【手动】：手动放置元件。

2. 【约束】选项组

（1）【连接类型】：包含预定义的约束集列表，如图 11.7 所示。

（2）【当前约束】：用于显示当前的约束类型。其下拉列表中包含 11 种约束类型，如图 11.8 所示。

图 11.7 【连接类型】下拉列表

图 11.8 【约束类型】下拉列表

3. 【显示拖动器】按钮

单击该按钮，可打开/关闭拖动器。

4．【单独窗口】按钮 ▣

定义约束时，单击该按钮，则元件将在小窗口中显示。

5．【主窗口】按钮 ▣

定义约束时，将在图形区中显示元件并更新元件放置。

6．【状况】

【状况】用于显示当前约束状况：【无约束】【不完全约束】【完全约束】【未完成连接定义】。

11.4　装　配　约　束

在装配过程中，零件之间相对位置的确定需要配合关系，该关系就称为装配约束。为了能够控制和确定元件之间的相对位置，往往需要设置多种约束条件。当选择【连接类型】为【用户定义】时，在 Creo Parametric 的【约束类型】下拉列表中包含 11 种约束类型，如图 11.8 所示。各约束类型的具体含义如下。

（1）自动 ⚡：由系统通过猜测来设置适当的约束类型，如配对、对齐等。使用过程中，用户只需选取元件和相应的组建参考即可。

（2）距离 ⫽：元件参考偏离装配参考一定的距离。

（3）角度偏移 ⬚：元件参考与装配参考成一个角度。

（4）平行 ⫽：元件参考与装配参考的两个面平行。

（5）重合 ⫽：元件参考与装配参考重合，包括对齐和配对两个约束。

（6）法向 ⫼：元件参考与装配参考垂直。

（7）共面 ⬚：将一个旋转曲面插入另一旋转曲面中，且使它们各自的轴同轴。当轴选取无效或不方便时，可使用此约束。

（8）居中 ⤚：元件参考与装配参考同心。

（9）相切 ⬚：使不同元件上的两个参考呈相切状态。

（10）固定 ⬚：在目前位置直接固定元件的相互位置，使之达到完全约束的状态。

（11）默认 ⬚：使两个元件的默认坐标系相互重合并固定相互位置，使之达到完全约束的状态。

下面通过简单的实例介绍常用约束类型的使用方法。

11.4.1　默认约束

默认是指使两个元件的默认坐标系相互重合并固定相互位置，使其达到完全约束状态。在装配中有 3 个坐标系，分别是组件系统自带的坐标系、元件坐标系和先前插入组件的坐标系。

在【元件放置】操控板的【约束类型】下拉列表中选择【默认】选项，或者在【放置】下滑面板的【约束类型】下拉列表中选择【默认】选项，如图 11.9 所示。系统自动将插入元件的坐标系放置到装配坐标系上，示例如图 11.10 所示。

图 11.9　选择【默认】选项　　　　　　　　　图 11.10　默认约束示例

动手学——联轴器默认约束

源文件：源文件\结果文件\第 11 章\默认约束\联轴器默认约束.asm
本实例对联轴器的左套进行默认约束装配。

【操作步骤】

1. 新建文件

单击【主页】选项卡【数据】面组中的【新建】按钮，弹出【新建】对话框，选择【类型】为【装配】，子类型为【设计】，输入文件名【联轴器】，取消勾选【使用默认模板】复选框。单击【确定】按钮，弹出【新文件选项】对话框，选择【mmns_asm_design_abs】选项，单击【确定】按钮，进入装配界面。

2. 插入左套

（1）单击【模型】选项卡【元件】面组中的【组装】按钮，弹出【打开】对话框，选择【\原始文件\第 11 章\联轴器\左套.prt】文件，单击【打开】按钮，打开【元件放置】操控板，并将元件添加到当前装配模型，如图 11.11 所示。此时，元件坐标系和装配坐标系并不重合。

图 11.11　插入左套

（2）在【元件放置】操控板的【当前约束】下拉列表中❶选择【默认】选项，如图 11.12 所示。❷单击【确定】按钮，系统自动将插入元件的坐标系放置到装配坐标系上，如图 11.13 所示。

图 11.12　默认约束设置　　　　　　　　　图 11.13　默认约束

11.4.2　重合约束

在【元件放置】操控板的【当前约束】下拉列表中选择【重合】选项，或者在【放置】下滑面板的【约束类型】下拉列表中选择【重合】选项，激活左侧约束管理器中的【选择元件项】选项；单击零件表面，再次激活左侧约束管理器中的【选择装配项】选项。单击用于重合的参考面，则零件就会自动移动到相应的位置，示例如图 11.14 所示。

图 11.14　重合约束示例

动手学——联轴器重合约束

源文件： 源文件\结果文件\第 11 章\重合约束\联轴器重合约束.asm
本实例对联轴器的左套和右套端面进行重合约束。

（1）承接 11.4.1 小节联轴器默认约束。

（2）插入右套。

1）单击【模型】选项卡【元件】面组中的【组装】按钮 ，打开【\原始文件\第 11 章\联轴器\右套.prt】文件，打开【元件放置】下滑面板。该下滑面板的左侧为约束管理器，右侧为约束类型和状态显示。

2）在【约束类型】下拉列表中❶选择【重合】选项，❷选择左套的上表面，❸再选择右套的上表面，❹单击【反向】按钮，调整方向，如图 11.15 所示。

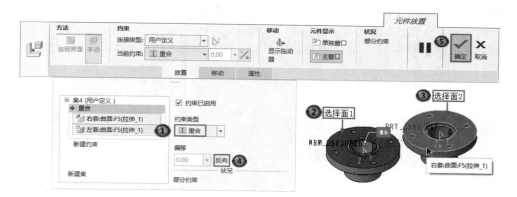

图 11.15　设置重合约束

3）❺单击【确定】按钮　　，两表面重合，结果如图 11.16 所示。

图 11.16　重合约束结果

11.4.3　居中约束

使用居中约束可将一个旋转曲面插入另一旋转曲面中，且使它们同轴。当轴选取无效或不方便时，可使用此约束。

在【元件放置】操控板的【当前约束】下拉列表中选择【居中】选项，或者在【放置】下滑面板的【约束类型】下拉列表中选择【居中】选项，激活左侧约束管理器中的【选择元件项】选项；单击新添加元件上用于居中的参考面，再次激活左侧约束管理器中的【选择装配项】选项。单击组件上用于居中的参考面，新插入的元件将会移动到约束设定的位置，示例如图 11.17 所示。

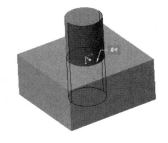

图 11.17　居中约束示例

扫一扫，看视频

动手学——联轴器居中约束

源文件： 源文件\结果文件\第 11 章\居中约束\联轴器居中约束.asm

本实例对联轴器的左套和右套内孔面进行居中约束。

（1）承接 11.4.2 小节联轴器重合约束。

（2）新建约束。

1）在模型树中选择【右套】，在弹出的快捷菜单中单击【编辑定义】按钮 ，打开【元件放置】操控板。

2）在【放置】下滑面板中单击❶【新建约束】按钮，如图 11.18 所示，新建一个【约束类型】为【自动】的约束。❷在【约束类型】下拉列表中选择【居中】选项，❸选择左套的内孔面，❹再选择右套的内孔面，如图 11.19 所示。

（3）单击【确定】按钮　　，居中约束设置完成，结果如图 11.20 所示。

图 11.18　新建约束

图 11.19　设置居中约束　　　　　　　　　　　　图 11.20　居中约束结果

11.4.4　法向约束

在【放置】下滑面板的【约束类型】下拉列表中选择【法向】选项，激活左侧约束管理器中的

【选择元件项】选项；单击零件表面，再次激活左侧约束管理器中的
【选择装配项】选项。单击用于法向的参考面，则零件就会自动移动
到相应的位置，示例如图11.21所示。

图11.21 法向约束示例

动手学——板法向约束

源文件：源文件\结果文件\第11章\法向约束\板法向约束.asm
本实例对底板和上板进行法向约束。

1. 打开文件

打开【\原始文件\第11章\法向\板.asm】文件，如图11.22所示。

2. 插入上板

（1）单击【模型】选项卡【元件】面组中的【组装】按钮，打开
【\原始文件\第11章\法向\上板.prt】文件，并将元件添加到当前装配模型。

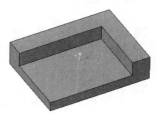

图11.22 板

（2）在【约束类型】下拉列表中❶选择【法向】选项，❷选择底板
面1，❸再选择上板面2，如图11.23所示，此时两端面自动垂直，如图11.24所示。

图11.23 设置法向约束1

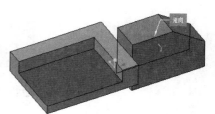

图11.24 法向约束结果1

（3）在【放置】下滑面板中单击❹【新建约束】按钮。❺在【约束类型】下拉列表中选择【法向】选项，❻选择底板面1，❼再选择上板面2，如图11.25所示。

（4）单击【确定】按钮 ，法向约束结果如图11.26所示。

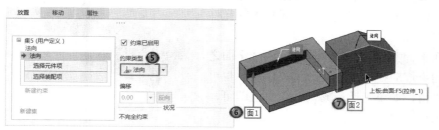

图11.25 设置法向约束2

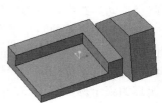

图11.26 法向约束结果2

11.4.5 固定约束

固定是指在目前位置固定元件的相互位置，使其达到完全约束状态。
在【放置】下滑面板的【约束类型】下拉列表中选择【固定】选项，激活左侧约束管理器中的

【偏移原点】选项；单击装配坐标系，通过拖动可以看到装配件与元件相对固定不动，示例如图 11.27 所示。

动手学——支架固定约束

源文件： 源文件\结果文件\第 11 章\固定约束\支架固定约束.asm
本实例对支架进行固定约束。

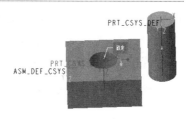
图 11.27　固定约束示例

【操作步骤】

1．新建文件

新建【支架固定约束】文件，进入装配界面。

2．插入支架

（1）单击【模型】选项卡【元件】面组中的【组装】按钮，打开【\原始文件\第 11 章\固定\支架.prt】文件，并将元件添加到当前装配模型。

（2）在【元件放置】操控板的【当前约束】下拉列表中❶选择【固定】选项，如图 11.28 所示。❷单击【确定】按钮，结果如图 11.29 所示。

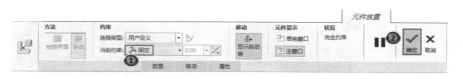

图 11.28　设置固定约束

图 11.29　固定约束结果

11.4.6　距离

在【放置】下滑面板的【约束类型】下拉列表中选择【距离】选项，激活左侧约束管理器中的【选择元件项】选项；单击新添加元件上用于距离的参考面，再次激活左侧约束管理器中的【选择装配项】选项。在组件上选择另一个参考面，在偏移值文本框中输入距离值，这时新插入的元件就会移动到约束设定的位置。

距离约束可使两个平面平行并相对，偏移值决定两个平面之间的距离。可以使用偏移约束拖动控制滑块更改偏移距离，也可在偏移值文本框中编辑偏移值，如果需要反向则输入负值即可，距离约束示例如图 11.30 所示。

图 11.30　距离约束示例

动手学——轴距离约束

源文件： 源文件\结果文件\第 11 章\距离约束\轴距离约束.asm
本实例在 11.4.5 小节的基础上装配轴，并对轴进行距离约束。

（1）承接 11.4.5 小节支架固定约束。

（2）插入轴。

1）单击【模型】选项卡【元件】面组中的【组装】按钮，打开【\原始文件\第 11 章\距离\轴.prt】文件，打开【元件放置】下滑面板，该下滑面板的左侧为约束管理器，右侧为约束类型和状态显示。

2）在【约束类型】下拉列表中选择【居中】选项，选择支架的内孔面，再选择轴的外表面，如图 11.31 所示。约束完成，如图 11.32 所示。

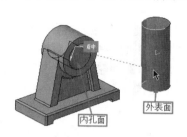
图 11.31　选择参照面

图 11.32　居中约束

3）在【放置】下滑面板中单击【新建约束】按钮，新建一个约束。在【约束类型】下拉列表中❶选择【距离】选项，❷选择支架的前端面 1，❸再选择轴的前端面 2，❹设置【距离】为 90.00，如图 11.33 所示。

4）距离约束完成，结果如图 11.34 所示。单击【确定】按钮，轴装配完成。

图 11.33　设置距离约束

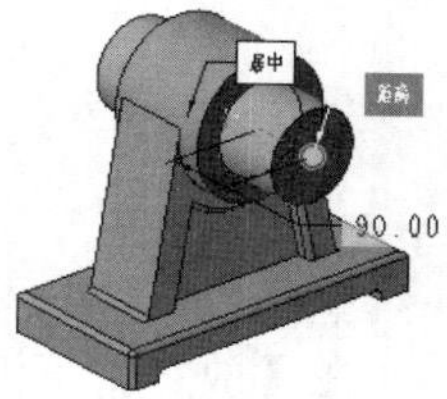

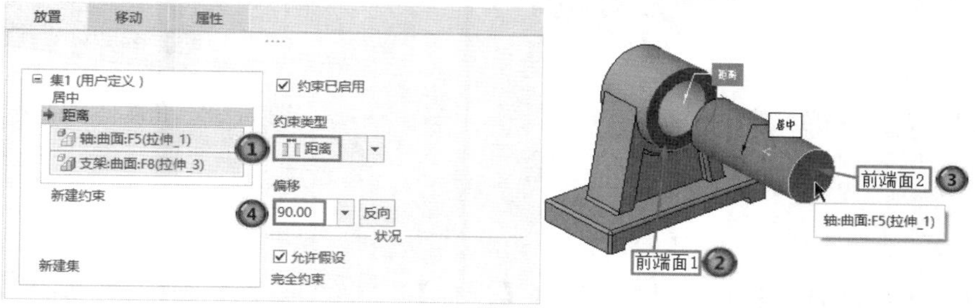

图 11.34　距离约束结果

11.4.7　角度偏移

在【放置】下滑面板的【约束类型】下拉列表中选择【角度偏移】选项，激活左侧约束管理器中的【选择元件项】选项；单击新添加元件上用于角度的参考面，再次激活左侧约束管理器中的【选择装配项】选项。单击组件上用于角度的参考面，在偏移值文本框中输入 100，这时新插入的元件就会移动到约束设定的位置。角度偏移示例如图 11.35 所示。

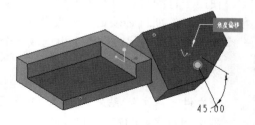
图 11.35　角度偏移示例

动手学——机械臂角度偏移约束

源文件：源文件\结果文件\第 11 章\角度偏移\机械臂角度偏移约束.asm
本实例对图 11.36 所示的机械臂的基座和大臂之间进行角度偏移约束。

扫一扫，看视频

1. 打开文件

打开【\原始文件\第 11 章\角度偏移\机械臂.asm】文件，如图 11.36 所示。

2. 新建约束

（1）在模型树中选择【大臂】，在弹出的快捷菜单中单击【编辑定义】按钮，打开【元件放置】操控板。

（2）在【放置】下滑面板中单击【新建约束】按钮，新建一个约束。❶在【约束类型】下拉列表中选择【角度偏移】选项，❷选择基座的上表面，❸再选择大臂的小侧面，❹设置偏移角度为 30°，❺单击【反向】按钮，如图 11.37 所示。

（3）系统自动约束完成，结果如图 11.38 所示。单击【确定】按钮，装配完成。

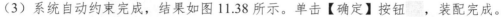

图 11.36　机械臂

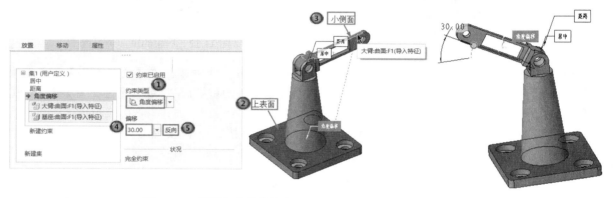

图 11.37　设置角度偏移约束

图 11.38　角度偏移结果

11.4.8　平行

在【放置】下滑面板的【约束类型】下拉列表中选择【平行】选项，激活左侧约束管理器中的【选择元件项】选项；单击零件表面，再次激活左侧约束管理器中的【选择装配项】选项。单击用于平行的参考面，则零件就会自动移动到相应的位置。平行约束示例如图 11.39 所示。

使用平行约束也可对齐两个基准点、顶点或曲线端点。两个零件上选取的项目必须是同一类型的，即如果在一个零件上选取一个点，则必须在另一零件上也选取一个点。

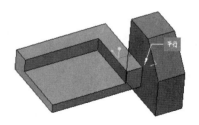

图 11.39　平行约束示例

扫一扫，看视频

动手学——支撑架平行约束

源文件：源文件\结果文件\第 11 章\平行约束\支撑架平行约束.asm
本实例对底座的左右两侧进行支撑装配。

【操作步骤】

1. 打开文件

打开【\原始文件\第 11 章\平行\支撑架.asm】文件，如图 11.40 所示。

2. 新建约束

（1）在模型树中选择【支撑】，在弹出的快捷菜单中单击【编辑定义】按钮 🖐，打开【元件放置】操控板。

（2）在【放置】下滑面板中单击【新建约束】按钮，新建一个约束。在【约束类型】下拉列表中 ❶ 选择【平行】选项，❷ 选择底座的端面 1，❸ 再选择支撑的端面 2，如图 11.41 所示。约束完成，结果如图 11.42 所示。

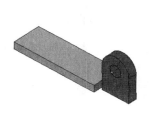

图 11.40　支撑架

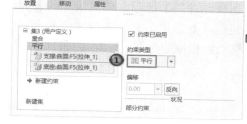

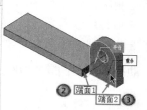

图 11.41　选择参照面

（3）在【放置】下滑面板中单击【新建约束】按钮，新建一个约束。在【约束类型】下拉列表中选择【距离】选项，选择底座的端面 1，再选择支撑的端面 2，设置【距离】为 –50，结果如图 11.43 所示。

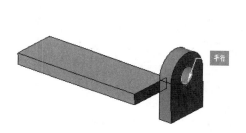

图 11.42　平行约束结果

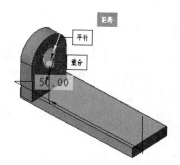

图 11.43　距离约束结果

（4）在【放置】下滑面板中单击【新建约束】按钮，新建一个约束。在【约束类型】下拉列表中选择【重合】选项，选择底座的端面 1，再选择支撑的端面 2，如图 11.44 所示。单击【确定】按钮 ，结果如图 11.45 所示。

（5）使用同样的方法，插入右侧的支撑，距离为 5，结果如图 11.46 所示。

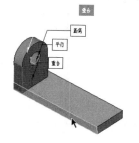

图 11.44　选择约束参照

图 11.45　重合约束结果

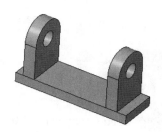

图 11.46　插入右侧支撑

11.4.9 相切约束

使用相切约束控制两个曲面在切点的接触，该约束的功能与配对约束功能相似，因为该约束是配对曲面，而不是对齐曲面。使用该约束的一个典型应用实例为轴承滚珠与轴承内外套之间的接触点。

在【放置】下滑面板的【约束类型】下拉列表中选择【相切】选项，激活左侧约束管理器中的【选择元件项】选项，单击滚珠的表面，再次激活左侧约束管理器【选择装配项】选项，并单击轴承内套上用于相切的参考面，则滚珠就会自动移动到相应的位置，示例如图 11.47 所示。

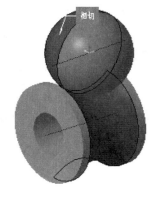

图 11.47　相切约束示例

动手学——凸轮相切约束

扫一扫，看视频

源文件：源文件\结果文件\第 11 章\相切约束\凸轮相切约束.asm
本实例对两个凸轮进行相切约束。

【操作步骤】

1.打开文件

打开【\原始文件\第 11 章\相切\凸轮.asm】文件，如图 11.48 所示。

图 11.48　凸轮

2.插入凸轮 1

（1）单击【模型】选项卡【元件】面组中的【组装】按钮，弹出【打开】对话框，选择【\原始文件\第 11 章\相切\凸轮 1.prt】文件，单击【打开】按钮，打开【元件放置】操控板，并将元件添加到当前装配模型。

（2）在【约束类型】下拉列表中❶选择【相切】选项，❷选择凸轮 1 的圆柱面 1，❸再选择凸轮 2 的圆柱面 2，如图 11.49 所示。

（3）约束完成，结果如图 11.50 所示。单击【确定】按钮　　，退出操控板。

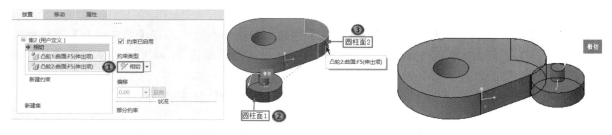

图 11.49　设置相切约束　　　　　　　　图 11.50　相切约束结果

11.5　连接类型的定义

在 Creo Parametric 11.0 中，元件的放置还有一种装配方式——连接装配。使用连接装配，可在利用 Pro/Mechanism（机构）模块时直接执行机构的运动分析与仿真，连接装配使用 11.4 节讲述的

各种约束条件来限定零件的运动方式及其自由度。【连接类型】下拉
列表如图 11.51 所示，连接类型的意义在于以下两点。

（1）定义一个元件在机构中可能具有的自由度。

（2）限制主体之间的相对运动，减少系统可能的总自由度。

11.5.1　刚性连接

刚性连接的自由度为 0，零件处于完全约束状态，在装配中不允
许任何移动。

图 11.51　【连接类型】下拉列表

动手学——支撑与销轴刚性连接

扫一扫，看视频

源文件：源文件\结果文件\第 11 章\刚性连接\支撑与销轴刚性连接.asm
本实例对支撑与销轴进行刚性连接装配，装配过程中会使用到 11.4 节介绍的装配约束。

【操作步骤】

1．新建文件

新建【支撑与销轴刚性连接】文件，进入装配界面。

2．插入支撑

（1）单击【模型】选项卡【元件】面组中的【组装】按钮，打开【\原
始文件\第 11 章\刚性\支撑.prt】文件，将元件添加到当前装配模型。

（2）在【放置】下滑面板的【约束类型】下拉列表中选择【默认】选项，
单击【确定】按钮，系统自动将插入元件的坐标系放置到装配坐标系上，如
图 11.52 所示。

3．插入销轴

（1）单击【模型】选项卡【元件】面组中的【组装】按钮，打开【\原
始文件\第 11 章\刚性\销轴.prt】文件，将元件添加到当前装配模型。

图 11.52　支撑

（2）❶在【元件放置】操控板中设置【连接类型】为【刚性】。

（3）在【放置】下滑面板的【约束类型】下拉列表中❷选择【居中】选项，选择图 11.53 所示
的❸支撑的内孔面和❹销轴的外圆柱面，❺单击【确定】按钮，完成支撑与销轴刚性连接，如
图 11.54 所示。

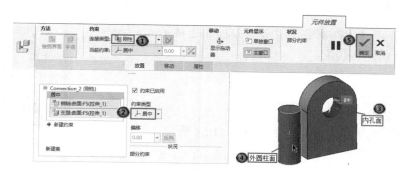

图 11.53　设置刚性连接参数

图 11.54　支撑与销轴刚性连接

（4）此时单击【模型】选项卡【元件】面组中的【拖动元件】按钮 ，单击销轴元件，移动鼠标尝试拖动连接元件，发现连接元件不能移动，说明刚性连接的自由度为0。

11.5.2 销连接

销是指销连接，自由度为1，零件可沿某一轴旋转。

当【连接类型】选择【销】时，【放置】下滑面板包含两个基本的预定义约束：【轴对齐】和【平移】。在两个约束定义完成后，系统自动增加了【旋转轴】约束。

下面对3个约束进行详细介绍。

（1）【轴对齐】约束：该约束用于约束两元件的轴线重合，如图11.55所示。

（2）【平移】约束：该约束的默认约束类型为【重合】，也可以选择【约束类型】下拉列表中的【距离】选项，此时可以设置两个面之间的距离，如图11.56所示。

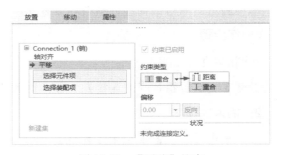

图11.55　【轴对齐】约束　　　　　　　　　图11.56　【平移】约束

（3）【旋转轴】约束：第3个旋转轴约束可选择定义，不定义时默认销可以圆周旋转，定义时销只能旋转定义的角度。

选择两个参考平面后，会显示当前位置角度，如图11.57所示。单击【设置零位置】按钮和【将当前位置设置为再生值】按钮 ，将当前位置设置为再生值。

1）【设置零位置】：将当前位置设置为零位。

2）【启用重新生成值】：重新生成时元件的位置。

3）【最小限制】：两面限制的最小夹角。

4）【最大限制】：两面限制的最大夹角。

图11.57　【旋转轴】约束

动手学——支撑与销轴销连接

扫一扫，看视频

源文件：源文件\结果文件\第11章\销连接\支撑与销轴销连接.asm
本实例对支撑与销轴进行销连接装配。

【操作步骤】

1. 打开文件

打开【\原始文件\第11章\销\支撑.asm】文件，如图11.58所示。

2. 插入销轴

（1）单击【模型】选项卡【元件】面组中的【组装】按钮 ，打开【\原始文件\第11章\销\销

图11.58　支撑

轴.prt】文件，将元件添加到当前装配模型。

（2）❶在【元件放置】操控板中设置【连接类型】为【销】，在【放置】下滑面板中可以看到【销】包含两个基本的预定义约束：【轴对齐】和【平移】。

（3）❷选择支撑的轴线和❸销轴的轴线作为【轴对齐】约束参考，如图 11.59 所示。

图 11.59 设置轴对齐参数

（4）【轴对齐】约束设置完成，系统自动进行【平移】约束设置。【约束类型】默认为【重合】，❹选择图 11.60 所示的支撑的后面和❺销轴的端面作为【平移】约束参考。

（5）此时，在【放置】下滑面板中增加了【旋转轴】约束，❻选择【旋转轴】选项，❼选择销轴的 RIGHT 基准平面，❽再选择 TOP 基准平面，❾选择【设置零位置】按钮，则当前位置设置为 0，❿单击【将当前位置设置为重新生成值】按钮 >> 。⓫勾选【启用重新生成值】复选框，⓬勾选【最小限制】复选框并设置最小限制值为 0.00，⓭勾选【最大限制】复选框并设置最大限制值为 180，定义销轴的旋转角度，如图 11.61 所示。

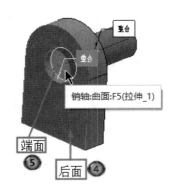

图 11.60 选择平移参考

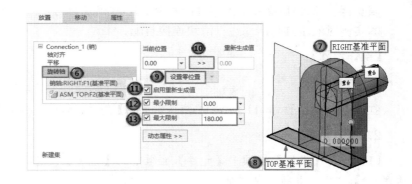

图 11.61 设置旋转轴约束

（6）单击【确定】按钮 ，完成销连接的定义。此时同时按住 Ctrl 和 Alt 键，并在连接元件上按住鼠标左键拖动，可以看到销旋转的角度为 0° 和 180°。

11.5.3 滑块连接

滑块是指滑动连接，自由度为 1，零件可沿某一轴平移。

当【连接类型】选择【滑块】时，【放置】下滑面板包含两个基本的预定义约束：【轴对齐】和【旋转】。在两个约束定义完成后，增加了【平移轴】约束。

【轴对齐】约束在销连接中已经进行了详细的介绍，这里只对【旋转】约束和【平移轴】约束进行介绍。

（1）【旋转】约束：该约束类型默认为【重合】/【距离】，如图 11.62 所示。

（2）【平移轴】约束：该约束与 11.5.2 小节的【旋转轴】约束一样可选择定义，不定义时默认滑动杆可以无限平移，定义时滑动杆只能平移指定的距离。

选择两个参考平面后，会显示当前位置距离，如图 11.63 所示。单击【设置零位置】按钮和【将当前位置设置为再生值】按钮 >> ，将当前位置设置为再生值。其他选项含义与【旋转轴】约束基本相似，这里不再赘述。

图 11.62 【旋转】约束

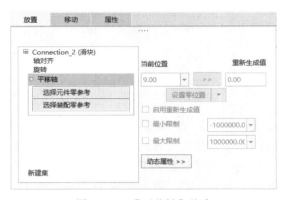

图 11.63 【平移轴】约束

扫一扫，看视频

动手学——液压缸与活塞滑块连接

源文件：源文件\结果文件\第 11 章\滑块连接\液压缸与活塞滑块连接.asm
本实例对液压缸与活塞进行滑块连接装配。

【操作步骤】

1．打开文件

打开【\原始文件\第 11 章\滑块\液压缸.asm】文件，如图 11.64 所示。

2．插入活塞

图 11.64 液压缸

（1）单击【模型】选项卡【元件】面组中的【组装】按钮，打开【\原始文件\第 11 章\滑块\活塞.prt】文件，并将元件添加到当前装配模型。

（2）❶在【元件放置】操控板中设置【连接类型】为【滑块】，在【放置】下滑面板中可以看到两个基本的预定义约束：【轴对齐】和【旋转】。

（3）❷选择液压缸的轴线 1 和❸活塞的轴线 2 作为【轴对齐】约束参考，如图 11.65 所示。

（4）【轴对齐】约束设置完成，系统自动进行【旋转】约束设置。❹选择图 11.66 所示的活塞的 FRONT 基准平面及❺ASM_FRONT 基准平面作为【旋转】约束参考。

（5）❻单击【轴对齐】约束，❼单击【反向】按钮，如图 11.67 所示。反向后液压缸与活塞装配位置如图 11.68 所示。

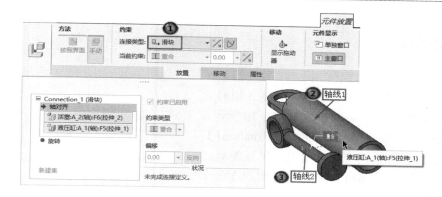

图 11.65　设置轴对齐参数

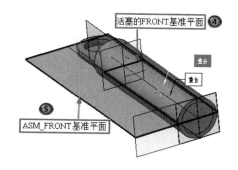

图 11.66　设置旋转参考

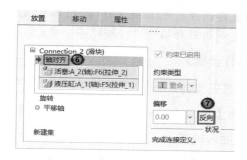

图 11.67　反向活塞

（6）此时，在【放置】下滑面板中增加了【平移轴】约束，单击【平移轴】按钮，⑧选择活塞的 TOP 基准平面，⑨再选择 ASM_TOP 基准平面，⑩将【当前值】设置为 10.00，⑪单击【设置零位置】按钮，则当前位置设置为零位。⑫勾选【启用重新生成值】复选框、【最小限制】复选框和【最大限制】复选框，⑬设置最小限制值为 0.00，最大限制值为 120.00，定义活塞的平移距离，如图 11.69 所示。

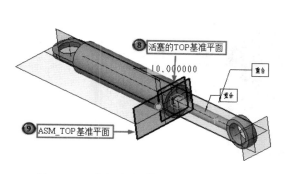

图 11.68　反向后液压缸与活塞装配位置

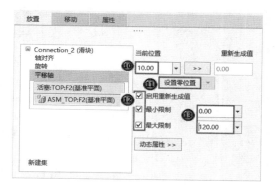

图 11.69　设置平移轴约束

（7）单击【确定】按钮　　，完成滑块连接定义。此时单击【模型】选项卡【元件】面组中的【拖动元件】按钮　，再单击活塞，拖动鼠标即可看到活塞在一定范围内滑动。

11.5.4　圆柱连接

圆柱是指圆柱连接，自由度为 2，零件可沿某一轴平移或旋转。允许元件沿指定的轴平移并相对该轴旋转。选择参考轴后，其操控板如图 11.70 所示。

【Translation1】（平移轴）约束与【Rotation1】（旋转轴）约束可以设置销的旋转角度和平移距离，其设置方法与 11.5.2 小节和 11.5.3 小节讲到的方法一样，这里不再赘述。

扫一扫，看视频

图 11.70　【圆柱连接】操控板

动手学——轴套与轴圆柱连接

源文件：源文件\结果文件\第 11 章\圆柱连接\轴套与轴圆柱连接.asm
本实例对轴套与轴进行圆柱连接装配。

【操作步骤】

1．打开文件

打开【\原始文件\第 11 章\圆柱\轴.asm】文件，如图 11.71 所示。

2．插入轴套

（1）单击【模型】选项卡【元件】面组中的【组装】按钮，打开【\原始文件\第 11 章\圆柱\轴套.prt】文件，并将元件添加到当前装配模型。

图 11.71　轴装配

（2）在【元件放置】操控板中①设置【连接类型】为【圆柱】，在【放置】下滑面板中可以看到【轴对齐】约束。

（3）②选择轴套的轴线 1 和③轴的轴线 2 作为【轴对齐】约束参考，如图 11.72 所示。

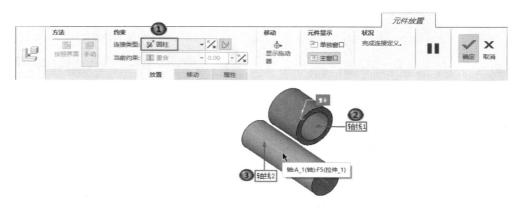

图 11.72　设置轴对齐参数

（4）此时，【放置】下滑面板中增加了【平移轴】约束与【旋转轴】约束。④单击【平移轴】按钮，⑤选择轴套的 TOP 基准平面，⑥再选择 ASM_TOP 基准平面。⑦将【当前位置】设置为 20.00，⑧单击【设置零位置】按钮，则当前位置设置为零位。⑨勾选【启用重新生成值】复选框、【最小限制】复选框和【最大限制】复选框，⑩设置最小限制值为 0.00，最大限制值为 100.00，定义活塞的平移距离，如图 11.73 所示。

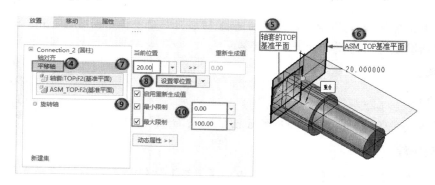

图 11.73　设置约束参考

（5）⑪单击【旋转轴】按钮，⑫选择轴套的 RIGHT 基准平面，⑬再选择 ASM_FRONT 基准平面。⑭将【当前值】设置为 60.00，⑮单击【设置零位置】按钮，则当前位置设置为零位。⑯勾选【启用重新生成值】复选框、【最小限制】复选框和【最大限制】复选框，⑰设置最小限制值为 0.00，最大限制值为 120.00，定义销轴的旋转角度，如图 11.74 所示。

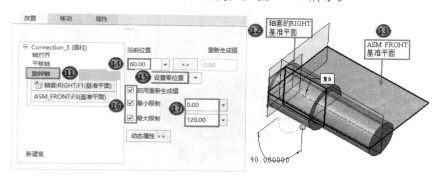

图 11.74　选择约束参考

（6）单击【确定】按钮　　，完成圆柱连接定义。此时单击【模型】选项卡【元件】面组中的【拖动元件】按钮，单击轴套，拖动鼠标即可看到轴套在一定范围内滑动和转动。

11.5.5　平面连接

平面是指平面连接，自由度为 3，零件可在某一平面内自由移动，也可绕该平面的法线方向旋转。该类型需满足【平面】约束关系。选择参考平面后，其操控板如图 11.75 所示。

在【放置】下滑面板中有【Translation1】（平移轴 1）、【Translation2】（平移轴 2）和【Rotation1】（旋转轴 1）3 个约束，分别用于设置平面的平移距离和旋转角度，可选择定义。其设置方法与前文讲到的方法一样，这里不再赘述，读者自己掌握。

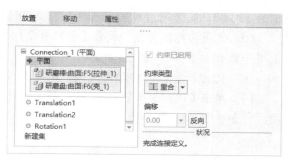

图 11.75　【平面连接】操控板

动手学——研磨盘与研磨棒平面连接

源文件： 源文件\结果文件\第 11 章\平面连接\研磨盘与研磨棒平面连接.asm
本实例对研磨盘与研磨棒进行平面连接装配。

【操作步骤】

1．打开文件

打开【\原始文件\第 11 章\平面\研磨机.asm】文件，如图 11.76 所示。

图 11.76　研磨机

2．插入研磨棒

（1）单击【模型】选项卡【元件】面组中的【组装】按钮，打开【\原始文件\第 11 章\平面\研磨棒.prt】文件，并将元件添加到当前装配模型。

（2）❶在【元件放置】操控板中设置【连接类型】为【平面】，在【放置】下滑面板中可以看到【平面】约束。

（3）❷选择研磨盘的面 1 和❸研磨棒的面 2 作为【平面】约束参考，如图 11.77 所示。

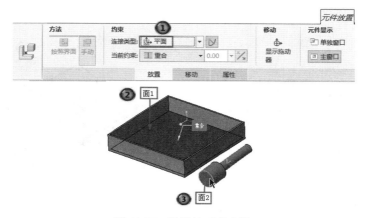

图 11.77　设置轴对齐参数

（4）此时，在下滑面板中增加了【平移轴 1】【平移轴 2】【旋转轴 1】3 个约束。❹单击【平移轴 1】约束，❺选择研磨棒的 RIGHT 基准平面，❻再选择 ASM_RIGHT 基准平面。❼将【当前位置】设置为 0.00，❽单击【设置零位置】按钮，则当前位置设置为零位。❾勾选【启用重新生成值】复选框、【最小限制】复选框和【最大限制】复选框，❿设置最小限制值为-120.00，最大限制值为 120.00，定义研磨棒的平移距离，如图 11.78 所示。

（5）使用同样的方法，设置【平移轴 2】约束，选择研磨棒的 FRONT 基准平面和 ASM_FRONT 基准平面作为参考，其他参数参照第（4）步。

（6）因为研磨棒的转动是绕轴线的圆周运动，所以这里不用设置【旋转轴】约束。

（7）单击【确定】按钮，完成平面连接定义。此时单击【模型】选项卡【元件】面组中的【拖动元件】按钮，再单击研磨棒，拖动鼠标即可看到研磨棒在一定范围内平移和转动。

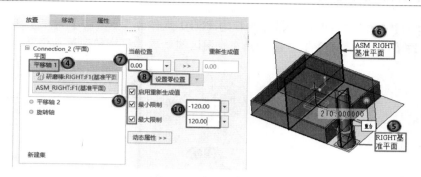

图 11.78　设置约束参数

11.5.6　球连接

　　球是指球连接，自由度为 3，零件可绕某点自由旋转，但不能进行任何方向的平移。该类型需满足【点对齐】约束关系，其操控板如图 11.79 所示。在选择了【点对齐】约束参考后，下滑面板中增加了【圆锥轴】约束，单击该约束，如图 11.80 所示。根据需要选择参考轴，并设置圆锥开放角度。

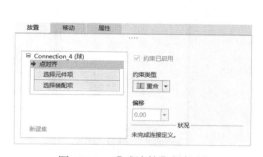

图 11.79　【球连接】操控板

图 11.80　【圆锥轴】约束

动手学——铰接块与球头杆球连接

源文件：源文件\结果文件\第 11 章\球连接\铰接块与球头杆球连接.asm
本实例对铰接块与球头杆进行球连接装配。

扫一扫，看视频

【操作步骤】

1．打开文件

打开【\原始文件\第 11 章\球\铰接结构.asm】文件，如图 11.81 所示。

2．插入球头杆

（1）单击【模型】选项卡【元件】面组中的【组装】按钮📷，打开【\原始文件\第 11 章\球\球头杆.prt】文件，并将元件添加到当前装配模型。

（2）在【元件放置】操控板中❶设置【连接类型】为【球】，在【放置】下滑面板中可以看到【点对齐】约束，默认【约束类型】为【重合】。

（3）②选择铰接块的 PNT0 点和③球头杆的 PNT0 点作为【点对齐】约束参考，④单击【元件放置】操控板中的【显示拖动器】按钮⊕，⑤在绘图区拖动球头杆旋转到适当位置，如图 11.82 所示。

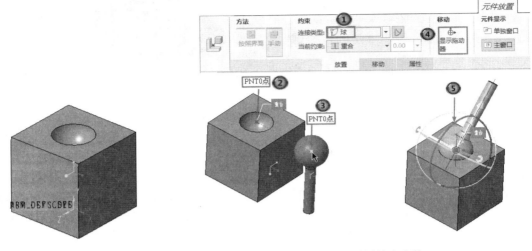

图 11.81　铰接结构　　　　　　　　　　　图 11.82　设置约束参数 1

（4）此时，在【放置】下滑面板中增加了【圆锥轴】约束。⑥单击该约束，⑦选择球头杆的轴线 1 和⑧半球孔的轴线 2 作为约束参考，⑨【圆锥开放角度】设置为 45°，如图 11.83 所示。单击【确定】按钮　　，完成球连接定义。

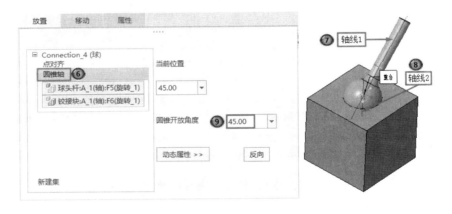

图 11.83　设置约束参数 2

（5）单击【模型】选项卡【元件】面组中的【拖动元件】按钮⑄，再单击球头杆，拖动鼠标即可看到球头杆在 45° 范围内以点为圆心转动。

11.5.7　焊缝连接

焊缝是指将两个元件黏接在一起，连接元件和附着元件间没有任何相对运动。它只能是坐标系对齐约束。其操控板如图 11.84 所示，可以看出焊缝连接的默认约束类型为坐标系，即只需要创建坐标系约束即可完成焊缝连接。

图 11.84　【焊缝连接】操控板

扫一扫，看视频

动手学——底座和支架焊缝连接

源文件：源文件\结果文件\第 11 章\焊缝连接\底座和支架焊缝连接.asm
本实例对底座和支架进行焊缝连接装配。

【操作步骤】

1.打开文件

打开【\原始文件\第 11 章\焊缝\支座.asm】文件，如图 11.85 所示。

2.创建坐标系

单击【模型】选项卡【基准】面组中的【坐标系】按钮 ⊥，弹出【坐标系】对话框，选择 ASM_DEF_CSYS 坐标系作为参考，输入 X、Y、Z 偏移距离为（0，25，35），单击【确定】按钮，ACS0 坐标系创建完成，如图 11.86 所示。

图 11.85　支座

图 11.86　创建 ACS0 坐标系

3. 插入支架

（1）单击【模型】选项卡【元件】面组中的【组装】按钮 🖳，打开【\原始文件\第 11 章\焊缝\支架.prt】文件，并将元件添加到当前装配模型。

（2）在【元件放置】操控板中 ❶ 设置【连接类型】为【焊缝】，在【放置】下滑面板中可以看到【坐标系】约束，默认【约束类型】为【重合】。

（3）❷ 选择底座的 ACS0 坐标系和 ❸ 支架的 PRT_CSYS_DEF 坐标系作为【坐标系】约束参考，如图 11.87 所示。

（4）❹ 单击【确定】按钮 　，完成焊缝连接的定义，结果如图 11.88 所示。

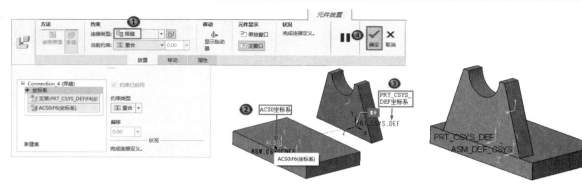

图 11.87　设置约束参考　　　　　　　　　　　　图 11.88　焊缝连接结果

11.5.8　轴承连接

　　轴承连接是球连接和滑块连接的组合，连接元件既可以在约束点上沿任何方向相对于附着元件旋转，也可以沿对齐的轴线移动。轴承连接具有 3 个旋转自由度和 1 个平移自由度，其约束为点对齐约束。选择点和轴向约束参考后，其操控板如图 11.89 所示。

　　此时，在【放置】下滑面板中增加了【平移轴】和【圆锥轴】约束，其设置方法与前文讲到的方法类似，这里不再赘述，读者自己掌握。

图 11.89　【轴承连接】操控板

扫一扫，看视频

动手学——石臼和捣药杵轴承连接

源文件：源文件\结果文件\第 11 章\轴承连接\石臼和捣药杵轴承连接.asm

本实例对石臼和捣药杵进行轴承连接装配。

【操作步骤】

1．打开文件

打开【\原始文件\第 11 章\轴承\捣药机.asm】文件，如图 11.90 所示。

2．创建轴

单击【模型】选项卡【基准】面组中的【轴】按钮　，弹出【基准轴】对话框，按住 Ctrl 键，选择 ASM_RIGHT 基准平面和 ASM_TOP 基准平面。单击【确定】按钮，基准轴 AA1 创建完成，如图 11.91 所示。

3．插入捣药杵

（1）单击【模型】选项卡【元件】面组中的【组装】按钮　，打开【\原始文件\第 11 章\轴承\捣药杵.prt】文件，并将元件添加到当前装配模型。

（2）在【元件放置】操控板中①设置【连接类型】为【轴承】，在【放置】下滑面板中可以看到【点对齐】约束，默认【约束类型】为【重合】。

图 11.90　捣药机

图 11.91　创建基准轴 AA1

（3）②选择石臼的 PNT0 点和③捣药杆的轴线作为【点对齐】约束参考，如图 11.92 所示。

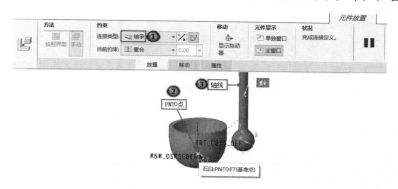

图 11.92　设置约束参数

（4）此时，在下滑面板中增加了【平移轴】和【圆锥轴】约束。④单击【平移轴】约束，⑤选择捣药杆的 TOP 基准平面，⑥将【当前值】设置为 0，⑦单击【设置零位置】按钮，则当前位置设置为零位。⑧勾选【启用重新生成值】复选框、【最小限制】复选框和【最大限制】复选框，⑨设置最小限制值为-260.00，最大限制值为 0.00，定义捣药杆的平移距离，如图 11.93 所示。

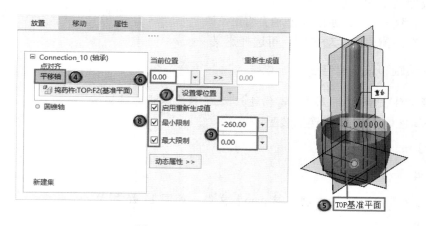

图 11.93　设置平移轴约束参数

（5）⑩单击【圆锥轴】约束，⑪选择捣药杆的轴线 1 和⑫装配体的轴线 AA1 作为约束参考，⑬【当前位置】设置为 0.00，⑭【圆锥开放角度】设置为 30°，如图 11.94 所示。单击【确定】按钮　　，完成轴承连接定义。

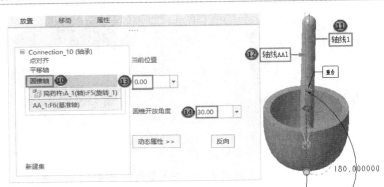

图 11.94　设置圆锥轴约束参数

（6）单击【模型】选项卡【元件】面组中的【拖动元件】按钮🖑，再单击捣药杵，拖动鼠标即可看到捣药杵在 45°范围内以点为圆心转动，并可在 -260～0 之间沿轴线移动。

11.5.9　槽连接

槽是指将连接元件上的点约束在凹槽中心的曲线上形成槽连接，从动件上的一点始终在主动件上的曲线（3D）上运动。槽连接只使两个主体按所指定的要求运动，不检查两个主体之间是否干涉。点和曲线可以是零件实体以外的基准点和基准曲线，也可以在实体内部。槽连接具有一个旋转自由度和一个平移自由度。选择直线和点，定义【直线上的点】约束参考后，其操控板如图 11.95 所示。

在【放置】下滑面板中增加了【槽轴】约束，该约束用于定义球在凹槽内的运动范围，可选择定义。

图 11.95　【槽连接】操控板

扫一扫，看视频

动手学——滚轴和滚珠槽连接

源文件：源文件\结果文件\第 11 章\槽连接\滚轴和滚珠槽连接.asm
本实例对滚轴和滚珠进行槽连接装配。

【操作步骤】

1．打开文件

打开【\原始文件\第 11 章\槽\槽连接.asm】文件，如图 11.96 所示。

2．创建基准点

单击【模型】选项卡【基准】面组中的【点】按钮※×，弹出【基准点】对话框，在螺旋线上单击创建 APNT0 点，偏移比率设置为 0.9；单击【新点】按钮，在螺旋线上单击创建 APNT1 点，偏移比率设置为 0.1。单击【确定】按钮，基准点创建完成，如图 11.97 所示。

图 11.96　槽连接

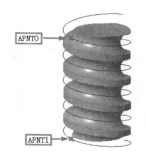

图 11.97　创建基准点

3．插入滚珠

（1）单击【模型】选项卡【元件】面组中的【组装】按钮，打开【\原始文件\第 11 章\槽\滚珠.prt】文件，并将元件添加到当前装配模型。

（2）在【元件放置】操控板中①设置【连接类型】为【槽】，在【放置】下滑面板中可以看到【直线上的点】约束，默认【约束类型】为【重合】。

（3）②选择螺旋线和③滚珠的中心点作为【直线上的点】约束参考，如图 11.98 所示。

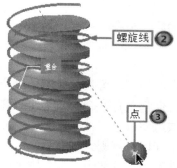

图 11.98　设置约束参数

（4）此时，在下滑面板中增加了【槽轴】约束。④单击【槽轴】约束，⑤选择 APNT1 基准点作为参考，⑥将【当前值】设置为 0.00，⑦单击【设置零位置】按钮，则当前位置设置为零位。⑧勾选【启用重新生成值】复选框；⑨勾选【最小限制】复选框，⑩并单击其后的【单击此处添加项】按钮，⑪在绘图区选择 APNT1 基准点；⑫勾选【最大限制】复选框，⑬并单击其后的【单击此处添加项】按钮，⑭在绘图区选择 APNT0 基准点，如图 11.99 所示。

（5）单击【确定】按钮，完成球连接定义。

（6）单击【模型】选项卡【元件】面组中的【拖动元件】按钮，再单击滚珠，拖动鼠标即可看到滚珠在两个基准点之间沿曲线移动。

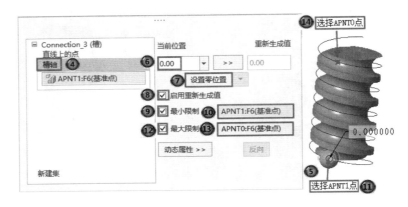

图 11.99　设置参数

11.6　爆炸视图的生成与编辑

11.6.1　创建爆炸视图

组件的爆炸视图也称为分解视图，是将模型中的每个元件分开表示。单击【模型】选项卡【模型显示】面组中的【分解视图】按钮，即可创建爆炸视图。爆炸视图仅影响组件外观，设计意图及装配元件间的实际距离不会改变，即可创建爆炸视图定义所有元件的分解位置。对于每个爆炸视图，可执行下列操作。

（1）打开和关闭元件的爆炸视图。

（2）更改元件的位置。

（3）创建偏移线。

可为每个组件定义多个爆炸视图，可随时使用任意一个已保存的视图，还可以为组件的每个视图设置一个分解状态。每个元件都具有一个由放置约束确定的默认分解位置。默认情况下，爆炸视图的参考元件是父组件（顶层组件或子组件）。

使用爆炸视图时，必须遵守以下规则。

（1）如果在更高级的组件范围内分解子组件，则子组件中的元件不会自动分解，可为每个子组件指定要使用的分解状态。

（2）关闭爆炸视图时，将保留与元件爆炸位置有关的信息；打开爆炸视图后，元件将返回其上一爆炸位置。

（3）所有组件均具有一个默认爆炸视图，该视图是使用元件放置规范创建的。

（4）在爆炸视图中多次出现的同一组件在高级组件中可以具有不同的特性。

动手学——创建联轴器的爆炸视图

扫一扫，看视频

源文件： 源文件\结果文件\第 11 章\联轴器\联轴器.asm
本实例创建联轴器的爆炸视图。

【操作步骤】

1．打开文件

打开【\原始文件\第 11 章\联轴器\联轴器.asm】文件，如图 11.100 所示。

2．创建爆炸视图

单击【模型】选项卡【模型显示】面组中的【分解视图】按钮🗗或单击【视图】选项卡【模型显示】面组中的【分解视图】按钮🗗，系统就会根据使用的约束产生一个默认的爆炸视图，如图 11.101 所示。

图 11.100　联轴器

图 11.101　爆炸视图

11.6.2　编辑爆炸视图

默认爆炸视图的生成非常简单，但默认爆炸视图通常无法贴切地表现出各个元件间的相对位置，因此常常需要通过编辑元件位置调整爆炸视图。

单击【模型】选项卡【模型显示】面组中的【管理视图】→【视图管理器】按钮📑，弹出图 11.102 所示的【视图管理器】对话框，选择【分解】选项卡。

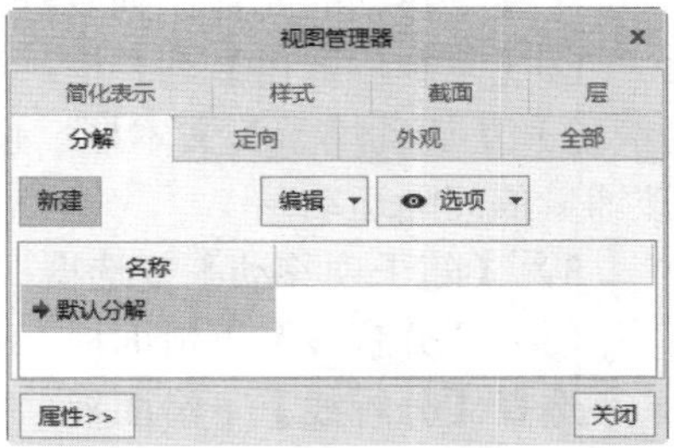

1．操控板

单击【编辑】按钮，在打开的下拉列表中选择【编辑位置】选项，打开图 11.103 所示的【分解工具】操控板，编辑爆炸视图。

图 11.102　【视图管理器】对话框

图 11.103　【分解工具】操控板

【分解工具】操控板中的各选项含义如下。

（1）【🡒】：使用【平移】类型移动元件时，可通过平移参考设置移动方向。

（2）【🡒】：使用【旋转】类型移动元件时，可通过旋转参考设置旋转方向。

（3）【🡒】：使用【视图平面】类型移动元件时，可将零件拖动到任意位置。

（4）【🡒）】：将视图状况设置为已分解或未分解。

（5）【🡒】：创建修饰偏移线，以说明分解元件的运动。

2. 下滑面板

（1）【参考】下滑面板。

选择【参考】下滑面板，如图 11.104 所示。

1）【要移动的元件】列表框：显示要进行移动的元件。

2）【移动参考】列表框：显示所选运动参考。选择【视图平面】选项时此项不可用。

（2）【选项】下滑面板。

选择【选项】下滑面板，如图 11.105 所示。

图 11.104　【参考】下滑面板

图 11.105　【选项】下滑面板

1）【复制位置】按钮：单击该按钮，弹出【复制位置】对话框，如图 11.106 所示。

①【要移动的元件】列表框：显示选定的要移动的元件。

②【复制位置自】列表框：显示移动参照。

2）【运动增量】文本框：设置运动增量值或指定【平滑】运动。设置增量值后，元件会按照该增量值间隔运动。

3）【随子项移动】复选框：勾选该复选框，将已分解元件子项与元件一起移动。

（3）【分解线】下滑面板。

选择【分解线】下滑面板，如图 11.107 所示。

图 11.106　【复制位置】对话框

图 11.107　【分解线】下滑面板

1）【　】：创建修饰偏移线。

2）【　】：编辑分解线或偏移线。

3）【　】：删除一条或多条选定的分解线或偏移线。

4）【编辑线型】：单击该按钮，弹出【线造型】对话框，更改选定的分解线或偏移线外观。

5）【默认线型】：单击该按钮，弹出【线造型】对话框，设置分解线或偏移线的默认外观。

动手学——编辑联轴器的爆炸视图

源文件：源文件\结果文件\第 11 章\联轴器\联轴器.asm
本实例对联轴器爆炸视图进行编辑。

【操作步骤】

（1）承接创建联轴器爆炸视图。

（2）编辑爆炸视图。

1）单击【模型】选项卡【模型显示】面组中的【管理视图】→【视图管理器】按钮，弹出【视图管理器】对话框。

2）选择【分解】选项卡，单击【编辑】按钮，在打开的下拉列表中选择【编辑位置】选项，打开【分解工具】操控板。

3）①在【设置】中选择【⬛】（平移）选项，②在绘图区中选中一个螺栓，③选择【选项】下滑面板，④设置【运动增量】为 20.00，⑤拖动 Z 向操控手柄，偏移量设置为-40，如图 11.108 所示。

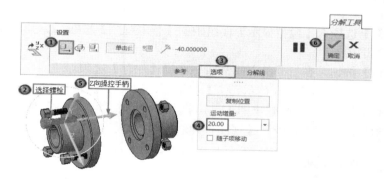

图 11.108　移动螺栓

4）⑥单击【确定】按钮　，结果如图 11.109 所示。

5）返回【视图管理器】对话框，再次单击【编辑】按钮，在打开的下拉列表中选择【编辑位置】选项，打开【分解工具】操控板。

6）①选择【选项】下滑面板，②单击【复制位置】按钮，如图 11.110 所示。弹出【复制位置】对话框。③按住 Ctrl 键，在绘图区选择剩余的 3 个螺栓。

图 11.109　移动结果 1

图 11.110　【选项】下滑面板

7）④在【复制位置自】列表框中单击，⑤在绘图区选择已经移动了的螺栓，⑥单击【应用】按钮，如图 11.111 所示。⑦单击【关闭】按钮，返回【视图管理器】对话框，单击【关闭】按钮，结束命令，结果如图 11.112 所示。

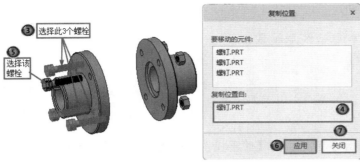

图 11.111　设置复制位置参数　　　　　　　　　　　　　　图 11.112　移动结果 2

11.6.3　保存爆炸视图

创建爆炸视图后，如果想在下一次打开文件时还可以看到相同的爆炸视图，需要对生成的爆炸视图进行保存。

（1）单击【模型】选项卡【模型显示】面组中的【管理视图】按钮 ，弹出【视图管理器】对话框，选择【分解】选项卡。

（2）单击【编辑】按钮，在打开的下拉列表中选择【保存】选项。

（3）弹出图 11.113 所示的【保存显示元素】对话框，如果在【分解】下拉列表中选择【默认分解】选项，并单击【确定】按钮，则弹出图 11.114 所示的【更新默认状态】对话框；如果在【分解】下拉列表中选择其他选项，则直接返回【视图管理器】对话框。

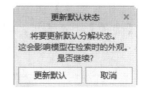

图 11.113　【保存显示元素】对话框　　　　　　　图 11.114　【更新默认状态】对话框

（4）在【视图管理器】对话框中单击【新建】按钮，输入爆炸视图的名称，默认的名称为【Exp000#】，其中#是按顺序编列的数字。单击【关闭】按钮，即可完成爆炸视图的保存。

11.6.4　删除爆炸视图

可将生成的爆炸视图恢复到没有分解的装配状态。要将视图返回到其以前未分解的状态，可单击【模型】选项卡【模型显示】面组中的【分解视图】按钮 。

11.7 综合实例——电风扇装配

如图 11.115 所示，电风扇是常用家电之一，其由底盘、支撑杆、滑动杆、控制板、连接板、转头及前后盖组成，需要通过装配将这些部件组装起来得到一个完整的电风扇，其中包括滑块及销连接类型，综合性强。本实例通过电风扇的装配巩固本章所学的内容。

【操作步骤】

1. 创建装配图

新建【电风扇装配】文件，进入装配界面。

2. 装配底盘

单击【模型】选项卡【元件】面组中的【组装】按钮，打开【底盘.prt】，在【约束类型】中选择【默认】约束，单击【确定】按钮，添加固定元件。

3. 装配支撑杆

（1）单击【组装】按钮，在弹出的【打开】对话框中选择【支撑杆.prt】，单击【打开】按钮，在【连接类型】选项框中选择【刚性】选项，在【约束类型】选项框中选择【重合】约束。

（2）在视图中选择图 11.116 所示的两根轴线作为参考，所得图形如图 11.117 所示。

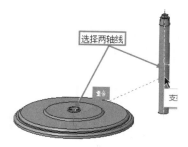

图 11.116 选择重合参考

图 11.117 重合约束

（3）单击【新建约束】按钮，在【约束类型】选项框中选择【重合】约束。选择图 11.118 所示的两个面，单击【确定】按钮，完成支撑杆的装配，所得图形如图 11.119 所示。

图 11.118 选择参考面

图 11.119 支撑杆装配

图 11.115 电风扇

323

4．装配滑动杆

（1）单击【组装】按钮，在弹出的【打开】对话框中选择【滑动杆.prt】，单击【打开】按钮，在【连接类型】选项框中选择【滑块】选项。

（2）在视图中选择图 11.120 所示的两根轴作为轴对齐参考。

（3）在模型树中选择滑动杆的 FRONT 基准平面和 ASM_RIGHT 基准平面作为旋转参考。

（4）定义滑动杆的滑动范围。选择【放置】下滑面板中的【平移轴】约束，选择滑动杆的下端面和支撑杆的台阶面作为平移轴约束的参考，如图 11.121 所示。【当前位置】设置为-150.00，单击【设置零位置】按钮，勾选【启用重新生成值】复选框、【最小限制】复选框和【最大限制】复选框，设置最小限制值为-200，最大限制值为 60.00，定义滑动杆的平移距离，单击【确定】按钮，完成滑动杆的装配。

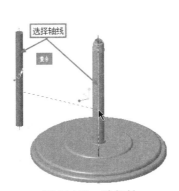
图 11.120　选择轴

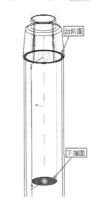
图 11.121　设置平移轴参数

5．装配控制板

（1）单击【组装】按钮，在弹出的【打开】对话框中选择【控制板.prt】，单击【打开】按钮，在【连接类型】选项框中选择【刚性】选项，并在【约束类型】选项框中选择【重合】约束，在视图中选择图 11.122 所示的两根轴作为重合参考。

（2）单击【新建约束】按钮，在【约束类型】选项框中选择【重合】约束，选择图 11.123 所示的滑动杆的端面两个面。

（3）单击【新建约束】按钮，在【约束类型】选项框中选择【重合】约束，在模型树中选择控制板的 RIGHT 基准平面和滑动杆的 FRONT 基准平面，单击【确定】按钮，完成控制板的装配，所得图形如图 11.124 所示。

图 11.122　选择重合参考

图 11.123　选择面重合参考

图 11.124　控制板装配

6. 装配连接板

（1）单击【组装】按钮，在弹出的【打开】对话框中选择【连接板.prt】，单击【打开】按钮，在【连接类型】选项框中选择【销】选项。

（2）在视图中选择图 11.125 所示的两根轴作为轴对齐参考，在模型树中选择连接板的 RIGHT 基准平面和控制板的 RIGHT 基准平面作为平移参考，【约束类型】选择【重合】。

（3）选择【旋转轴】约束，选择图 11.126 所示的连接板上表面和控制板上端面。将【当前位置】设置为 0，单击【设置零位置】按钮，勾选【启用重新生成值】复选框、【最小限制】复选框和【最大限制】复选框，设置最小限制值为-30.00，最大限制值为 30.00。单击【确定】按钮，完成连接板的装配，所得图形如图 11.127 所示。

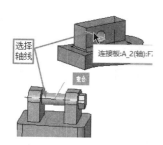
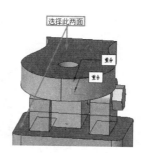
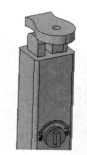

图 11.125　选择轴对齐参考　　　　图 11.126　选择面　　　　图 11.127　连接板装配

7. 装配转头

（1）单击【组装】按钮，在弹出的【打开】对话框中选择【转头.prt】，单击【打开】按钮，在【连接类型】选项框中选择【销】选项。

（2）在视图中选择图 11.128 所示的两根轴作为轴对齐参考，选择图 11.129 所示的两个面作为平移参考，【放置】下滑面板中的【约束类型】选择【重合】，单击【反向】按钮，结果如图 11.130 所示。

（3）单击【旋转轴】约束，在模型树中选择转头的 RIGHT 基准平面和连接板的 RIGHT 基准平面作为旋转轴参考。将【当前位置】设置为 0.00，单击【设置零位置】按钮，勾选【启用重新生成值】复选框、【最小限制】复选框和【最大限制】复选框，设置最小限制值为-45.00，最大限制值为 45.00。单击【确定】按钮，完成转头的装配，所得图形如图 11.131 所示。

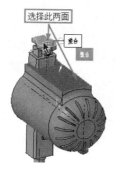

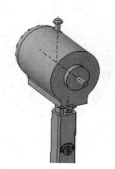

图 11.128　选择轴对齐参考 2　　图 11.129　选择平移参考 1　　图 11.130　平移约束结果　　图 11.131　转头装配

8. 装配后盖

（1）单击【组装】按钮，在弹出的【打开】对话框中选择【后盖.prt】，单击【打开】按钮，在【连接类型】选项框中选择【刚性】选项，在【约束类型】选项框中选择【重合】约束，在视图中选择图 11.132 所示的两个面作为参考（后盖的面为中间圆圈背面的圆平面），单击【反向】按钮。

（2）单击【新建约束】按钮，在【约束类型】选项框中选择【重合】约束，选择图 11.133 所示的两根轴线作为参考。

（3）单击【新建约束】按钮，在【约束类型】选项框中选择【重合】约束，在模型树中选择后盖的 RIGHT 基准平面和转头的 RIGHT 基准平面。单击【确定】按钮，完成后盖的装配，所得图形如图 11.134 所示。

 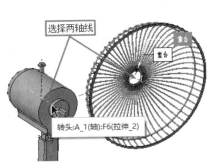 

图 11.132　选择面参考　　　　　图 11.133　选择轴线参考　　　　图 11.134　后盖装配

9. 装配扇叶

（1）单击【组装】按钮，在弹出的【打开】对话框中选择【扇叶.prt】，单击【打开】按钮，在【连接类型】选项框中选择【销】选项。

（2）在视图中选择图 11.135 所示的两根轴作为轴对齐参考。

（3）选择图 11.136 所示的两个面作为平移参考，【放置】下滑面板中的【约束类型】选择【距离】，输入 5。单击【确定】按钮，完成扇叶的装配，所得图形如图 11.137 所示。

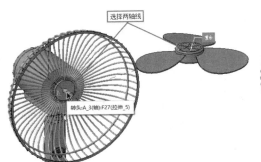 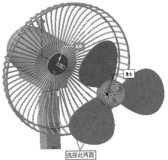 

图 11.135　选择轴对齐参考 3　　　图 11.136　选择平移参考 2　　　图 11.137　扇叶装配

10. 装配前盖

（1）单击【组装】按钮，在弹出的【打开】对话框中选择【前盖.prt】，单击【打开】按钮，在【连接类型】选项框中选择【刚性】选项，并在【约束类型】选项框中选择【重合】约束。在视图中选择图 11.138 所示的两个面作为参考，单击【反向】按钮。

（2）单击【新建约束】按钮，在【约束类型】选项框中选择【重合】约束，选择图 11.139 所示的两根轴作为轴参考。

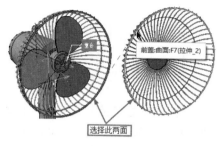
图 11.138　选择平面参考

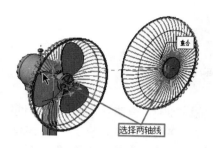
图 11.139　选择轴参考

（3）单击【新建约束】按钮，在【约束类型】选项框中选择【重合】约束，在模型树中选择前盖的 RIGHT 基准平面和后盖的 RIGHT 基准平面。单击【确定】按钮✔，完成前盖的装配，如图 11.115 所示。

第 12 章　钣 金 特 征

内容简介

在钣金设计中，壁类结构是创建其他所有钣金特征的基础，任何复杂的特征都是从创建第一壁开始的。钣金件的基本成型模式主要是指创建钣金件第一壁特征的方法。Creo Parametric 中主要提供了【平面】【拉伸】【旋转】【旋转混合】【混合】【扫描】【扫描混合】【边界混合】八种创建第一壁特征的基本模式。一个完整的钣金件，在完成了第一壁特征后，往往还需要在第一壁的基础上再创建其他额外的壁特征，以使钣金件特征完全。

内容要点

- ↘ 平面壁特征和拉伸壁特征
- ↘ 旋转壁特征和拉伸切口特征
- ↘ 旋转混合壁特征和混合壁特征
- ↘ 扫描壁特征和扫描混合壁特征
- ↘ 边界混合壁特征和偏移壁特征
- ↘ 平整壁特征和法兰壁特征
- ↘ 扭转壁特征和延伸壁特征
- ↘ 合并壁特征和分割区域特征

案例效果

12.1　创建钣金零件图

创建钣金零件图的操作步骤如下：单击【主页】选项卡【数据】面组中的【新建】按钮，弹出【新建】对话框，选择【类型】为【零件】，子类型为【钣金件】，输入文件名，取消勾选【使用默认模板】复选框，如图 12.1 所示。单击【确定】按钮，弹出【新文件选项】对话框，选择【mmns_part_sheetmetal_abs】选项，单击【确定】按钮，进入钣金界面，如图 12.2 所示。

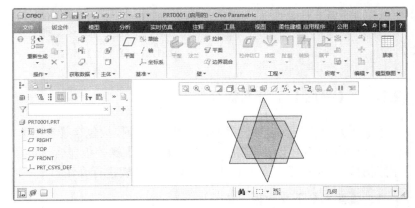

图 12.1　【新建】对话框　　　　　　　　　　　图 12.2　默认的基准平面

12.2　壁概念介绍

壁是设计中钣金件材料的任何截面。可以创建以下两种壁。

（1）【分离壁】：不需要其他壁就可以存在的独立壁。零件中的第一个分离壁称为第一壁，第一壁决定钣金件厚度。零件的所有钣金件特征都是第一壁的子项。也可以创建其他分离壁，但必须将这些分离壁的几何合并到主壁几何。

可以创建下列类型的分离壁：拉伸、平面、边界混合、旋转、扫描、螺旋扫描、扫描混合、混合和旋转混合。

（2）【连接壁】：取决于至少一个其他壁。

可以创建下列类型的连接壁：平面、法兰和扭转。

12.3　平面壁特征

使用【平面壁】命令可创建平面第一壁或一个/多个分离的平面壁。其可以是第一壁（设计中的第一个壁），也可以是后续壁。平面壁可采用任何平整形状，创建平面壁的草绘必须为封闭图形。使用【平面壁】命令设置第一个平面壁的钣金件厚度，其后所创建的任何其他壁都会自动使用相同的厚度。

12.3.1　【平面】操控板介绍

单击【钣金件】选项卡【壁】面组中的【平面】按钮 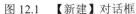，打开【平面】操控板，如图 12.3 所示。【平面】操控板中的各选项含义如下。

（1）【厚度】：设置钣金件的厚度，仅适用于第一个平面壁。

（2）【反向】按钮：设置钣金厚度的方向。

图 12.3　【平面】操控板

12.3.2　【平面】下滑面板介绍

【平面】命令在创建第一壁时，【平面】操控板包含【参考】【主体选项】【属性】3 个下滑面板；【平面】命令在创建非第一壁时，【平面】操控板包含【参考】【选项】【主体选项】【属性】下滑面板。下面对【参考】和【选项】下滑面板进行介绍。

1. 【参考】下滑面板

选择【参考】下滑面板，如图 12.4 所示。

图 12.4　【参考】下滑面板

【草绘】列表框：显示定义的草绘。单击其后的【定义】按钮，弹出【草绘】对话框，进入草绘环境，进行草图绘制。

2. 【选项】下滑面板

选择【选项】下滑面板，如图 12.5 所示。

（1）【合并到模型】：选中该单选按钮，则将平面壁合并到设计中的现有壁。

（2）【不合并到模型】：选中该单选按钮，则不将平面壁合并到设计中的现有壁。此时，激活【将驱动曲面设置为与草绘平面相对】复选框，勾选该复选框，则使钣金件的驱动曲面反向。

图 12.5　【选项】下滑面板

（3）【保留合并边】：勾选该复选框，则不将平面壁的壁边与现有壁边合并。

（4）【保留折弯的边】：勾选该复选框，则保留现有折弯曲面和正在创建的平面壁之间的边。

扫一扫，看视频

动手学——创建垫圈

源文件： 源文件\结果文件\第 12 章\垫圈.prt

本实例利用【平面】命令创建图 12.6 所示的垫圈。

【操作步骤】

1. 新建文件

单击【主页】选项卡【数组】面组中的【新建】按钮 ，弹出【新建】对话框，选择【类型】为【零件】，子类型为【钣金件】，输入文件名【垫圈】，取消勾选【使用默认模板】复选框。单击【确定】按钮，弹出【新文件选项】对话框，选择【mmns_part_sheetmetal_abs】选项。单击【确定】按钮，进入钣金界面。

图 12.6　垫圈

2. 创建垫圈

（1）单击【钣金件】选项卡【壁】面组中的【平面】按钮 ，打开【平面】操控板。单击【参考】下滑面板中的【定义】按钮，弹出【草绘】对话框，选择 TOP 基准平面作为草绘平面。单击【草绘】按钮，进入草绘环境。

（2）绘制图 12.7 所示的草图，单击【确定】按钮 ✓，退出草绘环境。

（3）在【平面】操控板中，❶设置厚度为 5.00，❷单击【反向】按钮 ↗，调整方向，如图 12.8 所示。❸单击【确定】按钮 ，生成垫圈。

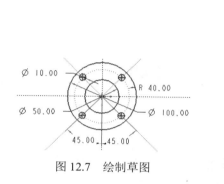

图 12.7　绘制草图

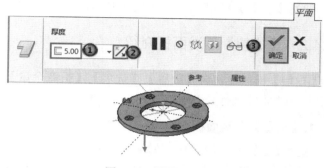

图 12.8　设置平面参数

至此，钣金件截面、厚度全部定义完毕。结束第一壁的创建，结果如图 12.6 所示。

12.4　拉伸壁特征

拉伸壁是草绘壁的侧截面，并使其拉伸出一定长度。拉伸壁可以是第一壁（设计中的第一个壁），也可以是从属于主要壁的后续壁。

可创建三种类型的后续壁：非连接、无半径和使用半径。如果拉伸壁是第一壁，则只能使用【非连接】选项。

12.4.1　【拉伸】操控板介绍

单击【钣金件】选项卡【壁】面组中的【拉伸】按钮 ，打开【拉伸】操控板，定义草绘截面后，操控板如图 12.9 所示。

图 12.9　【拉伸】操控板

【拉伸】操控板中的各选项含义如下。

1.【深度】选项组

（1）【可变】 ：从草绘平面开始将截面拉伸指定值。

（2）【对称】 ：在草绘平面两侧的每一方向上按指定深度值的一半拉伸截面。

（3）【到参考】：在指定参考的第一方向上将截面拉伸到实体几何的选定点、曲线、平面或曲面。

（4）【反向】按钮：将拉伸的深度方向反向到草绘的另一侧。

2.【厚度】选项组

（1）【厚度】文本框：设置拉伸壁的厚度。

（2）【反向】按钮：反转拉伸壁的材料侧。

12.4.2 【拉伸】下滑面板介绍

【拉伸】操控板包含【放置】【选项】【折弯余量】【主体选项】【属性】5个下滑面板，下面对部分下滑面板进行介绍。

1.【放置】下滑面板

选择【放置】下滑面板，如图 12.10 所示。

【草绘】列表框：显示定义的草绘。单击其后的【定义】按钮，弹出【草绘】对话框，进入草绘环境，进行草图绘制。

2.【选项】下滑面板

选择【选项】下滑面板，如图 12.11 所示。

（1）【侧1/侧2】：显示深度选项，包括【可变】【对称】【到参考】3个选项。

（2）【添加锥度】：勾选该复选框，则按锥度值创建拉伸壁。

（3）【在锐边上添加折弯】：勾选该复选框，则只对锐边进行倒圆角。在下方的输入框中设置半径值和半径的标注形式。

3.【折弯余量】下滑面板

选择【折弯余量】下滑面板，如图 12.12 所示。

图 12.10 【放置】下滑面板   图 12.11 【选项】下滑面板   图 12.12 【折弯余量】下滑面板

展开长度计算方法有如下两种。

（1）【使用主体设置】：使用为零件设置的展开长度计算。

（2）【使用特征设置】：使用下面定义的展开长度计算。

1）【按 K 因子】：根据 K 因子计算展开长度。要更改 K 因子的值，应输入新值，或从列表中选择值。

2）【按 Y 因子】：根据 Y 因子计算展开长度。要更改 Y 因子的值，应输入新值，或从列表中选择值。

3）【使用折弯表】：使用折弯表计算展开长度。可在其下的下拉列表中选择不同的折弯表。

动手学——创建手机支架

源文件：源文件\结果文件\第 12 章\手机支架.prt

本实例利用【拉伸】命令创建图 12.13 所示的手机支架。

【操作步骤】

1. 新建文件

新建【手机支架】文件，进入钣金界面。

2. 创建拉伸壁

（1）单击【钣金件】选项卡【壁】面组中的【拉伸】按钮 ，打开【拉伸】操控板。选择 FRONT 面作为草绘平面，进入草绘界面。

（2）绘制图 12.14 所示的草图，单击【确定】按钮 ，完成草绘。

（3）❶在【拉伸】操控板中选择【可变】深度选项 ，❷在其后的文本框中输入 90.00，❸厚度设置为 4.00，材料方向向内，如图 12.15 所示。

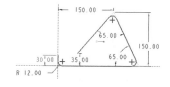

图 12.14　绘制草图

图 12.15　设置拉伸参数

（4）❹单击【确定】按钮 ，完成拉伸壁钣金特征，如图 12.13 所示。

图 12.13　手机支架

12.5　旋转壁特征

旋转壁就是带有旋转几何的钣金壁特征。在旋转壁不是第一壁时，使用此命令创建一个实体切口。首先草绘出壁的一个截面，然后围绕草绘轴或草绘平面内的任意线性几何旋转该截面。

只要该壁不是设计中的第一壁，就可将旋转壁重定义为曲面，或将旋转曲面重定义为壁。必须指定第一壁的厚度。

12.5.1　【旋转】操控板介绍

单击【钣金件】选项卡【壁】面组中的【旋转】按钮 ，打开【旋转】操控板，如图 12.16 所示。

图 12.16　【旋转】操控板

【旋转】操控板中的各选项含义如下。

（1）【轴】：单击列表框，然后选择旋转轴。定义草绘时，将选择草绘的中心线作为旋转轴。旋转轴可以是作为草绘截面一部分而创建的几何中心线，特征创建期间将自动检测中心线。还可选择位于草绘平面上的任意现有线性几何（如轴、直边或曲线）定义旋转轴。

（2）【角度】：用于设置旋转角度。其下拉列表中的选项包括【可变】【对称】【到参考】。

12.5.2　【旋转】下滑面板介绍

【旋转】操控板包含【放置】【选项】【主体选项】【属性】4 个下滑面板。其与【拉伸】操控板中的下滑面板基本相同，这里不再赘述。

扫一扫，看视频

动手学——创建蒸屉

源文件：源文件\结果文件\第 12 章\蒸屉.prt
本实例利用【旋转】命令创建图 12.17 所示的蒸屉。

【操作步骤】

1．新建文件

新建【蒸屉】文件，进入钣金界面。

图 12.17　蒸屉

2．创建旋转壁

（1）单击【钣金件】选项卡【壁】面组中的【旋转】按钮，打开【旋转】操控板。选择 TOP 基准平面作为草绘平面，绘制图 12.18 所示的草图，单击【确定】按钮，退出草绘环境。

（2）在【旋转】操控板中❶设置【旋转角度】为 360°，❷【厚度】为 1.50，❸单击【反向】按钮，调整材料方向向外，如图 12.19 所示。❹单击【确定】按钮　　，生成旋转壁特征，如图 12.17 所示。

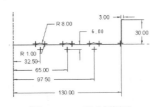

图 12.18　绘制草图

图 12.19　设置旋转壁参数

12.6　拉伸切口特征

拉伸切口通过将截面垂直投影到草绘平面创建钣金切口或实体切口。钣金件切口可以从钣金壁移除实体材料，并垂直于驱动曲面、偏移曲面或者同时垂直于二者；而实体切口可以从钣金件壁移除实体材料，并垂直于草绘平面。

12.6.1 【拉伸切口】操控板介绍

单击【钣金件】选项卡【工程】面组中的【拉伸切口】按钮，打开【拉伸切口】操控板，如图 12.20 所示。

图 12.20 【拉伸切口】操控板

【拉伸切口】操控板中的各选项含义如下。

（1）【垂直于曲面】：垂直于驱动曲面和偏移曲面移除材料。

（2）【垂直于驱动曲面】：垂直于驱动曲面移除材料。

（3）【垂直于偏移曲面】：垂直于偏移曲面移除材料。

12.6.2 【拉伸切口】下滑面板介绍

【拉伸切口】操控板包含【放置】【选项】【主体选项】【属性】下滑面板，下面仅对【选项】下滑面板的部分选项进行介绍。

选择【选项】下滑面板，如图 12.21 所示。

（1）【穿透】：在第一方向上拉伸截面与所有曲面相交。

（2）【到下一个】：在第一方向上将截面拉伸至下一个曲面。

（3）【穿至】：在第一方向上拉伸截面与选定曲面相交。

动手学——创建蒸屉孔

源文件：源文件\结果文件\第 12 章\蒸屉孔.prt

本实例利用【拉伸切口】命令对 12.5 节创建的蒸屉进行孔创建，并将创建的孔进行阵列。

【操作步骤】

（1）承接 12.5 节创建蒸屉。

（2）创建孔。

1）单击【钣金件】选项卡【工程】面组中的【拉伸切口】按钮，打开【拉伸切口】操控板，选择 FRONT 基准平面作为草绘平面，进入草绘界面。

2）绘制图 12.22 所示的圆，单击【确定】按钮，完成草绘。

3）在【拉伸切口】操控板中①选择【到下一个】深度选项，②【设置】选择【垂直于曲面】，如图 12.23 所示。

图 12.21 【选项】下滑面板

扫一扫，看视频

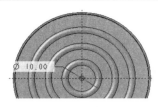

图 12.22　绘制圆 1 　　　　　　　　　　　　　图 12.23　设置拉伸参数

4）❸单击【确定】按钮　　，完成拉伸切口钣金特征，如图 12.24 所示。

（3）创建阵列。

1）在模型树中选择【拉伸切口 1】特征，单击【模型】选项卡【编辑】面组中的【阵列】按钮▦，打开【阵列】操控板。

2）选择阵列类型为【填充】，选择图 12.25 所示的底面，进入草绘环境，绘制图 12.26 所示的圆。单击【确定】按钮　　，完成草绘。

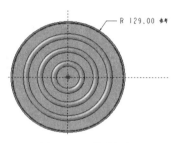

图 12.24　创建的孔 　　　　　　图 12.25　选择面 　　　　　　图 12.26　绘制圆 2

3）在【阵列】操控板中，【栅格阵列】选择【圆】⚙，【间距】设置为 15，【半径】设置为 16，【边界】设置为 2。

4）单击蒸屉凸棱上的孔，取消这些孔的创建，结果如图 12.27 所示。单击【确定】按钮　　，孔阵列完成，如图 12.28 所示。

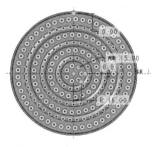

图 12.27　取消孔的创建 　　　　　　　　图 12.28　阵列孔

12.7　旋转混合壁特征

旋转混合壁特征就是多个截面通过一定方式连在一起而产生的特征，其要求至少有两个截面。【旋转混合】命令在第一壁时创建旋转混合壁，或在不是第一壁时创建旋转混合实体切口。

12.7.1 【旋转混合】操控板介绍

单击【钣金件】选项卡【壁】面组中的【旋转混合】按钮 🞂，打开图 12.29 所示的【旋转混合】操控板。

图 12.29 【旋转混合】操控板

【旋转混合】操控板中的各选项含义如下。

（1）【草绘截面】 ⬚：选择该项，则需要草绘内部截面。

（2）【选定截面】 ～：选择该项，则需要选择已经绘制好的截面。

（3）【旋转轴】 ⬚：旋转中心轴。如果截面不包含几何中心线，则需要选择要用作旋转轴的线性参考。

（4）【定义】 ⬚：单击该按钮，弹出【草绘】对话框，进行草图的绘制或编辑。

12.7.2 【旋转混合】下滑面板介绍

【旋转混合】操控板包含【截面】【选项】【主体选项】【属性】4 个下滑面板，下面对部分下滑面板进行介绍。

1. 【截面】下滑面板

选择【截面】下滑面板，如图 12.30 所示。

（1）【草绘截面】：选中该单选按钮，则需要草绘内部截面。单击【定义】按钮，进入草绘环境绘制草图。

（2）【选定截面】：选中该单选按钮，则需要选择已经绘制好的截面。

（3）【添加】：单击该按钮，添加一个新截面，如图 12.31 所示。

草绘平面位置的定义方式有两种：【偏移尺寸】和【参考】。

1）【偏移尺寸】：选中该单选按钮，则需要选择偏移参考，并设置偏移值。

2）【参考】：选中该单选按钮，则需要选择穿过的参考。

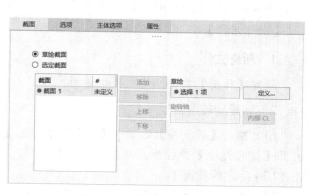

图 12.30 【截面】下滑面板

2. 【选项】下滑面板

选择【选项】下滑面板，如图 12.32 所示。

图 12.31　添加截面　　　　　　　　　　　　　　图 12.32　【选项】下滑面板

（1）【直】：用直线连接不同截面。

（2）【平滑】：用光滑曲线连接不同截面。

（3）【连接终止截面和起始截面】：创建封闭形状混合。

（4）【封闭端】：在两端创建闭合曲面。

（5）【在锐边上添加折弯】：用边折弯替换锐边。

1）半径 厚度：设置折弯圆角半径，包括【厚度】【2.0*厚度】【（厚度）】3 个选项。

2）外侧：标注折弯的曲面，包括【内侧】【外侧】【（内侧）】3 个选项。

动手学——创建风筒

源文件：源文件\结果文件\第 12 章\风筒.prt

本实例利用【旋转混合】命令创建图 12.33 所示的风筒。

【操作步骤】

1．新建文件

新建【风筒】文件，进入钣金界面。

2．创建旋转混合壁

图 12.33　风筒

（1）单击【钣金件】选项卡【壁】面组中的【旋转混合】按钮，打开【旋转混合】操控板。单击【定义】按钮，进入草绘环境。选择 TOP 面作为草绘平面，绘制图 12.34 所示的截面 1。

（2）单击【确定】按钮，退出草图绘制环境。

（3）系统自动创建【截面 2】，输入偏移角度 60°，如图 12.35 所示。

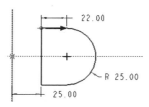

图 12.34　绘制截面 1

图 12.35　创建截面 2

（4）在【截面】下滑面板中单击【草绘】按钮，进入草绘环境。绘制截面 2，如图 12.36 所示。单击【确定】按钮 ✓，退出草图绘制环境。

（5）在绘图区显示连接草图形成的模型，如图 12.37 所示。

（6）继续绘制下一截面后，在【截面】下滑面板中单击【添加】按钮，插入截面 3，在操控板中或【截面】下滑面板中输入截面 3 与截面 2 的旋转角 120°。

（7）绘制截面 3 草图，如图 12.38 所示。单击【确定】按钮 ✓，退出草图绘制环境。

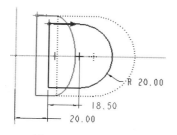

图 12.36　绘制截面 2

图 12.37　显示连接草图形成的模型

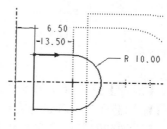

图 12.38　绘制截面 3

（8）返回【旋转混合】操控板，❶设置【厚度】为 1.5.0，❷单击【反向】按钮 ✕，调整材料方向向外，❸单击【选项】下滑面板，❹【混合曲面】选择【平滑】，❺勾选【在锐边上添加折弯】复选框，❻【半径】设置为【2.0*厚度】，❼折弯侧选择【内侧】，如图 12.39 所示。❽单击【确定】按钮 ✓，完成风筒的创建，如图 12.33 所示。

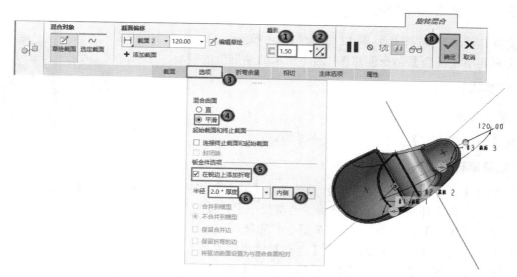

图 12.39　设置旋转混合参数

12.8　混合壁特征

【混合】命令用于创建具有混合几何的钣金件壁或曲面。在创建混合壁时要求至少有两个截面，截面互相平行，且各个截面的段数相等，箭头方向一致。【混合】命令在第一壁时创建旋转壁，或在不是第一壁时创建混合实体切口。

12.8.1　【混合】操控板介绍

单击【钣金件】选项卡【壁】面组中的【混合】按钮，打开图 12.40 所示的【混合】操控板。

图 12.40　【混合】操控板

【混合】操控板中的部分选项含义与【旋转混合】操控板中的各选项含义基本相同，故下面仅对【添加截面】选项进行介绍。

【添加截面】：在完成截面 1 后，激活并单击该按钮，创建新截面。

12.8.2　【混合】下滑面板介绍

【混合】操控板包含【截面】【选项】【主体选项】【属性】4 个下滑面板，与【旋转混合】下滑面板含义基本相同，这里不再赘述。

扫一扫，看视频

动手学——创建油烟机内腔

源文件：源文件\结果文件\第 12 章\油烟机内腔.prt
本实例利用【混合】命令创建图 12.41 所示的油烟机内腔。

【操作步骤】

1. 新建文件

新建【油烟机内腔】文件，进入钣金界面。

2. 创建旋转混合壁

图 12.41　油烟机内腔

（1）单击【钣金件】选项卡【壁】面组中的【混合】按钮，打开【混合】操控板。单击【定义】按钮，进入草绘环境。选择 TOP 面作为草绘平面，绘制图 12.42 所示的截面 1。

（2）单击【确定】按钮，退出草图绘制环境。

（3）系统自动创建【截面 2】，在【混合】操控板中输入偏移距离 90。单击【草绘】按钮，进入草绘环境。绘制截面 2，如图 12.43 所示。单击【确定】按钮，退出草图绘制环境。

（4）在绘图区显示连接草图形成的模型，如图 12.44 所示。

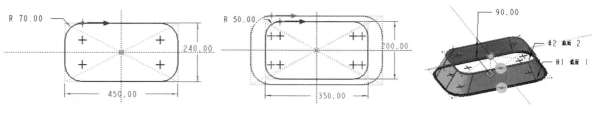

图 12.42　绘制截面 1　　　　图 12.43　绘制截面 2　　　　图 12.44　显示连接草图形成的模型

（5）继续绘制下一截面后，在【截面】下滑面板中单击【添加】按钮，插入截面 3，在操控板或【截面】下滑面板中输入截面 3 与截面 2 的偏移距离 80。

（6）绘制截面 3，并将圆在与斜中心线的交点处打断，如图 12.45 所示。此时，箭头方向与前两个草图箭头方向相反。选中箭头起点，右击，在弹出的快捷菜单中选择【起点】命令，如图 12.46 所示。调整箭头方向，结果如图 12.47 所示。单击【确定】按钮 ✓，退出草图绘制环境。

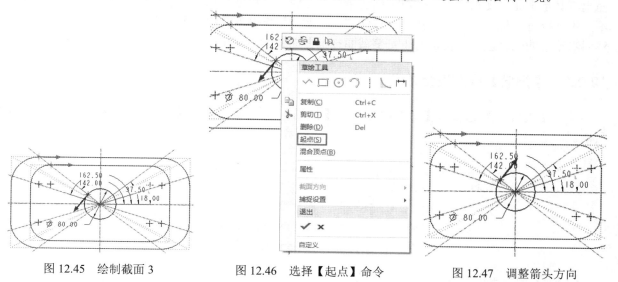

图 12.45　绘制截面 3　　　　　图 12.46　选择【起点】命令　　　　　图 12.47　调整箭头方向

（7）返回【混合】操控板，❶设置【厚度】为 1.00，❷单击【反向】按钮 ⚒，调整材料方向向内。❸选择【选项】下滑面板，❹混合曲面设置为【平滑】，❺勾选【在锐边上添加折弯】复选框，❻【半径】设置为【厚度】，❼折弯侧选择【外侧】，如图 12.48 所示。❽单击【确定】按钮 ✓，完成油烟机内腔的创建，如图 12.41 所示。

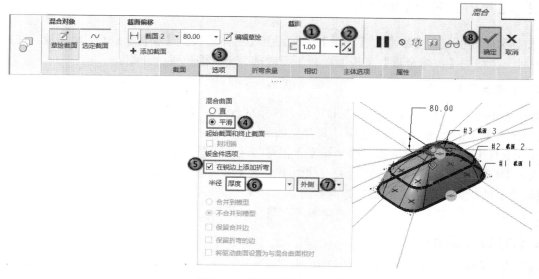

图 12.48　设置旋转混合参数

12.9　扫描壁特征

扫描壁就是将截面沿着指定的薄壁边进行扫描而形成的特征，连接边不必是线性的，相邻的曲面也不必是平面。【扫描】命令用于创建带有恒定或可变截面扫描几何的钣金壁或曲面。在扫描壁不是第一壁时，使用该命令创建一个实体切口。对于恒定截面扫描曲面或壁，草绘一个封闭截面，然后沿草绘的轨迹进行扫描，对于可变截面扫描曲面或壁，使用与截面顶点对齐的多条轨迹。

12.9.1　【扫描】操控板介绍

单击【钣金件】选项卡【壁】面组中的【扫描】按钮，打开【扫描】操控板，如图 12.49 所示。

图 12.49　【扫描】操控板

【扫描】操控板中的各选项含义如下。

（1）【草绘】：创建或编辑扫描截面。

（2）【厚度】：通过为截面轮廓指定厚度创建特征。

（3）【恒定截面】：沿扫描进行草绘时截面保持不变。

（4）【可变截面】：允许截面根据参数参考或沿扫描的关系进行变化。

12.9.2　【扫描】下滑面板介绍

【扫描】操控板包含【参考】【选项】【相切】【主体选项】【属性】5 个下滑面板，在完成截面草图后，会增加【折弯余量】下滑面板。下面对部分下滑面板进行介绍。

1.【参考】下滑面板

选择【参考】下滑面板，如图 12.50 所示。在该面板中，【截平面控制】选项有【垂直于轨迹】【垂直于投影】【恒定法向】3 个选项，其含义如下。

（1）垂直于轨迹：截面平面在整个长度上保持与【原点轨迹】垂直。

（2）垂直于投影：沿投影方向看去，截面平面与【原点轨迹】保持垂直。Z 轴与指定方向上的【原点轨迹】的投影相切，必须指定方向参考。

（3）恒定法向：Z 轴平行于指定方向参考向量，必须指定方向参考。

2.【选项】下滑面板

选择【选项】下滑面板，如图 12.51 所示。

（1）【封闭端】：勾选该复选框，则封闭扫描壁的每一端。

（2）【合并端】：勾选该复选框，将扫描壁的端点连接到邻近的其他壁而不留间隙。

3．【相切】下滑面板

选择【相切】下滑面板，如图 12.52 所示。

（1）【轨迹】列表框：显示扫描特征中的轨迹列表。

（2）【参考】列表框：用于选择参考。当选择【选定】时，激活其下方的列表框，选择参考曲面。

图 12.50　【参考】下滑面板

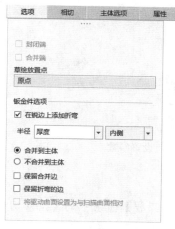

图 12.51　【选项】下滑面板

图 12.52　【相切】下滑面板

扫一扫，看视频

动手学——创建卡箍

源文件：源文件\结果文件\第 12 章\卡箍.prt

本实例利用【扫描】命令创建图 12.53 所示的卡箍。

【操作步骤】

1．新建文件

新建【卡箍】文件，进入钣金界面。

2．绘制扫描轨迹

（1）单击【钣金件】选项卡【基准】面组中的【草绘】按钮，选择 FRONT 基准平面作为草绘平面，绘制图 12.54 所示的轨迹线。

（2）单击【确定】按钮，退出草图绘制环境。

3．创建扫描壁

（1）单击【钣金件】选项卡【壁】面组中的【扫描】按钮，打开【扫描】操控板。选择刚刚绘制的轨迹线，单击【扫描】操控板中的【草绘】按钮，进入草绘环境，绘制图 12.55 所示的截面草图。单击【确定】按钮，退出草图绘制环境。

（2）在【扫描】操控板中❶设置厚度为 1.00，❷选择【恒定截面】。在【参考】下滑面板中，❸【截平面控制】选择【垂直于轨迹】，如图 12.56 所示。❹单击【确定】按钮，完成卡箍的创建，结果如图 12.57 所示。

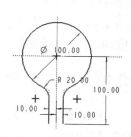

图 12.53　卡箍

图 12.54　绘制轨迹线

图 12.55　绘制截面草图

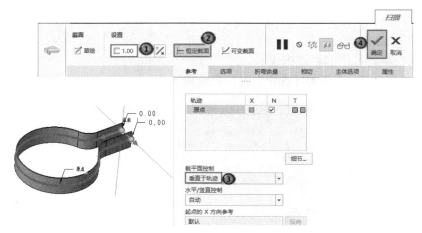

图 12.56　设置参数

图 12.57　创建卡箍

4．创建拉伸切口

（1）单击【钣金件】选项卡【工程】面组中的【拉伸切口】按钮，打开【拉伸切口】操控板，选择 RIGHT 基准平面作为草绘平面，进入草绘界面。

（2）绘制图 12.58 所示的圆，单击【确定】按钮，完成草绘。

（3）在【拉伸切口】操控板中选择【对称】深度选项，【设置】选择【垂直于曲面】。

图 12.58　绘制圆

（4）单击【确定】按钮　　，完成拉伸切口钣金特征，如图 12.53 所示。

12.10　扫描混合壁特征

扫描混合是使截面沿着指定轨迹进行延伸，生成钣金件。但由于沿轨迹的扫描截面是可变的，因此该特征又兼备混合特征的特性。扫描混合可以具有两种轨迹：原点轨迹（必选）和第二轨迹（可选）。每个轨迹特征必须至少有两个截面，且可在这两个截面间添加截面。要定义扫描混合的轨迹，可选取一条草绘曲线、基准曲线或边的链。每次只有一个轨迹是活动的。

12.10.1　【扫描混合】操控板介绍

单击【钣金件】选项卡【壁】面组中的【扫描混合】按钮，打开【扫描混合】操控板，如图 12.59（a）所示；选择截面后，操控板如图 12.59（b）所示。

【厚度】：为扫描混合壁指定厚度。

（a）　　　　　　　　　　　　　　　　　　（b）

图 12.59　【扫描混合】操控板

12.10.2 【扫描混合】下滑面板介绍

【扫描混合】操控板包含【参考】【截面】【相切】【选项】【主体选项】【属性】6个下滑面板，在完成截面草图后，会增加【折弯余量】下滑面板。下面对部分下滑面板进行介绍。

1.【截面】下滑面板

选择【截面】下滑面板，如图12.60所示。

（1）【草绘截面】：选中该单选按钮，则需要草绘内部截面。选定要创建草图的截面后，单击【草绘】按钮，进入草绘环境，绘制截面草图。

（2）【选定截面】：选中该单选按钮，则需要选择已经绘制好的截面草图。

（3）【截面】列表框：列出为扫描混合定义的截面，每次只有一个截面是活动的。当将截面添加到列表时，会按时间顺序对其进行编号和排序。标记为#的列中显示草绘截面中的图元数。

1）【插入】按钮：单击该按钮，创建新截面，新截面为活动截面。

2）【移除】按钮：单击该按钮，从表中移除选定的截面和扫描混合。

3）【草绘】按钮：单击该按钮，进入草绘环境，为截面定义草绘。

（4）【截面位置】列表框：显示链端点、顶点或基准点，以定位截面。

（5）【旋转】：对于定义截面的每个顶点或基准点，指定截面关于 Z 轴的旋转角度（范围为-120°～+120°）。

2.【选项】下滑面板

选择【选项】下滑面板，如图12.61所示。

图12.60　【截面】下滑面板

图12.61　【选项】下滑面板

（1）【封闭端】：勾选该复选框，则封闭扫描混合的每一端。其适用于具有封闭截面和非封闭轨迹的曲面扫描混合。

（2）【调整以保持相切】：勾选该复选框，则在截面混合后保持所创建的曲面相切。

（3）混合控制选项。

1）【无混合控制】：不设置混合控制。

2）【设置周长控制】：将混合的周长设置为在截面之间线性地变化。选中该单选按钮，则激活【通过折弯中心创建曲线】复选框，可将曲线放置在扫描混合的中心。

3）【设置横截面面积控制】：在扫描混合的指定位置指定截面面积。

扫一扫，看视频

动手学——创建火炬

源文件： 源文件\结果文件\第 12 章\火炬.prt

本实例利用【扫描混合】命令创建图 12.62 所示的火炬。

【操作步骤】

1. 新建文件

新建【火炬】文件，进入钣金界面。

2. 绘制扫描轨迹

（1）单击【钣金件】选项卡【基准】面组中的【草绘】按钮，
选择 FRONT 基准平面作为草绘平面，绘制图 12.63 所示的轨迹线。

（2）单击【确定】按钮，退出草图绘制环境。

3. 创建扫描壁

（1）单击【钣金件】选项卡【壁】面组中的【扫描混合】按钮，打开
【扫描混合】操控板。选择刚刚绘制的轨迹线，选择【截面】下滑面板，单击
【草绘】按钮，进入草绘环境，绘制图 12.64 所示的九边形草图。单击【确定】
按钮，退出草图绘制环境。

（2）单击【插入】按钮，创建截面 2，【截面位置】自动选择结束，旋转
角度设置为 120°。单击【草绘】按钮，进入草绘环境。在原点处绘制点，如
图 12.65 所示。单击【确定】按钮，退出草图绘制环境。

（3）在【扫描】操控板中❶设置【厚度】为 1.00，❷单击【反向】按钮，调整材料方向向内。
❸选择【选项】下滑面板，❹勾选【调整以保持相切】复选框，❺选中【无混合控制】单选按钮，
❻勾选【在锐边上添加折弯】复选框，❼【半径】设置为【2.0*厚度】，❽折弯侧选择【内侧】，
如图 12.66 所示。单击【确定】按钮，完成火炬的创建，如图 12.62 所示。

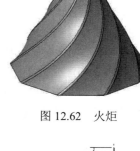

图 12.62　火炬

图 12.63　绘制轨迹线

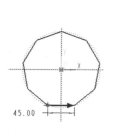

图 12.64　绘制九边
形草图

图 12.65　绘制点

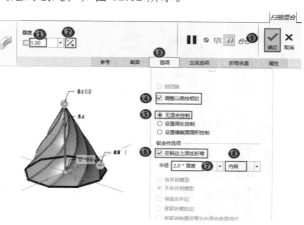

图 12.66　设置参数

12.11　边界混合壁特征

利用【边界混合】命令，可在参考图元（它们在一个或两个方向上定义曲面）之间创建边界混合特征。在每个方向上选定的第一个和最后一个图元定义曲面的边界。添加更多的参考图元（如控制点和边界条件），能使用户更完整地定义曲面形状。

选择参考图元的规则如下。

（1）曲线、零件边、基准点、曲线或边的端点可作为参考图元使用。

（2）在每个方向上都必须按连续的顺序选择参考图元。不过，可对参考图元进行重新排序。

对于在两个方向上定义的混合曲面来说，其外部边界必须形成一个封闭的环，这意味着外部边界必须相交。若边界不终止于相交点，系统将自动修剪这些边界，并使用有关部分。

为混合而选定的曲线不能包含相同的图元数。

12.11.1　【边界混合】操控板介绍

单击【钣金件】选项卡【壁】面组中的【边界混合】按钮，打开【边界混合】操控板，如图 12.67 所示。

图 12.67　【边界混合】操控板

【边界混合】操控板中的各选项含义如下。

（1）【第一/二方向】列表框：显示第一/二方向曲线链。

（2）【厚度】：为边界混合壁设置壁厚。

12.11.2　【边界混合】下滑面板介绍

选择曲线链后，【扫描】操控板包含【曲线】【约束】【控制点】【选项】【折弯余量】【主体选项】【属性】7 个下滑面板，下面对部分下滑面板进行介绍。

1．【曲线】下滑面板

选择【曲线】下滑面板，如图 12.68 所示。

（1）【第一/二方向】列表框：显示第一/二方向曲线链。

（2）【细节】：单击该按钮，弹出【链】对话框，用以编辑曲线链。

2．【约束】下滑面板

选择【约束】下滑面板，如图 12.69 所示。在该下滑面板中，各曲线链的约束条件有四种：自由、相切、曲率和垂直。

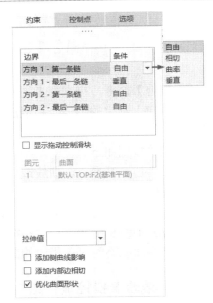

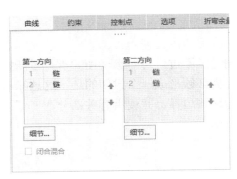

图 12.68　【曲线】下滑面板　　　　图 12.69　【约束】下滑面板

（1）【显示拖动控制滑块】：勾选该复选框，则可在绘图区中拖动该滑块，调整钣金壁。

（2）【添加侧曲线影响】：勾选该复选框，则可使用侧曲线的影响控制曲面形状。

（3）【添加内部边相切】：勾选该复选框，则可使用内部边相切控制曲面形状。

（4）【优化曲面形状】：勾选该复选框，则在选定 4 个应用相切或曲率连接的单图元边界的情况下，优化钣金壁形状。

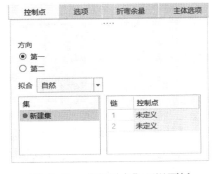

3.【控制点】下滑面板

选择【控制点】下滑面板，如图 12.70 所示，通过编辑第一方向和第二方向的控制点控制钣金壁的形状。

图 12.70　【控制点】下滑面板

扫一扫，看视频

动手学——创建流道

源文件：源文件\结果文件\第 12 章\流道.prt

本实例利用【边界混合】命令创建图 12.71 所示的流道。

【操作步骤】

1. 新建文件

新建【流道】文件，进入钣金界面。

2. 绘制曲线 1

图 12.71　流道

单击【钣金件】选项卡【基准】面组中的【草绘】按钮，选择 TOP 基准平面作为草绘平面，绘制图 12.72 所示的曲线 1。

3．绘制曲线 2

单击【钣金件】选项卡【基准】面组中的【草绘】按钮，选择 TOP 基准平面作为草绘平面，绘制图 12.73 所示的曲线 2。

4．绘制曲线 3

（1）单击【钣金件】选项卡【基准】面组中的【草绘】按钮，选择 FRONT 基准平面作为草绘平面，绘制图 12.74 所示的曲线 3。

（2）相同的方法，绘制图 12.75 所示的曲线 4。

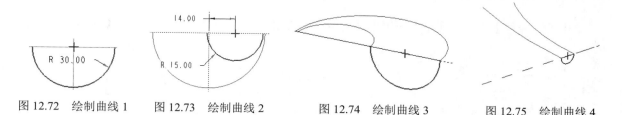

图 12.72　绘制曲线 1　　　图 12.73　绘制曲线 2　　　图 12.74　绘制曲线 3　　　图 12.75　绘制曲线 4

5．创建边界混合壁

（1）单击【钣金件】选项卡【壁】面组中的【边界混合】按钮，打开【边界混合】操控板，①设置厚度为 0.20。②按住 Ctrl 键，选择曲线 1 和曲线 2 作为第一方向的曲线链；③按住 Ctrl 键，选择曲线 3 和曲线 4 作为第二方向的曲线链。

（2）④选择【约束】下滑面板，⑤将【方向 1-最后一条链】条件设置为【垂直】，⑥勾选【显示拖动控制滑块】复选框，⑦在绘图区拖动滑块，调整钣金壁形状，⑧勾选【添加内部边相切】和⑨【优化曲面形状】复选框，如图 12.76 所示。⑩单击【确定】按钮，完成流道的创建，结果如图 12.71 所示。

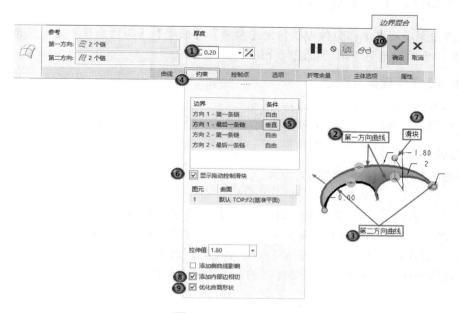

图 12.76　设置参数

12.12　偏移壁特征

偏移壁特征是指选择一个面组或实体的一个面，按照定义的方向和距离偏移而产生的壁特征。可选择现有曲面或草绘一个新的曲面进行偏移，除非转换实体零件，否则偏移壁不能是在设计中创建的第一个特征。

12.12.1　【偏移】操控板介绍

单击【钣金件】选项卡【壁】面组中的【偏移】按钮，打开图 12.77 所示的【偏移】操控板。

图 12.77　【偏移】操控板

【偏移】操控板中的各选项含义如下。

（1）【偏移】：用于指定在给定偏移方向上偏移的距离。其后的【反向】按钮用于更改偏移方向。

（2）【特殊处理】：当有多个曲面要偏移时，可以通过重新定义该命令来选择曲面。如果想更精确地定义偏移曲面，可使用【遗漏】选项，但其只有在选择【垂直于曲面】偏移类型时才能用。当选择的曲面是面组时，可以通过选择该选项选择要偏移的曲面。

12.12.2　【偏移】下滑面板介绍

选择偏移曲面后，【偏移】操控板包含【参考】【选项】【折弯余量】【主体选项】【属性】5 个下滑面板，下面对部分下滑面板进行介绍。

1．【参考】下滑面板

选择【参考】下滑面板，如图 12.78 所示。

【偏移曲面】列表框：显示要偏移的曲面。

2．【选项】下滑面板

选择【选项】下滑面板，如图 12.79 所示。

（1）【偏移方式】选项组。

1）【垂直于曲面】：系统默认的偏移方向，将垂直于曲面进行偏移。

2）【自动拟合】：自动拟合面组或曲面的偏移，这种偏移类型只需定义材料侧和厚度。

3）【控制拟合】：以控制 X 轴、Y 轴、Z 轴平移距离创建偏移。

（2）【特殊处理】列表框：选择要排除的一个或多个曲面。

图 12.78 【参考】下滑面板

图 12.79 【选项】下滑面板

动手学——盖板偏移

源文件：源文件\结果文件\第 12 章\盖板.prt

本实例利用【偏移】命令对图 12.80 所示的盖板进行偏移。

【操作步骤】

1. 打开文件

打开【盖板.prt】文件，如图 12.80 所示。

2. 偏移曲面

图 12.80 盖板

（1）选中曲面，单击【钣金件】选项卡【壁】面组中的【偏移】按钮 ，打开【偏移】操控板，❶设置偏移距离为 25.00，❷厚度为 1.00。❸选择【选项】下滑面板，❹选择偏移方式为【垂直于曲面】，如图 12.81 所示。

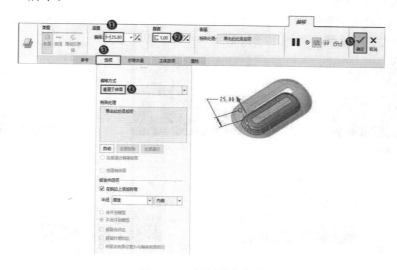

图 12.81 设置偏移参数

（2）⑤单击【确定】按钮✓，完成盖板的偏移，结果如图 12.82 所示。

图 12.82　偏移结果

12.13　平整壁特征

平整壁特征只能连接平整的壁，即平整壁只能附着在已有钣金壁的直线边上，壁的长度可以等于、大于或小于被附着壁的长度。

12.13.1　【平整】操控板介绍

单击【钣金件】选项卡【壁】面组中的【平整】按钮，打开【平整】操控板，如图 12.83 所示。

图 12.83　【平整】操控板

【平整】操控板中的各选项含义如下。

（1）【形状】：定义平整壁的形状。单击其后的下拉按钮，可以看到系统预设有五种平整壁形状，这五种形状的平整壁预览如图 12.84 所示。

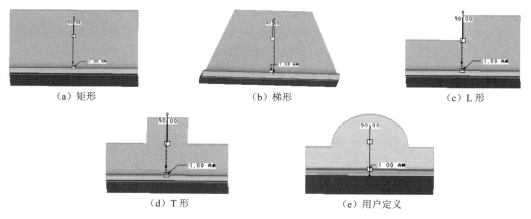

（a）矩形　　　　　　　　（b）梯形　　　　　　　　（c）L 形

（d）T 形　　　　　　　　（e）用户定义

图 12.84　预设的平整壁形状预览

（2）【折弯角度】 ⚠：单击【平整】操控板中定义折弯角度的下拉按钮 ▾，可以看到系统将折弯角度分为两个部分，分别为有折弯角度和平整，如图 12.85 所示。以 60° 和【平整】为例的折弯如图 12.86 所示。

图 12.85　折弯角度

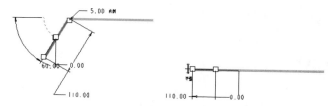

图 12.86　以 60° 和【平壁】为例的折弯

（3）【折弯圆角半径】 ⚠：单击【平整】操控板中的【折弯圆角半径】按钮时，弹出【半径类型】选项，此选项下有 3 个选项，分别为【内侧】 ↵、【外侧】 ⊥ 和【按参数】。

如果指定【内侧】半径，那么外侧半径等于内侧半径加上钣金厚度；如果指定【外侧】半径，那么内侧半径等于外侧半径减去钣金厚度，如图 12.87 所示。

图 12.87　不同半径类型生成特征对比

12.13.2　【平整】下滑面板介绍

【平整】操控板包含【放置】【形状】【折弯位置】【斜切口】【止裂槽】【折弯余量】【属性】7 个下滑面板，下面对部分下滑面板进行介绍。

1．【放置】下滑面板

选择【放置】下滑面板，如图 12.88 所示。该下滑面板的列表框用于定义平整壁的附着边。

2．【形状】下滑面板

选择【形状】下滑面板，如图 12.89 所示。

（1）【草绘】按钮：单击该按钮，弹出【草绘】对话框，进行草图编辑。

（2）【打开】按钮：单击该按钮，弹出【打开】对话框，选择保存的 .sec 文件。

（3）【另存为】按钮：单击该按钮，弹出【保存副本】对话框，在指定目录中将壁草绘另存为 .sec 文件。

（4）【转换】按钮：单击该按钮，将 3D 参数化草绘转换为 2D 草绘。

（5）【形状连接】选项组。

1）【高度尺寸包括厚度】：计算壁高度时包括钣金件厚度。

2）【高度尺寸不包括厚度】：计算壁高度时不包括钣金件厚度。

（6）【截面预览】：预览和编辑草绘尺寸。

3．【折弯位置】下滑面板

选择【折弯位置】下滑面板，如图 12.90 所示。

图 12.88　【放置】下滑面板

图 12.89　【形状】下滑面板

图 12.90　【折弯位置】下滑面板

【类型】：设置偏移类型。

（1）【🔲】（边上的轮廓）：添加折弯几何，同时保持原始连接边上的壁轮廓。

（2）【🔲】（折弯外侧）：添加折弯线与连接边相切的折弯几何。

（3）【🔲】（与折弯起点之间的偏移）：测量从连接边到折弯起点的偏移。单击该按钮，打开【值】文本框，输入偏移值，或者从先前使用的一系列值中选取偏移值。使用正值可在连接段中添加指定值，使用负值可在连接段中修剪指定值。

（4）【🔲】（与折弯顶点之间的偏移）：测量从连接边到折弯顶点的偏移。单击该按钮，打开【值】文本框，输入偏移值，或者从先前使用的一系列值中选取偏移值。使用正值可在连接段中添加指定值，使用负值可在连接段中修剪指定值。

（5）【🔲】（受约束）：将连接的壁几何保持在连接边的边界内。

4.【斜切口】下滑面板

选择【斜切口】下滑面板，如图 12.91 所示。

（1）【添加斜切口】复选框：勾选该复选框，则在一对带有重叠几何的壁段之间添加斜切口。

（2）【三折弯拐角止裂槽类型】：在其下拉列表中给出了【相切】【开放】【封闭】【扯裂】四种类型。

（3）【斜切口类型】在其下拉列表中给出了【长圆形】【穿透】【无间隙】三种类型。

1）【长圆形】：需要设置偏移值和间隙值。

2）【穿透】：只需要设置间隙值。

3）【无间隙】：不需要设置任何值。

5.【止裂槽】下滑面板

选择【止裂槽】下滑面板，如图 12.92 所示。

（1）【单独定义每侧】复选框：勾选该复选框，则需要单独设置每个壁端部止裂槽。

（2）【类型】选项组。

单击其下拉按钮 🔽，可创建五种壁止裂槽类型。

1）【无止裂槽】：在连接点处不添加止裂槽，如图 12.93（a）所示。

2）【扯裂】：割裂各连接点处的现有材料，如图 12.93（b）所示。

3）【拉伸】：在壁连接点处拉伸用于折弯止裂槽的材料，如图 12.93（c）所示。

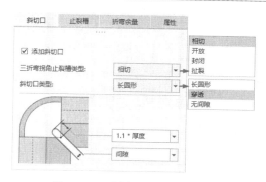

图 12.91　【斜切口】下滑面板

图 12.92　【止裂槽】下滑面板

4）【矩形】：在每个连接点处添加一个矩形止裂槽，如图 12.93（d）所示。

5）【长圆形】：在每个连接点处添加一个长圆形止裂槽，如图 12.93（e）所示。

止裂槽有助于控制钣金件材料并防止发生不希望的变形，所以在很多情况下需要添加止裂槽。

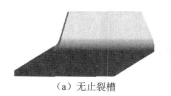

（a）无止裂槽

（b）扯裂

（c）拉伸

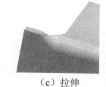

（d）矩形

（e）长圆形

图 12.93　五种止裂槽的形状

动手学——创建折弯件

源文件：源文件\结果文件\第 12 章\折弯件.prt
本实例创建图 12.94 所示的折弯件。

【操作步骤】

1．打开文件

打开【折弯件.prt】文件，如图 12.95 所示。

2．创建平整壁

（1）单击【钣金件】选项卡【壁】面组中的【平整】按钮，打开【平整】操控板，选择图 12.96 所示的钣金件的一条边放置平整壁，【形状】设置为【用户定义】，折弯角度为 60°。选择【形状】下滑面板，【形状连接】选择【高度尺寸包括厚度】。单击【草绘】按钮，进入草绘环境，绘制图 12.97 所示的草图。单击【确定】按钮✔，退出草图绘制环境。

（2）在【平整】操控板中❶设置折弯圆角半径为 10.00，❷折弯圆角侧选择【内侧】。

（3）❸选择【止裂槽】下滑面板，❹选择【折弯止裂槽】，❺勾选【单独定义每侧】复选框，❻选中【侧 1】单选按钮，❼设置【类型】为【矩形】，❽止裂槽高度类型设置为【盲孔】，❾高度值为 20.00，❿深度类型设置为穿透，⓫宽度值设置为【2.0*厚度】，如图 12.98 所示。

扫一扫，看视频

图 12.94　折弯件

图 12.95　折弯件原始文件

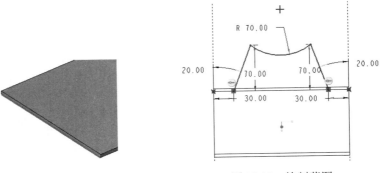

图 12.96　选择边　　　　　　　　　　图 12.97　绘制草图

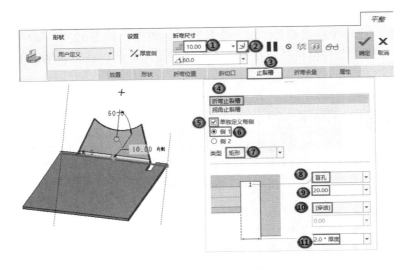

图 12.98　设置侧 1 参数

（4）⑫选择【侧 2】单选按钮，⑬设置【类型】为【长圆形】，⑭止裂槽高度类型设置为【与折弯相切】，⑮深度类型设置为【穿透】，⑯宽度值设置为 12.00，如图 12.99 所示。

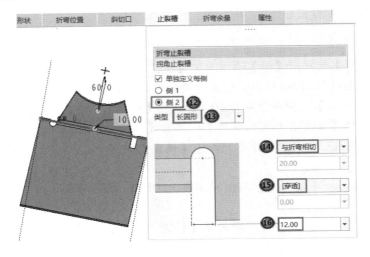

图 12.99　设置侧 2 参数

12.14　法兰壁特征

法兰壁是折叠的钣金边，只能附着在已有钣金壁的边线（可以是直线也可以是曲线）上，具有拉伸和扫描功能。

12.14.1　【凸缘】操控板介绍

单击【钣金件】选项卡【壁】面组中的【法兰】按钮，打开【凸缘】操控板，如图 12.100 所示。

图 12.100　【凸缘】操控板

【凸缘】操控板中的各选项含义如下。

（1）【形状】：定义法兰壁的形状，其下拉列表如图 12.101 所示。

（2）　　　：定义法兰壁第一方向的长度方式及长度值。

（3）　　　：定义法兰壁第二方向的长度方式及长度值。

图 12.101　【形状】下拉列表

12.14.2　【凸缘】下滑面板介绍

【凸缘】操控板包含【放置】【形状】【长度】【折弯位置】【斜切口】【止裂槽】【折弯余量】【属性】8 个下滑面板，下面仅对【长度】下滑面板进行介绍。

选择【长度】下滑面板，如图 12.102 所示，该下滑面板用于设置法兰壁的每一侧长度。

动手学——创建连接片法兰

源文件：源文件\结果文件\第 12 章\连接片.prt

本实例利用【法兰】命令对图 12.103 所示的连接片创建法兰。

【操作步骤】

1. 打开文件

打开【折弯件.prt】文件，如图 12.103 所示。

2. 创建法兰

（1）单击【钣金件】选项卡【壁】面组中的【法兰】按钮，打开【凸缘】操控板。❶【形状】选择【I】，❷选择连接片的一条侧边，❸设置折弯圆角半径为【2.0*厚度】，❹圆角位置为【内侧】。

（2）❺选择【长度】下滑面板，❻【链端点】选择【盲】，❼距离设置为-85

扫一扫，看视频

图 12.102　【长度】下滑面板

图 12.103　连接片

（注意：输入-85，虽然按 Enter 键后变为 85，但与直接输入 85 不同，方向相反）。⑧在绘图区双击，修改高度尺寸为 75。

（3）⑨选择【折弯位置】下滑面板，⑩选择【类型】为【🗇】（折弯外侧），如图 12.104 所示。

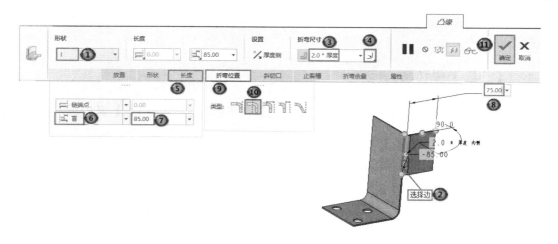

图 12.104　设置法兰壁参数

（4）⑪单击【确定】按钮✔，生成钣金特征，结果如图 12.105 所示。

（5）使用同样的方法，在另一侧创建法兰，结果如图 12.106 所示。

图 12.105　创建一侧法兰壁

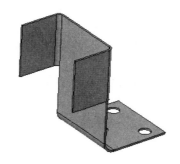

图 12.106　创建另一侧法兰壁

12.15　扭转壁特征

扭转壁是钣金件的螺旋或螺线部分。扭转壁就是将壁沿中心线扭转一个角度，类似于将壁的端点反方向转动一相对小的指定角度，可将扭转连接到现有平面壁的直边上。

由于扭转壁可更改钣金零件的平面，因此其通常用作两钣金件区域之间的过渡，它可以是矩形或梯形。

12.15.1　【扭转】操控板介绍

单击【钣金件】选项卡【壁】面组中的【扭转】按钮🪛，打开图 12.107 所示的【扭转】操控板。

图 12.107　【扭转】操控板

【扭转】操控板中的各选项含义如下。

（1）【偏移】：将使用连接边的偏移尺寸计算壁宽度。

（2）【对称】：可通过宽度尺寸计算出壁宽度并使扭转轴居中于壁宽度。

（3）【起始宽度】：设置第一方向和第二方向的起始宽度。其设置方法有如下两种。

1）：在第一/二方向上使用终止边。

2）：从边端点按指定值在第一/二方向上修剪或延伸。

（4）【修改宽度】：用于修改终止壁宽度。

（5）【壁长度】：输入壁长度值，从最近使用的值列表中选择或拖动控制滑块。

（6）【扭转角度】：输入扭转角度值，从最近使用的值列表中选择或拖动控制滑块。

12.15.2　【扭转】下滑面板介绍

【扭转】操控板包含【放置】和【属性】两个下滑面板，下面仅对【放置】下滑面板进行介绍。

选择【放置】下滑面板，如图 12.108 所示。

图 12.108　【放置】下滑面板

【放置】列表框：用于显示附着的直边。此边必须是直线边，斜的直线也可以，但不能是曲线。

动手学——创建起子

源文件：源文件\结果文件\第 12 章\起子.prt
本实例创建图 12.109 所示的起子。

【操作步骤】

1. 打开文件

打开【起子.prt】文件，如图 12.110 所示。

扫一扫，看视频

图 12.109　起子

2. 创建扭转壁

（1）单击【钣金件】选项卡【壁】面组中的【扭转】按钮，打开【扭转】操控板。❶【宽度方法】选择【偏移】，❷在绘图区选择放置边。❸第一方向的起始宽度设置为【至结束】，❹第二方向的起始宽度设置为【至结束】，❺【壁长度】设置为 80.00，❻【扭转角度】设置为 180.00，如图 12.111 所示。

图 12.110　起子原始文件

（2）❼单击【确定】按钮，完成扭转壁特征的创建，结果如图 12.109 所示。

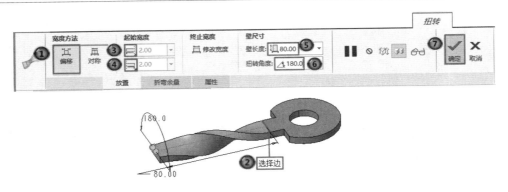

图 12.111　设置扭转参数

12.16　延伸壁特征

延伸壁特征也称延拓壁特征，就是将已有的平板钣金件延伸到某一指定的位置或指定的距离，不需要绘制任何截面线。延伸壁不能建立第一壁特征，其只能用于建立额外壁特征。

12.16.1　【延伸】操控板介绍

单击【钣金件】选项卡【编辑】面组中的【延伸】按钮，打开【延伸】操控板，如图 12.112 所示。

图 12.112　【延伸】操控板

（1）【沿初始曲面】：从选定边开始将壁延伸指定值。选择该项时，需设置延伸距离。

（2）【至相交处】：从选定边开始将壁延伸到与曲面或参考平面相交。选择该项时，需选择一个平面作为参考。

（3）【至平面】：从选定边开始将壁向上延伸到曲面或参考平面，同时保持与选定边的平行关系。选择该项时，需选择一个平面作为参考。

12.16.2　【延伸】下滑面板介绍

【延伸】操控板包含【参考】【延伸】【属性】3 个下滑面板，下面对部分下滑面板进行介绍。

1.【参考】下滑面板

选择【参考】下滑面板，如图 12.113 所示。

（1）【壁边】列表框：显示选定的边参考。

（2）【参考平面】列表框：显示选定的平面参考。

2．【延伸】下滑面板

选择【延伸】下滑面板，如图 12.114 所示。

图 12.113　【参考】下滑面板

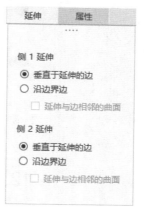

图 12.114　【延伸】下滑面板

（1）【垂直于延伸的边】：垂直于参考边创建延伸壁。

（2）【沿边界边】：沿边界边创建延伸壁。

（3）【延伸与边相邻的曲面】：勾选该复选框，则延伸与边界边相切的曲面。

动手学——创建 U 形体

源文件：源文件\结果文件\第 12 章\U 形体.prt
本实例创建图 12.115 所示的 U 形体。

扫一扫，看视频

【操作步骤】

1．打开文件

打开【U 形体.prt】文件，如图 12.116 所示。

图 12.115　U 形体

2．创建延伸壁

（1）单击【钣金件】选项卡【编辑】面组中的【延伸】按钮，打开【延伸】操控板，❶选择【类型】为【至平面】，❷绘图区选择参考边，❸再选择参考平面。

（2）❹选择【延伸】下滑面板，❺【侧 1 延伸】选择【垂直于延伸的边】，❻【侧 2 延伸】选择【垂直于延伸的边】，如图 12.117 所示。❼单击【确定】按钮，完成延伸壁特征的创建，结果如图 12.115 所示。

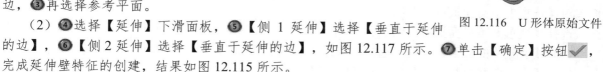

图 12.116　U 形体原始文件

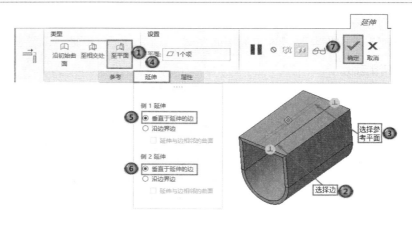

图 12.117　设置延伸壁参数

12.17　合并壁特征

合并壁将至少需要两个非附属壁合并到一个零件中，通过合并操控可以将多个分离的壁特征合并成一个钣金件，也可将两个或多个不同的分离钣金件几何（分离壁）合并成一个零件。合并壁时，切记以下两点。

（1）第一壁的几何只能是基础壁。

（2）壁彼此之间必须相切。

12.17.1　【合并】操控板介绍

单击【钣金件】选项卡【编辑】面组中的【合并壁】按钮，打开图 12.118 所示的【合并】操控板。

【合并】操控板中的各选项含义如下。

（1）【基础曲面】列表框：显示选择基础曲面。

（2）【合并曲面】列表框：显示合并曲面。

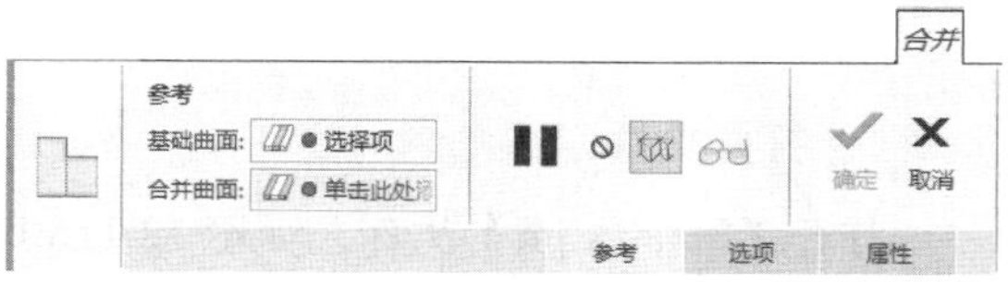

图 12.118　【合并】操控板

12.17.2　【合并】下滑面板介绍

【合并】操控板包含【参考】【选项】【属性】3 个下滑面板，下面仅对【选项】下滑面板进行介绍。

选择【选项】下滑面板，如图 12.119 所示。

（1）【要排除的边】列表框：选择要从合并中排除的边。

（2）【保留合并边】复选框：勾选该复选框，以保留合并壁之间的边。

（3）【保留折弯的边】复选框：勾选该复选框，以保留合并壁中折弯曲面之间的边。

图 12.119　【选项】下滑面板

动手学——创建镜框合并壁

源文件：源文件\结果文件\第 12 章\镜框.prt

本实例对图 12.120 所示的镜框外框、内框分别和三角板进行合并。

【操作步骤】

1. 打开文件

打开【镜框.prt】文件，如图 12.120 所示。

2. 创建合并壁

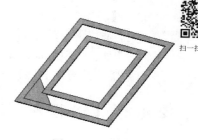

图 12.120　镜框

（1）单击【钣金件】选项卡【编辑】面组中的【合并壁】按钮，打开【合并】操控板。①在绘图区选择外框，②在【合并】操控板【合并曲面】列表框中单击，③然后在绘图区选择三角板，④单击【选项】下滑面板，⑤取消勾选【保留合并边】复选框，如图 12.121 所示。

（2）⑥单击【合并】操控板的【确定】按钮，完成合并壁特征的创建，如图 12.122 所示。

（3）同理，将【合并壁】特征和内框进行合并，合并结果如图 12.123 所示。

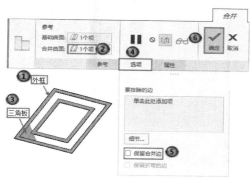

图 12.121　设置合并壁参数

图 12.122　合并壁结果 1

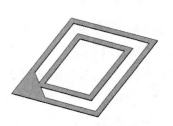

图 12.123　合并壁结果 2

12.18　分割区域特征

使用【分割区域】命令定义要从钣金件中分割的曲面片或边，在执行其他钣金件设计操作时便可选择这些区域。在创建分割区域特征时，不会从零件中移除任何体积块，而且驱动曲面和偏移曲面之间不会创建任何侧曲面。

12.18.1　【分割区域】操控板介绍

单击【钣金件】选项卡【编辑】面组中的【分割区域】按钮，打开【分割区域】操控板，如图 12.124 所示。

【分割区域】操控板中的各选项含义如下。

图 12.124　【分割区域】操控板

（1）【投影方向】按钮：更改草绘的投影方向。

（2）【分割方向】：确定分割方向的方式有如下两种。

1）【垂直于驱动曲面】：垂直于驱动曲面的分割。

2）【垂直于偏移曲面】：垂直于偏移曲面的分割。

（3）【草绘方向】按钮：单击该按钮，则分割草绘的另一侧。

12.18.2 【分割区域】下滑面板介绍

【分割区域】操控板包含【放置】和【属性】两个下滑面板，下面仅对【放置】下滑面板进行介绍。

选择【放置】下滑面板，如图 12.125 所示。

【草绘】列表框：显示定义的分割区域。单击其后的【定义】按钮，进入草绘环境，绘制分割区域草图。

图 12.125 【放置】下滑面板

扫一扫，看视频

动手学——创建支架的分割区域

源文件：源文件\结果文件\第 12 章\支架.prt
本实例对图 12.126 所示的支架进行区域分割。

【操作步骤】

1. 打开文件

打开【支架】文件，如图 12.126 所示。

图 12.126 支架

2. 创建变形区域特征

在模型中有一些区域是不可展平的，如图 12.127 所示的区域。要想将此模型展平，首先要进行变形区域分割。

（1）单击【钣金件】选项卡【编辑】面组中的【分割区域】按钮，打开【分割区域】操控板。

（2）单击【放置】下滑面板中的【定义】按钮，选择图 12.128 所示的平面作为草绘平面，系统自动进入草绘环境。

（3）绘制图 12.129 所示的草图作为边界线，绘制完成后单击【确定】按钮，退出草图绘制环境。

图 12.127 不可展平的面

（4）在【分割区域】操控板中单击【投影方向】按钮，单击【确定】按钮，完成变形区域特征的创建。

（5）同理，创建另一侧的变形区域特征，结果如图 12.130 所示。

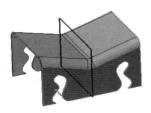

图 12.128 选择草绘平面

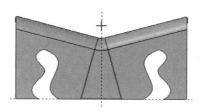

图 12.129 绘制变形区域边界线

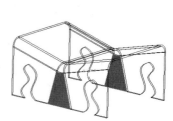

图 12.130 变形区域特征

3. 创建展平特征

（1）单击【钣金件】选项卡【折弯】面组中的【展平】按钮 ，打开【展平】操控板。采用系统自动选择的固定面，如图 12.131 所示。

（2）在【展平】操控板中单击【变形】下滑面板中的【变形曲面】列表框，在绘图区选择刚刚创建的分割区域，如图 12.132 所示。

（3）单击【确定】按钮 ，完成展平特征的创建，结果如图 12.133 所示。

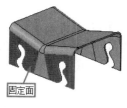

图 12.131　选择固定面

图 12.132　选择分割区域

图 12.133　展平特征

4. 编辑变形区域特征

（1）在模型树中选择【展平 1】选项，右击，在弹出的快捷菜单中选择【编辑定义】命令，重新编辑展平特征。

（2）打开【展平】操控板，选择【变形控制】下滑面板，在列表框中选择【变形区域 1】，选中【草绘区域】单选按钮，再单击【草绘】按钮，如图 12.134 所示。

（3）绘制图 12.135 所示的连接圆弧，绘制完成后单击【确定】按钮 ，退出草图绘制环境。

（4）同理，选择【变形区域 2】，绘制另一侧的连接圆弧。

（5）在【展平】操控板中单击【确定】按钮 ，展平特征结果如图 12.136 所示。

图 12.134　选择【变形区域 1】

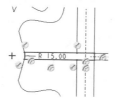

图 12.135　绘制连接圆弧

图 12.136　展平特征结果

12.19　综合实例——创建发动机散热器挡板

扫一扫，看视频

本实例首先创建基本的曲面轮廓，然后进行合并加厚，再通过【驱动曲面】方式转换为钣金件，最后进行法兰壁、钣金切削和成形特征的创建，形成完整的发动机散热器挡板，如图 12.137 所示。

【操作步骤】

1. 新建文件

单击【主页】选项卡【数据】面组中的【新建】按钮 ，弹出【新建】对话框，在【类型】选项组中选中【零件】单选按钮，在【子类

图 12.137　发动机散热器挡板

型】选项组中选中【实体】单选按钮，在【文件名】文本框输入【散热器挡板】，取消勾选【使用默认模板】复选框，单击【确定】按钮，在弹出的【新文件选项】对话框中选择【mmns_part_solid_abs】选项，单击【确定】按钮，创建一个新的零件文件。

2．创建拉伸

（1）单击【模型】选项卡【形状】面组中的【拉伸】按钮🗗，打开【拉伸】操控板。单击【曲面】按钮🗂，选择 FRONT 基准平面为草绘平面，绘制图 12.138 所示的草图。单击【确定】按钮✔，退出草绘环境。

（2）选择【选项】下滑面板，【侧 1】和【侧 2】拉伸方式均选择【可变】🔱，【侧 1】深度设置为 90.00，【侧 2】深度设置为 240.00，如图 12.139 所示。单击【确定】按钮✔，结果如图 12.140所示。

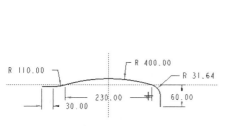

图 12.138　绘制草图　　　　图 12.139　设置【选项】下滑面板　　　图 12.140　创建的拉伸曲面特征

3．创建扫描曲面

（1）单击【模型】选项卡【基准】面组中的【草绘】按钮🗞，弹出【草绘】对话框，选择 FRONT基准平面作为草绘平面，绘制图 12.141 所示的扫描轨迹。单击【确定】按钮✔，退出草绘环境。

（2）单击【模型】选项卡【形状】面组中的【扫描】按钮🍥，打开【扫描】操控板，单击【曲面】按钮🗂，选择第（1）步绘制的扫描轨迹，单击【草绘】按钮📝，进入草绘环境，绘制扫描轮廓。

（3）绘制图 12.142 所示的曲线作为扫描轮廓，单击【扫描】操控板中的【确定】按钮✔，生成的扫描曲面如图 12.143 所示。

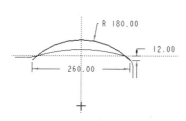

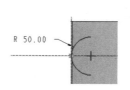

图 12.141　绘制扫描轨迹　　　　图 12.142　绘制曲线　　　　图 12.143　创建扫描曲面

4．镜像曲面

（1）单击【平面】按钮▱，弹出【基准平面】对话框，选择 FRONT 基准平面作为草绘平面，平移距离设置为-80，单击【确定】按钮，完成基准平面 DTM1 的创建，如图 12.144 所示。

（2）在模型树中选择创建的【扫描 1】特征，单击【模型】选项卡【编辑】面组中的【镜像】

按钮]][，打开【镜像】操控板，选择第（1）步创建的 DTM1 基准平面作为镜像平面。单击【镜像】操控板中的【确定】按钮✔，镜像结果如图 12.145 所示。

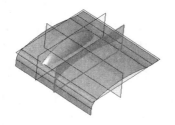

图 12.144　创建基准平面 DTM1

图 12.145　镜像扫描曲面特征

5. 合并曲面

（1）单击【模型】选项卡【编辑】面组中的【合并】按钮◯，打开【合并】操控板。按住 Ctrl 键，选择图 12.146 所示的两个曲面，单击【反向】按钮，调整箭头方向，如图 12.146 所示。单击【合并】操控板中的【确定】按钮✔，合并曲面结果如图 12.147 所示。

（2）单击【模型】选项卡【编辑】面组中的【合并】按钮，打开【合并】操控板。按住 Ctrl 键，选择图 12.148 所示的两个曲面，单击【反向】按钮，调整箭头方向，如图 12.148 所示。单击【合并】操控板中的【确定】按钮✔，合并曲面结果如图 12.149 所示。

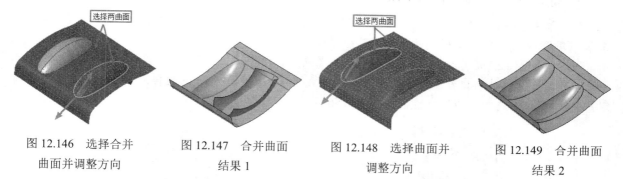

图 12.146　选择合并
曲面并调整方向

图 12.147　合并曲面
结果 1

图 12.148　选择曲面并
调整方向

图 12.149　合并曲面
结果 2

6. 倒圆角

单击【模型】选项卡【工程】面组中的【倒圆角】按钮，打开【倒圆角】操控板，输入圆角半径值 20。按住 Ctrl 键，选择图 12.150 所示的两条棱边。单击【确定】按钮✔，生成的倒圆角特征如图 12.151 所示。

图 12.150　选择棱边 1

图 12.151　倒圆角特征 1

7．加厚曲面

（1）单击【模型】选项卡【编辑】面组中的【加厚】按钮，打开【加厚】操控板，选择合并后的曲面，厚度设置为 0.55，箭头方向向外，如图 12.152 所示，单击【确定】按钮。

（2）在模型树中选择【草绘 1】选项并右击，在弹出的快捷菜单中单击【隐藏】按钮，隐藏特征后的模型如图 12.153 所示。

8．将实体零件转换为钣金件

单击【模型】选项卡【操作】面组中的【转换为钣金件】按钮，打开【转换】操控板，厚度设置为 0.5，选择图 12.154 所示的曲面。单击【确定】按钮，进入钣金界面。

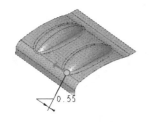
图 12.152　设置加厚参数

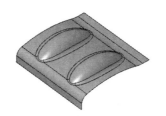
图 12.153　隐藏特征后的模型

图 12.154　选择曲面

9．创建拉伸切口特征 1

（1）单击【钣金件】选项卡【工程】面组中的【拉伸切口】按钮，打开【拉伸切口】操控板，选择 TOP 基准平面作为草绘平面，进入草绘界面。

（2）绘制图 12.155 所示的切口草图，单击【确定】按钮，退出草绘界面。

（3）返回【拉伸切口】操控板，设置拉伸方式为【对称】，输入拉伸深度值 200。单击【确定】按钮，生成的拉伸切口特征如图 12.156 所示。

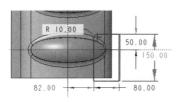
图 12.155　绘制切口草图 1

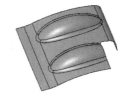
图 12.156　拉伸切口特征 1

10．创建拉伸切口特征 2

（1）单击【钣金件】选项卡【工程】面组中的【拉伸切口】按钮，打开【拉伸切口】操控板，选择 TOP 基准平面作为草绘平面，绘制图 12.157 所示的切口草图。

（2）设置拉伸方式为【对称】，输入拉伸深度值 200。单击【确定】按钮，生成的拉伸切口特征如图 12.158 所示。

11．倒圆角

（1）单击【钣金件】选项卡【工程】面组中的【倒圆角】按钮，打开【倒圆角】操控板，设置圆角半径为 3，选择图 12.159 所示的棱边。单击【倒圆角】操控板中的【确定】按钮，生成的倒圆角特征如图 12.160 所示。

（2）重复【倒圆角】命令，选择图 12.161 所示的两条棱边进行倒圆角，设置圆角半径为 20。

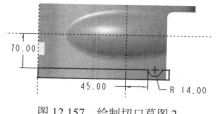

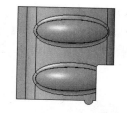

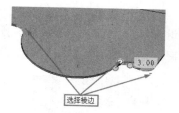

图 12.157　绘制切口草图 2　　　图 12.158　拉伸切口特征 2　　　图 12.159　选择棱边 2

12.　创建拉伸切口特征 3

（1）单击【钣金件】选项卡【工程】面组中的【拉伸切口】按钮，打开【拉伸切口】操控板，选择 TOP 基准平面作为草绘平面，绘制图 12.162 所示的切口草图。

（2）设置拉伸方式为【对称】，输入拉伸深度值 200，生成的拉伸切口特征如图 12.163 所示。

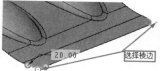

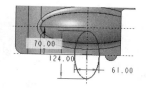

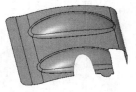

图 12.160　倒圆角特征 2　　　图 12.161　选择棱边 3　　　图 12.162　绘制切口草图 3　图 12.163　拉伸切口特征 3

13.　倒圆角

单击【钣金件】选项卡【工程】面组中的【倒圆角】按钮，打开【倒圆角】操控板，选择图 12.164 所示的两条棱边进行倒圆角，给定圆角半径为 10。

14.　创建法兰壁

单击【钣金件】选项卡【壁】面组中的【法兰】按钮，打开【凸缘】操控板，形状设置为【I】，选择图 12.165 所示的边，双击修改宽度尺寸为 50。单击【确定】按钮，生成的法兰壁特征如图 12.166 所示。

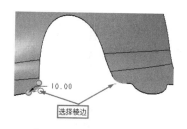

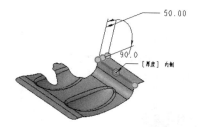

图 12.164　选择棱边 4　　　图 12.165　设置法兰壁参数　　　图 12.166　创建法兰壁特征

15.　创建拉伸切口特征 4

单击【钣金件】选项卡【工程】面组中的【拉伸切口】按钮，打开【拉伸切口】操控板，选择 TOP 基准平面作为草绘平面，绘制图 12.167 所示的切口草图。设置拉伸方式为【对称】，输入拉伸深度值 200。单击【拉伸】操控板中的【确定】按钮，生成的拉伸特征如图 12.168 所示。

16. 创建拉伸切口特征5

重复【拉伸切口】命令，选择 RIGHT 基准平面作为草绘平面，绘制图 12.169 所示的切口草图，退出草绘界面。在【拉伸】操控板中设置拉伸方式为【穿透】非，单击【反向】按钮，调整拉伸方向。单击【确定】按钮✔️，生成的拉伸切口特征如图 12.170 所示。

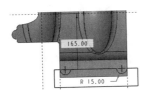

图 12.167　绘制切口草图 4

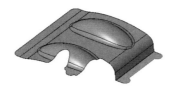

图 12.168　创建拉伸特征

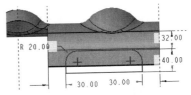

图 12.169　绘制切口草图 5

17. 创建安装孔

重复【拉伸切口】命令，绘制图 12.171 所示的安装孔截面草图，并创建拉伸去除特征生成安装孔，结果如图 12.172 所示。

图 12.170　拉伸切口特征 5

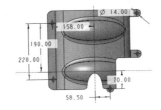

图 12.171　绘制安装孔截面草图

图 12.172　安装孔

18. 创建后部法兰壁特征

（1）单击【钣金件】选项卡【壁】面组中的【法兰】按钮，打开【凸缘】操控板。单击【放置】下滑面板中的【细节】按钮，弹出【链】对话框，按住 Ctrl 键，依次选择图 12.173 所示的边。

（2）单击【确定】按钮，关闭【链】对话框。在绘图区双击宽度尺寸，将其修改为 30。在【凸缘】操控板中设置折弯半径为 1，折弯位置为【┛】（内侧）。单击【确定】按钮✔️，生成的法兰壁特征如图 12.174 所示。

19. 创建拉伸切口特征6

单击【钣金件】选项卡【工程】面组中的【拉伸切口】按钮✔️，打开【拉伸切口】操控板，选择 FRONT 基准平面作为草绘平面，绘制图 12.175 所示的拉伸切口草图。设置拉伸方式为【穿透】非，生成的拉伸切口特征如图 12.176 所示。

图 12.173　选择边

图 12.174　创建法兰壁特征

图 12.175　绘制切口草图 6

图 12.176　拉伸切口特征 6

第 13 章　钣 金 编 辑

内容简介

通过前面几章的学习，我们已经掌握了创建钣金壁特征的方法。但在钣金设计过程中，通常还需要对壁特征进行一些处理，如折弯、展平、切割、成型等。本章将学习壁处理中常用的一些基本命令，包括【折弯】【边折弯】【展平】【折回】【平整形态】【扯裂】【拐角止裂槽】【钣金切割】【钣金切口】【冲孔】【成型特征】【平整成型】等命令。

内容要点

- ➥ 钣金件转换、折弯、边折弯特征
- ➥ 展平、折回、平整形态特征
- ➥ 扯裂、转换、拐角止裂槽特征
- ➥ 凹槽和冲孔特征
- ➥ 成型特征

案例效果

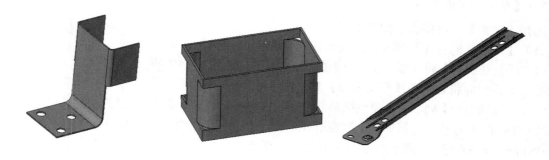

13.1　钣金件转换

在零件模式下，使用【转换为钣金件】命令可将实体零件转换为钣金件，使用钣金行业特征修改现有的实体设计。在设计过程中，可将这种转换用作快捷方式，因为为了实现钣金件设计意图，用户可反复使用现有的实体设计，而且可在一次转换特征中包括多种特征。将零件转换为钣金件后，其就与其他任何钣金件一样。

13.1.1 【转换】操控板介绍

单击【模型】选项卡【操作】面组中的【转换为钣金】按钮 ，打开【转换】操控板，如图 13.1 所示。

图 13.1 　【转换】操控板

【转换】操控板中的各选项含义如下。

（1）【驱动曲面】 ：选择该选项，可将材料厚度均一的实体零件转换为钣金零件。以该方式转换时，实体上与驱动曲面不垂直的特征，在转换成钣金零件后，其将与驱动曲面垂直。【驱动曲面】适用于薄板实体。

（2）【壳】 ：选择该选项，通过挖空实体内部将实体主体转换为空钣金件主体。该命令类似于抽壳，适用于块状实体。

（3）【空主体】 ：选择该选项，将空实体主体转换为空钣金件主体。【空主体】适用于不包含几何图素的实体主体。

13.1.2 【转换】下滑面板介绍

【转换】操控板包含【参考】【选项】【属性】3 个下滑面板，下面对部分下滑面板进行介绍。

1．【参考】下滑面板

选择【参考】下滑面板，如图 13.2 所示。

（1）【要转换的主体】列表框：显示选择要转换的主体。

（2）【驱动曲面】列表框：选择一个曲面，以用作钣金件主体的驱动曲面。选定曲面将显示在【驱动曲面】列表框中。

（3）【包括曲面】列表框：要包括某些曲面，以将它们视为钣金件主体中的曲面。可单击【包括曲面】列表框并选择一个或多个曲面。自 Creo Parametric 5.0 起，当用户将实体零件转换为钣金件零件时，可以包括和排除某些曲面以获得恒定壁厚、重新创建倒圆角和倒角，以及使用其他选项。

图 13.2 　【参考】下滑面板

（4）【排除曲面】列表框：要排除某些曲面，以使它们不被视为钣金件主体中的曲面。可单击【排除曲面】列表框并选择一个或多个曲面。

2．【选项】下滑面板

选择【选项】下滑面板，如图 13.3 所示。

（1）【相邻倒圆角和倒角处理】选项组：用于控制在钣金件零件中进行倒圆角和倒角。其处理方式有如下三种。

1)【重新创建】：移除倒圆角和倒角并在零件转换为钣金件零件后重新创建这些内容。

2)【移除】：移除倒圆角几何。生成的几何与执行倒圆角操作前的几何类似。

3)【忽略】：忽略倒圆角几何。生成的几何无倒圆角几何。

（2）【保留未分类的曲面作为面组】：将未归类为驱动曲面、其他曲面和排除曲面的曲面保留为单独的面组。

（3）【将驱动曲面设置为与选定曲面相对】：将与选定的驱动曲面相对的曲面设为驱动曲面。

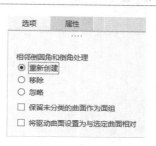

图 13.3　【选项】下滑面板

动手学——创建六角盒

源文件：源文件\结果文件\第 13 章\六角盒.prt

如图 13.4 所示，本实例通过六角盒的创建来介绍【转换为钣金】命令的使用方法。

【操作步骤】

1. 新建文件

新建【六角盒】文件，进入零件界面。

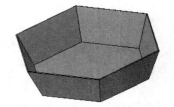

图 13.4　六角盒

2. 创建拉伸特征

（1）单击【模型】选项卡【形状】面组中的【拉伸】按钮，打开【拉伸】操控板。选择拉伸类型为【实体】，单击【放置】下滑面板中的【定义】按钮，弹出【草绘】对话框，选择 TOP 基准平面作为草绘平面，其余选项接受系统默认设置。单击【草绘】按钮，进入草绘环境。

（2）绘制图 13.5 所示的拉伸草图，单击【确定】按钮，退出草绘环境。

（3）在【拉伸】操控板中选择拉伸方式为【可变】，在其后的文本框中输入 40，单击【反向】按钮，调整拉伸方向向下。选择【选项】下滑面板，勾选【添加锥度】复选框，并设置锥度值为−20。单击【确定】按钮，生成拉伸实体，如图 13.6 所示。

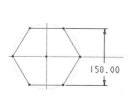

图 13.5　绘制拉伸草图

图 13.6　拉伸特征

3. 将实件零件转换为钣金件

（1）单击【模型】选项卡【操作】面组中的【转换为钣金】按钮，打开【转换】操控板。❶【转换类型】选择【壳】，❷【厚度】设置为 1.00，❸选择六角盒的上表面作为要移除的面，如图 13.7 所示。

（2）❹单击【确定】按钮，完成钣金件的转换，结果如图 13.4 所示。

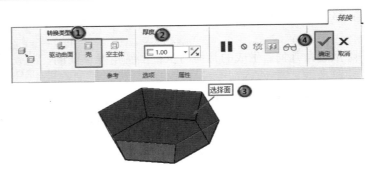

图 13.7　设置参数

13.2　折　弯　特　征

折弯将钣金件壁成型为斜形或筒形，此过程在钣金件设计中称为弯曲，在 Creo Parametric 中称为钣金折弯。折弯线是计算展开长度和创建折弯几何的参考点。

在设计过程中，只要壁特征存在，就可随时添加折弯。可跨多个成型特征添加折弯，但不能在多个特征与另一个折弯交叉处添加这些特征。

13.2.1　【折弯】操控板介绍

单击【钣金件】选项卡【折弯】面组中的【折弯】按钮，打开【折弯】操控板，如图 13.8 所示。

图 13.8　【折弯】操控板

【折弯】操控板中的各选项含义如下。

（1）【类型】选项组。

1）【角度】：通过使用值定义折弯角度。折弯在折弯线的一侧形成，或者在两侧对等地形成。

2）【卷曲】：将材料折弯至曲面的端部。通过半径和要折弯平整材料的量定义折弯。

（2）【固定侧】：更改固定侧的位置。

（3）【折弯区域位置】选项组。

1）【在折弯线开始】：折弯区域在折弯线开始。

2）【在折弯线结束】：折弯区域在折弯线结束。

3）【以折弯线为中心】：折弯线在折弯区域中间。

（4）【尺寸】选项组。

1）【半径】：输入圆角的折弯半径值。其默认值如下。

①【厚度】：使用与钣金件壁厚度相等的半径。

②【2.0*厚度】：使用等于钣金件壁厚度的两倍的半径。

折弯位置分为三种。

①【⌐】（内侧）：从折弯的内侧曲面标注折弯半径。

②【⌐】（外侧）：从折弯的外侧曲面标注折弯半径。

③【o按参数】：根据 SMT_DFLT_RADIUS_SIDE 参数设置的尺寸位置标注折弯半径。

2）【角度】：输入折弯角度。其测量位置分为两种。

①【⌐】（内部尺寸）：测量生成的内部折弯角度。

②【⌐】（外部尺寸）：测量自直线开始的折弯角度偏转。

13.2.2　【折弯】下滑面板介绍

图 13.9　【放置】下滑面板

【折弯】操控板包含【放置】【折弯线】【过渡】【止裂槽】【折弯余量】【属性】6 个下滑面板，下面对部分下滑面板进行介绍。

1.【放置】下滑面板

选择【放置】下滑面板，如图 13.9 所示。

（1）【折弯曲面或折弯线】列表框：显示曲面、边或曲线参考。

（2）【偏移折弯线】复选框：选定边或曲线后，该复选框才可用。勾选该复选框，可按照指定值偏移边或曲线参考。

2.【折弯线】下滑面板

选择折弯曲面后，选择【折弯线】下滑面板，如图 13.10 所示。

（1）【草绘】按钮：单击该按钮，弹出【草绘】对话框，进入草绘环境，绘制折弯线。

（2）【参考】列表框：显示曲面、边或顶点参考。

（3）【偏移参考】列表框：显示曲面或边偏移参考，在框中指定一个值。

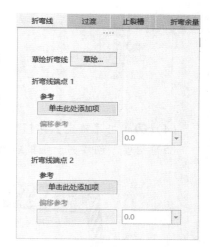

图 13.10　【折弯线】下滑面板

3.【过渡】下滑面板

选择【过渡】下滑面板，如图 13.11 所示。

（1）【添加过渡】按钮：单击该按钮，定义新过渡区域。

（2）【草绘】按钮：单击该按钮，弹出【草绘】对话框，绘制过渡区域。

（3）【反向】按钮：将过渡区域的位置反向到折弯线的另一侧。

动手学——栅板折弯

源文件：源文件\结果文件\第 13 章\栅板.prt

本实例对图 13.12 所示的栅板进行折弯。

图 13.11　【过渡】下滑面板

扫一扫，看视频

375

【操作步骤】

1. 打开文件

打开【栅板】文件，如图 13.12 所示。

2. 创建角折弯特征

（1）单击【钣金件】选项卡【折弯】面组中的【折弯】按钮，打开【折弯】操控板。在绘图区选择曲面作为线的放置面，选择【折弯线】下滑面板，单击【草绘】按钮，进入草绘环境，绘制图 13.13 所示的草图。

图 13.12　栅板

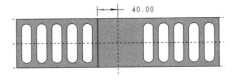

图 13.13　绘制草图

（2）单击【确定】按钮，退出草图绘制环境。

（3）打开【折弯】操控板，在绘图区中出现红色箭头的地方表示折弯侧。❶【类型】选择【角度】，❷【折弯区域位置】选择【以折弯线为中心】，❸【半径】设置为 5.00，❹折弯位置选择【┛】（内侧），❺【角度】设置为 90°，❻角度位置选择【┴】（外部尺寸），参数设置如图 13.14 所示。

图 13.14　设置折弯参数

（4）❼单击【确定】按钮，完成一侧角折弯特征的创建，结果如图 13.15 所示。

（5）同理，创建另一侧的折弯特征，生成的角折弯特征如图 13.16 所示。

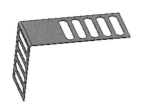

图 13.15　一侧角折弯特征

图 13.16　角折弯特征

13.3　边折弯特征

边折弯将非相切、箱形边（轮廓边除外）倒圆角，转换为折弯。根据选择要加厚的材料侧的不同，某些边显示为倒圆角，而某些边则具有明显的锐边。利用【边折弯】命令可以快速对边进行倒圆角。

13.3.1 【边折弯】操控板介绍

单击【钣金件】选项卡【折弯】面组中的【边折弯】按钮，打开【边折弯】操控板，如图 13.17 所示。

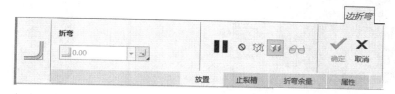

图 13.17 【边折弯】操控板

【边折弯】操控板中的各选项含义与【折弯】操控板相同，这里不再赘述。

13.3.2 【边折弯】下滑面板介绍

【边折弯】操控板包含【放置】【止裂槽】【折弯余量】【属性】4 个下滑面板，下面仅对【放置】下滑面板进行介绍。

选择【放置】下滑面板，如图 13.18 所示。

（1）【边折弯集】列表框：显示所有已定义的边折弯集。单击【新建集】按钮，可定义新边折弯集。

（2）【边】列表框：显示选定的边或边参考链。

动手学——机箱边折弯

源文件：源文件\结果文件\第 13 章\机箱.prt
本实例对图 13.19 所示的机箱进行边折弯。

【操作步骤】

1. 打开文件

打开【机箱】文件，如图 13.19 所示。

2. 创建边折弯特征

（1）单击【钣金件】选项卡【折弯】面组中的【边折弯】按钮，打开【边折弯】操控板。按住 Ctrl 键，❶在绘图区选择机箱内侧 4 条棱边，❷折弯半径设置为 9.00。选中其中一条棱边，❸双击修改下端滑块位置尺寸为-5，❹再双击修改上端滑块位置尺寸为-5，如图 13.20 所示。

（2）使用同样的方法，修改其他三条棱边的上下端滑块位置尺寸。

（3）❺单击【确定】按钮，完成边折弯特征的创建，结果如图 13.21 所示。

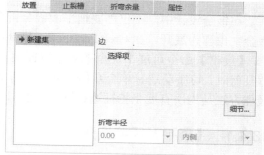

图 13.18 【放置】下滑面板

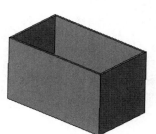

扫一扫，看视频

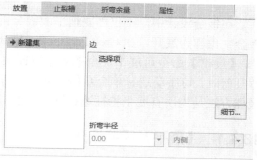

图 13.19 机箱

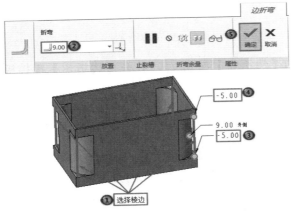

图 13.20　设置边折弯参数

图 13.21　边折弯

13.4　展　平　特　征

在钣金设计中，不仅需要把平面钣金折弯，而且也需要将折弯的钣金展开为平面钣金。展平在钣金中也称为展开，在 Creo Parametric 11.0 中，系统可以将折弯的钣金件展平为平面钣金。

【展平】命令可展平一个或多个弯曲曲面，如钣金件中的折弯或弯曲壁。在选择要展平的已折弯几何时，可手动选择单个几何，也可自动全选。创建展平特征时，必须定义固定的平面曲面或边，最佳方法是为所有展平特征选择同一曲面。

13.4.1　【展平】操控板介绍

单击【钣金件】选项卡【折弯】面组中的【展平】按钮，打开【展平】操控板，如图 13.22 所示。

图 13.22　【展平】操控板

【展平】操控板中的各选项含义如下。

（1）【自动】：自动选择所有弯曲曲面和边参考进行展平。

（2）【手动】：手动选择各个弯曲曲面和边参考进行展平。

（3）【固定几何】列表框：显示在展平操作期间保持固定的平面曲面参考或边参考。

（4）【反向】按钮：当选择非相切边时，使该边在展平操作期间保持固定的一侧反向。

13.4.2　【展平】下滑面板介绍

【展平】操控板包含【参考】【变形】【不同区域】【变形控制】【选项】【属性】6 个下滑面

板，下面对部分下滑面板进行介绍。

1. 【参考】下滑面板

选择【参考】下滑面板，如图 13.23 所示。

（1）【折弯几何】列表框：显示手动选择的折弯曲面参考或边参考。

（2）【固定几何】列表框：显示在展平操作期间保持固定的平面曲面参考或边参考。

2. 【变形】下滑面板

选择【变形】下滑面板，如图 13.24 所示。

图 13.23　【参考】下滑面板

图 13.24　【变形】下滑面板

（1）【变形曲面】列表框：用于选择其他变形曲面参考。

（2）【自动检测到的变形曲面】列表框：列出所有自动检测到的变形曲面和其他选定变形曲面。

3. 【不同区域】下滑面板

选择【不同区域】下滑面板，如图 13.25 所示。

（1）【不同区域】列表框：列出所有自动检测到的不同区域参考。

（2）【固定几何】列表框：显示在展平操作期间保持固定的曲面参考或边参考。选择非相切边时，单击【反向】按钮可反向固定边。

4. 【变形控制】下滑面板

选择【变形控制】下滑面板，如图 13.26 所示。

（1）【变形控制】列表框：显示所有自动检测到的变形曲面和其他选定变形曲面。

（2）设置要应用到选定区域的变形控制的类型。

1）【混合边界】：混合变形区域的边界与邻近的零件边。

2）【扯裂区域】：将变形区域从零件中剔除。

3）【草绘区域】：单击【草绘】按钮，进入草绘环境，定义变形区域的平整形状。

5. 【选项】下滑面板

选择【选项】下滑面板，如图 13.27 所示。

（1）【合并同位侧曲面】复选框：勾选该复选框，移除具有同一位置的侧曲面。

图 13.25　【不同区域】下滑面板　　　　图 13.26　【变形控制】下滑面板　　　图 13.27　【选项】下滑面板

（2）【展开添加到成型的折弯】复选框：勾选该复选框，则展平与成型关联的任何几何。平整成型后，首先展平相关联的所有几何。

（3）【创建止裂槽几何】复选框：根据【钣金件首选项】对话框的【止裂槽】区域中的设置创建拐角止裂槽几何。可仅为尚未指定止裂槽的拐角创建止裂槽。取消勾选该复选框，可仅在平整形态或其他展平操作期间根据预定义设置创建止裂槽。

动手学——展平连接片

源文件：源文件\结果文件\第 13 章\连接片展平.prt
本实例对图 13.28 所示的连接片进行展平。

【操作步骤】

1．打开文件

打开【连接片】文件，如图 13.28 所示。

2．创建展平特征

（1）单击【钣金件】选项卡【折弯】面组中的【展平】按钮 ，打开【展平】操控板。

（2）系统默认为【自动】模式，自动选择固定面，单击【确定】按钮 ，完成常规展平特征的创建，结果如图 13.29 所示。

 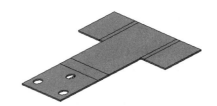

图 13.28　连接片　　　　　　　　　　　图 13.29　常规展平特征

13.5　折回特征

使用折回工具可将展平的壁恢复到成型的位置。在选择要折回的展平几何时，可手动选择单个几何，也可自动全选。在创建折回特征时，必须定义一个固定的平面曲面或边，最佳方法是为所有折回特征选择同一曲面。

　　该功能是与展平功能相对应的,用于将展平的钣金的平面薄板整个或部分平面再恢复为折弯状态,但并不是所有能展开的钣金件都能折弯回去。

13.5.1 【折回】操控板介绍

　　单击【钣金件】选项卡【折弯】面组中的【折回】按钮 ,打开图 13.30 所示的【折回】操控板。

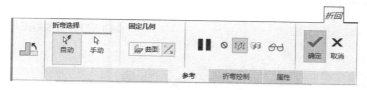

图 13.30 【折回】操控板

　　【折回】操控板中的各选项含义与【展平】操控板基本相同,这里不再赘述。

13.5.2 【折回】下滑面板介绍

　　【折回】操控板包含【参考】【折弯控制】【属性】3 个下滑面板,下面仅对【折弯控制】下滑面板进行介绍。

　　选择【折弯控制】下滑面板,如图 13.31 所示。

　　(1)【折弯轮廓参考】:显示所有自动检测到的与折弯线部分相交的轮廓。

图 13.31 【折弯控制】下滑面板

　　(2)【折弯轮廓】:折回选定的轮廓参考。

　　(3)【保持平整】:不折回选定的轮廓参考。

动手学——折回连接片

源文件:源文件\结果文件\第 13 章\连接片折回.prt
本实例对 13.4 节展平的连接片进行折回。

【操作步骤】

(1)承接 13.4 节的展平连接片。

(2)创建折回特征。

1)单击【钣金件】选项卡【折弯】面组中的【折回】按钮,打开【折回】操控板。

2)系统默认为【自动】模式,自动选择固定面进行折回,结果如图 13.32 所示。

3)单击【手动】按钮,在【参考】下滑面板中的【展平几何】列表框中右击,在弹出的快捷菜单中选择【全部移除】命令;再在【固定几何】列表框中右击,在弹出的快捷菜单中选择【移除】命令,如图 13.33 所示。

4)❶在绘图区选择固定面,❷单击【展平几何】列表框,❸在绘图区选择折弯,如图 13.34 所示。单击【确定】按钮 　,完成手动折回特征的创建,结果如图 13.35 所示。

图 13.32　折回连接片

图 13.33　常规展平特征

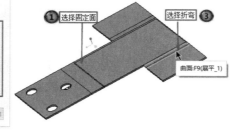

图 13.34　设置手动选择

图 13.35　手动折回结果

13.6　平整形态特征

平整形态特征会永远位于整个钣金特征的最后。当加入平整形态特征后，钣金件就以二维展开方式显示在屏幕上。当加入了新的钣金特征时，平整形态特征又会自动隐含，钣金会以三维状态显示，要加入的特征会插在平整形态特征之前，平整形态特征自动放到钣金特征最后。完成新的特征加入后，系统又自动恢复平整形态特征，钣金件仍以二维展开方式显示在屏幕上。因此，在钣金设计过程中，通常应尽早建立平整形态特征，这样有利于二维工程图制作或加工制作。

在创建平整形态特征时，展开类型只有【展开全部】一种；而在创建【展平】时，系统提供了两种展开类型：【手动选择】和【自动选择】。

13.6.1　【平整形态】操控板介绍

单击【钣金件】选项卡【折弯】面组中的【平整形态】按钮，打开图 13.36 所示的【平整形态】操控板。

图 13.36　【平整形态】操控板

13.6.2　【平整形态】下滑面板介绍

　　【平整形态】操控板包含【参考】【变形】【不同区域】【变形控制】【选项】【属性】6 个下滑面板。其中，【参考】【变形】【不同区域】【变形控制】下滑面板与【展平】操控板中的下滑面板相同，这里仅对【选项】下滑面板进行介绍。

　　选择【选项】下滑面板，如图 13.37 所示。
　　（1）【平整成型】复选框：勾选该复选框，则平整所有成型。
　　（2）【将添加的切口投影到成型】复选框：勾选该复选框，则将成型上的切口投影到平整形态。

图 13.37　【选项】下滑面板

扫一扫，看视频

动手学——卡箍平整形态

源文件：源文件\结果文件\第 13 章\卡箍平整形态.prt
本实例对图 13.38 所示的卡箍进行平整形态操作。

【操作步骤】

1. 打开文件

打开【卡箍】文件，如图 13.38 所示。

2. 创建展平特征

　　（1）单击【钣金件】选项卡【折弯】面组中的【平整形态】按钮，打开【平整形态】操控板。
　　（2）系统默认为【自动】模式，自动选择固定面。单击【确定】按钮　　，完成常规展平特征的创建，结果如图 13.39 所示。

图 13.38　卡箍

图 13.39　平整形态结果

13.7　扯裂特征

　　Creo Parametric 提供了扯裂功能，用于处理封闭钣金件的展开问题。因为封闭的钣金件是无法直接展开的，所以可以利用扯裂功能先在钣金件的某处产生裂缝，即裁开，使钣金件不再封闭，这样就可以展开了。

13.7.1　【边扯裂】操控板介绍

　　边扯裂是指选择一条边并撕裂几何形状从而创建扯裂特征。

单击【钣金件】选项卡【工程】面组中的【扯裂】→【边扯裂】按钮，打开【边扯裂】操控板。选择扯裂边之后，【边扯裂】操控板如图 13.40 所示。

【扯裂类型】：在其下拉列表中提供了四种扯裂类型，分别为【开放】【盲孔】【间隙】【重叠】。

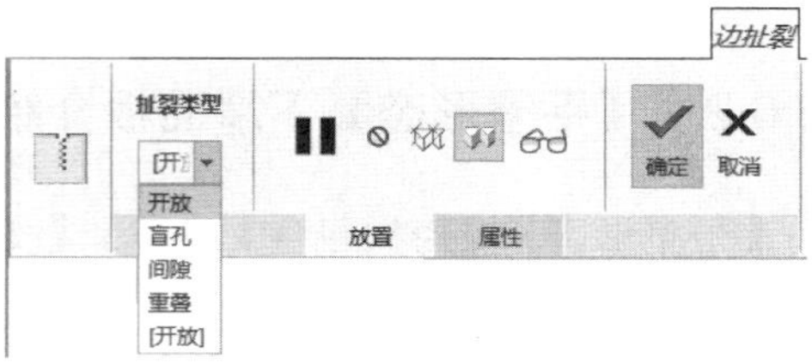

图 13.40 　【边扯裂】操控板

13.7.2 　【边扯裂】下滑面板介绍

【边扯裂】操控板包含【放置】和【属性】两个下滑面板，下面仅对【放置】下滑面板进行介绍。选择【放置】下滑面板，如图 13.41 所示。

（1）【边扯裂集】列表框：显示已定义的边扯裂集。单击【新建集】按钮，创建新的边扯裂集。

（2）【设置参考】列表框：显示选择的边或边参考链。

（3）【接缝类型】：与【边扯裂】操控板中的【扯裂类型】为同一个参数，其有四种类型。

1）【开放】：创建开放式扯裂。

2）【盲孔】：使用两个尺寸创建扯裂，如图 13.42 所示。

图 13.41 　【放置】下滑面板

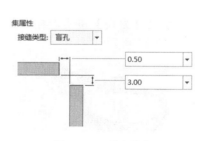

图 13.42 　【盲孔】

3）【间隙】：使用基于壁厚度值的单一尺寸在壁相交处创建扯裂，如图 13.43 所示。

4）【重叠】：壁之间相互重叠，并在壁相交处创建扯裂，如图 13.44 所示。单击【反向】按钮，可使壁重叠方向反向。勾选【添加间隙】复选框，可在重叠之间添加间距。

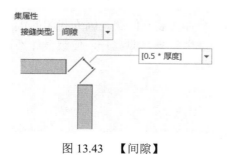

图 13.43 　【间隙】

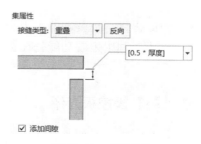

图 13.44 　【重叠】

动手学——簸箕边扯裂

源文件：源文件\结果文件\第 13 章\簸箕边扯裂.prt
本实例对图 13.45 所示的簸箕进行边扯裂。

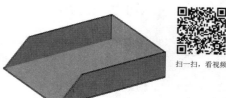

图 13.45 簸箕

【操作步骤】

1. 打开文件

打开【簸箕】文件，如图 13.45 所示。

2. 创建展平特征

（1）单击【钣金件】选项卡【工程】面组中的【扯裂】→【边扯裂】按钮，打开【边扯裂】操控板。

（2）❶按住 Ctrl 键，在绘图区选择簸箕的两条棱边，❷设置【接缝类型】为【间隙】，❸间隙宽度设置为【厚度】，如图 13.46 所示。单击【确定】按钮，完成边扯裂，结果如图 13.47 所示。

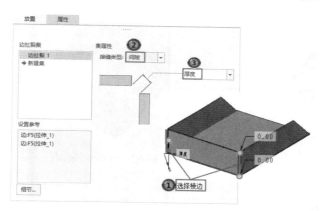

图 13.46 设置边扯裂参数

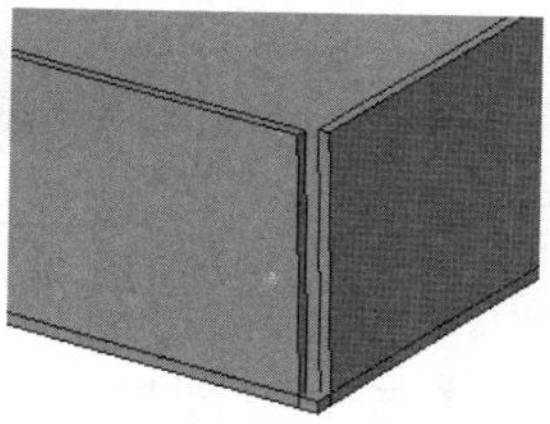

图 13.47 边扯裂结果

13.7.3 【曲面扯裂】操控板介绍

曲面扯裂是指选择一个曲面并撕裂几何形状从而创建扯裂特征。

单击【钣金件】选项卡【工程】面组中的【曲面扯裂】按钮，打开【曲面扯裂】操控板，如图 13.48 所示。

【要扯裂的曲面】列表框：显示要扯裂的曲面。

图 13.48 【曲面扯裂】操控板

13.7.4 【曲面扯裂】下滑面板介绍

【曲面扯裂】操控板包含【放置】和【属性】下滑面板，下面仅对图 13.49 所示的【放置】下滑面板进行介绍。

【曲面】列表框：显示要扯裂的曲面。单击其下的【细节】按钮，弹出【曲面集】对话框，在该对话框中添加或删除曲面。

图 13.49 【放置】下滑面板

动手学——箱体曲面扯裂

源文件：源文件\结果文件\第 13 章\箱体曲面扯裂.prt
本实例对图 13.50 所示的箱体进行曲面扯裂。

【操作步骤】

1．打开文件

打开【箱体】文件，如图 13.50 所示。

图 13.50　箱体

2．创建曲面扯裂特征

（1）单击【钣金件】选项卡【工程】面组中的【曲面扯裂】按钮 ，打开【曲面扯裂】操控板。

（2）按住 Ctrl 键，在绘图区选择图 13.51 所示的 4 个曲面。单击【确定】按钮 ，完成曲面扯裂，结果如图 13.52 所示。

图 13.51　选择曲面

图 13.52　曲面扯裂结果

13.7.5　【草绘扯裂】操控板介绍

草绘扯裂用于在零件几何形状体中建立【零宽度】切减材料，从而创建扯裂特征。

单击【钣金件】选项卡【工程】面组中的【草绘扯裂】按钮 ，打开【草绘扯裂】操控板，如图 13.53 所示。

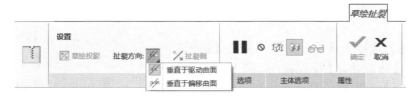

图 13.53　【草绘扯裂】操控板

【草绘扯裂】操控板中的各选项含义如下。

（1）【草绘投影】按钮 ：单击该按钮，更改草绘的投影方向。

（2）【扯裂方向】选项组。

1）【垂直于驱动曲面】 ：扯裂方向垂直于驱动曲面。

2）【垂直于偏移曲面】 ：扯裂方向垂直于偏移曲面。

（3）【扯裂侧】按钮 ：扯裂草绘的另一侧。

13.7.6 【草绘扯裂】下滑面板介绍

【草绘扯裂】操控板包含【放置】【选项】【主体选项】【属性】4 个下滑面板，下面对部分下滑面板进行介绍。

1. 【放置】下滑面板

选择【选项】下滑面板，如图 13.54 所示。

【草绘】列表框：显示定义的草绘。单击其后的【定义】按钮，弹出【草绘】对话框，进入草绘环境，进行草图绘制。

2. 【选项】下滑面板

选择【选项】下滑面板，如图 13.55 所示。

图 13.54 【放置】下滑面板

图 13.55 【选项】下滑面板

【排除的曲面】列表框：显示要从扯裂操作中排除的曲面。

动手学——箱体草绘扯裂

源文件：源文件\结果文件\第 13 章\箱体草绘扯裂.prt

本实例在曲面扯裂的基础上对图 13.50 所示的箱体进行草绘扯裂。

扫一扫，看视频

【操作步骤】

（1）承接曲面扯裂结果。

（2）创建草绘扯裂特征。

1）单击【钣金件】选项卡【工程】面组中的【草绘扯裂】按钮，单击【放置】下滑面板中的【定义】按钮，弹出【草绘】对话框，选择图 13.56 所示的面作为草绘平面，绘制图 13.57 所示的草图。

图 13.56 选择草绘平面

图 13.57 绘制草图

2）单击【确定】按钮，退出草图绘制环境。

3）在【草绘扯裂】操控板中①设置【扯裂方向】为【垂直于驱动曲面】，②单击【扯裂侧】按钮，如图 13.58 所示。

4）在【草绘扯裂】操控板中③单击【确定】按钮，完成草绘扯裂特征的创建，结果如图 13.59 所示。

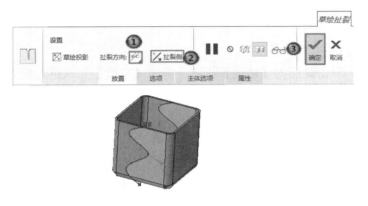 

图 13.58　设置草绘扯裂参数　　　　　图 13.59　草绘扯裂结果

13.7.7　【扯裂连接】操控板介绍

扯裂连接用于连接钣金零件上的顶点或止裂点，以创建裂缝特征。其方法为选择两点产生裂缝直线。

单击【钣金件】选项卡【工程】面组中的【扯裂连接】按钮，打开【扯裂连接】操控板，如图 13.60 所示。

图 13.60　【扯裂连接】操控板

【连接顶点】列表框：显示选择的连接顶点数。

13.7.8　【扯裂连接】下滑面板介绍

【扯裂连接】操控板包含【放置】和【属性】下滑面板，下面仅对【放置】下滑面板进行介绍。

选择【放置】下滑面板，如图 13.61 所示。

（1）【扯裂连接集】列表框：显示创建的扯裂连接集。单击【新建集】按钮，创建新的扯裂连接集。

（2）【添加间隙】复选框：勾选该复选框，可添加间隙尺寸。

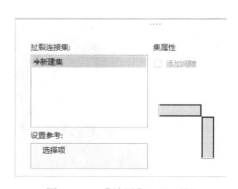

图 13.61　【放置】下滑面板

扫一扫，看视频

动手学——箱体扯裂连接

源文件：源文件\结果文件\第 13 章\箱体扯裂连接.prt

本实例在曲面扯裂的基础上对图 13.50 所示的箱体进行扯裂连接。

【操作步骤】

（1）承接曲面扯裂结果。

（2）创建扯裂连接特征。

1）单击【钣金件】选项卡【工程】面组中的【扯裂连接】按钮，打开【扯裂连接】操控板。❶按住 Ctrl 键，在绘图区选择两个点，在【放置】下滑面板中❷勾选【添加间隙】复选框，❸设置间隙宽度为【2.0*厚度】，如图 13.62 所示。

2）❹单击【确定】按钮　　，完成扯裂连接特征的创建，结果如图 13.63 所示。

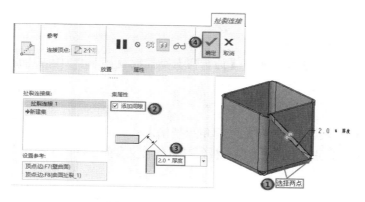

图 13.62　设置扯裂连接参数

图 13.63　扯裂连接结果

13.8　转 换 特 征

在 Creo Parametric 11.0 中，转换特征主要针对由实体模型转变而来的不能展开的钣金件，因为在通过实体零件转换为钣金零件之后，其仍不是完整的钣金件。若需要进行其他操作，还需要在零件上增加一些特征。

转换功能就是通过在钣金件上定义很多点或线，以将钣金件分割开，然后对钣金件进行其他操作。

13.8.1　【转换】操控板介绍

单击【钣金件】选项卡【工程】面组中的【转换】按钮，打开【转换】操控板，如图 13.64 所示。

图 13.64　【转换】操控板

【转换】操控板提供了四种转换方法，下面分别进行介绍。

1．边扯裂

边扯裂是指沿着选择的零件边线建立扯裂特征。

单击【边扯裂】按钮，打开【边扯裂】操控板。【边扯裂】操控板及其下滑面板中的各选项含义参照 13.7.1 小节和 13.7.2 小节。

2．扯裂连接

扯裂连接用于连接钣金零件上的顶点或止裂点，以创建裂缝特征。其方法为选择两点产生裂缝直线。

单击【扯裂连接】按钮，打开【扯裂连接】操控板。【扯裂连接】操控板及其下滑面板中的各选项含义参照 13.7.7 小节和 13.7.8 小节。

3．边折弯

利用【边折弯】命令可以快速对边进行倒圆角。

单击【边折弯】按钮，打开【边折弯】操控板。【边折弯】操控板及其下滑面板中的各选项含义参照 13.3 节。

4．拐角止裂槽

拐角止裂槽用于在适当的顶角建立倒圆角或是斜圆形拐角止裂槽。

单击【拐角止裂槽】按钮，打开【拐角止裂槽】操控板，其具体含义参照 13.9 节拐角止裂槽。

13.8.2　【转换】下滑面板介绍

【转换】操控板包含【参考】【选项】【折弯余量】【属性】4 个下滑面板，下面仅对【选项】下滑面板进行介绍。

选择【选项】下滑面板，如图 13.65 所示。

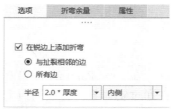

图 13.65　【选项】下滑面板

【在锐边上添加折弯】复选框：勾选该复选框，则对钣金件的锐边进行圆角。锐边的选择有以下两种方式。

（1）【与扯裂相邻的边】：选中该单选按钮，则只对与扯裂边相邻的锐边进行圆角。

（2）【所有边】：选中该单选按钮，则对所有锐边进行圆角。

动手学——创建六角盒法兰

源文件：源文件\结果文件\第 13 章\六角盒.prt

本实例在创建的六角盒的基础上对六角盒进行转换并创建法兰。

【操作步骤】

1．打开文件

打开【六角盒】文件，如图 13.66 所示。

2．创建转换特征

（1）单击【钣金件】选项卡【工程】面组中的【转换】按钮，打开【转换】操控板。单击【边扯裂】按钮 ![icon]，打开【边扯裂】操控板。❶在绘图区选择六角盒内侧的 6 条棱边，❷设置【扯裂类型】为【开放】，如图 13.67 所示。

图 13.66　六角盒

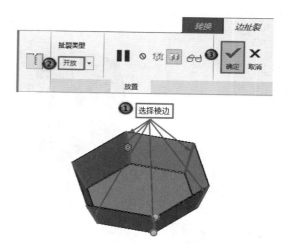

图 13.67　设置边扯裂参数

（2）❸单击【确定】按钮 ![icon]，返回【转换】操控板。

（3）❹选择【选项】下滑面板，❺勾选【在锐边上添加折弯】复选框，❻选中【与扯裂相邻的边】单选按钮，❼设置圆角半径为【2.0*厚度】，如图 13.68 所示。❽单击【确定】按钮 ![icon]，完成边扯裂，其中一条边的边缝效果如图 13.69 所示。

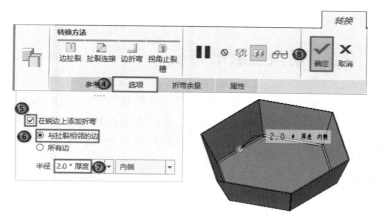

图 13.68　设置圆角参数

图 13.69　边缝效果

3. 创建法兰壁

（1）单击【钣金件】选项卡【壁】面组中的【法兰】按钮 ![icon]，打开【凸缘】操控板，❶选择六角盒的一条内边为法兰壁的附着边，❷设置其形状为 C，❸在绘图区双击修改高度尺寸为 10，❹再修改半径尺寸为 5，如图 13.70 所示。❺单击【确定】按钮 ![icon]，生成的法兰壁特征如图 13.71 所示。

（2）使用同样的方法创建其余 5 个法兰壁，结果如图 13.72 所示。

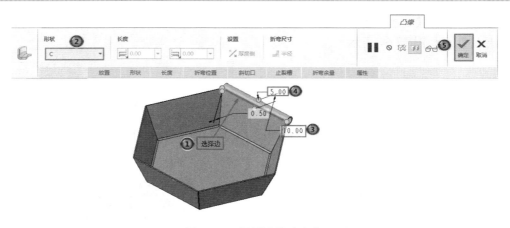

图 13.70　设置法兰壁参数

图 13.71　创建法兰壁特征

图 13.72　创建其他法兰壁特征

13.9　拐角止裂槽特征

使用【拐角止裂槽】命令可以向钣金件的一个或多个拐角添加止裂槽。在添加止裂槽时，将从模型中移除钣金件截面。可将拐角止裂槽自动应用到所有拐角，也可手动将其应用到各组拐角。止裂槽有助于控制钣金材料的行为，并防止在进行展平操作时发生不希望的变形。

13.9.1　【拐角止裂槽】操控板介绍

单击【钣金件】选项卡【工程】面组中的【拐角止裂槽】按钮，打开【拐角止裂槽】操控板，如图 13.73 所示。

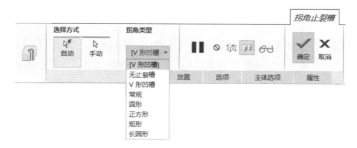

图 13.73　【拐角止裂槽】操控板

【拐角类型】：系统提供了七种拐角止裂槽。

（1）无止裂槽：表示创建方形拐角止裂槽，如图 13.74（a）所示。

（2）V 形凹槽：表示创建 V 形拐角止裂槽，如图 13.74（b）所示。

（3）常规：表示创建从拐角到折弯结束（并与其垂直）的切口作为止裂槽，如图 13.74（c）所示。

（4）圆形：表示创建圆形拐角止裂槽，如图 13.74（d）所示。

（5）正方形：表示创建正方形拐角止裂槽，如图 13.74（e）所示。

（6）矩形：表示创建矩形拐角止裂槽，如图 13.74（f）所示。

（7）长圆形：表示创建长圆形拐角止裂槽，如图 13.74（g）所示。

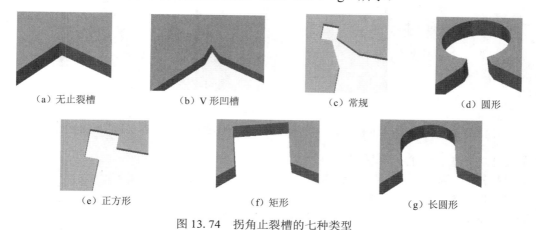

（a）无止裂槽　　　　　　（b）V 形凹槽　　　　　　（c）常规　　　　　　（d）圆形

（e）正方形　　　　　　　（f）矩形　　　　　　　（g）长圆形

图 13.74　拐角止裂槽的七种类型

13.9.2　【拐角止裂槽】下滑面板介绍

【拐角止裂槽】操控板包含【放置】【选项】【主体选项】【属性】4 个下滑面板，下面对部分下滑面板进行介绍。

1. 【放置】下滑面板

选择【放置】下滑面板，如图 13.75 所示。当选择的拐角止裂槽的类型为【圆形】【正方形】【矩形】【长圆形】时，【放置】下滑面板如图 13.76 所示，需要进行尺寸设置。

（1）【拐角止裂槽集】列表框：显示创建的拐角止裂槽集。

（2）【设置参考】列表框：显示选定拐角参考。

（3）【类型】：列出可应用到选定拐角参考集的止裂槽类型。

（4）【原点】：定义止裂槽的连接点。其有如下两种方式。

1）【拐角点】：将止裂槽放在折弯连接边的交点处。

2）【折弯线相交】：将止裂槽放在折弯线的交点处。

（5）【方向】：定义拐角止裂槽的方向参考。其有如下两种方式。

1）【二等分线】：将拐角止裂槽与两折弯边夹角的二等分线对齐。

2）【对角】：将拐角止裂槽与用于连接折弯边和折弯线交点的对角线对齐。

（6）【绕原点旋转】：按照指定值绕原点旋转拐角止裂槽。下面列出了不同类型止裂槽的旋转点。

1）【圆形】：圆心为旋转点。

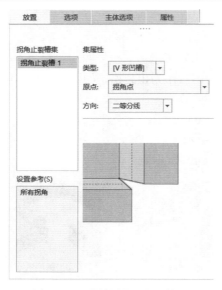

图 13.75 【放置】下滑面板 1

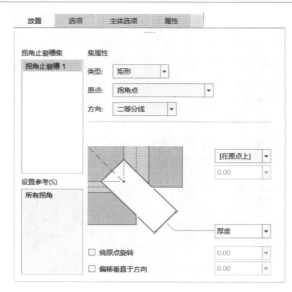

图 13.76 【放置】下滑面板 2

2）【正方形】：中心为旋转点。

3）【矩形】：宽度的中点为旋转点。

4）【长圆形】：圆心为旋转点。

（7）【偏移垂直于方向】：将拐角止裂槽垂直于二等分线偏移指定距离。

2. 【选项】下滑面板

选择【选项】下滑面板，如图 13.77 所示。

【创建止裂槽几何】复选框：勾选该复选框，可在特征中创建止裂槽几何；未勾选该复选框，将仅在展平和平整形态操作期间创建止裂槽。

图 13.77 【选项】下滑面板

扫一扫，看视频

动手学——创建六角盒拐角止裂槽

源文件： 源文件\结果文件\第 13 章\六角盒拐角止裂槽.prt

本实例对图 13.78 所示的六角盒法兰创建拐角止裂槽。

【操作步骤】

1.打开文件

打开【六角盒法兰】文件，如图 13.78 所示。

图 13.78 六角盒法兰

2. 创建拐角止裂槽

（1）单击【钣金件】选项卡【工程】面组中的【拐角止裂槽】按钮 🔧，打开【拐角止裂槽】操控板，【选择方式】设置为【自动】。在【放置】下滑面板中❶设置【类型】为【圆形】，❷直径尺寸设置为【2.0*厚度】，其他参数采用默认，如图 13.79 所示。

（2）❸单击【确定】按钮 ，拐角止裂槽创建完成，结果如图 13.80 所示。

3. 展平六角盒

单击【钣金件】选项卡【折弯】面组中的【展平】按钮 🔧，打开【展平】操控板，系统默认选择【自动】模式。单击【确定】按钮 ▇，展平完成，如图 13.81 所示。

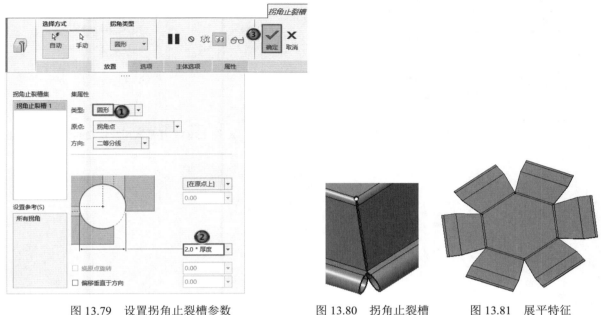

图 13.79　设置拐角止裂槽参数　　　　图 13.80　拐角止裂槽　　图 13.81　展平特征

13.10　凹槽和冲孔特征

凹槽和冲孔是用于切割和止裂钣金件壁的模板。在钣金件设计中，凹槽和冲孔执行相同的功能，并且具有相同的菜单命令；二者不同的是，凹槽放置在边上，而冲孔放置在钣金件壁中间。

13.10.1　凹槽和冲孔的创建步骤

凹槽和冲孔是在以下 3 个阶段过程中进行的加工操作。

（1）在钣金零件上创建所需的切口类型。

（2）将切口转换到用户定义的特征（UDF）中。此 UDF 保存在用户的目录中，并且可以包含在多个设计中，其文件扩展名为.udf.prt。

（3）将凹槽或冲孔 UDF 放置在需要的钣金零件上。

可以创建参考零件以帮助放置凹槽或冲孔 UDF。通常，要使参考零件简单。参考零件的文件扩展名为.gph。

13.10.2　【凹槽】和【冲孔】命令

单击【钣金件】选项卡【工程】面组中的【凹槽】按钮 ⋁ /【冲孔】按钮 ⊠，弹出【打开】对话框，如图 13.82 所示，从【组目录】中选择数据库文件。单击【打开】按钮，弹出【插入用户定义的特征】对话框，如图 13.83 所示。单击【确定】按钮，弹出【用户定义的特征放置】对话框，如图 13.84 所示。

图 13.82 【打开】对话框

图 13.83 【插入用户定义的特征】对话框

图 13.84 【用户定义的特征放置】对话框

（1）【放置】选项卡：用于重新定义凹槽参考。

（2）【变量】选项卡：用于修改凹槽的尺寸。

（3）【选项】选项卡：用于设置在创建凹槽时的参数。

动手学——创建滑板凹槽

源文件： 源文件\结果文件\第 13 章\创建滑板凹槽.prt

本实例对图 13.85 所示的滑板创建滑板凹槽。

【操作步骤】

1. 打开文件

打开【滑板】文件，如图 13.85 所示。

2. 创建展平特征

图 13.85 滑板

单击【钣金件】选项卡【折弯】面组中的【展平】按钮，打开【展平】操控板，系统自动选择固定面将滑板展平。单击【确定】按钮，结果如图 13.86 所示。

3. 创建切口特征

（1）单击【钣金件】选项卡【工程】面组中的【拉伸切口】按钮，打开【拉伸切口】操控板，选择零件上表面作为草绘面，进入草绘环境。

（2）单击【参考】按钮 ，弹出【参考】对话框，选择图 13.87 所示的轴 A1 和边线作为添加的参考。单击【关闭】按钮，完成参考的添加。

图 13.86 展平结果

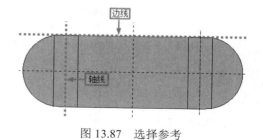

图 13.87 选择参考

（3）单击【草绘】选项卡【草绘】面组中的【坐标系】按钮 ，选择图 13.88 所示的点，创建坐标系。

（4）绘制图 13.89 所示的截面草图，绘制完成后单击【确定】按钮 ，退出草图绘制环境。

（5）在【拉伸切口】操控板中选择【穿透】深度选项 ，【设置】选择【垂直于曲面】 。单击【确定】按钮 ，完成切口特征的创建，结果如图 13.90 所示。

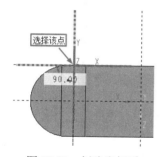

图 13.88 创建坐标系

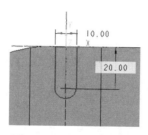

图 13.89 绘制截面草图

图 13.90 钣金切割特征

4. 定义 UDF 特征

（1）单击【工具】选项卡【实用工具】面组中的【UDF 库】按钮 ，打开【UDF】菜单管理器，如图 13.91 所示。

（2）单击【创建】按钮，打开【UDF 名称[退出]】文本框，输入名称【切口_01】，如图 13.92 所示。单击【接受值】按钮 ，打开【UDF 选项】菜单管理器，依次单击【从属的】→【完成】按钮。

图 13.91 【UDF】菜单管理器

图 13.92 输入名称

（3）弹出【UDF：切口_01，从属的】对话框、【UDF 特征】菜单管理器和【选择】对话框，如图 13.93 所示。

图 13.93 【UDF：切口_01，从属的】对话框、【UDF 特征】菜单管理器和【选择】对话框

（4）在模型树中选择【拉伸切口 1】特征，单击【选择】对话框中的【确定】按钮，再单击【UDF特征】菜单管理器中的【完成】→【完成/返回】按钮。

（5）弹出【确认】对话框，如图 13.94 所示。单击【是】按钮，打开【输入刀具名】文本框，输入名称【切口_01】，如图 13.95 所示。单击【接受值】按钮，打开【对称】菜单管理器，如图 13.96 所示。

图 13.94 【确认】对话框

图 13.95 输入名称

图 13.96 【对称】菜单管理器

（6）单击【Y 轴】按钮，打开【以参考颜色为曲面输入提示：】文本框，输入名称【切口放置面】，如图 13.97 所示。

（7）单击【接受值】按钮，再次打开【以参考颜色为曲面输入提示：】文本框，同时在绘图区显示 RIGHT 基准平面被选中，输入名称【参考平面】，如图 13.98 所示。

图 13.97 输入放置面名称

图 13.98 输入参考面名称

（8）单击【接受值】按钮，打开【以参考颜色为轴输入提示：】对话框，输入名称【对称轴】，如图 13.99 所示。

（9）单击【接受值】按钮，再次打开【以参考颜色为曲面输入提示：】对话框，输入名称【参考边】，如图 13.100 所示。

图 13.99 输入对称轴名称

图 13.100 输入参考边名称

（10）单击【接受值】按钮 ✔，打开【修改提示】菜单管理器和【UDF：切口_01，从属的】对话框，如图 13.101 所示。

图 13.101　【修改提示】菜单管理器和【UDF：切口_01，从属的】对话框

（11）在【UDF：切口_01，从属的】对话框中双击【可变尺寸】选项，打开【可变尺寸】菜单管理器，如图 13.102 所示。在绘图区选择尺寸 10 和尺寸 20，在【可变尺寸】菜单管理器依次单击【完成/返回】→【完成/返回】按钮。

（12）打开【输入尺寸值的提示：】文本框，同时绘图区中尺寸 20 高亮显示，输入名称【切口深度】，如图 13.103 所示。

（13）单击【接受值】按钮 ✔，再次打开【输入尺寸值的提示】文本框，输入名称【切口宽度】，如图 13.104 所示。单击【接受值】按钮 ✔，再单击【UDF：切口_01，从属的】对话框中的【确定】按钮，再单击【UDF】菜单管理器中的【完成/返回】按钮，完成 UDF 特征的创建。

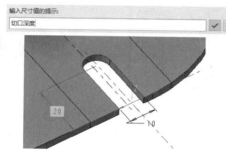
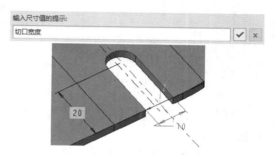

图 13.102　【可变尺寸】菜单管理器　　图 13.103　输入切口深度名称　　　图 13.104　输入切口宽度名称

（14）选择【文件】→【另存为】→【保存副本】命令，弹出【保存副本】对话框，在文本框输入文件名【滑板_udf】，单击【确定】按钮，完成文件的保存。选择【文件】→【管理会话】→【拭除当前】命令，将此文件从内存中清除。

在创建了 UDF 特征后，系统自动在工作目录中生成一个名为【切口_01.gph】的文件，此文件就是切口的 UDF 数据库文件。

5. 在钣金中使用 UDF 特征

（1）打开【原始文件\第 13 章\滑板_udf.prt】文件。

（2）单击【钣金件】选项卡【工程】面组中的【凹槽】按钮 🗸，弹出图 13.105 所示的【打开】对话框，从组目录中选择【切口_01.gph】数据库文件，单击【打开】按钮。

（3）弹出【插入用户定义的特征】对话框，❶勾选【高级参考配置】复选框，如图 13.106 所示。

❷单击【确定】按钮，弹出【用户定义的特征放置】对话框。

图 13.105 【打开】对话框

图 13.106 【插入用户定义的
特征】对话框

（4）❸选择【变量】选项卡，❹修改尺寸 20.00 为 30.00，❺尺寸 10.00 为 15.00，如图 13.107 所示。

（5）❻选择【放置】选项卡，❼选择【原始特征的参考】列表框中的参考 1，如图 13.108 所示。❽在绘图区选择滑板的上表面作为切口放置面，如图 13.109 所示。

图 13.107 修改尺寸

图 13.108 选择参考 1

图 13.109 选择切口放置面

（6）系统自动选择【原始特征的参考】列表框中的参考 2，在绘图区中❾选择 RIGHT 基准平面，如图 13.110 所示。

（7）系统自动选择【原始特征的参考】列表框中的参考 3，在绘图区中❿选择对称轴，如图 13.111 所示。

（8）系统自动选择【原始特征的参考】列表框中的参考 4，在绘图区中⓫选择参考边，如图 13.112 所示。

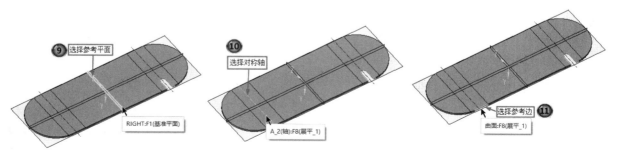

图 13.110 选择参考平面

图 13.111 选择对称轴

图 13.112 选择参考边

（9）此时，【用户定义的特征配置】对话框中显示【成功】，如图 13.113 所示。⑫单击【应用】按钮 ✓ ，此时新生成的切口如图 13.114 所示。

6．创建折弯回去特征

（1）单击【钣金件】选项卡【折弯】面组中的【折回】按钮，打开【折回】操控板，系统自动选择固定平面。

（2）单击【确定】按钮 ，完成折弯回去特征的创建，结果如图 13.115 所示。

图 13.113　【用户定义的特征
放置】对话框

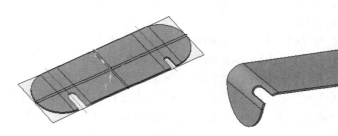

图 13.114　新生成的切口

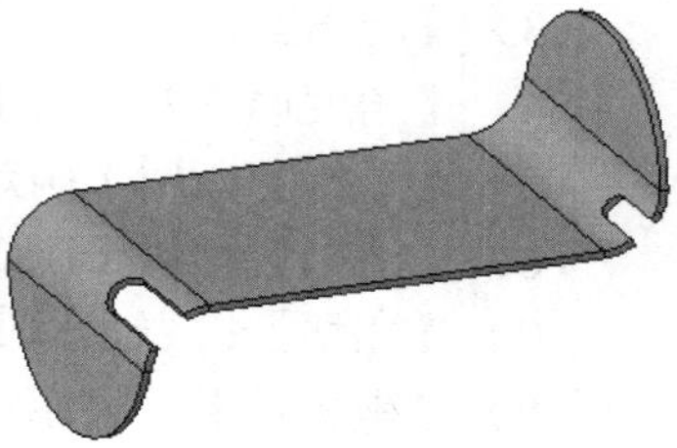

图 13.115　折弯回去特征

13.11　成型特征

　　成型特征分为凹模和凸模两种特征，在生产成型零件之前必须先建立一个拥有凹模或凸模的几何形状的实体零件，作为成型特征的参考零件，此种零件可在零件设计或钣金设计模块下建立。

　　凹模成型的参考零件必须带有边界面，参考零件既可以是凸的，也可以是凹的；而凸模成型不需要边界面，参考零件只能是凸的。凹模成型是冲出凸形或凹形的钣金，而凸模成型则只能冲出凸形的钣金。

　　本节主要讲述建立成型特征的基本方法，并结合实例讲述建立成型的具体步骤。

1．成型类型

　　Creo Parametric 提供了两种成型类型，即模具成型和冲孔成型，两者之间的区别是定义冲压范围的方式不同。凹模方式需要指定一个边界面和一个种子面，从种子面开始沿着模型表面不断向外扩展，一直到碰到边界面为止，所经过的范围就是模具对钣金的冲压范围，但不包括边界面；而凸模方式则是仅需要指定其冲压方向，直接由此冲孔参考零件按照指定的方向进行冲压，相对凹模方式要简单一些。对于这两种方式，所有的指定操作都是针对其参考零件进行的。

2．参考与复制

　　在凹模特征的【选项】菜单管理器中，系统提供了【参考】和【复制】两个命令，用于指定成型特征与参考模型件之间的关系，默认是【参考】命令。

【参考】命令：在钣金件中冲压出的外形与进行冲压的参考零件仍然有联系，如果参考零件发生变化，则钣金件中的冲压外形也会变化。

【复制】命令：成型特征与参考模型之间是一种独立的关系，以该命令建立钣金成型特征时，系统将模具或冲孔的几何形状复制到钣金上。如果参考零件发生变化，则钣金件中的冲压外形不会发生变化。

3. 约束类型

【约束类型】下拉列表中一共提供了八种装配约束关系。

（1）【自动】：表示按照系统默认位置进行装配。成型从属于保存的冲孔零件，再生钣金零件时，对保存的零件所做的任何更改都进行参数化更新。如果保存的零件不能定位，则钣金件成型几何将冻结。

（2）【重合】：用于约束两个要接触的曲面。

（3）【距离】：用于确定两参考间的距离。

（4）【角度偏移】：用于确定两参考间的角度。

（5）【平行】：用于确定两参考曲面的平行关系

（6）【法向】：用于确定两参考曲面的垂直关系。

（7）【相切】：表示以曲面相切的方式进行装配，约束两个曲面使其相切。

（8）【坐标系】：表示利用两零件的坐标系进行装配。将成型参考零件的坐标系约束到钣金零件的坐标系，两个坐标系都必须在装配过程开始之前即已存在。

13.11.1 【凹模】操控板介绍

凹模是通过从标准模型库或用户定义的模型库中装配凹模模型创建钣金件几何。

单击【钣金件】选项卡【工程】面组中的【成型】→【凹模】按钮，弹出【凹模】操控板，如图 13.116 所示。

图 13.116 【凹模】操控板

【凹模】操控板中的各选项含义如下。

（1）【源模型】列表框：显示打开的源模型。单击其后的【打开】按钮，弹出【打开】对话框，选择凹模模型。

（2）【放置方法】选项组。

1）【按照界面】：通过以下放置选项借助成型界面放置凸模或凹模。

①【界面至几何】：使成型界面与钣金件几何匹配。

②【界面至界面】：使成型界面与钣金件界面匹配。

2）【手动】：使用手动参考放置凹模。

3）【使用坐标】：使用坐标系放置带有成型界面的凸模或凹模。

（3）【设置】选项组。

1）【从源复制】：创建从属于已保存零件的凹模的新实例。当对保存的凹模零件进行更改时，新的实例将随之更新。

2）【使用继承】：使用继承创建新的凹模实例。用户可以设置在保存的凹模零件发生更改时更新凹模特征。

3）【排除的曲面】列表框：仅适用于凹模，用于显示已排除的曲面。

4）【冲孔方向】按钮 ✕：单击该按钮，反向冲孔方向。

（4）【成型显示】选项组。

1）【单独窗口】按钮 ▣：单击该按钮，显示选中状态时，凹模模型会在辅助窗口中显示；再次单击该按钮，即可关闭辅助窗口。

2）【主窗口】按钮 ▣：单击该按钮，显示选中状态时，凹模模型会在主窗口中显示；只有打开单独窗口后，主窗口才能关闭。

13.11.2　【凹模】下滑面板介绍

打开凹模模型后，【凹模】操控板包含【放置】【形状】【选项】【主体选项】【属性】5 个下滑面板，下面对部分下滑面板进行介绍。

1．【放置】下滑面板

选择【放置】下滑面板，如图 13.117 所示。该下滑面板中的各选项含义与第 11 章中介绍的约束的【放置】下滑面板中的各选项含义完全相同，这里不再赘述。

2．【形状】下滑面板

选择【形状】下滑面板，如图 13.118 所示。

图 13.117　【放置】下滑面板

图 13.118　【形状】下滑面板

（1）【插入冲孔模型作为】选项组：设置在选择【使用继承】放置凹模且参考模型几何更新时更新凹模特征。

1）【自动更新】：当参考模型更新且在会话中时更新凹模特征。

2）【手动更新】：可让用户在参考模型更新且在会话中时手动更新凹模特征。

3）【非相关性】：将凹模特征设置为独立于参考模型。

（2）【改变压铸模模型】：选择【使用继承】放置凹模时可用。单击该按钮，弹出【可变项】

对话框，如图 13.119 所示，可在该对话框中对凹模模型进行更改。

（3）【压铸模形状】列表框：仅适用于凹模，用于显示不进行压铸的曲面。

3. 【选项】下滑面板

选择【选项】下滑面板，如图 13.120 所示。

图 13.119 【可变项】对话框

图 13.120 【选项】下滑面板

（1）【倒圆角锐边】选项组。

1）【非放置边】：对位于非放置曲面上的凸模或凹模所创建的锐边倒圆角。

2）【放置边】：对位于放置曲面上的凸模或凹模所创建的锐边倒圆角。

①【半径】：设置放置边或非放置边的倒圆角所用的半径值。

②【内侧】：根据半径的内侧曲面标注半径。

③【外侧】：根据半径的外侧曲面标注半径。

（2）【排除压铸模模型曲面】：用于显示从冲孔或压铸中排除的曲面组。单击其下的【细节】按钮，弹出用于在冲孔中添加或移除曲面的【曲面集】对话框。

（3）【制造压铸模刀具】选项组。

1）【刀具名称】：设置制造刀具的名称。

2）【坐标系】：设置在制造刀具时所使用的坐标系。

（4）【对剪切成型修剪边】：从成型零件的倾斜侧曲面移除多余材料，以使这些曲面与原始边界边对齐，从而达到精加工成型零件的目的。

动手学——创建支撑板凹模成型

源文件：源文件\结果文件\第 13 章\支撑板凹模成型.prt
本实例对图 13.121 所示的支撑板进行凹模成型。

【操作步骤】

1. 打开文件

打开【支撑板】文件，如图 13.121 所示。

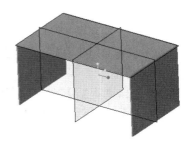

图 13.121 支撑板

2. 创建凹模成形

（1）单击【钣金件】选项卡【工程】面组中的【成型】→【凹模】
按钮，打开【凹模】操控板。

（2）单击【凹模】操控板中的【打开】按钮，弹出【打开】对话
框，选择【凹模.prt】文件后单击【打开】按钮，此时凹模造型出现在绘
图区，如图 13.122 所示。

图 13.122　插入凹模模型

（3）在【放置】下滑面板中，①【约束类型】选择【重合】，②在
绘图区选择支撑板上表面的内侧面和凹模的上表面，如图 13.123 所示。

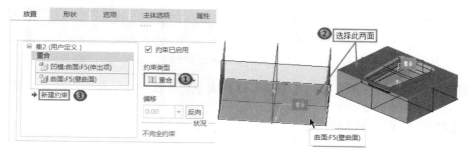

图 13.123　设置重合 1 约束

（4）③单击【新建约束】按钮，④【约束类型】选择【重合】，⑤在绘图区选择装配的 TOP
基准平面和凹模的 TOP 基准平面，如图 13.124 所示。

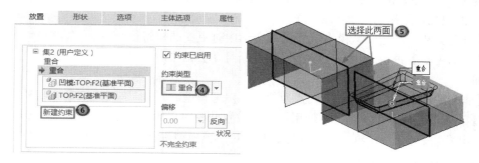

图 13.124　设置重合 2 约束

（5）⑥单击【新建约束】按钮，⑦【约束类型】选择【重合】，⑧在绘图区选择装配的 RIHGT
基准平面和凹模的 RIHGT 基准平面，如图 13.125 所示。

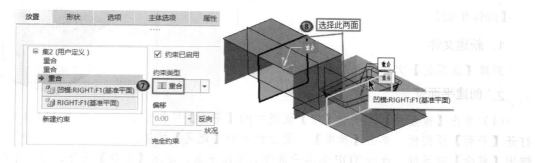

图 13.125　设置重合 3 约束

（6）单击【凹模】操控板中的【确定】按钮 ，完成凹模成型特征的创建，结果如图 13.126 所示。

13.11.3 【凸模】操控板介绍

单击【钣金件】选项卡【工程】面组中的【成型】→【凸模】按钮 ，打开【凸模】操控板，如图 13.127 所示。

图 13.126　凹模成型特征

图 13.127　【凸模】操控板

【凸模】操控板中的各选项含义与【凹模】操控板中的各选项含义相似，这里不再赘述。

13.11.4 【凸模】下滑面板介绍

打开凸模模型后，【凸模】操控板包含【放置】【形状】【选项】【主体选项】【属性】5 个下滑面板，下面仅对【形状】下滑面板进行介绍。

选择【形状】下滑面板，如图 13.128 所示。

（1）【插入冲孔模型作为】选项组：设置在选择【使用继承】放置凸模且参考模型几何更新时更新凸模特征。

1）【自动更新】：当参考模型更新且在会话中时更新凸模特征。

2）【手动更新】：可让用户在参考模型更新且在会话中时手动更新凸模特征。

3）【非相关性】：将凸模特征设置为独立于参考模型。

（2）【改变冲孔模型】：选择【使用继承】放置凸模时可用。单击该按钮，弹出【可变项】对话框，可在该对话框中对凸模模型进行更改。

图 13.128　【形状】下滑面板

扫一扫，看视频

动手学——洗菜盆凸模成型

源文件：源文件\结果文件\第 13 章\洗菜盆凸模成型.prt

本实例利用凸模成型创建图 13.129 所示的洗菜盆。

【操作步骤】

1．新建文件

新建【洗菜盆】文件，进入钣金界面。

2．创建平面壁

（1）单击【钣金件】选项卡【壁】面组中的【平面】按钮 ，打开【平面】操控板。单击【参考】下滑面板中的【定义】按钮，弹出【草绘】对话框，选择 TOP 基准平面作为草绘平面，单击【草绘】按钮，进入草绘环境。

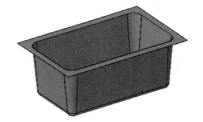

图 13.129　洗菜盆

（2）绘制图 13.130 所示的草图，单击【确定】按钮 ✔，退出草绘环境。

（3）在【平面】操控板中设置厚度为 1，单击【确定】按钮 ，生成平面壁，如图 13.131 所示。

3．创建凸模成形

（1）单击【钣金件】选项卡【工程】面组中的【成型】→【凸模】按钮 ，打开【凸模】操控板。

（2）单击【凸模】操控板中的【打开】按钮 ，弹出【打开】对话框，选择【凸模.prt】文件后单击【打开】按钮，此时凹模造型出现在绘图区，如图 13.132 所示。

图 13.130　绘制草图　　　　　　　图 13.131　平面壁　　　　　　　图 13.132　凸模

（3）在【放置】下滑面板中，❶【约束类型】选择【重合】，❷在绘图区选择平面壁的上表面和凸模的上表面，如图 13.133 所示。

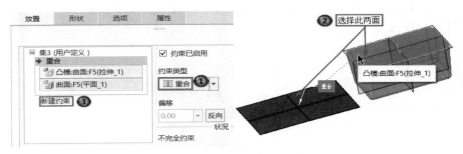

图 13.133　设置重合 1 约束

（4）❸单击【新建约束】按钮，❹【约束类型】选择【重合】，❺在绘图区选择装配的 FRONT 基准平面和凸模的 FRONT 基准平面，如图 13.134 所示。

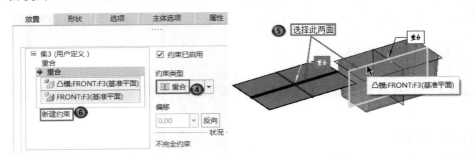

图 13.134　设置重合 2 约束

（5）❻单击【新建约束】按钮，❼【约束类型】选择【重合】，❽在绘图区选择装配的 RIHGT 基准平面和凸模的 RIHGT 基准平面，❾单击【冲孔方向】按钮 ，调整方向向下，如图 13.135 所示。

（6）单击【凸模】操控板中的【确定】按钮 ，完成凸模成型特征的创建，结果如图 13.129 所示。

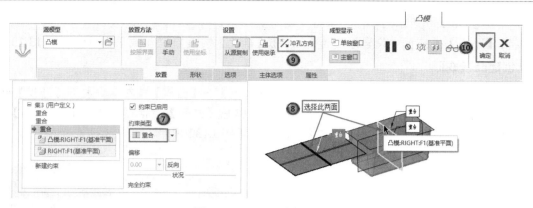

图 13.135　设置重合 3 约束

13.11.5 　【平整成型】操控板介绍

Creo Parametric 提供了平整成型功能，用于将由成型特征造成的钣金凸起或凹陷恢复为平面。平整成型操作比较简单。

单击【钣金件】选项卡【工程】面组中的【成型】→【平整成型】按钮，打开图 13.136 所示的【平整成型】操控板。

图 13.136　【平整成型】操控板

【平整成型】操控板中的各选项含义如下。

（1）【自动】：自动选择所有的成型特征参考以进行平整。

（2）【手动】：手动选择单个曲面和成型特征参考以进行平整。

（3）【成型】列表框：显示手动选择的参考。当选择【手动】时，激活该列表框。

13.11.6 　【平整成型】下滑面板介绍

【平整成型】操控板包含【成型】【选项】【属性】3 个下滑面板，下面对部分下滑面板进行介绍。

1.【成型】下滑面板

选择【成型】下滑面板，如图 13.137 所示。

【成型】列表框：当选择【手动】时，在该列表框中显示参考。

2.【选项】下滑面板

选择【选项】下滑面板，如图 13.138 所示。

【投影切口和孔】复选框：勾选该复选框，可将成型上的切口和孔投影到平整成型上。

图 13.137 【成型】下滑面板

图 13.138 【选项】下滑面板

动手学——洗菜盆平整成型

源文件： 源文件\结果文件\第 13 章\洗菜盆平整成型.prt
本实例对 13.11 节创建的洗菜盆进行平整成型。

【操作步骤】

1．打开文件

打开【洗菜盆】文件，如图 13.139 所示。

2．创建平整成型

（1）单击【钣金件】选项卡【工程】面组中的【成型】→【平整成型】按钮，打开【平整成型】操控板。

（2）系统选择【自动】模式，将洗菜盆平整成型。

（3）在【平整成型】操控板中单击【确定】按钮，生成的平整成型特征如图 13.140 所示。

图 13.139 洗菜盆

图 13.140 生成的平整成型特征

13.12 综合实例——创建抽屉支架

本实例创建图 13.141 所示的抽屉支架。零件看似简单，但在创建过程中需要用到很多钣金命令，如平整壁、钣金切口、成型等；模型的创建过程中也存在很多技巧，特别是末端的成型特征，用到的是一种比较少用的成型特征的创建方法。

【操作步骤】

1．新建文件

新建【抽屉支架】文件，进入钣金界面。

图 13.141 抽屉支架

2. 创建主体

（1）单击【钣金件】选项卡【壁】面组中的【平面】按钮，打开【平面】操控板。单击【参考】下滑面板中的【定义】按钮，弹出【草绘】对话框，选择 FRONT 基准平面作为草绘平面。单击【草绘】按钮，进入草绘环境。

（2）绘制图 13.142 所示的主体草图，单击【确定】按钮，退出草绘环境。

（3）在【平面】操控板中设置厚度为 0.7，单击【确定】按钮，生成主体，如图 13.143 所示。

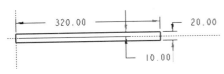

图 13.142　绘制主体草图

图 13.143　创建的主体

3. 创建两侧折弯主体

（1）单击【钣金件】选项卡【壁】面组中的【平整】按钮，打开【平整】操控板，选择图 13.144 所示的边作为平整壁的附着边。

（2）在【平整】操控板中设置平整壁的形状为【用户定义】，给定角度值 180°。单击【形状】→【草绘】按钮，弹出【草绘】对话框，接受系统提供的默认设置。单击【草绘】按钮，进入草绘环境，绘制图 13.145 所示的平整草图。绘制完成后单击【确定】按钮，返回【平整】操控板。单击【在连接边上添加折弯】按钮，取消折弯半径设置。单击【确定】按钮，创建的平整壁特征如图 13.146 所示。

图 13.144　选择平整壁的附着边

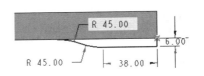

图 13.145　绘制平整草图 1

图 13.146　平整壁特征 1

（3）单击【钣金件】选项卡【壁】面组中的【法兰】按钮，打开【凸缘】操控板。单击【放置】→【细节】按钮，弹出【链】对话框。按住 Ctrl 键，选择图 13.147 所示的边作为法兰壁的附着边，单击【确定】按钮。

（4）在【凸缘】操控板中设置法兰壁的形状为【用户定义】。单击【形状】→【草绘】按钮，弹出【草绘】对话框，接受系统提供的默认设置。单击【草绘】按钮，进入草绘环境。

（5）绘制图 13.148 所示的法兰草图，单击【确定】按钮，退出草绘环境。

（6）单击【凸缘】操控板中的【在连接边上添加折弯】按钮，取消折弯半径设置，单击【确定】按钮，创建的法兰壁特征如图 13.149 所示。

（7）单击【钣金件】选项卡【折弯】面组中的【展平】按钮，在打开的【展平】操控板中采用默认设置。单击【确定】按钮，创建的展平特征如图 13.150 所示。

（8）单击【钣金件】选项卡【工程】面组中的【拉伸切口】按钮，打开【拉伸切口】操控板。单击【放置】下滑面板中的【定义】按钮，弹出【草绘】对话框，选择展平特征的上表面作为草绘平面。单击【草绘】按钮，进入草绘环境。

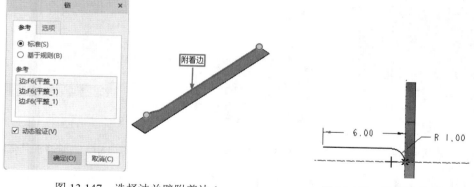

图 13.147 选择法兰壁附着边 1 　　　　图 13.148 绘制法兰草图 1

（9）绘制图 13.151 所示的切口草图，单击【确定】按钮 ✔，退出草绘环境。

（10）在【拉伸切口】操控板中设置拉伸方式为 ᦈᱤ（穿透），单击【反向】按钮 ⊠，调整移除材料方向，如图 13.152 所示。单击【拉伸切口】操控板中的【确定】按钮 ▨，创建的切口特征如图 13.153 所示。

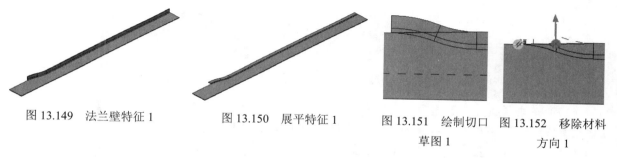

图 13.149 法兰壁特征 1 　　　图 13.150 展平特征 1 　　　图 13.151 绘制切口 图 13.152 移除材料
　　　　　　　　　　　　　　　　　　　　　　　　　　　　　　　草图 1 　　　　方向 1

（11）单击【钣金件】选项卡【折弯】面组中的【折回】按钮 ᨔ，打开【折回】操控板。

（12）采用系统默认设置，单击【确定】按钮 ▨，创建的折弯回去特征如图 13.154 所示。

图 13.153 切口特征 1 　　　　　　　　图 13.154 折弯回去特征 1

（13）单击【钣金件】选项卡【壁】面组中的【平整】按钮 ᨒ，打开【平整】操控板，选择图 13.154 所示的边作为平整壁的附着边。

（14）在【平整】操控板中设置平整壁的形状为【用户定义】，给定角度值 180°。单击【形状】下滑面板中的【草绘】按钮，弹出【草绘】对话框，接受系统提供的默认设置。单击【草绘】按钮，进入草绘环境，绘制图 13.155 所示的平整草图。单击【确定】按钮 ✔，返回【平整】操控板。单击【在连接边上添加折弯】按钮 ᨒ，取消折弯半径设置。单击【确定】按钮 ▨，创建的平整壁特征如图 13.156 所示。

（15）单击【钣金件】选项卡【壁】面组中的【法兰】按钮 ᨒ，选择图 13.157 所示的边作为法兰壁的附着边。

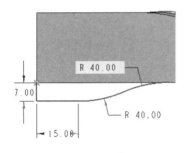

图 13.155　绘制平整草图 2

图 13.156　平整壁特征 2

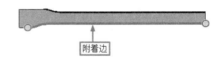

附着边

图 13.157　选择法兰壁附着边 2

（16）在【平整】操控板中设置法兰壁的形状为【用户定义】，绘制图 13.158 所示的图形。绘制完成后单击【确定】按钮 ✔，退出草绘环境。单击【平整】操控板中的【在连接边上添加折弯】按钮 ⌐，取消折弯半径设置。单击【确定】按钮 　　，创建的法兰壁特征如图 13.159 所示。

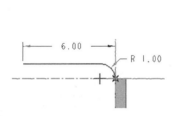

图 13.158　绘制法兰草图 2

图 13.159　法兰壁特征 2

（17）单击【钣金件】选项卡【折弯】面组中的【展平】按钮 ⌐，打开【展平】操控板。单击【确定】按钮 　　，将零件完全展开，创建的展开特征如图 13.160 所示。

（18）单击【钣金件】选项卡【工程】面组中的【拉伸切口】按钮 ⚂，在打开的【拉伸切口】操控板中单击【垂直于曲面】按钮 ⚐。单击【放置】下滑面板中的【定义】按钮，弹出【草绘】对话框，选择图 13.160 所示的上表面作为草绘平面。单击【草绘】按钮，进入草绘环境。

（19）绘制图 13.161 所示的切口草图，单击【确定】按钮 ✔，退出草绘环境。

（20）在【拉伸切口】操控板中设置拉伸方式为 ⊫（穿透），单击【反向】按钮 ⊠，调整移除材料的方向，如图 13.162 所示。单击【确定】按钮 　　，完成拉伸切除特征。

图 13.160　展平特征 2

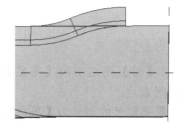

图 13.161　绘制切口草图 2

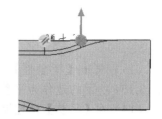

图 13.162　移除材料方向 2

（21）单击【钣金件】选项卡【折弯】面组中的【折回】按钮 ⌐，采用默认设置，单击【确定】按钮 　　，创建的折弯回去特征如图 13.163 所示。

（22）单击【钣金件】选项卡【壁】面组中的【法兰】按钮 ⌐，选择图 13.163 所示内侧的棱边作为法兰壁的附着边。

（23）设置法兰壁的形状为【用户定义】，绘制图 13.164 所示的法兰草图。单击【确定】按钮✔，退出草绘环境。单击【在连接边上添加折弯】按钮，取消折弯半径设置。单击【确定】按钮，创建的法兰壁特征如图 13.165 所示。

图 13.163　折弯回去特征 2

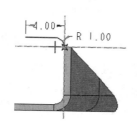

图 13.164　绘制法兰草图 3

图 13.165　法兰壁特征 3

4．创建孔

（1）单击【钣金件】选项卡【工程】面组中的【拉伸切口】按钮，打开【拉伸切口】操控板。单击【放置】下滑面板中的【定义】按钮，弹出【草绘】对话框。选择图 13.165 所示的平面作为草绘平面，单击【草绘】按钮，进入草绘环境。

（2）绘制图 13.166 所示的切口草图，单击【确定】按钮✔，退出草绘环境。在【拉伸切口】操控板中设置拉伸方式为（穿透），单击【确定】按钮，创建的拉伸切口特征如图 13.167 所示。

（3）在模型树中选择刚刚创建的【拉伸切口 3】特征，单击【钣金件】选项卡【操作】面组中的【复制】按钮，再单击【钣金件】选项卡【操作】面组中【粘贴】下拉按钮，在打开的【粘贴】选项列表中单击【选择性粘贴】按钮，弹出【选择性粘贴】对话框，如图 13.168 所示。

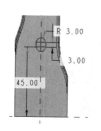

图 13.166　绘制切口草图 3

图 13.167　拉伸切口特征 1

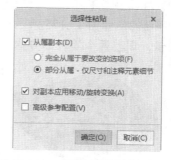

图 13.168　【选择性粘贴】对话框

（4）勾选【对副本应用移动/旋转变换】复选框，单击【确定】按钮。选择 RIGHT 基准平面作为移动参考平面，给定移动值 15，预览效果如图 13.169 所示。单击【拉伸切口】操控板中的【确定】按钮，复制完成。

（5）按住 Ctrl 键，在模型树中选择【拉伸切口 3】和【已移动副本 1】特征，在弹出的快捷菜单中单击【分组】按钮，创建组，如图 13.170 所示。

（6）在模型树中选择刚刚创建的组特征，单击【钣金件】选项卡【编辑】面组中的【阵列】按钮，打开【阵列】操控板，设置阵列方式为【尺寸】，在绘图区选择尺寸 45，在【尺寸】下滑面板中设置增量值为 230，在操控板中设置阵列成员数为 2。单击【确定】按钮，创建的阵列特征如图 13.171 所示。

图 13.169　复制特征预览　　　　　图 13.170　单击【分组】按钮　　　图 13.171　创建的阵列特征

（7）单击【钣金件】选项卡【工程】面组中的【拉伸切口】按钮，打开【拉伸切口】操控板，仍然选择图 13.165 所示的平面作为草绘平面，绘制图 13.172 所示的切口草图。在【拉伸切口】操控板中设置拉伸方式为（穿透），单击【确定】按钮，创建的拉伸切口特征如图 13.173 所示。

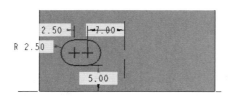

图 13.172　绘制切口草图 4　　　　　　　图 13.173　拉伸切口特征 2

5．创建凹模特征 1

（1）单击【钣金件】选项卡【工程】面组中的【成型】→【凹模】按钮，打开【凹模】操控板。单击【打开】按钮，弹出【打开】对话框，选择【\原始文件\第 13 章\抽屉支架模 1.prt】文件，单击【打开】按钮，打开的抽屉支架模 1 如图 13.174 所示。

（2）在【放置】下滑面板的【约束类型】中选择【重合】，选择抽屉支架模 1 的平面 1 和抽屉支架的平面 2，如图 13.175 所示，使这两个面相重合。通过单击【约束类型】下拉列表右侧的【反向】按钮，调整两个零件的方向。

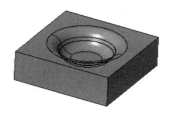

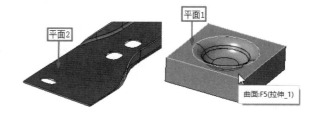

图 13.174　抽屉支架模 1　　　　　　　　图 13.175　选择约束平面 1

（3）单击【新建约束】按钮，【约束类型】选择【距离】，选择抽屉支架模 1 的 TOP 基准平面和抽屉支架的 TOP 基准平面，给定距离值 9。

（4）单击【新建约束】按钮，【约束类型】选择【距离】，选择抽屉支架模 1 的 RIGHT 基准平面和抽屉支架的 RIGHT 基准平面，给定距离值 15。此时，在【放置】下滑面板右下侧的【状态】栏中显示【完全约束】，如图 13.176 所示。

（5）单击【钣金件】选项卡【工程】面组中的【拉伸切口】按钮，打开【拉伸切口】操控板，选择图 13.177 所示的平面作为草绘平面，绘制图 13.178 所示的切口草图。在【拉伸切口】操控板中设置拉伸方式为（穿透），单击【确定】按钮，创建的拉伸切口特征如图 13.179 所示。

图 13.176 完全约束

图 13.177 选择草绘平面

图 13.178 绘制切口草图 5

图 13.179 拉伸切口特征 3

6. 创建凹模特征 2

（1）单击【钣金件】选项卡【工程】面组中的【成型】→【凹模】按钮，打开【凹模】操控板。单击【打开】按钮，弹出【打开】对话框，选择【\原始文件\第 13 章\抽屉支架模 2.prt】文件，单击【打开】按钮，打开的抽屉支架模 2 如图 13.180 所示。

（2）在【放置】下滑面板的【约束类型】中选择【重合】，选择抽屉支架模 2 的平面 1 和抽屉支架的平面 2，如图 13.181 所示。通过单击【约束类型】下拉列表右侧的【反向】按钮，调整两个零件的匹配方向。

图 13.180 抽屉支架模 2

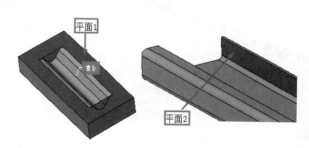

图 13.181 选择约束平面 2

（3）单击【新建约束】按钮，【约束类型】选择【距离】选项，选择抽屉支架模 2 的 TOP 基准平面和抽屉支架的 RIGHT 基准平面，给定距离值 300。

（4）单击【新建约束】按钮，【约束类型】选择【距离】选项，选择抽屉支架模 2 的 RIGHT 基准平面和抽屉支架的 FRONT 基准平面，给定距离值 5。此时，若【放置】下滑面板中显示【无效约束】，单击【反向】按钮，则显示【完全约束】。

（5）单击【形状】下滑面板中的【压铸模形状】按钮，按住 Shift 键，选择图 13.182 所示的种子曲面和边界曲面，选中后的结果如图 13.183 所示。单击【冲孔方向】按钮，调整建模方向。单击【确定】按钮，完成成型特征的创建，如图 13.184 所示。

（6）在模型树中选择刚刚创建的【模板 2】特征，单击【模型】选项卡【编辑】面组中的【镜像】按钮，打开【镜像】操控板，选择 TOP 基准平面作为镜像参考平面，单击【确定】按钮，镜像结果如图 13.185 所示。

图 13.182 选择曲面

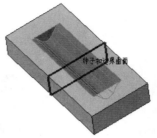
图 13.183 种子和边界曲面

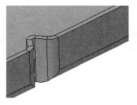
图 13.184 成型特征

图 13.185 镜像结果 1

7. 创建凹模特征 3

（1）单击【钣金件】选项卡【工程】面组中的【成型】→【凹模】按钮，打开【凹模】操控板。单击【打开】按钮，弹出【打开】对话框，选择【\原始文件\第 13 章\抽屉支架模 3.prt】选项，单击【打开】按钮，打开的抽屉支架模 3 如图 13.186 所示。

（2）模板与零件的 3 个约束如下。

1）抽屉支架的平面 1 和抽屉支架模 3 的平面 2 为重合约束，如图 13.187 所示。单击【反向】按钮，调整方向。

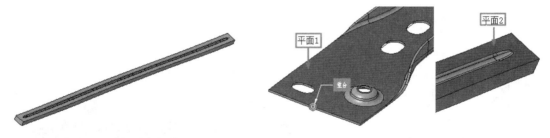

图 13.186 抽屉支架模 3

图 13.187 选择约束平面 3

2）抽屉支架模 3 的 FRONT 基准平面与抽屉支架的 RIGHT 基准平面的约束类型为距离，值为 170。

3）抽屉支架模 3 的 RIGHT 基准平面与抽屉支架的 TOP 基准平面的约束类型为距离，值为 6，如图 13.188 所示。

（3）在模型树中选择刚刚创建的【模板 3】特征，单击【模型】选项卡【编辑】面组中的【镜像】按钮，打开【镜像】操控板，选择 TOP 基准平面作为镜像参考平面，单击【确定】按钮，镜像结果如图 13.189 所示。

图 13.188 设置约束类型

图 13.189 镜像结果 2

8. 创建拉伸切口

（1）单击【钣金件】选项卡【工程】面组中的【拉伸切口】按钮 ，打开【拉伸切口】操控板，选择 TOP 基准平面作为草绘平面，绘制图 13.190 所示的切口草图。

（2）在【拉伸切口】操控板中设置拉伸方式为 （对称），单击【确定】按钮 ，创建的拉伸切口特征如图 13.191 所示。

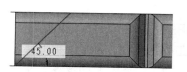

图 13.190　绘制切口草图 6

图 13.191　拉伸切口特征 4

9. 倒圆角

单击【钣金件】选项卡【工程】面组中的【倒圆角】按钮 ，打开【倒圆角】操控板。按住 Ctrl 键，选择图 13.192 所示的两条棱边。在【倒圆角】操控板中设置圆角半径为 5，单击【确定】按钮 ，完成抽屉支架的创建，如图 13.193 所示。

图 13.192　选择倒圆角棱边

图 13.193　抽屉支架

第 14 章　工程图绘制

内容简介

Creo Parametric 作为优秀的三维工业设计软件，拥有强大的生成工程图的能力。其允许直接从 Creo Parametric 实体模型产品按 ANSI/ISO/JIS/DIN 标准生成工程图，并且能自动标注尺寸、添加注释、使用层来管理不同类型的内容、支持多文档等。可以向工程图中添加或修改文本和符号形式的信息，还可以自定义工程图的格式，进行多种形式的个性化设置。

内容要点

- ↘ 工程图概述
- ↘ 创建工程图文件
- ↘ 绘制视图
- ↘ 调整视图
- ↘ 工程图标注
- ↘ 创建注解文本

案例效果

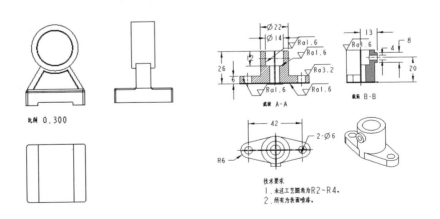

14.1　工程图概述

工程图是指能给一线加工制造人员提供加工制造信息的图纸。在图纸中，设计人员要根据相关的国际和国家标准及行业标准充分而清晰地表达出产品或零件的几何结构、尺寸大小及相关的加工信息。

工程图广泛应用于各个行业，而且从设计部门到加工制造部门和检验部门，贯穿了零件设计制造的全过程和全部部门。因此，需要一个统一的标准规范工程图的绘制，这样有利于不同行业、不同岗位的技术人员进行技术交流。这个标准就是国家制图标准（以下简称国标），其主要通过以下几个方面规范工程图的绘制。

1．图纸幅面和图框格式

国标规定了工程图图纸幅面的大小和相关图纸上图框的格式、大小及标题栏等相关信息。在绘制工程图时，要优先选用国标规定的五种图纸幅面和相应的图框格式。表14.1为国标规定的五种图纸基本幅面及其尺寸大小。

表14.1　5种图纸基本幅面及其尺寸大小

幅面代号	A0	A1	A2	A3	A4
B×L	841×1189	594×841	420×594	297×420	210×297

2．绘图比例

图纸上的图形尺寸和实际尺寸间的比称为比例。国标规定了一系列的比例，绘图时可从中选择所需要的绘图比例。但无论采用哪种比例绘图，图纸上所标注的尺寸值都是零件的实际尺寸，而不随绘图比例的改变而改变。另外，在绘制工程图时，同一张图纸上尽量采用同一个比例，如果某一视图采用不同的绘图比例，应在该视图上方注释所采用的比例。

3．图线标准

在绘图时采用不同的图线绘制不同类型的元素。但同一张图纸上，同一类型的元素要采用相同的图线绘制，而且图线的宽度应保持一致。国标对图线的名称、代号、样式和宽度等都做了相应的规定。

4．文字标准

文字包括图纸中的尺寸标准文字和用于说明零件加工要求和技术要求的文字、数字和字母。国标也对文字的样式做了相应的规定。

5．标题栏和明细表

标题栏包括图纸的名称、编号、设计人员等，而明细表包括材料、数量和零件编号等内容。国标对标题栏和明细表的样式大小都做了详细的规定。

14.2　创建工程图文件

在创建工程图之前，首先要新建一个工程图文件。创建工程图文件的操作步骤如下。

（1）单击【主页】选项卡【数据】面组中的【新建】按钮，弹出【新建】对话框，如图14.1所示。在【类型】列表框中选中【绘图】单选按钮，在【文件名】文本框中输入名称，取消勾选【使用默认模板】复选框。

（2）单击【确定】按钮，弹出图14.2所示的【新建绘图】对话框，在【默认模型】文本框中自动显示当前处于活动状态的模型。用户也可单击其后的【浏览】按钮，选择其他模型。在【指定模板】选项组中选中【空】单选按钮，在【方向】选项组中单击【横向】按钮，在【标准大小】下拉列表中选择【A4】选项。

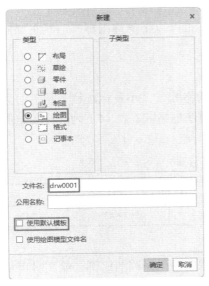

图 14.1　【新建】对话框

图 14.2　【新建绘图】对话框

（3）单击【确定】按钮，进入工程图环境。

14.3　绘 制 视 图

插入视图是指将指定视图类型、特定类型可能具有的属性插入视图后在页面上为该视图选择位置的过程，放置视图后还需为其设置所需方向。Creo Parametric 中使用的基本视图类型包括普通视图、投影视图、辅助视图和局部放大图四种。

14.3.1　绘制普通视图

通常放置在页面上的第一个视图称为普通视图。普通视图是最易于变动的视图，因此可根据任何设置对其进行缩放或旋转。

单击【布局】选项卡【模型视图】面组中的【普通视图】按钮，弹出图 14.3 所示的【选择组合状态】对话框，勾选【对于组合状态不提示】复选框，单击【确定】按钮。

根据系统提示，在图纸范围内单击，即可选择普通视图的放置位置。普通视图将显示所选组合状态指定的方向，同时弹出图 14.4 所示的【绘图视图】对话框。

在【绘图视图】对话框左侧的【类别】列表框中可选择不同的视图类型，并显示用于定义视图类型和方向的选项；在【视图名称】文本框中可修改视图名称，通过【类型】下拉列表中的可用选项更改视图类型；通过【视图方向】选项组中的各单选按钮更改当前方向。

图 14.3　【选择组合状态】对话框

图 14.4　【绘图视图】对话框 1

1.　【模型中视图的名称】单选按钮

选中该单选按钮，表示使用来自模型的已保存视图进行定向。在【模型视图名】列表框中选择相应的模型视图，在【默认方向】下拉列表中选择合适的方向定义 X 和 Y 的方向。【默认方向】下拉列表中包含【等轴测】【斜轴测】【用户定义】3 个选项。对于【用户定义】选项，必须指定定制角度值。

📢 注意：

> 在绘制视图时，如果已经选取了一个组合状态，则所选组合中的已命名方向将保留在【模型视图名】列表框中。如果更改该命名视图，组合状态将不再列出。

2.　【几何参考】单选按钮

选中该单选按钮，表示使用来自绘图中预览模型的几何参考进行定向。选择方向以定向来自当前所定义【参考 1/2】下拉列表中的参考。【参考 1/2】下拉列表中包含【前】【后】【上】【下】【左】【右】【竖直轴】【水平轴】8 个选项，如图 14.5 所示。在绘图区中预览的模型上选取所需参考，模型可根据定义方向和选取参考重新定位。通过单击【参考 1/2】右侧的文本框并在绘图模型上选取新参考，可更改选定参考。

📢 注意：

> 要将视图恢复为其原始方向，可在【模型视图名】列表框中选择【默认方向】选项。

3.　【角度】单选按钮

选中该单选按钮，表示使用选定参考的角度或定制角度进行定向。如图 14.6 所示，【参考角度】列表框中列出了用于定向视图的参考。默认情况下，新添加的参考将在该列表框中列出并加亮显示。针对【参考角度】列表框中加亮显示的参考，可在【旋转参考】下拉列表中选择合适的选项。

图 14.5　【绘图视图】对话框 2

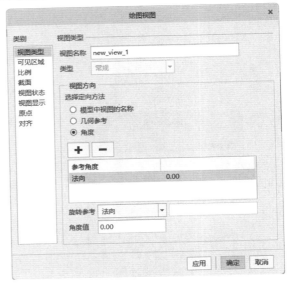

图 14.6　【绘图视图】对话框 3

（1）法向：绕通过视图原点并法向于绘图页面的轴旋转模型。

（2）竖直：绕通过视图原点并垂直于绘图页面的轴旋转模型。

（3）水平：绕通过视图原点并与绘图页面保持水平的轴旋转模型。

（4）边/轴：绕通过视图原点并根据与绘图页面所成指定角度的轴旋转模型。在预览的绘图视图上选取适当的边或轴参考。

在【角度值】文本框中可输入参考的角度值。单击并重复角度定向过程，可创建附加参考。

如果视图中包含多个模型，且要继续定义绘图视图的其他属性，可单击【应用】按钮，选择合适的类别；如果已完成了对绘图视图的定义，可单击【确定】按钮，生成普通视图。

📢 **注意：**

> 如果删除或隐含 Creo Parametric 用于定向视图的几何特征，Creo Parametric 会将该视图和其子项更改为默认方向。如果删除该几何特征，则无法恢复原始视图方向，但恢复隐含特征将恢复视图的原始方向。

扫一扫，看视频

动手学——创建支架普通视图

源文件： 源文件\结果文件\第 14 章\支架普通视图.prt
本实例对图 14.7 所示的支架创建普通视图。

【操作步骤】

1. 打开文件

打开【支架】文件，如图 14.7 所示。

2. 新建工程图

（1）单击快速访问工具栏中的【新建】按钮 ，弹出【新建】对话框，在【类型】选项组中选中【绘图】单选按钮，在【文件名】文本框中输入名称【支架主视图】，取消勾选【使用默认模板】复选框。

图 14.7　支架

（2）单击【确定】按钮，弹出【新建绘图】对话框，在【默认模型】文本框中自动显示当前处于活动状态的模型。在【指定模板】选项组中选中【空】单选按钮，在【方向】选项组中单击【横向】按钮，在【标准大小】下拉列表中选择【A4】选项。单击【确定】按钮，进入工程图环境。

3. 修改视角

选择【文件】→【准备】→【绘图属性】命令，弹出【绘图属性】对话框，单击【细节选项】栏中的【更改】按钮，弹出【选项】对话框，将【projection_type】选项中的值更改为【first_angle】，单击【添加/更改】按钮即可。每创建一个新的工程图，都需要设置该值。

4. 创建普通视图

（1）单击【布局】选项卡【模型视图】面组中的【普通视图】按钮，弹出【选择组合状态】对话框，勾选【对于组合状态不提示】复选框，单击【确定】按钮。

（2）在图纸范围内单击，选择普通视图的放置位置，同时弹出【绘图视图】对话框。❶在【模型视图名】下拉列表中选择【BOTTOM】选项，❷单击【应用】按钮，如图 14.8 所示。

（3）❸在【类别】列表框中选择【比例】，❹在【比例和透视图选项】选项组中选中【自定义比例】单选按钮，❺设置比例值为 0.300，❻单击【应用】按钮，如图 14.9 所示。

图 14.8　【绘图视图】对话框

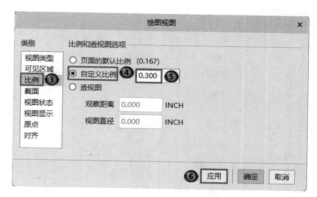

图 14.9　设置比例

（4）❼在【类别】列表框中选择【视图显示】，❽【显示样式】选择【消隐】，如图 14.10 所示。❾单击【确定】按钮，创建的普通视图如图 14.11 所示。

5. 修改字高

在绘图区选中【比例 0.300】标识，在弹出的快捷菜单中单击【属性】按钮，弹出【注解属性】对话框，选择【文本样式】选项卡，如图 14.12 所示。取消勾选【高度】后的【默认】复选框，修改字高为 0.3，单击【确定】按钮，结果如图 14.13 所示。

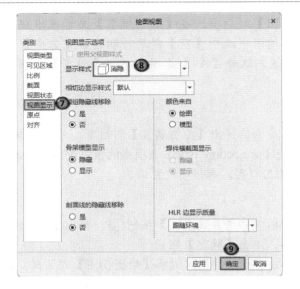

图 14.10　设置显示样式

图 14.11　创建的普通视图

图 14.12　【注解属性】对话框

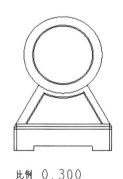

图 14.13　修改字高结果

14.3.2　绘制投影视图

投影视图是另一个视图沿水平或垂直方向的正交投影。投影视图放置在投影通道中，位于父视图上方、下方、右边或左边。当绘制投影视图时，将根据该投影生成的方向为其赋予一个默认名称。

单击【布局】选项卡【模型视图】面组中的【投影视图】按钮品，选取要在投影中显示的父视图系统提示选取绘制视图的中心点，这时父视图上方就会出现一个矩形框来代表投影。将此框水平或垂直地拖到所需的位置，单击放置视图。

如果要修改投影的属性，则选取该投影视图，在弹出的快捷菜单中单击【属性】按钮✍，或者双击该视图，弹出【绘图视图】对话框，从中可以修改投影视图的属性。修改完成后，若要继续定义绘图视图的其他属性，可单击【应用】按钮，选取适当的类别。完全定义绘图视图后，单击【确定】按钮，即可完成投影视图的创建。

动手学——创建支架投影视图

源文件：源文件\结果文件\第 14 章\支架投影视图.prt
本实例在创建普通视图的基础上对支架进行投影视图的创建。

【操作步骤】

（1）承接 14.3.1 小节创建的支架普通视图。

（2）创建投影视图。

1）单击【布局】选项卡【模型视图】面组中的【投影视图】按钮▫▫，根据系统提示选取要在投影中显示的父视图，沿水平方向拖动矩形框，这时父视图右侧出现一个矩形框来代表投影视图，如图 14.14 所示。

2）将此矩形框水平拖动到所需位置，单击即可放置视图，如图 14.15 所示。

3）双击左视图，弹出【绘图视图】对话框，在【类别】列表框中选择【视图显示】选项，【显示样式】选择【消隐】，单击【确定】按钮，左视图如图 14.16 所示。

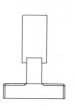

图 14.14　拖动矩形框　　　　　图 14.15　生成的左视图　　　　图 14.16　修改显示样式后的左视图

14.3.3　绘制辅助视图

辅助视图也是一种投影视图，以垂直角度向选定曲面或轴进行投影。以选定曲面的方向确定投影通道。父视图中的参考必须垂直于屏幕平面。

单击【布局】选项卡【模型视图】面组中的【辅助视图】按钮✍，选取要从中创建辅助视图的边、轴、基准平面或曲面，父视图上方出现一个矩形框，代表辅助视图。将此框水平或垂直地拖动到所需的位置，单击放置视图。

要修改辅助视图的属性，仍可通过【绘图视图】对话框进行。

动手学——创建支架辅助视图

源文件：源文件\结果文件\第 14 章\支架辅助视图.prt
本实例在创建普通视图和投影视图的基础上对支架进行辅助视图的创建。

【操作步骤】

（1）承接 14.3.2 小节创建的支架投影视图。

（2）绘制辅助视图。

1）单击【布局】选项卡【模型视图】面组中的【辅助视图】按钮，根据系统提示选择图 14.17 所示的主视图上的边，此时出现矩形框，拖动矩形框至父视图下方，如图 14.18 所示。

图 14.17　选择边　　　　　　　　图 14.18　预显辅助视图位置

2）单击即可放置视图，如图 14.19 所示。

3）双击辅助视图，弹出【绘图视图】对话框，在【类别】列表框中选择【视图显示】选项，【显示样式】选择【消隐】，单击【确定】按钮，辅助视图如图 14.20 所示。

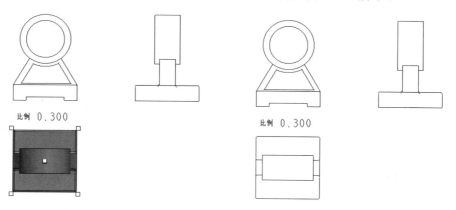

图 14.19　生成的辅助视图　　　　　图 14.20　修改显示样式后的辅助视图

14.3.4　绘制局部放大图

局部放大图是指用另一个视图放大显示模型中的一小部分。父视图中的参考注解和边界为局部放大图设置的一部分。将局部放大图放置在绘图页上后，即可使用【绘图视图】对话框中的各选项进行修改，包括其样条边界。例如，在绘制螺纹时，为了更清楚地显示螺纹结构，就经常需要局部放大图。

单击【布局】选项卡【模型视图】面组中的【局部放大图】按钮，根据系统提示选取要在局部放大图中放大的现有绘图视图中的点，选取的项目将加亮显示，根据系统提示绕点草绘样条。注意，不要使用【草绘】功能选项卡启动样条草绘，如果访问【草绘】功能选项卡绘制样条，则将退出局部放大图的创建。直接在绘图区单击绘制样条，不必担心能否绘制出完美的形状，因为样条会自动更正。可以在【绘图视图】对话框的【视图类型】列表框中定义草绘的形状，如图 14.21（a）所示。【父项视图上的边界类型】下拉列表中包含以下选项。

（1）圆：在父视图中为局部放大图绘制圆。

（2）椭圆：在父视图中为局部放大图绘制椭圆，与样条紧密配合，并提示在椭圆上选取一个视图注解的连接点。

（3）水平/竖直椭圆：绘制具有水平或垂直主轴的椭圆，并提示在椭圆上选取一个视图注解的连接点。

（4）样条：在父视图上显示局部放大图的实际样条边界，并提示在样条上选取一个视图注解的连接点。

（5）ASME 94 圆：在父视图中将符合 ASME 标准的圆显示为带有箭头和局部放大图名称的圆弧。

草绘完成后单击鼠标中键确认，样条显示为一个圆和一个查看细节名称的注解。选择要放置局部放大图的位置，将显示样条范围内的父视图区域，并标注局部放大图的名称和缩放比例。双击该视图，弹出【绘图视图】对话框，修改该视图参照、比例、显示样式等。

视图创建完成之后，若要对注解进行修改，可选中整个注解，在弹出的快捷菜单中单击【属性】按钮 🖋，弹出图 14.21（b）所示的【注解属性】对话框，在该对话框的【文本】选项卡中编辑注解内容。如果需要插入文本符号，可单击【注解属性】对话框右侧的【文本符号】按钮，弹出图 14.22 所示的【符号】对话框，其中包含各种常用的符号。

（a）【绘图视图】对话框

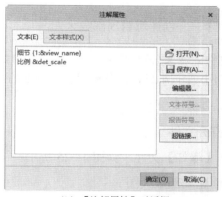

（b）【注解属性】对话框

图 14.21　定义草图形状并添加注解

单击【注解属性】对话框中的【编辑器】按钮，打开系统安装时选定的默认编辑器【记事本】窗口，如图 14.23 所示，可在这里编辑注解文本，完成后保存即可。编辑完成后可以保存注解文件，也可添加新的注解文件。

选择【注解属性】对话框中的【文本样式】选项卡，如图 14.24 所示，在该选项卡中可对注解文本的样式进行修改。

图 14.22　【符号】对话框

图 14.23　【记事本】窗口　　　　　　图 14.24　【文本样式】选项卡

扫一扫，看视频

动手学——创建螺钉局部放大图

源文件：源文件\结果文件\第 14 章\螺钉局部放大图.prt
本实例对图 14.25 所示的螺钉主视图上的螺纹进行局部放大。

【操作步骤】

1．打开文件

打开【螺钉】文件，如图 14.25 所示。

比例 2.000

图 14.25　螺钉主视图

2．创建局部放大图

（1）单击【布局】选项卡【模型视图】面组中的【局部放大图】按钮，❶在图 14.26 所示的位置单击，❷绘制样条曲线，❸单击鼠标中键确认，样条显示为一个圆和一个查看细节名称的注解，如图 14.27 所示。

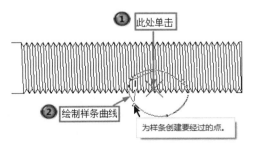

图 14.26　绘制样条曲线

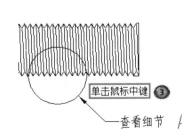

图 14.27　显示局部放大图的范围和名称

（2）④在绘图区适当位置单击，放置局部放大图。局部放大图将显示样条范围内的父视图区域，并标注局部放大图的名称和缩放比例，如图 14.28 所示。

（3）⑤双击局部放大图，弹出【绘图视图】对话框，如图 14.29 所示。在【类别】列表框中⑥选择【视图类型】选项，⑦将【父项视图上的边界类型】设置为【水平/垂直椭圆】，⑧单击【应用】按钮。

（4）在【类别】列表框中选择【比例】选项，修改比例数值为 5，单击【确定】按钮，即可更改局部放大图的比例，如图 14.30 所示。

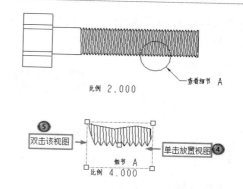

图 14.28　创建局部放大图

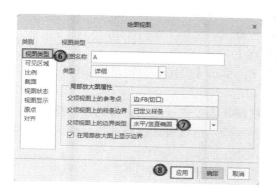

图 14.29　【绘图视图】对话框

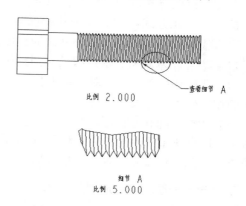

图 14.30　修改局部放大图的比例

14.4　调 整 视 图

普通视图、投影视图、辅助视图和局部放大图在创建完成后并不是一成不变的，为了在后面方便使用尺寸标注和文本注解及各个视图在整个图纸上的布局，通常需要对创建完成的各个视图进行调整编辑，如移动、拭除和删除等。

14.4.1　移动视图

在绘制工程图的过程中，视图的放置位置有时不能满足绘图要求，此时就需要对视图进行移动，调整视图的放置位置，下面介绍如何移动视图。

（1）为防止意外移动视图，默认情况下将其锁定在适当位置。若需要移动视图，首先必须解锁视图。右击任一视图，在弹出的快捷菜单中选择【锁定视图移动】命令或单击【布局】选项卡【文档】面组中的【锁定视图移动】按钮 ，即可解除所有视图的锁定。

（2）解锁之后即可选中要移动的视图，在虚线框中间和 4 个顶点处都有一个用于控制视图位置的小方块，如图 14.31 所示。通过拖动拐角句柄或中心点，可将该视图拖动到新位置。当拖动模式激活时，光标变为十字形。

（3）也可单击【表】选项卡【表】面组中的【移动特殊】按钮 ，根据系统提示选取一个控制点作为移动原点，弹出图 14.32 所示的【移动特殊】对话框。

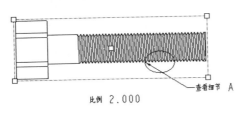

比例 2.000

图 14.31　选取视图

图 14.32　【移动特殊】对话框

【移动特殊】对话框中包含以下四种移动方式。

1）：此方式以绝对坐标将当前点移动到坐标位置。

2）：此方式以增量式来移动视图，输入移动坐标值后，视图将会相对于当前位置移动。

3）：此方式将当前点移动到捕捉图元的参考点上。

4）：此方式将当前点移动到捕捉图元的角点上。

（4）在图 14.32 所示的对话框中直接输入 4 和 6，单击【确定】按钮，则当前图形就会移动，视图的相对位置也会发生变化。

（5）如果移动其他视图自其进行投影的某一父视图，则投影视图也会移动以保持对齐。即使模型改变，投影视图间的对齐关系和父/子关系也会保持不变。可将普通视图和局部放大图移动到任何新位置，因为它们不是其他视图的投影。

扫一扫，看视频

动手学——移动螺钉局部放大图

源文件：源文件\结果文件\第 14 章\移动螺钉局部放大图.prt

本实例对 14.3.4 小节创建的螺钉局部放大图进行移动，将其放置在合适的位置。

【操作步骤】

1．打开文件

打开【螺钉局部放大图】文件，如图 14.33 所示。

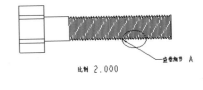

比例 2.000

2．移动视图

（1）在绘图区选择局部放大图，单击【布局】选项卡【文档】面组中的【锁定视图移动】按钮，解除所有视图的锁定。

（2）再次单击选择局部放大图，移动鼠标指针，当其变为十字形时，如图 14.34 所示，拖动放大图，将其放置在左视图的位置，如图 14.35 所示。

细节 A
比例 5.000

图 14.33　螺钉局部放大图

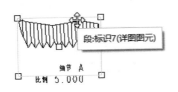

图 14.34　选择局部放大图

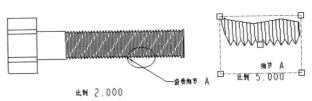

图 14.35　移动结果

14.4.2　删除视图

如果要删除某一视图，则需要选择要删除的视图，该视图加亮显示，同时弹出快捷菜单，如图 14.36 所示，单击【删除】按钮✕，该视图即被删除，如图 14.37 所示。

如果选择的视图具有投影视图，则投影视图将会与该视图一起被删除。可以使用【撤销】命令撤销删除操作。

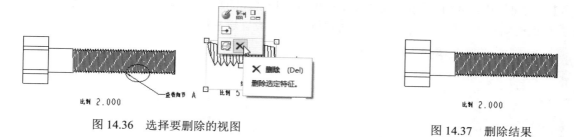

图 14.36　选择要删除的视图　　　　　　　　　　　图 14.37　删除结果

14.4.3　修改视图

在设计工程图的过程中，可对不符合设计意图或设计规范要求的地方进行修改，使其符合要求。

双击要修改的视图，弹出图 14.38 所示的【绘图视图】对话框。该对话框的【类别】列表框中包含【视图类型】【可见区域】【比例】【截面】【视图状态】【视图显示】【原点】【对齐】8 个选项。

1.【视图类型】选项

【视图类型】选项用于修改视图的类别。选择该选项后，可修改视图的名称和类型，此时【绘图视图】对话框中的【类型】下拉列表如图 14.39 所示。选择不同的类型，其激活的选项也各不相同。常用的几种类型前面已经介绍过，在此不再赘述。

图 14.38　【绘图视图】对话框

图 14.39　【类型】下拉列表

2．【可见区域】选项

选择【可见区域】选项后，【绘图视图】对话框如图 14.40 所示。在该对话框的【视图可见性】下拉列表中可修改视图的可见性区域，此下拉列表中包含【全视图】【半视图】【局部视图】【破断视图】4 个选项。

3．【比例】选项

【比例】选项用于修改视图的比例，主要针对设有比例的视图，如局部放大图，此时的【绘图视图】对话框如图 14.41 所示。在该对话框中可选择视图的默认比例，也可自定义比例，自定义比例时直接输入比例值即可。另外，在该对话框中还可设置透视图的观察距离和视图直径。

图 14.40　选择【可见区域】选项后的【绘图视图】对话框

图 14.41　选择【比例】选项后的【绘图视图】对话框

4．【截面】选项

【截面】选项用于修改视图的剖面，此时的【绘图视图】对话框如图 14.42 所示。在其中可以添加二维或三维截面，还可以添加单个零件曲面。

5．【视图状态】选项

【视图状态】选项用于修改视图的处理状态或简化表示，此时的【绘图视图】对话框如图 14.43 所示。

6．【视图显示】选项

【视图显示】选项用于修改视图显示的选项和颜色配置，此时的【绘图视图】对话框如图 14.44 所示。可在【显示样式】下拉列表中选择合适的样式，在【相切边显示样式】下拉列表中选择相切边的处理方式。

7．【原点】选项

【原点】选项用于修改视图的原点位置，此时的【绘图视图】对话框如图 14.45 所示。

图 14.42 选择【截面】选项后的【绘图视图】对话框

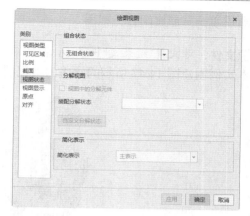

图 14.43 选择【视图状态】选项后的【绘图视图】对话框

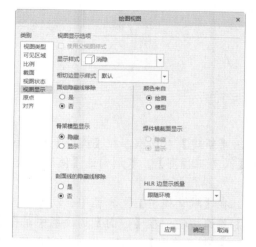

图 14.44 选择【视图显示】选项后的【绘图视图】对话框

图 14.45 选择【原点】选项后的【绘图视图】对话框

8. 【对齐】选项

【对齐】选项用于修改视图的对齐情况，此时的【绘图视图】对话框如图 14.46 所示。

图 14.46 选择【对齐】选项后的【绘图视图】对话框

动手学——创建阀盖工程图

源文件：源文件\结果文件\第 14 章\阀盖工程图.prt

本实例创建图 14.47 所示的阀盖的工程图。

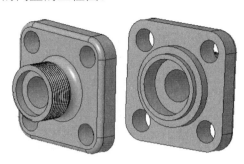

图 14.47　阀盖

【操作步骤】

1．打开文件

打开【阀盖】文件，如图 14.47 所示。

2．新建工程图

（1）单击快速访问工具栏中的【新建】按钮 ，弹出【新建】对话框，在【类型】选项组中选中【绘图】单选按钮，在【文件名】文本框中输入名称【阀盖工程图】，取消勾选【使用默认模板】复选框。

（2）单击【确定】按钮，弹出【新建绘图】对话框，在【默认模型】文本框中自动显示当前处于活动状态的模型。在【指定模板】选项组中选中【空】单选按钮，在【方向】选项组中单击【横向】按钮，在【标准大小】下拉列表中选择【A4】选项。单击【确定】按钮，进入工程图环境。

3．修改视角

修改【projection_type】选项中的值为【first_angle】。

4．创建主视图

（1）单击【布局】选项卡【模型视图】面组中的【普通视图】按钮 ，弹出【选择组合状态】对话框，勾选【对于组合状态不提示】复选框，单击【确定】按钮。

（2）在图纸范围内单击，选择普通视图的放置位置，同时弹出【绘图视图】对话框。在【模型视图名】下拉列表中选择【RIGHT】选项，单击【应用】按钮。

（3）在【类别】列表框中选择【比例】选项，【比例和透视图选项】选择【自定义比例】，设置比例值为 1.5，单击【应用】按钮。

（4）在【类别】列表框中选择【视图显示】选项，【显示样式】选择【隐藏线】，单击【确定】按钮，生成投影视图，移动视图至合适的位置，如图 14.48 所示。

5．创建左视图

（1）单击【布局】选项卡【模型视图】面组中的【投影视图】按钮 ，系统自动选择主视图为要投影的父视图。沿水平方向拖动矩形框至合适的位置，单击即可放置视图。

（2）双击左视图，弹出【绘图视图】对话框，在【类别】列表框中选择【视图显示】选项，【显示样式】选择【隐藏线】，单击【确定】按钮。选中注解，移动至主视图下方，结果如图 14.49 所示。

6．创建局部放大图

（1）单击【布局】选项卡【模型视图】面组中的【局部放大图】按钮，在图 14.50 所示的位置单击，并绘制样条曲线，单击鼠标中键确认，样条显示为一个圆和一个查看细节名称的注解。

（2）在绘图区适当的位置单击，放置局部放大图，如图 14.51 所示。

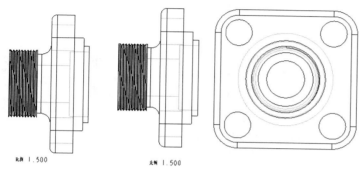

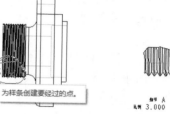

图 14.48　创建主视图　　　　图 14.49　创建左视图　　　　图 14.50　选择放大位　　图 14.51　创建局
　　　　　　　　　　　　　　　　　　　　　　　　　　　　　　　置并绘制样条曲线　　　　　部放大图

（3）双击局部放大图，弹出【绘图视图】对话框，在【类别】列表框中选择【比例】选项，修改比例数值为 5，单击【确定】按钮，即可更改局部放大图的比例。

7．修改注解

（1）在绘图区选择【比例 1.500】注解，在弹出的快捷菜单中单击【属性】按钮，弹出【注解属性】对话框，选择【文本样式】选项卡，取消勾选【高度】后的【默认】复选框，修改字高为 0.25，单击【确定】按钮。

（2）同理，修改其他两处注解，结果如图 14.52 所示。

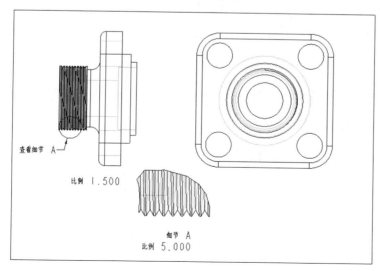

图 14.52　阀盖工程图

14.5　工程图标注

视图创建完成后，需要对工程图进行尺寸标注。尺寸标注是工程图设计中的重要环节，它关系到零件的加工、检验和实用等各个环节。只有配合合理的尺寸标注，才能帮助设计者更好地表达其设计意图。

14.5.1　显示模型注释

【显示模型注释】命令可用于显示三维模型尺寸，也可显示从模型中输入的其他视图项目。使用【显示模型注释】命令的优势如下。

（1）在工程图中显示尺寸并进行移动，比重新创建尺寸更快。

（2）由于工程图与三维模型的关联性，在工程图中修改三维模型显示的尺寸值时，系统将在零件或组件中显示相应的修改。

（3）可使用绘图模板自动显示和定位尺寸。

显示模型注释的方式：单击【注释】选项卡【注释】面组中的【显示模型注释】按钮，弹出【显示模型注释】对话框，如图 14.53 所示，在【类型】列表框中选择注释类型，在工程图中选择要进行注释的视图，在【显示模型注释】对话框中将会有相应的显示。要显示的视图必须为活动视图，如果不是活动视图，可选取该视图并右击，在弹出的快捷菜单中选择【锁定视图移动】命令，即可将其转换为活动视图。

【显示模型注释】对话框中各按钮的功能见表 14.2。

图 14.53　【显示模型注释】对话框

表 14.2　【显示模式注释】对话框中各按钮的功能

按钮	功能	按钮	功能
↦	显示/拭除尺寸	⊕	显示/拭除焊接符号
ⒶⅠM	显示/拭除形位公差	³²√	显示/拭除表面粗糙度
𝐀≣	显示/拭除注释	⊥	显示/拭除基准平面
⚐	选择并显示选定注释类型的所有注释	⊡	清除选定注释类型的所有注释

扫一扫，看视频

动手学——显示皮带轮工程图尺寸

源文件：源文件\结果文件\第 14 章\显示皮带轮工程图尺寸.prt

本实例对图 14.54 所示的皮带轮工程图进行尺寸显示。

【操作步骤】

1．打开文件

打开【皮带轮工程图】文件，如图 14.54 所示。

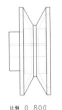

比例 0.800

图 14.54　皮带轮工程图

2．显示模型尺寸

选中主视图，单击【注释】选项卡【注释】面组中的【显示模型注释】按钮，弹出【显示模型注释】对话框，如图 14.55 所示。单击主视图，此时在【显示模型注释】对话框中列出了主视图上的尺寸，单击【选择全部】按钮，选中所有尺寸。单击【应用】按钮，主视图上的尺寸如图 14.56 所示。此时，主视图上的尺寸标注不一定合适，后面将对这些尺寸进行编辑。

图 14.55　【显示模型注释】对话框 1

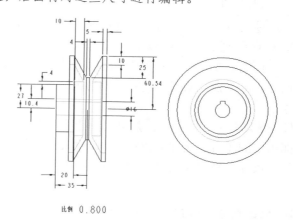

图 14.56　显示模型尺寸

3．显示模型基准轴

（1）单击【注释】选项卡【注释】面组中的【显示模型注释】按钮，弹出【显示模型注释】对话框，如图 14.57 所示。单击【显示模型基准】按钮，单击主视图，勾选【显示模型注释】对话框中的【A_1 轴】复选框，单击【应用】按钮。

（2）单击【确定】按钮，基准轴创建完成，如图 14.58 所示。

图 14.57　【显示模型注释】对话框 2

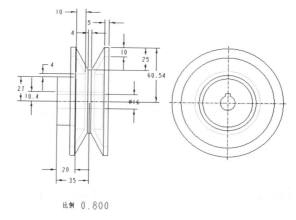

图 14.58　显示基准轴

14.5.2　编辑尺寸

尺寸创建完成后，若存在位置不合理或尺寸相互重叠的情况，可对尺寸进行编辑修改。通过编辑修改可使视图更加美观、合理，绘图尺寸的放置更符合工业标准，并能使模型细节更易读取。

1. 移动尺寸

选取要移动的尺寸，光标变为十字形，如图 14.59 所示。按住鼠标左键，将尺寸拖动到所需的位置，释放鼠标左键，即可将尺寸移动到新位置。可使用 Ctrl 键选取多个尺寸，如果移动选定尺寸中的一个，则所有选中的尺寸都将随之移动。

2. 对齐尺寸

可通过对齐线性、径向和角度尺寸整理图形显示。选定尺寸与所选取的第一尺寸对齐（假设它们共享一条平行的尺寸界线）。无法与选定尺寸对齐的任何尺寸都不会移动。

（1）首先选取要将其他尺寸与之对齐的尺寸，该尺寸会加亮显示。按住 Ctrl 键，选取要对齐的剩余尺寸。可单独选取附加尺寸或使用区域选取，也可选取未标注尺寸的对象，但对齐只适用于选定尺寸。

（2）选取尺寸后右击，在弹出的快捷菜单中选择【对齐尺寸】命令，或单击【注释】选项卡【编辑】面组中的【对齐尺寸】按钮 ，则尺寸与第一个选定的尺寸对齐。

每个尺寸可独立移动到一个新位置。如果其中一个尺寸被移动，则已对齐的尺寸不会保持其对齐状态。

3. 修改尺寸线样式

（1）单击【注释】选项卡【格式】面组中的【箭头样式】下拉按钮，打开图 14.60 所示的【箭头样式】下拉列表。

（2）选择合适的箭头，这里选择【实心点】，选取待修改的尺寸线箭头，则视图中的箭头将会改变样式，如图 14.61 所示。

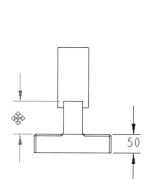

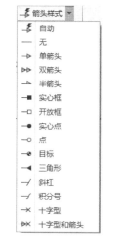

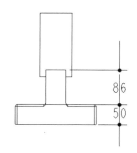

图 14.59　选取要移动的尺寸　　　图 14.60　【箭头样式】下拉列表　　　图 14.61　修改箭头样式

4. 删除尺寸

如果要删除某一尺寸，则直接选取该尺寸，在弹出的快捷菜单中选择【删除】命令，或者右击，在弹出的快捷菜单中选择【删除】命令，即可将选中的尺寸删除。

动手学——编辑皮带轮工程图尺寸

源文件：源文件\结果文件\第 14 章\显示皮带轮工程图尺寸.prt
本实例对 14.5.1 小节显示的皮带轮工程图尺寸进行编辑。

【**操作步骤**】

（1）承接 14.5.1 小节显示的皮带轮工程图尺寸。

（2）编辑尺寸。

1）在绘图区中选择尺寸【Φ16】，在弹出的快捷菜单中选择【删除】命令，如图 14.62 所示，删除尺寸【Φ16】。

2）同理，删除竖直尺寸 60.54、25、10、27、4 和 10.4，结果如图 14.63 所示。

3）按住 Ctrl 键，选中所有尺寸，在【格式】选项卡的【样式】面组中修改字高为 0.25，如图 14.64 所示。

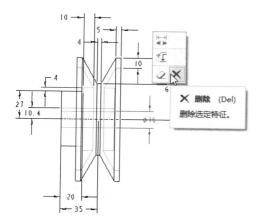

图 14.62　删除尺寸【Φ16】

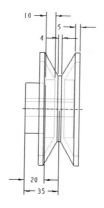

图 14.63　删除竖直尺寸

图 14.64　修改字高

4）选中尺寸 10，光标变为十字形时，将其移动到适当位置，如图 14.65 所示。

5）选中尺寸 4，再按住 Ctrl 键，选中尺寸 5，单击【注释】选项卡【编辑】面组中的【对齐尺寸】按钮⊨⊨，则两尺寸对齐，如图 14.66 所示。

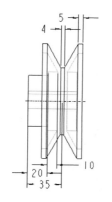

图 14.65　移动尺寸

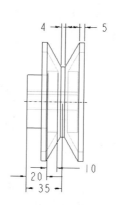

图 14.66　对齐尺寸

14.5.3　创建驱动尺寸

驱动尺寸是通过现有基线为参考定义的尺寸。可通过手动方式创建驱动尺寸。

（1）单击【注释】选项卡【注释】面组中的【尺寸】按钮⊢⊣，在弹出的【选择参考】对话框中可以选择参考的类型，包括选择图元、选择曲面、选择圆弧或圆的切线、选择边或图元的中点、选择由两个对象定义的相交等类型，如图 14.67 所示。

（2）在【选择参考】对话框中选择参考类型后，根据系统要求选取两个新参考，在合适的位置单击鼠标中键，即可放置新参考尺寸，如图 14.68 所示。

图 14.67　【选择参考】对话框

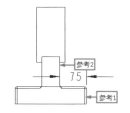

图 14.68　选取尺寸参考处

14.5.4　创建参考尺寸

参考尺寸和驱动尺寸一样，也是根据参考定义的尺寸，其不同之处在于参考尺寸不显示公差。用户可通过括号或在尺寸值后添加 REF 表示参考尺寸，也可通过手动方式创建参考尺寸。

（1）单击【注释】选项卡【注释】面组中的【参考尺寸】按钮，弹出【选择参考】对话框。

（2）选择参考类型后，根据系统要求选取两个新参考，在合适的位置单击鼠标中键，即可放置新参考尺寸，如图 14.69 所示。

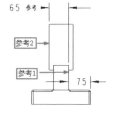

图 14.69　创建参考尺寸

扫一扫，看视频

动手学——标注皮带轮工程图尺寸

源文件：源文件\结果文件\第 14 章\标注皮带轮工程图尺寸.prt
本实例对编辑后的皮带轮工程图进行尺寸标注。

【操作步骤】

（1）承接 14.5.2 小节编辑皮带轮工程图尺寸。

（2）标注尺寸。

1）单击【注释】选项卡【注释】面组中的【尺寸】按钮⊢⊣，弹出【选择参考】对话框，采用默认参考。在左视图中单击最大的圆弧，标注圆的半径尺寸；在适当位置单击鼠标中键，放置尺寸，如图 14.70 所示。

2）使用同样的方法，标注其他圆的半径尺寸，修改字高后结果如图 14.71 所示。

3）单击【注释】选项卡【注释】面组中的【尺寸】按钮⊢⊣，弹出【选择参考】对话框，采用默认参考。选择图 14.72 所示的直线，标注键槽的宽度尺寸；再次选择图 14.72 所示的直线，按住 Ctrl 键，选择图 14.73 所示的圆弧，在合适的位置单击鼠标中键，标注键槽的高度尺寸，修改字高后如图 14.74 所示。

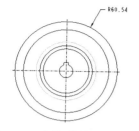

图 14.70　标注并放置半径尺寸

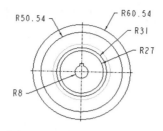

图 14.71　标注其他半径尺寸

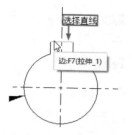

图 14.72　选择直线

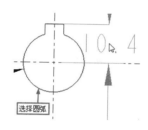

图 14.73　选择圆弧

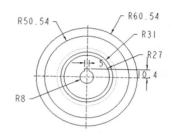

图 14.74　标注键槽尺寸

14.5.5　几何公差的标注

几何公差用于标注产品工程图中的直线度、平面度、圆度、圆柱度、线轮廓度、面轮廓度、倾斜度、垂直度、平行度、位置度、同轴度、对称度、圆跳动度和全跳动等。

单击【注释】选项卡【注释】面组中的【几何公差】按钮 ，在需要标注几何公差的地方单击，打开图 14.75 所示的【几何公差】操控板。

图 14.75　【几何公差】操控板

【几何公差】操控板中常用选项卡介绍如下。

（1）【参考】选项卡：用于设置参考模型、参考图素的选取方式及几何公差的放置方式。

（2）【符号】选项卡（左）：用于选择基准符号。

（3）【公差和基准】选项卡：用于输入几何公差的公差值和定义参考基准，用户可在【主要】【次要】【第三】选项卡中分别定义主要、次要、第三基准。在【公差值】编辑框中输入复合公差的数值。

（4）【符号】选项卡（右）：用于指定其他符号。

（5）【附加文本】选项卡：用于添加文本说明。

设置完成后，在绘图区单击，即可完成几何公差的标注。

动手学——标注方块螺母工程图的几何公差

源文件：源文件\结果文件\第 14 章\标注方块螺母工程图的几何公差.prt

本实例标注图 14.76 所示的方块螺母工程图的几何公差。

【操作步骤】

1．打开文件

打开【方块螺母工程图】文件，如图 14.76 所示。

2．标注基准特征符号

单击【注释】选项卡【注释】面组中的【基准特征符号】按钮，选择主视图底面边线，单击放置，结果如图 14.77 所示。

3．标注几何公差

（1）单击【注释】选项卡【注释】面组中的【几何公差】按钮，选择图 14.78 所示的直线，拖动几何公差到适当位置，单击鼠标中键放置。

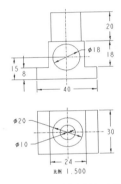

图 14.76　方块螺母工程图

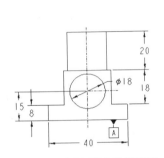

图 14.77　标注基准特征符号

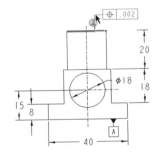

图 14.78　选择直线

（2）打开【几何公差】选项卡，在【符号】面组中单击【几何特性】下拉按钮，在打开的下拉列表中选择【平行度】，如图 14.79 所示。将公差值修改为 0.015，主要基准设置为 A，如图 14.80 所示。设置完成后，标注的几何公差如图 14.81 所示。

图 14.79　选择【平行度】

图 14.80　设置几何公差

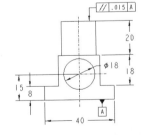

图 14.81　标注几何公差

14.5.6　表面粗糙度的标注

单击【注释】选项卡【注释】面组中的【表面粗糙度】按钮，打开【表面粗糙度】选项卡。

此时，可以单击【表面粗糙度符号】面组中的【浏览表面粗糙度符号】按钮，弹出图 14.82 所示的【打开】对话框，选择一种表面粗糙度符号。这里双击【machined】文件夹，选择其中的【standard1.sym】文件，单击【打开】按钮，表面粗糙度符号即显示在绘图区。也可以单击【表面粗糙度符号】面组中的【符号库】按钮🔲，展开粗糙度库列表，如图 14.83 所示，选择一种表面粗糙度符号。

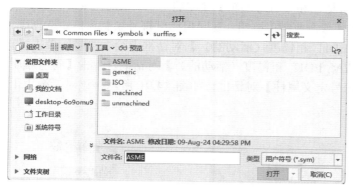

图 14.82　【打开】对话框

图 14.83　粗糙度库列表

选择放置位置时，可右击，在弹出的快捷菜单中选择放置类型，如图 14.84 所示，再在绘图区选择放置位置。

放置表面粗糙度符号之后，若想对其文本进行修改，可单击【表面粗糙度】选项卡【自定义】面组中的【表面粗糙度自定义】按钮🔲，打开图 14.85 所示的【可变文本】文本框，在其中可修改粗糙度文本。修改完成后，再次单击【表面粗糙度自定义】按钮🔲，完成粗糙度的修改，如图 14.86 所示。

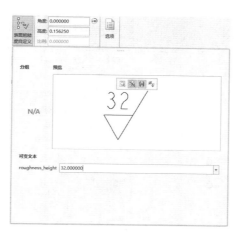

图 14.84　选择放置类型

图 14.85　【可变文本】文本框

图 14.86　修改粗糙度文本

14.5.7 自定义表面粗糙度符号

当表面粗糙度符号库中的表面粗糙度符号不符合绘图要求时，可以自定义表面粗糙度符号。

在【草绘】选项卡中绘制好表面粗糙度符号，单击【注释】选项卡【注释】面组中的【注解】按钮≦，在打开的文本框中输入文本，如图 14.87 所示。

在【注释】选项卡【注释】面组中右击，在弹出的快捷菜单中选择【自定义功能区】命令，弹出【Creo Parametric 选项】对话框，在左侧的列表框中选择【定义符号】命令，将其拖动至【注释】面组中，单击【确定】按钮。单击【定义符号】按钮❻，打开【符号定义】菜单管理器，如图 14.88 所示。

单击【定义】按钮，打开【输入符号名】文本框，输入名称。单击【接受值】按钮✓，弹出形如【SYM_EDIT_粗糙度（活动的）】对话框和【符号编辑】菜单管理器，如图 14.89 所示。

单击【符号编辑】菜单管理器中的【绘图复制】按钮，返回粗糙度符号绘制窗口，选择图 14.90 所示的粗糙度符号。也可以在【SYM_EDIT_粗糙度（活动的）】对话框中绘制符号，单击【选择】对话框中的【确定】按钮，返回【SYM_EDIT_粗糙度（活动的）】对话框，单击【符号编辑】菜单管理器中的【完成】按钮，弹出【符号定义属性】对话框，如图 14.91 所示，该对话框用于设置放置顶点和定义可变文本。

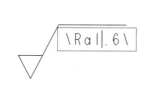

图 14.87　输入文本

图 14.88　【符号定义】菜单管理器

图 14.89　【符号编辑】菜单管理器

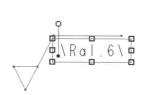

图 14.90　选择粗糙度符号

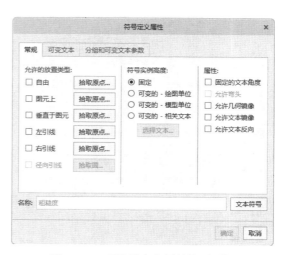

图 14.91　【符号定义属性】对话框

扫一扫，看视频

动手学——标注方块螺母工程图的表面粗糙度

源文件： 源文件\结果文件\第 14 章\标注方块螺母工程图的表面粗糙度.prt
本实例标注方块螺母工程图的表面粗糙度。

【操作步骤】

（1）承接 14.5.5 小节标注方块螺母的几何公差。

（2）自定义粗糙度符号。

1）单击【草绘】选项卡【设置】面组中的【绘制栅格】按钮 ⁝⁝⁝，打开【栅格修改】菜单管理器，如图 14.92 所示。单击【栅格参数】按钮，打开【直角坐标系参数】菜单管理器，如图 14.93 所示。

图 14.92　【栅格修改】菜单管理器

图 14.93　【直角坐标系参数】菜单管理器

2）单击【X&Y 间距】按钮，打开【输入新的栅格间距】文本框，输入间距值 0.3000，如图 14.94 所示。单击【接受值】按钮 ✓，再单击【直角坐标系参数】菜单管理器中的【完成/返回】按钮，完成栅格间距的修改。单击【显示栅格】按钮，绘图区显示栅格。

3）单击【草绘】选项卡【设置】面组中的【图元选择】按钮 ▸，再单击【草绘】选项卡【草绘】面组中的【线】按钮 ⋀，绘制图 14.95 所示的边长为 0.3 的等边三角形。

图 14.94　输入间距值

图 14.95　绘制等边三角形

4）单击【草绘】选项卡【修剪】面组中的【增量】按钮 ⁙，打开【输入增量的长度[退出]】文本框，输入增量值 0.3，如图 14.96 所示。单击【接受值】按钮 ✓，在绘图区单击图 14.97 所示的直线，图形增长，如图 14.98 所示。

图 14.96　输入增量值

图 14.97　单击直线

5）单击【草绘】选项卡【草绘】面组中的【线】按钮 ⋀，绘制长度为 0.6 的水平线，如图 14.99 所示。

6）单击【注释】选项卡【注释】面组中的【注解】按钮 ▤，在打开的文本框中输入文本，如图 14.100 所示。

7）单击【注释】选项卡【注释】面组中的【定义符号】按钮，打开【符号定义】菜单管理器，如图 14.101 所示。

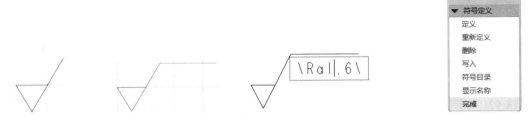

图 14.98　增长图线　　图 14.99　绘制水平线　　图 14.100　输入文本　　图 14.101　【符号定义】菜单管理器

8）单击【定义】按钮，打开【输入符号名[退出]】文本框，输入名称【粗糙度】，如图 14.102 所示。单击【接受值】按钮 ，打开【SYM_EDIT_粗糙度（活动的）】对话框和【符号编辑】菜单管理器，如图 14.103 所示。

图 14.102　输入名称　　　　　　　　　　图 14.103　【符号编辑】菜单管理器

9）单击【符号定义】菜单管理器中的【绘图复制】按钮，返回粗糙度符号绘制窗口，同时弹出【选择】对话框，选择图 14.104 所示的粗糙度符号。单击【选择】对话框中的【确定】按钮，返回【SYM_EDIT_粗糙度（活动的）】对话框，单击【符号定义】菜单管理器中的【完成】按钮，弹出【符号定义属性】对话框，如图 14.105 所示。

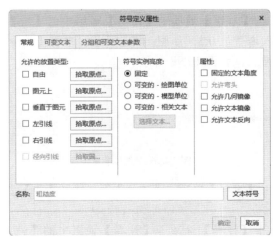

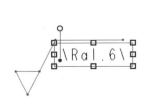

图 14.104　选择粗糙度符号　　　　　　图 14.105　【符号定义属性】对话框

10）勾选【自由】复选框，弹出【选择点】对话框，单击【选择顶点】按钮，如图 14.106 所示。选择图 14.107 所示的点，单击【确定】按钮。再勾选【图元上】复选框，在绘图区选择图 14.107 所示的点。使用同样的方法，分别勾选【垂直于图元】【左引线】【右引线】复选框，均选择图 14.107 所示的点。

11）在【符号定义属性】对话框中，【符号实例高度】选择【可变的-相关文本】，在绘图区选择图 14.108 所示的文本，单击【确定】按钮，关闭对话框。再单击【符号定义】菜单管理器中的【完成】按钮，粗糙度符号定义完成。

图 14.106　单击【选择顶点】按钮

图 14.107　选择顶点

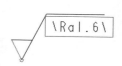

图 14.108　选择文本

（3）插入粗糙度符号。

1）单击【注释】选项卡【注释】面组中的【表面粗糙度】按钮，在【表面粗糙度】选项卡【所有者模型】面组中选择所有者为【绘图】，将粗糙度符号放置在图 14.109 所示的位置。

2）选中粗糙度符号，单击【表面粗糙度】选项卡【自定义】面组中的【表面粗糙度自定义】按钮，在打开的【可变文本】文本框中输入 Ra0.8，再次单击该按钮，粗糙度数值修改完成，如图 14.110 所示。

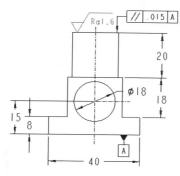

图 14.109　放置粗糙度符号

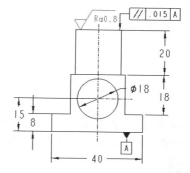

图 14.110　修改粗糙度数值

14.5.8　显示尺寸公差

选择【文件】→【选项】命令，弹出图 14.111 所示的【Creo Parametric 选项】对话框，在【图元显示】选项卡中将【尺寸公差】设置为【显示所有公差】，单击【确定】按钮，即可设定公差的显示模式。

在模型树中选择要显示公差的特征，在弹出的快捷菜单中单击【编辑尺寸】按钮，如图 14.112 所示。在绘图区中单击要设置公差的尺寸，打开【尺寸】选项卡，如图 14.113 所示，在该选项卡中编辑公差类型及公差值。

图 14.111 【Creo Parametric 选项】对话框

图 14.112 单击【编辑尺寸】按钮

图 14.113 【尺寸】选项卡

扫一扫，看视频

动手学——显示方块螺母尺寸公差

源文件：源文件\结果文件\第 14 章\显示方块螺母尺寸公差.prt
本实例标注图 14.114 所示的方块螺母的几何公差。

【操作步骤】

1. 打开文件

打开【方块螺母】文件，如图 14.114 所示。

2. 设置尺寸公差

选择【文件】→【选项】命令，弹出图 14.111 所示的【Creo Parametric 选项】对话框，在【图元显示】选项卡中将【尺寸公差】设置为【显示所有公差】，单击【确定】按钮，即可设定公差的显示模式。

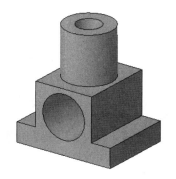

图 14.114 方块螺母

3. 显示公差

在模型树中选择【拉伸 3】特征，在弹出的快捷菜单中单击【编辑尺寸】按钮，在绘图区单击尺寸 20，打开【尺寸】选项卡，在【公差】面组中设置公差类型为【对称】，如图 14.115 所示。公差值设置为 0.02，此时绘图区显示的尺寸公差如图 14.116 所示。

图 14.115　设置公差类型

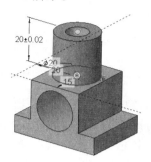

图 14.116　尺寸公差

14.6　创建注解文本

注解文本可以和尺寸组合在一起，用引线或不用引线连接到模型的一条边或几条边上，或【自由】定位。创建第一个注解后，系统使用先前指定的属性要求创建后面的注解。

14.6.1　注解类型

单击【注释】选项卡【注释】面组中的【注解】下拉按钮≜，弹出下拉列表，如图 14.117 所示。【注解】下拉列表中的命令分为四类，其含义分别如下。

（1）【分离的注解】≜：创建未附加到任何参考的新注解，没有箭头，绕过任何引线设置选项并且只提示给出页面上的注释文本和位置。

（2）【偏移注解】：创建一个相对选定参考偏移放置的新注解，绕过任何引线设置选项并且只提示给出偏移文本的注释文本和尺寸。

（3）【项上注解】×A：创建一个放置在选定参考上的新注解，直接注释到选定图元上。

（4）【引线注解】：创建带引线的新注解。

1.【分离的注解】命令

单击【注释】选项卡【注释】面组中的【注解】下拉按钮≜，在弹出的下拉列表中选择【分离的注解】命令，弹出【选择点】对话框，如图 14.118 所示。在该对话框中可以设置要注解的点的类型。

（1）：单击该按钮，可以在绘图上选择一个自由点作为注解位置。

（2）：单击该按钮，可以在【选择点】对话框中输入绝对坐标值确定注解位置。

（3）：单击该按钮，可以在绘图区选择几何图素作为注解位置。

（4）：单击该按钮，可以选择几何元素的顶点作为注解位置。

2.【引线注解】命令

单击【注释】选项卡【注释】面组中的【注解】下拉按钮≜，在弹出的下拉列表中选择【引线注解】命令，弹出【选择参考】对话框，如图 14.119 所示。

图 14.117　【注解】下拉列表　　　图 14.118　【选择点】对话框　　　图 14.119　【选择参考】对话框

（1）　：单击该按钮，可以选择几何、尺寸界线或轴作为注解位置。

（2）　：单击该按钮，可以选择几何、点或轴线作为注解位置。

（3）　：单击该按钮，弹出【选择】对话框，按住 Ctrl 键选择两个几何、尺寸线或轴，系统自动捕捉其交点作为注解位置。

14.6.2　注解编辑

与尺寸的编辑操作一样，也可对注解文本的内容、字形、字高等造型属性进行编辑。

选取需要编辑的注解并右击，在弹出的快捷菜单中选择【属性】命令，弹出图 14.120 所示的【注解属性】对话框。

【注解属性】对话框中各选项卡的功能如下。

（1）【文本】选项卡：用于修改注解文本的内容。

（2）【文本样式】选项卡：用于修改文本的字形、字高、字的粗细等造型属性，其中各选项的功能同【尺寸属性】对话框的【文本样式】选项卡中各选项的功能一样。

图 14.120　【注解属性】对话框

扫一扫，看视频

14.7　综合实例——绘制通盖支座工程图

本实例绘制的通盖支座工程图如图 14.121 所示。

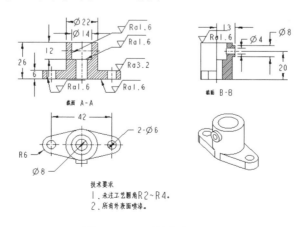

图 14.121　通盖支座工程图

【操作步骤】

1. 新建工程图

（1）单击【主页】选项卡【数据】面组中的【打开】按钮，弹出【文件打开】对话框，选择【\原始文件\第 14 章\通盖支座.prt】文件，打开的零件模型如图 14.122 所示。

图 14.122　通盖支座

（2）单击快速访问工具栏中的【新建】按钮，弹出【新建】对话框，在【类型】选项组中选中【绘图】单选按钮，在【文件名】文本框中输入【通盖支座】，取消勾选【使用默认模板】复选框。单击【确定】按钮，弹出【新建绘图】对话框。

（3）在【新建绘图】对话框的【默认模型】选项组中自动选定当前活动的模型【通盖支座.prt】（也可单击【浏览】按钮选择需要的模型），在【指定模板】选项组中选中【空】单选按钮，在【方向】选项组中单击【横向】按钮，在【标准大小】下拉列表中选择【A4】选项，如图 14.123 所示。单击【确定】按钮，进入工程图环境。

2. 绘制基本视图

（1）单击【布局】选项卡【模型视图】面组中的【普通视图】按钮，弹出【选择组合状态】对话框，选择【无组合状态】选项，勾选【对于组合状态不提示】复选框，单击【确定】按钮。

（2）根据系统提示选择视图的放置中心点，模型将以三维形式显示在工程图中，随即弹出【绘图视图】对话框。根据系统提示选择视图方向，在【模型视图名】列表框中选择【FRONT】选项，单击【应用】按钮；在【类别】列表框中选择【视图显示】，【显示样式】选择【消隐】，单击【确定】按钮，结果如图 14.124 所示。

（3）选中该视图，单击【布局】选项卡【文档】面组中的【锁定视图移动】按钮，解锁视图，将其移动到适当的位置。

图 14.123　【新建绘图】对话框

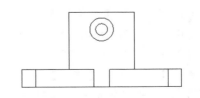

图 14.124　生成的主视图

（4）选择【文件】→【准备】→【绘图属性】命令，弹出【绘图属性】对话框，单击【细节选项】栏中的【更改】按钮，弹出【选项】对话框，将【projection_type】选项中的值更改为【first_angle】，单击【添加/更改】按钮。每创建一个新的工程图，都需要设置该值。

（5）单击【布局】选项卡【模型视图】面组中的【投影视图】按钮，根据系统提示选择视图的放置中心点，在主视图右侧选择左视图的放置中心点，左视图随即显示在工程图中。双击该视图，弹出【绘图视图】对话框，在【类别】列表框中选择【视图显示】，【显示样式】选择【消隐】，单击【确定】按钮，如图 14.125 所示。

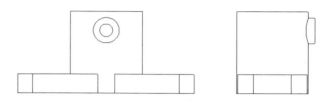

图 14.125　绘制左视图

（6）单击【布局】选项卡【模型视图】面组中的【投影视图】按钮，在绘图区单击主视图，根据系统提示选择视图的放置中心点，在主视图的下边选择俯视图的放置中心点，俯视图随即显示在工程图中。双击该视图，弹出【绘图视图】对话框，在【类别】列表框中选择【视图显示】，【显示样式】选择【消隐】，单击【确定】按钮，如图 14.126 所示。

（7）单击【布局】选项卡【模型视图】面组中的【普通视图】按钮，根据系统提示选择视图的放置中心点，弹出【绘图视图】对话框，在【模型视图名】列表框中不选择任何选项，【默认方向】选择【等轴测】。在【类别】列表框中选择【视图显示】，【显示样式】选择【消隐】，单击【确定】按钮，结果如图 14.127 所示。

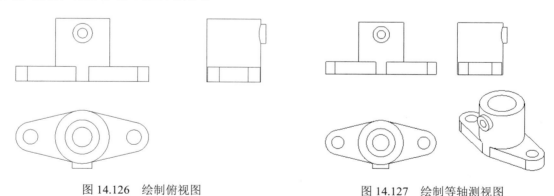

图 14.126　绘制俯视图　　　　　　　图 14.127　绘制等轴测视图

3. 绘制全剖视图

（1）双击主视图，弹出【绘图视图】对话框，在【类别】列表框中选择【截面】选项，在【截面选项】选项组中选中【2D 横截面】单选按钮，单击【将横截面添加到视图】按钮，打开【横截面创建】菜单管理器，如图 14.128 所示。

（2）依次选择【平面】→【单一】→【完成】命令，根据系统提示输入截面名称【A】，单击【接受值】按钮。根据系统提示选取截面平面或基准平面，打开基准平面显示，在俯视图上选择 FRONT 基准平面，单击【绘图视图】对话框中的【确定】按钮，结果如图 14.129 所示。

图 14.128　【横截面创建】菜单管理器

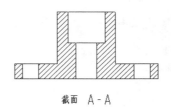

图 14.129　绘制全剖视图

4．绘制半剖视图

（1）双击左视图，弹出【绘图视图】对话框，在【类别】列表框中选择【截面】选项，在【截面选项】选项组中选中【2D 横截面】单选按钮，单击【将横截面添加到视图】按钮 ➕，打开【横截面创建】菜单管理器，依次选择【平面】→【单一】→【完成】命令，根据系统提示输入截面名称【B】，单击【接受值】按钮 ✓，完成剖视图的选项设置。

（2）根据系统提示选取截面平面或基准平面，打开基准平面显示，在主视图中选取 RIGHT 基准平面，如图 14.130 所示。在【绘图视图】对话框中的【剖切区域】列选择【半倍】选项。根据系统提示选取半截面参考平面，在左视图中选取 FRONT 基准平面，此时左视图上出现一个箭头，选取箭头方向向右，如图 14.131 所示。单击【绘图视图】对话框中的【确定】按钮，生成的半剖视图如图 14.132 所示。

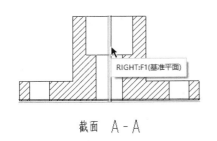

图 14.130　选取基准平面

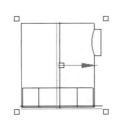

图 14.131　选取半截面参考平面

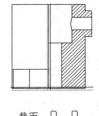

图 14.132　绘制半剖视图

5．显示基准中心线

（1）单击【注释】选项卡【注释】面组中的【显示模型注释】按钮，弹出【显示模型注释】对话框，如图 14.133 所示。单击【显示模型基准】按钮，在绘图区单击主视图，此时在【显示模型注释】对话框中列出了主视图的所有基准，单击【选择全部】按钮，再单击【应用】按钮。

（2）同理，单击左视图和俯视图，显示左视图和俯视图基准。如果显示的基准中心线过短，可以单击选中，拖动两端的滑块，将其延长，结果如图 14.134 所示。

6．标注尺寸

（1）单击【注释】选项卡【注释】面组中的【尺寸】按钮，弹出【选择参考】对话框，单击【选择图元】下拉按钮，在打开的下拉列表中单击【选择图元】按钮，如图 14.135 所示。

（2）标注直径尺寸：按住 Ctrl 键，选取第一条图元边线，再选取第二条图元边线，单击鼠标中键，选择尺寸的放置位置，完成线性尺寸的标注，如图 14.136 所示。此时，打开【尺寸】操控板，单击【尺寸文本】选项卡中的【尺寸文本】按钮，弹出【尺寸文本】对话框。将鼠标指针放置到【前缀】文本框中，再选择【φ】选项，将其插入尺寸文本最前面，如图 14.137 所示。

图 14.133　【显示模型注释】对话框

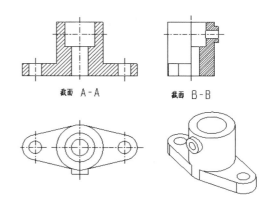

图 14.134　显示基准中心线

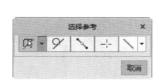

图 14.135　单击【选择图元】按钮

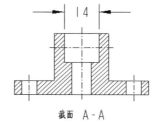

图 14.136　标注线性尺寸

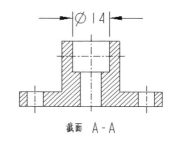

图 14.137　标注直径尺寸

（3）标注中心距：在【选择参考】对话框中单击【选择边或图元的中点】按钮，按住 Ctrl 键，选取第一个圆弧中点，再选取第二个圆弧中点，如图 14.138 所示。单击鼠标中键，选择尺寸的放置位置，结果如图 14.139 所示。

（4）标注半径尺寸：在【选择参考】对话框中单击【选择图元】按钮，选取要标注的圆弧，单击鼠标中键，选择尺寸的放置位置，完成半径尺寸的标注，如图 14.140 所示。

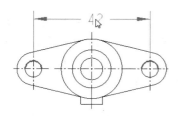

图 14.138　选取圆弧中点

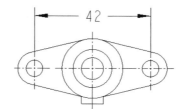

图 14.139　标注中心距

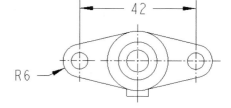

图 14.140　标注半径尺寸

（5）采用上述方法标注其他尺寸，结果如图 14.141 所示。

7. 标注粗糙度

（1）单击【草绘】选项卡【设置】面组中的【绘制栅格】按钮，打开【栅格修改】菜单管理器。单击【栅格参数】按钮，打开【栅格修改】菜单管理器。

（2）单击【X&Y 间距】按钮，打开【输入新的栅格间距】文本框，输入间距值 0.2，单击【接受值】按钮✓。单击【栅格修改】菜单管理器中的【完成/返回】按钮，完成栅格间距的修改。单击【显示栅格】按钮，绘图区显示栅格。

（3）单击【草绘】选项卡【设置】面组中的【图元选择】按钮▷，再单击【草绘】选项卡【草绘】面组中的【线】按钮〉〉，绘制边长为 0.2 的等边三角形，

（4）单击【草绘】选项卡【修剪】面组中的【增量】按钮，打开【输入增量的长度】文本框，输入增量值 0.2。单击【接受值】按钮✓，在绘图区单击三角形的右侧边，图形增长。

（5）单击【草绘】选项卡【草绘】面组中的【线】按钮〉〉，绘制长度为 0.5 的水平线。

（6）单击【注释】选项卡【注释】面组中的【注解】按钮，在打开的文本框中输入文本【\Ra1.6\】，如图 14.142 所示。

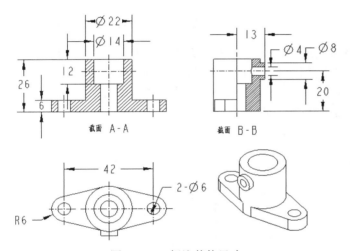

图 14.141　标注其他尺寸　　　　　　　　　图 14.142　自定义表面粗糙度符号

（7）单击【注释】选项卡【注释】面组中的【定义符号】按钮，打开【符号定义】菜单管理器。

（8）单击【定义】按钮，打开【输入符号名】文本框，输入名称【粗糙度符号】，单击【接受值】按钮✓，打开【SYM_EDIT_粗糙度符号（活动的）】对话框和【符号编辑】菜单管理器。

（9）单击【符号定义】菜单管理器中的【绘图复制】按钮，返回粗糙度符号绘制窗口，同时弹出【选择】对话框，选择图 14.142 所示的粗糙度符号。单击【选择】对话框中的【确定】按钮，返回【SYM_EDIT_粗糙度符号（活动的）】对话框。单击【符号定义】菜单管理器中的【完成】按钮，弹出【符号定义属性】对话框。

（10）勾选【自由】复选框，弹出【选择点】对话框，单击【选择顶点】按钮。选择粗糙度符号的下顶点，单击【确定】按钮。再勾选【图元上】复选框，绘图区选择粗糙度符号的下顶点。使同样的方法，分别勾选【垂直于图元】【左引线】【右引线】复选框，均选择粗糙度符号的下顶点。

（11）在【符号定义属性】对话框的【符号实例高度】中选择【可变的-相关文本】，在绘图区注解文本，单击【确定】按钮，关闭对话框。再单击【符号定义】菜单管理器中的【完成】按钮，粗糙度符号定义完成。

（12）单击【注释】选项卡【注释】面组中的【表面粗糙度】按钮，弹出【选择参考】对话框，拖动自定义的表面粗糙度符号至图 14.143 所示的边线，右击，在弹出的快捷菜单中选择【垂直

于图元】命令，单击该边线，放置表面粗糙度符号。选择【类型】为【垂直于图元】，根据系统提示在绘图区拾取图元，如图 14.143 所示。

（13）选中该表面粗糙度符号，单击【表面粗糙度】选项卡【自定义】面组中的【表面粗糙度自定义】按钮 ，在弹出的对话框中修改可变文本为 3.2，结果如图 14.144 所示。

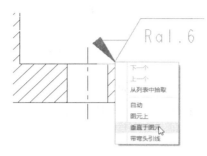

图 14.143　拾取图元

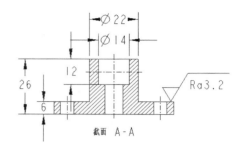

图 14.144　标注表面粗糙度

（14）单击【注释】选项卡【注释】面组中的【表面粗糙度】按钮 ，选择图 14.145 所示的边线，拖动粗糙度符号至适当的位置，单击鼠标中键放置粗糙度符号。单击【表面粗糙度】选项卡【引线】面组中的【箭头样式】按钮 ，将箭头延伸修改为【单箭头】。单击【表面粗糙度】选项卡【自定义】面组中的【表面粗糙度自定义】按钮 ，在弹出的对话框中修改可变文本为 1.6，标注结果如图 14.146 所示。

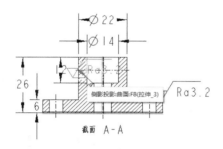

图 14.145　选择边线

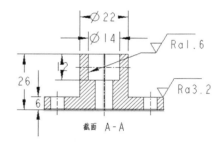

图 14.146　标注带引线表面粗糙度

（15）采用上面的方法标注其他位置的表面粗糙度，结果如图 14.147 所示。

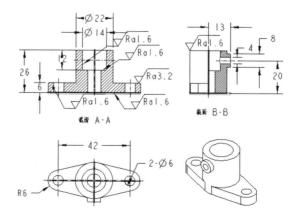

图 14.147　标注其他位置的表面粗糙度

8. 添加技术要求注解

（1）单击【注释】选项卡【注释】面组中的【注解】下拉按钮▣，在弹出的下拉列表中选择【分离的注解】命令，弹出【选择点】对话框。根据系统提示选取合适的位置放置注解，同时打开【格式】选项卡，可以在该选项卡中设置字体和字高，如图 14.148 所示。

图 14.148　【格式】选项卡

（2）根据系统提示输入【技术要求】【1.未注工艺圆角 R2～R4。】【2.所有外表面喷漆。】，在绘图区空白处单击，结束注解的输入。前面遗漏了 φ8 尺寸的标注，现在将其标注在俯视图中，结果如图 14.149 所示。

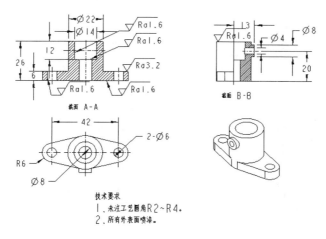

图 14.149　添加技术要求